JAGD FLUGZEUGE

5757
Glacier Girl
NO STEP

JAGD FLUGZEUGE

Technik, Fakten und Geschichte

Ralf Leinburger

HEEL

INHALT

Der Zweite Weltkrieg 116

Nachkriegsjäger 206

Einleitung

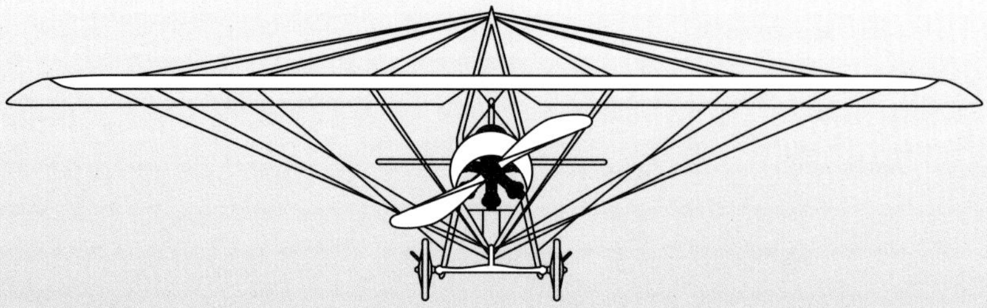

Die Eroberung des Himmels

Am 17. Dezember 1903 glückte den Brüdern Wright der erste gesteuerte, bemannte Motorflug vor Zeugen, der die Grundlage für eine rasant fortschreitende Entwicklung bildete. Die Zeit war reif für diesen technischen Sprung nach vorne – auch in anderen Ländern standen Erfinder unmittelbar davor, den Luftraum zu erobern oder hatten es bereits getan, konnten den Ruhm aber nicht für sich beanspruchen, beispielweise aus Gründen mangelhafter Dokumentation.

Luftüberlegenheit – ein neues strategisches Ziel

Der Einsatz von Flugzeugen als Kriegswaffe war nur eine logische Folge der Erfindung und sollte die Kriegsführung der folgenden Epochen prägen.

Bis zum Beginn des Ersten Weltkriegs waren der Gewinn und das Beherrschen von Gelände das zentrale Ziel der Kriegsführung. Mit der neuen Waffe Flugzeug wurde schließlich auch der Himmel zum hart umkämpften Gebiet, und die Herrschaft über den Luftraum,

Die S.E.5 aus der Royal Aircraft Factory zählt zusammen mit der Sopwith Camel zu den erfolgreichsten britischen Jagdflugzeugen.

die Luftüberlegenheit, wurde – und ist noch – eine Grundvoraussetzung militärischer Erfolge.

Dabei war zunächst die militärische Erkundung, die „Aufklärung", die vordringlichste Aufgabe der Piloten. Von da aus bis zum bewaffneten Aufklärer, der andere Flugzeuge am gleichen Auftrag zu hindern versuchte, war es nur ein Schritt, und aus diesen bewaffneten Aufklärern entstanden die ersten Jagdflugzeuge.

Die neue Waffengattung löste eine andere ab, die Kavallerie, die zuvor für die Aufklärung zuständig gewesen war. Sie wurde nun überflüssig, und deshalb kamen viele der ersten Militärpiloten aus den Reihen der ehemaligen Reitertruppen – das unabhängige Erkunden in eigener Verantwortung fand nun nicht mehr zu Pferd, sondern am Himmel statt.

Die fliegenden Kisten

Zu Beginn des Ersten Weltkriegs waren die eingesetzten Militärflugzeuge noch empfindliche Konstruktionen aus hölzernen Leisten, Segeltuch und Draht, vier Jahre später hatte die Entwicklung bereits einen gewaltigen Schritt nach vorne getan. Das Militär, das der Erfindung Motorflug anfänglich ablehnend gegenüber gestanden war, wurde zum Hauptabnehmer der neu geschaffenen Industrie Flugzeugbau. Die Namen der Flugpioniere sind untrennbar mit dem Fortschritt verbunden. In Frankreich, im europäischen Mutterland der Fliegerei, muss Louis Blériot als Konstrukteur genannt werden, in Deutschland verbesserte der Holländer Anthony Fokker das Unterbrechergetriebe zur Serienreife und erfand damit das Schießen durch den Propellerkreis, für Großbritannien waren die

Die Albatros D II verhalf den deutschen Piloten im Ersten Weltkrieg zur Luftüberlegenheit. Allein Manfred von Richthofen errang mit ihr 17 Luftsiege.

Die Curtiss P-40 – hier eine Staffel der Freiwilligentruppe „Flying Tigers" – war ein äußerst robustes Flugzeug.

Die McDonnell Douglas F-4 Phantom wurde in den 1970er-Jahren zum Standardjäger der NATO und zählt zu den erfolgreichsten Militärflugzeugen überhaupt.

Entwürfe von Geoffrey de Havilland von wegweisender Bedeutung in den Pionierzeiten. Diese drei Namen stehen aber nur stellvertretend, denn zu dieser Zeit gab es eine Vielzahl von Visionären, die für den Menschheitstraum vom Fliegen alles gaben.

Die gleiche Hochachtung gebührt den wagemutigen Piloten: Die Namen von Roland Garros, dem ersten Fliegeras der Luftfahrtgeschichte, dem Amerikaner Eddie Rickenbacker und dem zur Legende gewordenen „Roten Baron", Manfred Freiherr von Richthofen, sind untrennbar mit der Frühzeit der Militärfliegerei verbunden. Der Wagemut der frühen Piloten ist nur angemessen zu bewerten, wenn man sich vor Augen hält, dass zu jener Zeit mehr Flugzeugführer während ihrer Ausbildung ums Leben kamen als im Kampf.

Die Rüstungsspirale dreht sich

Die gemeinsamen Anstrengungen von Konstrukteuren und Piloten führten schon im Ersten Weltkrieg zu einer sehr kurzlebigen Modellpolitik – eine Erfindung oder auch nur eine deutliche Verbesserung im Flugzeugbau brachte oft genug einen erheblichen taktischen Vorteil mit sich. Die gegnerische Seite war gezwungen zu reagieren, ein neues Modell entstand und zog wieder eines auf der anderen Seite nach sich.

Auch wenn manche Flugzeuge eine längere Dienstzeit aufweisen als andere, gab es damals doch keines, von dem man sagen könnte, dass es das ultimative Kampfflugzeug dieser Zeit gewesen wäre. So ist dieser Wettlauf auch niemals endgültig gewonnen worden – bis heute nicht. Ein klassisches Beispiel ist die Konkurrenz zwischen der Supermarine Spitfire und der Messerschmitt Bf 109. Bis heute kann unmöglich festgestellt werden, welche der beiden Maschinen die bessere war, zu oft erwies sich eine Modellreihe als überlegen, aber eben nur so lange, bis die neuen Modelle der Konkurrenz serienreif waren.

Vergebens waren die Anstrengungen allerdings trotzdem nicht. Abgesehen vom strategischen Wert, den alle ausgereiften Jagdflugzeuge bedeuteten, flossen die Neuerungen und Erfahrungen immer in zukünftige Projekte ein und machten das Fliegen – auch im zivilen Bereich – zu einer der sichersten Fortbewegungsarten überhaupt. Jagdflugzeuge heutiger Zeiten können Spitzenwerte von mehreren Millionen Flugstunden absolvieren.

Die hoch komplexe Technik heutiger Jagdflugzeuge kostet allerdings ihren Preis: Neben den astronomisch hohen Stückkosten beträgt die Entwicklungsdauer eines neuen Waffensystems ein Vielfaches der Zeit, die in den Anfängen erforderlich war. Noch im Zweiten Weltkrieg wurden einzelne Typen in weniger als einem Jahr zur Produktionsreife gebracht, in modernen Zeiten ist das undenkbar. Manchmal vergehen heute zwischen den ersten Zeichnungen und dem Jungfernflug mehr als ein Jahrzehnt – selbst dann, wenn man die Phase politischer Willensbildung nicht mitzählt.

Die Entwicklung von der Pionierzeit bis heute

Die Entwicklung in der Luftfahrttechnik verlief alles in allem sehr unterschiedlich: Zunächst waren einzelne Nationen federführend. Obwohl der erste Motorflug vor Zeugen in den USA stattfand, waren in den Pioniertagen der Fliegerei nicht die USA technologisch führend in der

Welt, sondern Frankreich, gefolgt von Großbritannien und Deutschland. Im Zweiten Weltkrieg schloss die USA im Flugzeugbau auf, und in der Nachkriegszeit waren es in erster Linie die Sowjetunion, die USA und Frankreich, die den Jagdflugzeugbau dominierten. Das kleine Schweden bildet eine Ausnahme: Zur Zeit sind sie die einzige Nation dieser Größe, die sich ein eigenes Jagdflugzeug leistet und damit auf den Export abzielt.

Seit den 1970er-Jahren entstanden – neben den ehrgeizigen Projekten einzelner Länder – mit dem Alpha Jet und dem Mehrzweck-Kampfflugzeug Tornado erste europäische Gemeinschaftsprojekte. Mehrere Gründe sprechen für diese gemeinsamen Projekte: Die immens hohen Entwicklungskosten sind von mehreren Nation leichter zu tragen, die notwendige Forschung gewährleistet dass Europa den technologischen Anschluss an die Weltspitze behält und nicht zuletzt sind gemeinsame Leistungen ausgezeichnet geeignet, den Gedanken eines geeinten Europa zu fördern.

Diese Entwicklung gipfelte in der Konstruktion eines der leistungsfähigsten Kampfflugzeuge der Gegenwart – des Eurofighters. Er wird den europäischen Luftraum des Nordatlantikpaktes NATO bis weit in das 21. Jahrhundert sichern.

Die ausgewählten Jagdflugzeuge

Die Geschichte der Jagdflugzeuge ist so vielschichtig und umfasst so viele einzelne Modelle, dass eine vollständige Auflistung im Rahmen dieses Buches unmöglich ist. Die hier vorgestellten Jagdflugzeuge sind aber bis zu einem gewissen Grad repräsentativ für die Geschichte: Einige stehen für den höchsten Stand der Technik ihrer Zeit, andere sind mit großen Persönlichkeiten verbunden und einige entschieden im Kampf über Sieg oder Niederlage einer Nation.

Die Avionik der McDonnell Douglas F-15 Eagle setzte in den 1970er-Jahren neue Maßstäbe.

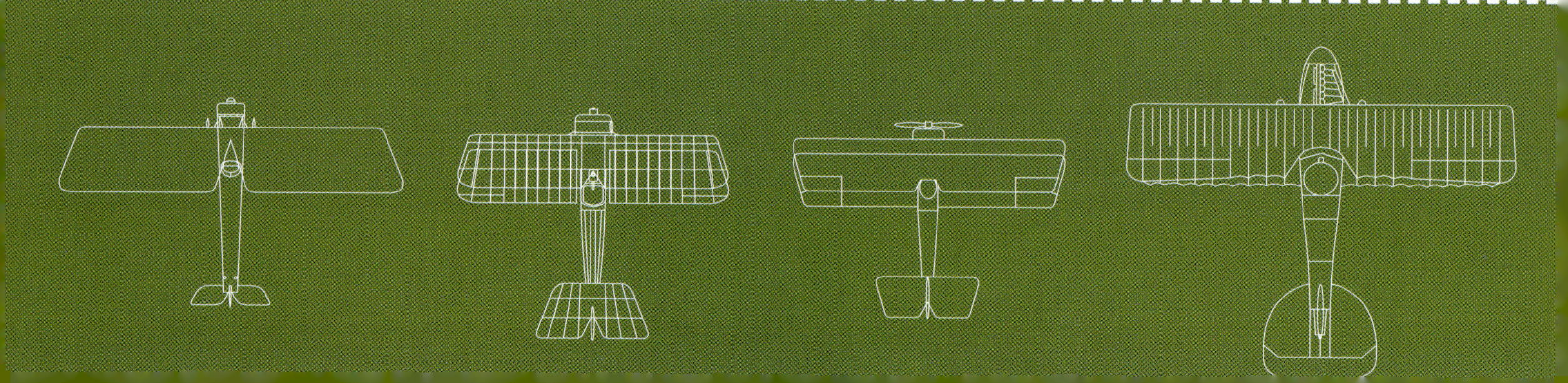

Der Erste Weltkrieg

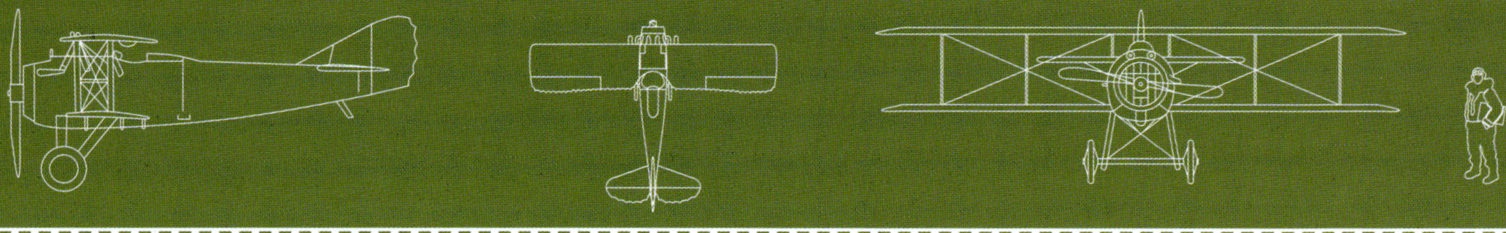

SPAD

Die französische SPAD S.XIII war extrem schnell, kraftvoll und zuverlässig. In größerer Zahl gebaut als irgendein anderer alliierter Jäger war sie außerordentlich erfolgreich. Flieger-Asse aus sechs Nationen errangen auf diesem Modell ihre Luftsiege. Spitzenreiter war mit 26 Luftsiegen auf der SPAD das amerikanische Ass Edward „Eddie" Rickenbacker, auch wenn gesagt werden kann, dass die SPAD in französischen Händen ihre besten Leistungen zeigte – vermutlich aufgrund unterschiedlicher Luftkampftaktiken. Insgesamt wurden mehr als zehntausend SPAD gefertigt.

SPAD S.XIII

Jagdeinsitzer
Spannweite: 8,08 m
Länge: 6,25 m
Höhe: 2,60 m
Leergewicht: 570 kg
Startgewicht: 845 kg
Triebwerk: ein wassergekühlter V8-Motor Hispano-Suiza 8 Be mit 164 kW (220 PS)
Höchstgeschwindigkeit: 218 km/h in 2200 m Höhe
Dienstgipfelhöhe: 6650 m
Reichweite: 350 km
Bewaffnung: 2 Maschinengewehre Vickers Kaliber 7,7 mm

Die Väter der SPAD

Nachdem die Flugzeugfirma des Seidenfabrikanten Armand Deperdussin 1913 in Konkurs gegangen war, übernahm der berühmte Luftfahrtpionier Louis Blériot 1914 die Leitung des Unternehmens. Ihm zur Seite stand Louis Béchereau, der ehemalige und neue Chefkonstrukteur. Die aus dem alten Firmennamen Société pour les Appareils Deperdussin gebildete Marke „SPAD" wurde von Blériot beibehalten, stand aber fortan für Société pour l'Aviation et ses Dérivés.

Baureihe „A"

Das Schießen durch den Propellerkreis in Flugrichtung war 1915 technisch noch nicht ausgereift. Um dennoch mit Bordwaffen wirksam nach vorne schießen und den Zugpropeller beibehalten zu können, schuf Béchereau 1915 den ungewöhnlichen zweisitzigen

1st Lieutenant Everett, der kommandierende Offizier der US-amerikanischen 91st Aero-Squadron, vor seiner SPAD S.XIII.

SPAD steht für „Société pour l'Aviation et ses Dérivés" – Gesellschaft für Flugzeugbau und Zubehör.

Jagddoppeldecker SA.1. Bei diesem sogenannten „Kanzeltyp" saß der Beobachter/Bordschütze in einer Sperrholzgondel vor und der Flugzeugführer hinter Propeller und Motor. In fünf Modellen und kleinen Stückzahlen gebaut, verwarf SPAD dieses Prinzip bald wieder. Weder die SA.1 noch ihre Nachfolgerinnen SA.2–SA.5 waren bei ihren Besatzungen beliebt: Machte die Maschine bei der Landung einen Kopfstand, wurde der Beobachter/Bordschütze unweigerlich vom Motor erschlagen!

Ein Nachbau des ab 1915 entwickelten zweisitzigen Doppeldeckers SPAD.

Louis Blériot

Louis Blériot gehörte zu den Wegbereitern der Fliegerei in Europa. Fast ein Jahrzehnt lang steckte er sein ganzes Vermögen in die Entwicklung von Fluggeräten. Nach ungezählten Fehlschlägen brachte er 1909 sein erstes ausgereiftes Flugzeug auf den Markt – die Blériot XI. Mit der Blériot XI – der luftgekühlte 25 PS Motor beschleunigte den Eindecker auf immerhin 74 km/h – stellte er 1909 einen Dauerflugrekord (fast 37 Minuten) auf und fühlte sich danach gerüstet, die erste Überquerung des Ärmelkanals zu wagen und sich damit die 10 000 britische Pfund zu verdienen, die die Tageszeitung Daily Mail als Preis ausgesetzt hatte. Dieses Husarenstück gelang am 25. Juli 1909 und in 27 Minuten überflog Blériot den Ärmelkanal von Calais nach Dover, zum Entzücken seiner Landsleute und Entsetzen Großbritanniens – das hatte seine Position als Inselfestung ein für allemal verloren.

Diese Pioniertat bescherte Blériot den – dringend benötigten – wirtschaftlichen Erfolg. Seine Blériot XI wurde rund 800-mal verkauft und diente bis ins Jahr 1915 als Aufklärer an der Front.

Die französische Eliteeinheit „Groupe de Combat 12“ nannte sich „Les Cigognes“ („die Störche“) und führte den eleganten Segler als Staffelzeichen.

Edward „Eddie“ Rickenbacker – Amerikas Spitzen-Ass

Eddie Rickenbacker kam auf dem Umweg über den Rennsport zur Fliegerei. 1917, bei Kriegseintritt der USA, war der erfolgreiche Autorennfahrer 27 Jahre alt und damit eigentlich zu alt für die Ausbildung zum Flugzeugführer – er meldete sich trotzdem freiwillig. Bei seiner Vorgeschichte nahe liegend, wurde Rickenbacker erst einmal als Fahrer eingesetzt, und zwar im Stab des Kommandierenden Generals der US-Streitkräfte John „Black Jack“ Pershing, wo er für Oberst Billy Mitchell fuhr.

Auf persönliche Fürsprache von Luftfahrtpionier Billy Mitchell konnte Rickenbacker dann doch zur Fliegerei wechseln: Zur berühmten 94th Aero Squadron, mit ihrem „Hat in the Ring“-Abzeichen.

Und seine Talente als Rennfahrer waren hier richtig am Platz. In den wenigen Monaten, die noch bis zum Waffenstillstand (11. November 1918) blieben, erzielte er 26 Luftsiege, und wurde damit Amerikas Flieger-Ass Nr. 1. Nachdem Captain Rickenbacker am 25. September 1918 alleine sieben deutsche Flugzeuge (zwei von fünf Jägern Fokker D VII eskortierte Aufklärer) angegriffen und zwei abgeschossen hatte, wurde er mit der amerikanischen Tapferkeitsmedaille ausgezeichnet. Ausgehändigt wurde ihm diese „Medal of Honour“ allerdings erst nach dem Waffenstillstand.

SPAD S.VII

Ein neuer Jäger sollte die Nieuport 17 ersetzen – In August 1916, begann die Auslieferung der SPAD VII.C1 an die kämpfenden Einheiten – das Kürzel C1 Stand für einsitziges Jagdflugzeug oder französisch „Chasseur“. Inzwischen waren die technischen Probleme für ein wirksames synchronisiertes Schießen mit starr eingebauten Maschinengewehren durch den Propellerkreis gelöst. Bei diesem „gesteuerten“ Schießen wurde die Abzugsvorrichtung nur dann freigegeben, wenn sich kein Propellerblatt vor der Mündung befand.

Allein in Frankreich wurden etwa 5500 S.VII gefertigt – Lizenzfertigungen nicht mitgezählt! Der neue, im Frühjahr 1917 eingeführte, Achtzylinder-V-Motor Hispano-Suiza 8Ab leistete 180 PS und war damit 30 PS stärker als der bisher verwendete Hispano-Suiza 8Aa. Mit dem HS 8Ab erreichte die S.VII in 2000 m Höhe eine Höchstgeschwindigkeit von 190 km/h. S.VII wurden bei fast allen Verbündeten Frankreichs geflogen und begründete den Ruhm der SPAD-Jäger.

SPAD S.XII/XIII

Von der S.XII – eine Weiterentwicklung der „VII“ – wurden nur wenige Exemplare gebaut. Sie war mit einer einschüssigen Hotchkiss-Kanone Kaliber 37 mm bewaffnet. Im V-Ausschnitt der Motorzylinder des neuen Hispano-Suiza-8C-Motors (mit Untersetzer-

getriebe) eingebaut, feuerte die Kanone durch die hohle Propellernabe. Ihr Verschluss ragte zwischen den Knien des Piloten tief ins Cockpit hinein, Zielen war schwierig und Nachladen fast unmöglich. Außerdem strömten beim Schießen Pulvergase ins Cockpit.
1917 kamen dann die ersten S.XIII an die Front, ein verspannter, in Holzbauweise hergestellter Doppeldecker mit Stoffbespannung, Von der Konstruktion her der SPAD VII sehr ähnlich war auch sein Tragwerk einstielig verstrebt und hatte die typischen Hilfsstiele in der Verspannung. Beibehalten wurde auch, dass nur die oberen Tragflächen Querruder aufwiesen. In der Serienfertigung änderte man noch die abgerundeten Flügelenden und die jetzt eher geraden Flügel verbesserten die Flugeigenschaften merklich.

Statt der Bordkanone war die SPAD XIII mit zwei gesteuerten Vickers-MG Kaliber 7,7 mm bewaffnet, wurde von 220 PS starken V8-Motoren verschiedener Hispano-Suiza-Typen angetrieben und war aerodynamisch verbessert. Fliegerasse wie der Amerikaner Rickenbacker, der Ire William Cochran-Patrick und die Franzosen Guynemer und Fonck errangen mit der S.XIII zahlreiche Luftsiege und machten diesen Typ weltberühmt. Vom Typ XIII waren über 8400 bestellt, tatsächlich ausgelieferte waren aber nur um die 7300 Stück, als die Produktion 1919 endete.

In den ersten Jahren der Nachkriegszeit wurden eine Reihe von SPAD S.XIII exportiert, in die Tschechoslowakei, nach Polen, Griechenland, Spanien, die Türkei, Brasilien, Argentinien sowie nach Siam und erneut nach Belgien. Einzelne Exemplare waren bis 1935 im aktiven Dienst!

Mit über 7000 Maschinen war die SPAD S.XIII, die zwei Stunden in der Luft bleiben konnte, eines der meistgebauten Flugzeuge dieser Zeit.

Eine SPAD A2, der Kanzeltyp, im Dienst der zaristischen russischen Luftstreitkräfte.

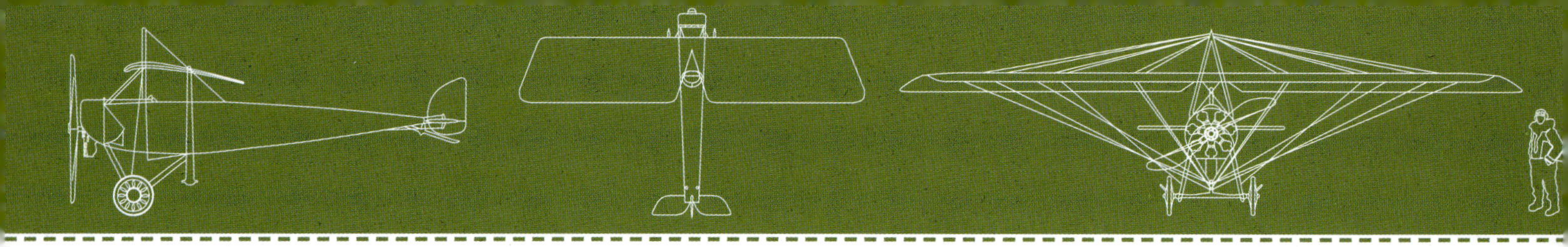

Morane-Saulnier

Wenn die Morane nicht gewesen wäre .... Hatte man bei ihrer Konstruktion noch nicht an eine militärische Verwendung gedacht, wurde sie schließlich als Aufklärer in Dienst gestellt und später sogar bewaffnet. Sie gilt als direkter Auslöser für die deutsche Entwicklung des gesteuerten Feuerns durch den Propellerkreis. Ihr Erscheinen an der Front markiert die Geburtsstunde der Jagdfliegerwaffe und den Beginn des Kampfes zwischen bewaffneten Flugzeugen.

MORANE-SAULNIER TYP N
Jagdeinsitzer
Spannweite: 8,30 m
Länge: 6,70 m
Höhe: 2,50 m
Leergewicht: 370 kg
Startgewicht: 510 kg
Triebwerk: Luftgekühlter Neunzylinder Umlaufmotor Le Rhône 9J mit 82 kW (110 PS)
Höchstgeschwindigkeit: 145 km/h
Dienstgipfelhöhe: 4000 m
Reichweite: 225 km
Bewaffnung: ein Maschinengewehr Vickers Kaliber 7,7 mm oder Hotchkiss Kaliber 7,9 mm

Morane-Saulnier Typ L

Die Morane-Saulnier Typ L veränderte die Luftkriegsführung entscheidend – sie kann als das erste Militärflugzeug der Welt angesehen werden und gilt somit als Urahn aller Jagdflugzeuge. Ihr Werdegang bei den französischen Luftstreitkräften ist beispielhaft. Dass sie als Jäger eingesetzt wurde, war eher Zufall als Absicht. Zunächst wurde sie als unbewaffneter Aufklärer geflogen und erst nachträglich mit einem MG auf-

Dass in der Morane L zum ersten Mal ein MG fest eingebaut wurde, macht sie zum ersten Jagdflugzeug der Geschichte.

Die Streben, auf denen der Flügel montiert ist, weisen die Morane L als Schirmdecker aus – in Frankreich „Parasol" („Sonnenschirm") genannt.

gerüstet. Dieses fest eingebaute, starr nach vorn gerichtete MG verschoss Kupferprojektile im Kaliber 8 mm – durch den Propellerkreis! Nun stand diesem in Flugrichtung schießenden MG unweigerlich der eigene Propeller im Weg. Damit die Propellerblätter beim Schießen nicht beschädigt wurden, entwickelten Saulnier und Garros ein Unterbrechergetriebe. Da dieses Getriebe aber nicht zuverlässig arbeitete und Propellerdrehung und Schussfolge nicht optimal synchronisiert werden konnten, griff Garros zu einer simplen Lösung. Roland Garros war ein mutiger Mann und so ließ er schlanke Propellerblätter mit stählernen Ablenkflächen auf den Propellerblättern montieren. Von diesen Stahlflächen wurden alle Geschosse abgewiesen, die nicht zwischen den Propellerblättern hindurchgingen. Mit dieser primitiven und für ihn persönlich hochgefährlichen Bordbewaffnung glückten Garros in schneller Folge drei Luftsiege, bis er am 19. April 1915 zur Notlandung hinter den deutschen Linien gezwungen wurde. Sein Versuch, die Maschine befehlsgemäß zu verbrennen, schlug fehl. Garros geriet in Gefangenschaft und die Trümmer seines Flugzeuges fielen in deutsche Hand. Das Geheimnis seiner Luftsiege war gelüftet und die deutsche

Die runde Propellerhaube des Typs N sorgte im britischen Royal Flying Corps für den Spitznamen „ Bullet" („Pistolenkugel").

Roland Garros – das erste Flieger-Ass

Die Eroberung des Luftraums war das große Abenteuer des beginnenden 19. Jahrhunderts. In Frankreich hatte das Flugwesen schon sehr früh begeisterte Anhänger gefunden – bereits 1910 gab es 30 registrierte Flugzeuge und 52 Militärpiloten mit Lizenz des Aero Club. Die gesamte europäische Luftfahrtindustrie wurde von den französischen Entwicklungen maßgeblich beeinflusst – viele Fabrikanten begannen ihre Produktion mit dem Lizenzbau französischer Flugapparate, wie man sie damals noch nannte.

Auch der Franzose Roland Garros – Musikstudent aus gutem Hause – erlag der Faszination der Fliegerei. Er brach sein Studium ab und brachte sich auf einer fragilen Konstruktion aus Bambus, genannt „Demoiselle", das Fliegen selber bei. Nachdem er 1910 den Pilotenschein erworben hatte, nahm er – ganz Sportsmann – an Luftrennen und Wettbewerben teil; anfangs als „der ewige Zweite". Der Sieg beim Grand Circuit d'Anjou brachte die Wende. Nun ging Garros auf Rekordjagd – er überflog 1913 in knapp acht Stunden als erster das Mittelmeer von Frankreich nach Nordafrika und hielt zahlreiche Rekorde.

Im Dienst der französischen Luftstreitkräfte stieg Garros endgültig zum Nationalhelden auf – als erster wirklicher Jagdflieger wurde er mit drei bestätigten Luftsiegen zum ersten Flieger-Ass der Geschichte.

Am 19. April 1915 beim Bombenangriff auf eine Bahnstation vom Abwehrfeuer der Bahnschutzwache getroffen, musste Garros notlanden. Er verbrachte drei Jahre in deutscher Gefangenschaft, bis er Anfang 1918 nach Belgien fliehen und nach Frankreich zurückkehren konnte. Nach einigen Flugstunden kehrte er an die Front zurück und diente wieder als Jagdflieger.

Roland Garros starb im Oktober 1918 bei einem Luftkampf in der Nähe von Vouziers (Ardennen). Sein Heimatland würdigte den großen Flugpionier und Jagdflieger und benannte ein Tennisturnier der French Open nach ihm. Die Insel Réunion, sein Geburtsort, verewigte seinen Namen in der Bezeichnung ihres Flughafens.

Ein französischer Pilot munitioniert das Maxim-MG seiner Morane mit starren Ladestreifen.

Fliegertruppe beauftragte Anthony Fokker mit der Entwicklung eines verbesserten Unterbrechergetriebes für synchronisiertes Schießen durch den Propellerkreis.

Flügelverwindungssteuerung
Man muss sich vor Augen halten, dass die ersten zaghaften Flugversuche nur wenige Jahre vor Beginn des Ersten Weltkriegs stattgefunden hatten – die Pionierzeiten waren noch lange nicht zu Ende. Die Steuerung über bewegliche Klappen, über Quer- oder Höhenruder, war damals nicht selbstverständlich. Bei einigen Modellen aus der Frühzeit der Fliegerei wurden die Flügel über Kabel „verwunden“: Beispielsweise wurde bei Bewegung des Knüppels nach links der linke Flügel negativ und der rechte Flügel positiv verwunden – die Verwandtschaft zum Vogelflug war also noch deutlich erkennbar. Aber schon in der Frühzeit setzte sich die Anordnung durch, die heute noch gültig ist, der Steuerknüppel wirkt auf Quer- und Höhenruder, die Fußpedale auf das Seitenruder.

Morane-Saulnier Typ N

Ein weiteres Flugzeug aus dem Haus Morane-Saulnier, der Typ N, gilt als das erste „echte“, speziell für diesen Zweck entwickelte Jagdflugzeug. Dieses Modell diente auch russischen und britischen Fliegern. Beim Royal Flying Corps erhielt Typ N den Spitznamen „Bullet“, weil die Propellerhaube an eine Pistolenkugel erinnerte.

Der Typ N war nicht sehr beliebt und für Anfänger ungeeignet. Auf Höchstgeschwindigkeit ausgelegt, blieb auch ihre Landegeschwindigkeit hoch, was dem Piloten eine erhebliche Geschicklichkeit abverlangte. Wie aus zeitgenössischen Quellen bekannt, bedeutete die heikle Landung nach gefährlichem Kampfeinsatz eine enorme psychische Belastung.

Details

Die Morane-Saulnier Typ L „Parasol" (franz. „Schirm" oder „Sonnenschirm") war in Holzbauweise – mit Leinwand verkleidet – gefertigt. Ausgelegt als Hochdecker war sie mit ihrem auf Streben über dem Rumpf montierten Tragflügel ein typischer Schirmeindecker.

Eine technische Besonderheit war die Flügelverwindungssteuerung mittels Verspannungskabeln und Seilzügen.

Auch die Morane-Saulnier Typ N, bei den französischen Luftstreitkräften MS.5C.1 genannt, war in Holzbauweise ausgeführt, allerdings als Schulterdecker. Der kreisförmige Rumpfquerschnitt gab dem Flugzeug – zusammen mit der Propellerhaube (der „Casserole") – seine charakteristische Stromlinienform. Rumpf und Tragwerk waren stoffbespannt, das Leitwerk freitragend mit geteiltem Seitenruder.

19. April 1915 –
Eine Notlandung mit Folgen

Das Patent für sein Unterbrechergetriebe hatte Raymond Saulnier Anfang 1914 angemeldet. Der Entwurf war eigentlich gut durchdacht – die Schwachstelle war das Hotchkiss-MG, das zu unregelmäßigen Feuerstößen neigte und insgesamt etwas unzuverlässig war. Gemeinsam mit Roland Garros erprobte man daher die neue Anordnung mit den dreieckigen stählernen Kugelabweisern – sicherheitshalber zunächst am Boden. Nach anfänglichen Schwierigkeiten stieg Roland Garros dann am 1. April 1915 mit seiner Morane-Saulnier zum ersten Feindflug mit dem neuen Waffensystem auf. Er entdeckte einen deutschen Aufklärer, griff kurz entschlossen an und schoss ihn brennend ab. Dies war der erste Luftsieg der Militärgeschichte mit einem durch den Propellerkreis schießenden MG. Zwei Wochen später (15. April) errang er seinen zweiten und am 18. April den dritten Luftsieg. Als er am folgenden Tag zum Abwurf von Bomben auf eine Bahnstation von 2000 auf 700 m herunterstieß, geriet er ins deutsche Abwehrfeuer, erhielt Motortreffer, musste notlanden und wurde gefangen genommen.

Eine Morane-Saulnier Typ P – ein größerer und leistungsfähigerer Nachfolger des Typs L.

Eine Bristol Scout der britischen „Home Defense". Insgesamt wurden über 5000 Exemplare dieses Flugzeugs gebaut, davon allein 1600 F.2B.

Bristol Scout

Die Bristol and Colonial Aeroplane Company, bekannt geworden unter dem Namen Bristol, baute seit 1910 Flugzeuge. Eines ihrer ersten Modelle war die Boxkite, eine Weiterentwicklung des französischen Farman-Doppeldeckers.

BRISTOL SCOUT D
Einsitziger Aufklärer

Spannweite: 7,49 m
Länge: 6,30 m
Höhe: 2,59 m
Leergewicht: 345 kg
Startgewicht: 544 kg
Triebwerk: ein Umlaufmotor Le Rhône 9C mit 59 kW (80 PS)
Höchstgeschwindigkeit: 161 km/h
Dienstgipfelhöhe: 4267 m
Reichweite: 320 km
Bewaffnung: 1 x Lewis- oder Vickers-MG

Bristol Scout

1914, vier Jahre nach der Entwicklung der Boxkite, kam die Scout zu Ruhm und Ehren. Dieser einsitzige Doppeldecker war zwar klein – so klein, dass er auch als Bristol „Baby" bekannt war –, aber wendig bei guter Steigleistung (18 Min. 30 Sek. auf 3050 m) und den damaligen deut-

Eine der möglichen Bewaffnungsarten, das MG, ist starr auf dem Rumpf des Flugzeugs montiert.

schen Modellen durchaus ebenbürtig. Anfangs unbewaffnet, wurde die Scout auf den Feldflugplätzen bald mit allen verfügbaren Waffen nachgerüstet. Bekannt sind Pistolen, Gewehrgranaten und ein am Rumpf festgeschraubtes Lee-Enfield-Gewehr mit abgesägtem Kolben, das in einem 45-Grad-Winkel vom Piloten weg am Propeller vorbeischoss. Captain Lanoe Hawker von der No 46 Squadron des Royal Flying Corps brachte es mit diesen bescheidenen Mitteln im Sommer 1915 auf sieben bestätigte Luftsiege und erwarb das Victoria Cross, den höchsten britischen Tapferkeitsorden.

Erstes bereits werksseitig bewaffnetes Modell wurde die Scout D. Sie erschien Anfang 1916 an der Front und war mit einem starr montierten, synchronisiert durch den Propellerkreis feuernden MG – Lewis oder Vickers – bestückt.

Bristol F.2A Fighter, Spitzname „Brisfit"

Am 9. September 1916 fand der Erstflug der Bristol F.2A Fighter statt, ihr Konstrukteur war Captain Frank Barnwell. Der Fortschritt lässt sich anhand der Zahlen begreifen – der V12-Motor Rolls-Royce „Falcon" beschleunigte diesen beinah dreimal schwereren zweisitzigen Doppeldecker auf fast 200 km/h.

Doppeldecker – Warum wurden eigentlich Doppeldecker gebaut?

Der Bau:
Aus Gründen des Gewichtes mussten die leichtesten zur Verfügung stehenden Materialien genutzt werden, Leichtigkeit und Stabilität sind aber nicht einfach zu vereinen. Die Verspannung von zwei alleine nicht tragfähigen Flächen erhöht aber die Stabilität ganz wesentlich. Die Drähte nehmen die Zugkräfte auf, die Streben oder Stiele die Druckkräfte.

Das Flugverhalten:
Die Flächenbelastung – das Verhältnis von Tragflügelfläche zu Gewicht - ist eigentlich bei Ein- oder Mehrdeckern gleich, nur die Spannweite ändert sich. Ein Doppeldecker braucht bei gleicher Flügelfläche eine wesentlich geringere Spannweite als der Eindecker. Diese kürzeren Flügel ermöglichen engere Kurvenflüge und dementsprechend gute Manövrierbarkeit, in der Übergangszeit zum Eindecker gab es daher nicht wenige Piloten, die den Doppeldecker vorzogen.

Der große Nachteil:
Die Verspannungen, Stiele und Streben zwischen den Tragflügeln erhöhen den Körperwiderstand des Flugzeugs, und zwar so sehr, dass zu Recht gesagt wurde, dass dieser Typ einen eingebauten Gegenwind mitbringt. Schwer vorstellbar, aber ein Draht mit rundem Querschnitt erzeugt an der windabgewandten Seite (Lee) so viele Wirbel und damit Luftwiderstand, dass seine Bremswirkung dem Mehrfachen einer gleich dicken windschlüpfigen Tragfläche entspricht.
Damit war der Steigerung der Flugleistung eine Grenze gesetzt – egal wie stark der Motor war und spätestens Ende der 1930er-Jahre waren die Tage der Doppeldecker endgültig gezählt.

Eine unbewaffnete Bristol Scout in ihrer ursprünglichen Rolle als Aufklärer.

Gieren – Nicken – Rollen
Im Schwerpunkt eines Flugkörpers treffen sich drei Hauptachsen: Die Längsachse, dazu rechtwinklig und waagerecht die Querachse und rechtwinklig/senkrecht die Hochachse – natürlich nur wenn der Flugkörper waagerecht steht.
Gieren (engl.: „yaw") bezeichnet die Bewegung um die Hochachse und wird durch einen Seiten- oder Querruderausschlag bestimmt und dadurch die Flugrichtung festgelegt.
Nicken meint die Bewegung um die Querachse (engl.: „pitch"). Nickbewegungen werden mit dem Höhenruder gesteuert, das am Ende des Höhenleitwerks angeordnet ist. Jede Betätigung des Höhenruders beeinflusst auch den Anstellwinkel.
Rollen (engl.: „roll control") bedeutet eine Lageveränderung um die Längsachse; gesteuert wird mit den (gegenläufigen) Querrudern an den Tragflächen und das Flugzeug kurvt oder richtet sich wieder auf.

Schwerer noch als die Leistung wiegen die taktischen Erkenntnisse, die man aus dem Einsatz dieser Maschine gewann: Die Feuertaufe war im Desaster geendet, bei ihrem ersten Feindflug Anfang April 1917 starteten sechs Bristol und nur zwei kehrten zurück – über Douai war man auf eine Staffel Albatros D III von Richthofens Jagdgeschwader getroffen. Ein Grund für den Misserfolg war das Fliegen in strenger Formation auf einer Höhe. Man überließ dem Beobachter im Heck und seinem drehbar gelagerten MG die Abwehr. Diese strenge Schlachtordnung machte aber den wendigen Jägern der deutschen Luftwaffe das Zielen und Treffen sehr einfach. Im Royal Flying Corps zog man daraus die Lehre und setzte die Bristol fortan wie Jagdeinsitzer ein, als Hauptwaffe das Bug-MG und mit dem Beobachter als Rückversicherung.

Die „Brisfit" im Royal Flying Corps

Die verbesserte F.2A absolvierte ihren Erstflug im September 1916. Nur wenige Monate später – Mitte April 1917 – begann die Auslieferung der leistungsgesteigerten F.2B. No 48 Squadron RFC war im Februar 1917 die erste mit der Bristol F.2 ausgerüstete Staffel und die ersten

Huck's Starter
Glücklich die Bodenmannschaft, die über Huck's Startwagen verfügte, der machte das Anlassen wesentlich komfortabler. Auf einem Fahrzeug, häufig einem Ford Modell T, war ein Gestänge mit einer drehenden Welle montiert. Der Startwagen wurde vor die Flugzeugnase gefahren und die Welle mit einer Klauenkupplung an der Propellernabe befestigt. Sprang der Motor an, rückte die Klauenkupplung wieder aus und das nächste Flugzeug kam an die Reihe – ganz ohne Muskelkraft.

Eine bei der Landung verunglückte Bristol Scout. Start und Landung waren damas wie heute die gefährlichsten Phasen in der Fliegerei.

Weil die Bristol Scout so klein war, wurde sie auch „Baby" genannt.

Kampfhandlungen sah die F.2 einen Monat später in der Schlacht bei Arras. Dieser Typ entwickelte sich nach den anfänglichen Problemen zu einer effektiven Waffe, sodass er später in 14 Staffeln des RFC geflogen wurde und nach dem Krieg bis 1932 im Dienst der Royal Air Force stand; am Ende seiner Laufbahn als Verbindungsflugzeug. In der neuseeländischen Luftwaffe – Royal New Zealand Air Force (RNZAF) – wurden die letzten Bristol F.2 sogar erst 1936 ausgemustert.

Startermotor

Sucht man bei den Flugzeugen des Ersten Weltkriegs nach einem Anlasser oder Starter, sucht man meist vergeblich.

Das Anwerfen oder besser: Andrehen von Hand war – und ist bei diesen Modellen bis heute – die einzige Methode, den Motor anzulassen. Der Mechaniker oder ein Mann des Bodenpersonals drehen den Propeller einige Male bei ausgeschalteter Zündung, bis in den Zylindern ein zündfähiges Gemisch entsteht. Bei nun eingeschalter Zündung genügte dann meist eine ruckartige Achteldrehung des Propellers, um den Motor anzuwerfen. Die steigenden Leistungen – und damit mehr Kompression und Masse – machten das Anlassen durch Hand zunehmend mühsam. Die Seil- und Handschuhtechnik wurde erfunden. Ein Futteral aus festem Segeltuch – der Handschuh – wurde über ein Propellerblatt gezogen und mit einem daran befestigten Seil konnte die Startmannschaft den Propeller um fast 180 Grad andrehen und den Motor anlassen.

Die ungünstigste Art der Bewaffnung– der Pilot konnte nur im Stehen richtig zielen.

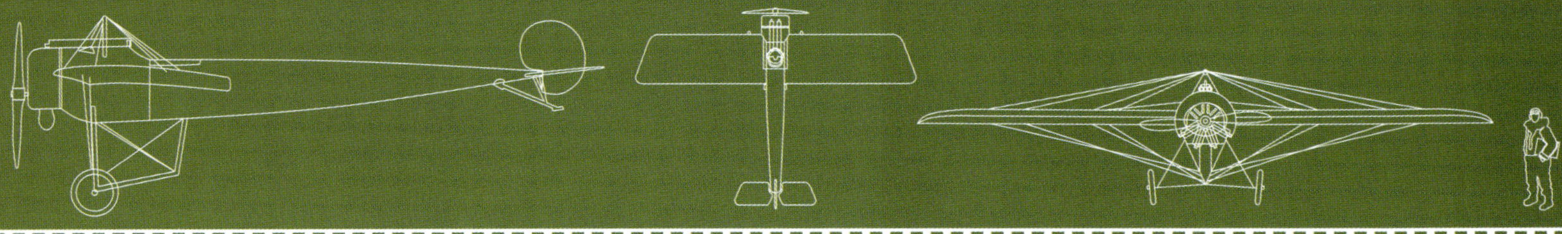

Fokker E I

Die Fokker E I nimmt einen herausragenden Platz in der Geschichte ein – als erstes seriengefertigtes Jagdflugzeug der Welt, Waffe berühmter Asse wie Richthofen, Boelcke und Immelmann und Meilenstein der Luftfahrttechnik. Dank Fokkers Unterbrechergetriebe konnte die deutsche Fliegertruppe 1916 die Luftüberlegenheit gewinnen, sodass die Flieger der Entente bald von einer „Fokker-Geißel“ sprachen.

FOKKER E I
Jagdeinsitzer
Spannweite: 8,95 m
Länge: 6,75 m
Höhe: 3,12 m
Leergewicht: 360 kg
Startgewicht: 565 kg
Triebwerk: 1 x Umlaufmotor Oberursel U 0 mit 60 kW (80 PS)
Höchstgeschwindigkeit: 132 km/h
Dienstgipfelhöhe: 3100 m
Reichweite: 320 km
Bewaffnung: 1 x starr montiertes Maschinengewehr Kaliber 7,92 mm mit Unterbrechergetriebe durch den Propellerkreis feuernd

Die ersten Jäger

Denkt man an Kampfflieger im Ersten Weltkrieg, fällt vielen als Erstes der berühmte Fokker-Dreidecker Dr I und der „Rote Baron“ ein. Manfred Freiherr von Richthofen – in Deutschland als der „rote Kampfflieger“ bekannt – kam im März 1916 zum Kampfgeschwader 2. Als Boelcke im August 1916 die ersten Jagdstaffeln schuf, holte er Richthofen in seine Jagdstaffel 2, die als „Jagdstaffel Boelcke“ legendären Ruhm erwarb. Historisch und technisch betrachtet war aber ein früheres Flugzeugmodell von größerer Bedeutung. Bereits 1915 wurde mit der Fokker E I ein Meilenstein der Luftfahrtgeschichte gelegt – dieser Eindecker gilt heute als das erste seriengefertigte Jagdflugzeug der Welt.

Der Erbauer Anthony Fokker war ein gebürtiger Holländer. Ursprünglich wollte er Fahrzeugbau lernen, wandte sich aber bald der Fliegerei zu. 1912 – mit nur 23 Jahren – gründete er in Johannisthal bei Berlin seine erste Flugwerft, die Fokker-Aeroplanbau. Etliche Kunden sollen aufgrund seines Alters beim ersten Kontakt nach dem (nicht vorhandenen) Seniorchef, „dem alten Fokker“ gefragt haben.

Die Geschäfte liefen zunächst mäßig, bis 1913 die deutsche Heeresverwaltung seine „Spinne 3“ ankaufte, und bei Kriegsausbruch war Fokker der Mann der Stunde.

Zwei Jahre später gelangte ein französisches Flugzeug, eine Morane-Saulnier, in die Hände der deutschen Truppen. Das Beuteflugzeug wurde Fokker zur Untersuchung übergeben und die daraus gewonnenen Erkenntnisse flossen in den Bau der M5 ein. Die daraus entstandene Maschine, die als E I in die Geschichte einging, und ihre Nachfolger E II und E III, sicherten für fast zwei Jahre die deutsche Luftüberlegenheit an der Westfront. Die Übermacht war derart groß, dass die englische Presse den Begriff „Fokker-Scourge“, Fokker-Geißel, prägte.

Konstrukteur Anthony Fokker zu Besuch bei der legendären Jagdstaffel 2 unter dem Kommando von Oswald Boelcke.

Jagdflugzeuge

Warum wurden Jagdflugzeuge gebaut? In den Anfängen der Militärfliegerei dienten Flugzeuge in erster Linie zur Beobachtung, waren also sogenannte Aufklärer. Das Auskundschaften feindlicher Stellungen und die Feuerleitung für die Artillerie waren zunächst ihre Hauptaufgaben. Die gegnerischen Aufklärer genau daran zu hindern war anfangs schwierig. Die Flugzeugführer waren zwar schon bald mit Gewehren oder Pistolen bewaffnet, die aber eher zur Selbstverteidigung nach Abschuss oder Bruchlandung dienten. Gleichzeitig ein Flugzeug zu steuern und gezielt aus dem Cockpit zu schießen war fast unmöglich – neben der Konzentration erfordert das Fliegen damals noch erhebliche Muskelkraft. Da auch die Flugabwehr vom Boden damals noch völlig unzureichend war, war der Gedanke, Flugzeuge mit Flugzeugen zu bekämpfen, folglich nahe liegend. Den größten Erfolg versprach ein starr in Augenhöhe direkt vor dem Piloten montiertes, in Flugrichtung feuerndes Maschinengewehr. Damit der Pilot ruhig zielen konnte, wählte Fokker zuerst das luftgekühlte „Parabellum“-Flugzeugmaschinengewehr Mod. 14 (später LMG 08/15 „Spandau“) mit Anschlagkolben, Pistolengriff und Kopfstütze.

Das Unterbrechergetriebe

Bewaffnet man ein Flugzeug mit einem MG – vor dem Piloten auf dem Bug in der Längsachse des Flugzeugs –, prallen die Projektile beim Schießen unweigerlich auf ein Hindernis: den Propeller. Nicht wenige Piloten stürzten ab, weil sie sich buchstäblich den Propeller abschossen.

Die Fokker E I wurde mit dem ersten MG, das gesteuert durch den Propellerkreis schießen konnte, zu einem Meilenstein der Fluggeschichte.

Gesteuert wurde in den Anfängen der Fliegerei über Flügelverwindung mit Hilfe von Steuerdrähten. Querruder waren noch nicht allgemein üblich.

Max Immelmann sagt man den ersten mit einer Fokker E I erzielten Lufterfolg nach – und es sollten noch zahlreiche weitere folgen.

Anfangs umging man dieses Problem durch Verwendung des Druckpropellers, einer Luftschraube, die hinter dem Piloten den Vortrieb mit Schub erzeugte.

Eine andere Lösung fanden die französischen Luftfahrtpioniere Roland Garros und Raymond Saulnier – ein Unterbrechergetriebe, das immer, wenn ein Propellerblatt vor der Mündung war, das Feuer unterbrach. Und sie montierten auf der Propellerrückseite stählerne Abweiser, die die MG-Kugeln ablenkten. Dieses System funktionierte aber nur mit den weichen französischen Kupferprojektilen, während die deutschen Stahlmantelgeschosse Kugelabweiser und Propeller durchschlugen. Erschwerend kam hinzu, dass das französische Unterbrechergetriebe nicht zuverlässig arbeitete und Propellerdrehung und Schussfolge nicht optimal synchronisiert werden konnten. Trotzdem gebührt Garros und Saulnier der Ruhm, dieses Konzept als erste angewandt zu haben. Eine kurze Zeit waren die Morane-Saulnier die einzigen, die mit einem fest montierten MG in Flugrichtung schießen konnten und in Luftkämpfen dementsprechend erfolgreich waren. Dies änderte sich, nachdem Garros am 19. April 1915 hinter den deutschen Linien notlanden musste und seine Maschine in deutsche Hände fiel. Unterbrechergetriebe und MG wurden im Fokker-Werk eingehend analysiert und die daraus gewonnenen Erkenntnisse auf das Fokker-Modell M5 angewandt. In einer Rekordzeit von nur zwei Tagen entstand dabei die wohl wichtigste Erfindung, ein mechanisches System zur Synchronisierung von Propellerdrehung und Schussfolge – das Fokker-Unterbrechergetriebe. Dieses Unterbrechergetriebe funktionierte und bedeutete die Lösung aller Probleme! Und es machte aus einem eher mittelmäßigen Flugzeug, der Fokker E I, eine fliegende MG-Plattform und ein überlegenes Jagdflugzeug, von dem über 50 Stück an die Fliegertruppe geliefert wurden. Da die Führung der Fliegertruppe dem Unterbrechergetriebe nicht traute, sollte Fokker die neue Maschine persönlich im Kampfeinsatz an der Front erproben. Als Holländer neutral, lehnte er dieses Ansinnen natürlich ab, unternahm aber mit zwei E I eine Demonstrationstour und unterwies rund zehn Piloten in der Handhabung des neuen Kampfeinsitzers sowie dem Schießen mit dem starr montierten, in Flugrichtung feuernden und motorgesteuerten MG. Danach ließ Fokker eine E I in Douai bei der Flieger-Abteilung 62 zurück. Mit dieser E I glückten den Leutnanten Immelmann am 1. August und Boelcke am 19. August 1915 die ersten bestätig-

Roland Garros erprobt sein Unterbrechergetriebe – das erste weltweit.

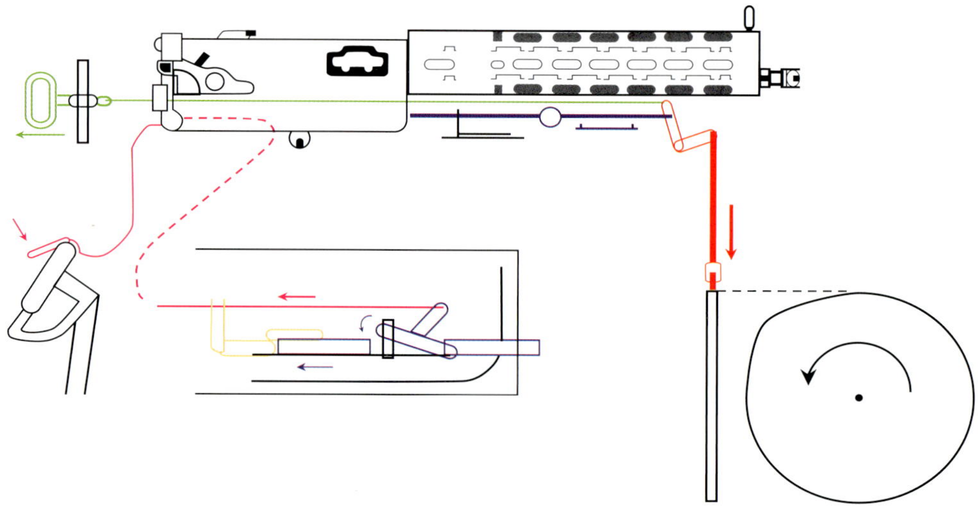

Das Fokker'sche Unterbrechergetriebe sorgte dafür, dass das MG-Feuer für einen kurzen Augenblick unterbrochen wurde, wenn sich ein Propellerblatt vor dem Lauf befand.

Oben: Die Fokker E II mit Besatzung. Sie war fast baugleich mit der E I, hatte allerdings einen anderen Motor. Von der E II wurden 23 Exemplare gebaut.

Unten: Das deutsche Fliegerass Oswald Boelcke erzielte zahlreiche Luftsiege mit der Fokker E I. Er wurde Kommandant der „Jagdstaffel 2“, der auch der „Rote Baron“ angehörte.

AERODYNAMIK – Warum fliegt ein Flugzeug eigentlich?

Bei der Konstruktion und dem Bau von Fluggeräten „schwerer als Luft" gibt es vier grundsätzliche Parameter zu beachten:
Gewicht – das Flugzeug selber inklusive aller Zuladungen,
Auftrieb – die Kraft, die das Gewicht in die Luft zu heben im Stande ist,
Widerstand – Kräfte, die das Flugzeug genau dabei behindern (s. S. 35),
Schub – die Kraft, die ausreichend stark sein muss, um die hemmende Wirkung des Widerstandes aufzuheben (s. S. 53).

Zum Gewicht gehören das leere Flugzeug, seine Zuladung, Treibstoff usw. und die Menschen an Bord, also Besatzung und Passagiere. Nicht ganz so einfach zu verstehen ist der Auftrieb, denn darüber entscheiden mehrere Faktoren:

Der Anstellwinkel
Hält man die Hand aus dem Fenster eines fahrenden Autos, wird die schräg gestellte Hand entweder nach oben oder unten gedrückt. Ist die Vorderkante der Hand höher als die Hinterkante, drückt der Fahrtwind die Fläche nach oben und umgekehrt. Dieser Effekt ist in der Fliegerei, bei Tragflächen und Steuerklappen, von großer Bedeutung. Etwa ein Drittel des gesamten Auftriebs entsteht aus dieser schrägen Stellung, dem Anstellwinkel. Wenn die Tragflächen im richtigen schrägen Winkel stehen und sich ausreichend schnell bewegen, wird die Luft kraftvoll nach unten abgelenkt. Dabei entsteht eine gleich starke Gegenkraft, die nach oben wirkt und das Flugzeug leichter macht – zum Fliegen reicht diese Kraft allein allerdings nicht aus.

Bernoulli, Venturi und ihre Entdeckungen
Der italienische Physiker Giovanni Venturi und der Schweizer Daniel Bernoulli erforschten im 18. Jahrhundert die heute noch gültigen Grundlagen der Strömungsmechanik. Bernoulli entdeckte den nach ihm benannten Effekt. Er besagt: Strömende Flüssigkeiten und Gase üben einen geringeren Druck auf Ihre Umgebung aus als ruhende. Je höher die Geschwindigkeit, umso kleiner der Druck. Mit einem Versuch kann man diesen Effekt zeigen. Hält man einen Streifen Papier an einer Seite fest, hängt das Blatt an der anderen Seite herunter. Bläst man jedoch oben über das Papier, dann ist dort die Geschwindigkeit der Luft größer als unten, wo sich die Luft nicht bewegt. Dadurch wird der Druck auf der oberen Seite herabgesetzt und dieser Unterdruck saugt das Blatt nach oben.
Aus dieser Druckdifferenz entsteht der Hauptteil des Auftriebs! Auf der Oberseite eines Flügels herrscht ein wesentlich geringerer Druck als auf der Unterseite und dieser Unterschied lässt das Flugzeug fliegen, das Flugzeug wird also tatsächlich zu zwei Dritteln von Sogkräften aus diesem Druckunterschied in die Höhe gehoben.

Das Tragflügelprofil
Papierflugzeuge mit ihren völlig glatten Tragflächen beweisen, dass damit schon ein Flug möglich ist. Einen wesentlich höheren Wirkungsgrad haben Flügel, deren Oberseite nach oben gewölbt und deren Unterseite flacher oder nicht gewölbt ist. Diese Form verlängert den Weg der Luft auf der Oberseite noch einmal, beschleunigt sie damit zusätzlich und setzt den Druck auf der Flügeloberseite nach Bernouillis Gesetz noch weiter herab, sodass daraus mehr Auftrieb resultiert.
Der Auftrieb allein macht den Flugzeugbauer allerdings nicht glücklich; die Gesamtkonstruktion eines Flugzeugs muss immer ein Kompromiss zwischen den eingangs erwähnten Grundgrößen sein.

Die Auftrieb erzeugenden Druckverhältnisse am Tragflügel:

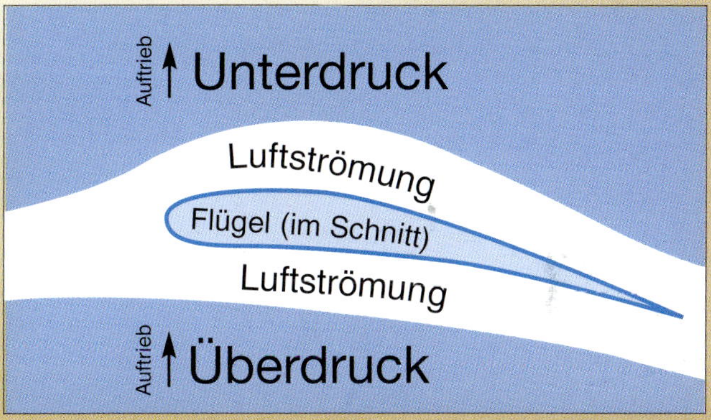

Der Unterdruck an der Oberseite des Tragflügels erzeugt 60% des Auftriebs, der Überdruck an der Unterseite den Rest

ten Luftsiege. Max Immelmann brachte Fokkers Unterbrechergetriebe kein Glück. Als er am 18. Juni 1916 mit einer E III über Sallaumines bei Douai (Nordfrankreich) eine britische Kampfstaffel angriff, zerfetzte seine MG-Garbe den Propeller und Immelmann, der „Adler von Lille", stürzte in den Tod.

Pour le Mérite – der „blaue Max"
Der preußische König Friedrich II. (der Große) wandelte 1740 den Hoforden „Pour la Générosité" in einen reinen Verdienstorden um und stiftete den „Pour le Mérite" als Militär- und Zivilauszeichnung. Der Orden war nicht nur eine hohe Ehrung, sondern darüber hinaus mit finanziellen Zuwendungen verbunden: Die mit dem Verdienstorden geehrten Offiziere bildeten eine Ritterschaft und erhielten einen lebenslangen monatlichen Ehrensold. Im Ersten Weltkrieg wurde der Orden – salopp „Blauer Max" genannt – 132-mal an Angehörige der Fliegertruppe verliehen, so beispielsweise an Richthofen, Udet und Immelmann.

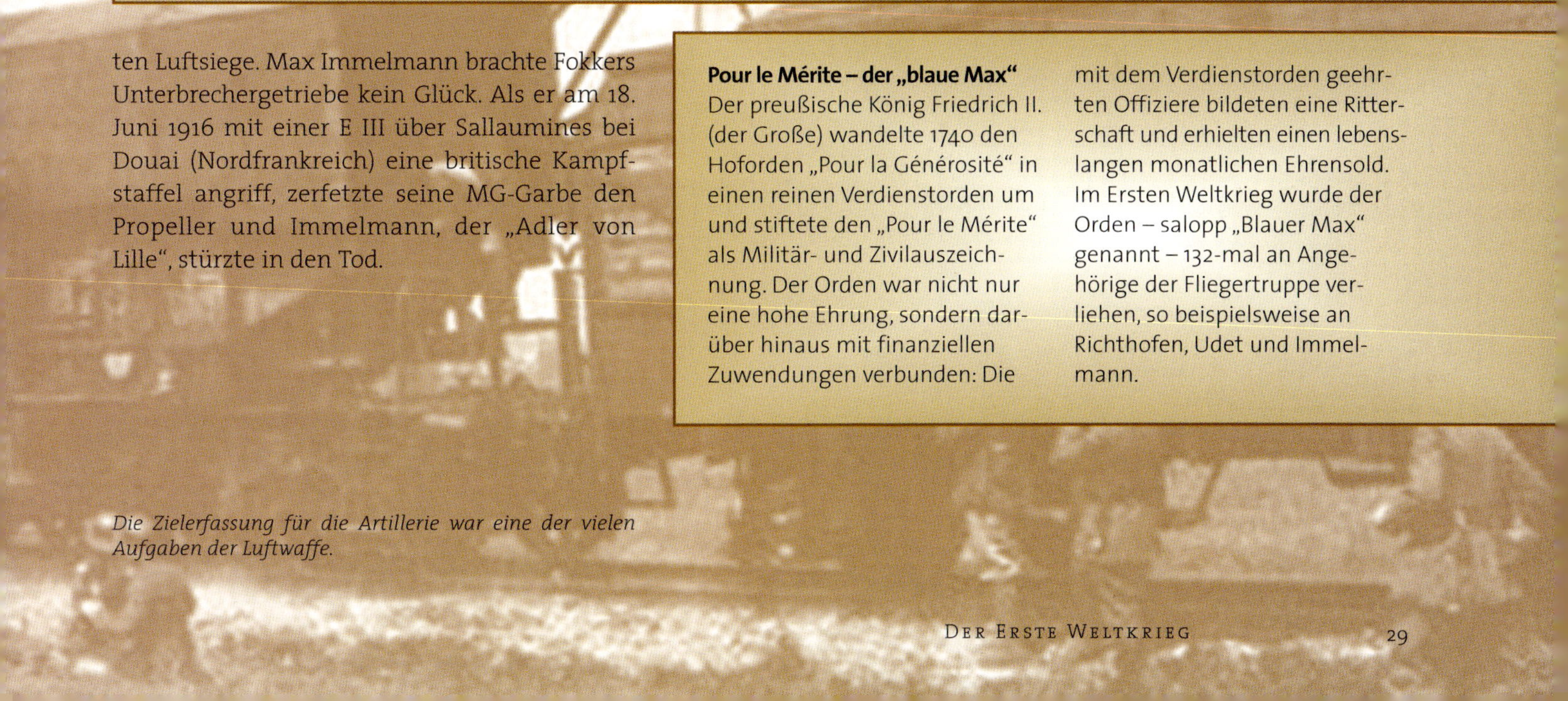

Die Zielerfassung für die Artillerie war eine der vielen Aufgaben der Luftwaffe.

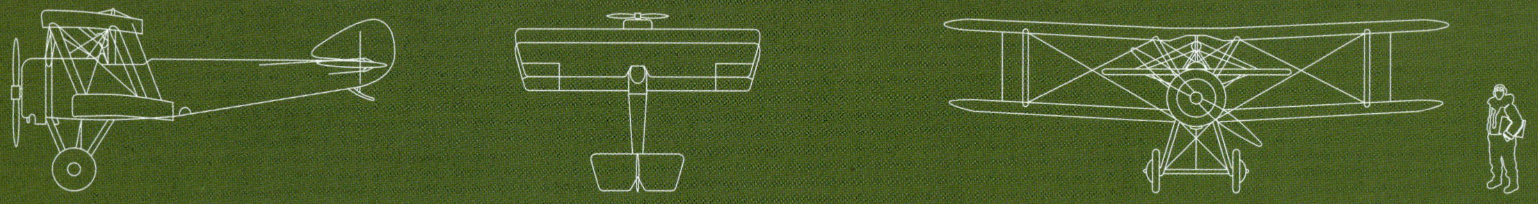

Immer noch flugfähig durch den Einsatz begeisterter Hobbypiloten – eine Pup heute.

Sopwith Pup, Triplane, Camel

Die Sopwith Camel ist noch heute das wohl bekannteste Jagdflugzeug der Alliierten im Ersten Weltkrieg. Wegen ihrer Wendigkeit beim Gegner gefürchtet, forderten ihre heiklen Flugeigenschaften von ihren Piloten hohes fliegerisches Können. Im Royal Flying Corps kursierte deshalb der makabre Witz: Die Camel bedeutet für ihren Piloten entweder ein Grabkreuz, das Rote Kreuz oder das Viktoria-Kreuz.

SOPWITH CAMEL

Einsitziger Jagdaufklärer
Spannweite: 8,53 m
Länge: 5,72 m
Höhe: 2,77 m
Leergewicht: 422 kg
Startgewicht: 659 kg
Triebwerk: Clerget 9B Neunzylinder-Umlaufmotor (wahlweise Le Rhône 9, Gnôme Monosoupape, Bentley B.R.1)
Höchstgeschwindigkeit: 182 km/h
Dienstgipfelhöhe: 5790 m
Reichweite: 485 km
Bewaffnung: 2 x starre Vickers-MG Kaliber 7,7 mm mit je 250 Schuss, vier 11-kg-Bomben unter dem Rumpf

Sopwith Pup

Die Pup sah ihrer Vorgängerin 1 1/2-Strutter (Anderthalbstreber) so ähnlich wie ein Welpe (engl.: „Pup“) seiner Mutter. Ihre offizielle

Bezeichnung lautete Sopwith Scout, und obwohl der Spitzname „Pup" an höherer Stelle nicht gefiel, war diese inoffizielle Bezeichnung bald untrennbar mit der Maschine verbunden.

Wie bei ihrer Vorgängerin waren die beiden Tragflügel mit einer ganzen und einer halben Haltestrebe (die halbe Strebe war auf dem Rumpf aufgesetzt) angeordnet. Verglichen mit den besten deutschen Jägern untermotorisiert, glich der kleine einsitzige Jagdaufklärer die Schwächen seines nur 80 PS leistenden Neunzylinder-Umlaufmotors Le Rhône 9 durch überlegene Wendigkeit und Steigleistung aus. Das Kreiselmoment des Umlaufmotors ermöglichte zwei Wenden nach rechts, in der Zeit, die die Albatros für eine brauchte. Ihre hervorragenden Flugeigenschaften machten die Pup bei der fliegenden Truppe sehr beliebt. Die Steuerung reagierte so sensibel, dass einer ihrer Piloten scherzhaft meinte: Wenn man niest, fliegt die Pup einen Looping.

Neben dem Royal Flying Corps diente die Pup auch beim Royal Naval Air Service (RNAS = brit. Marineflieger). Im April 1917 glückte E. H. Dunning mit einer Pup die erste Flugzeuglandung auf dem zum Flugzeugträger umgebauten Kreuzer HMS Furious. Die Seil- und Hakentechnik – die moderne Trägerflugzeuge

Einen typischen Landeunfall zeigt diese Triplane im sogenannten „Fliegerdenkmal".

Obwohl nur in geringer Stückzahl hergestellt, löste die Triplane einen wahren Boom im Bau von Dreideckern aus.

abbremst – war noch nicht erfunden, daher dienten Offiziere der Marine als menschliche Fanghaken, unter den Tragflächen der Pup waren Lederschlaufen angebracht, an denen das Bodenpersonal die Pup buchstäblich einfing.

Sopwith Triplane

1916 wurde offensichtlich, dass sich die allseits beliebten Pup trotz prächtiger Flugeigenschaften gegen die seit Mitte des Jahres an der Front kämpfenden deutschen Jäger nicht mehr behaupten konnte. Inzwischen forderte der Luftkampf noch bessere Steigleistungen und noch höhere Wendigkeit. Man versuchte, die Leistungen der Pup durch drei schlanke Tragflächen zu steigern. Mit Erfolg, denn die Triplane zeigte sich nicht nur bei der Wendigkeit, sondern auch im Steigvermögen den Deutschen überlegen. Da das RFC ausschließlich auf SPAD umrüstete, gingen alle Triplane an den RNAS. Sie trugen dazu bei, den für die Briten so verlustreichen „Blutmonat" April 1917 zu überstehen. Bei einer Gelegenheit kämpften 13 Triplane mit 15 deutschen Jägern und schossen ohne eigene Verluste fünf ab. Den kanadischen Piloten der berühmten „Black Flight", der No 10 Squadron, glückten von Mai bis Juni 1917 insgesamt 87 Luftsiege.

Trotz geringer Stückzahlen – gegenüber mehr als 1700 gefertigten Pup gelangten nur etwa 150 Triplane an die Front – übte sie einen enormen Einfluss aus. Noch bevor die ersten Trümmer einer abgeschossenen Triplane zur Untersuchung nach Deutschland gelangten, hatte Anthony Fokker mit der Entwicklung seines eigenen Dreideckers, der Dr I, begonnen. Ab Anfang 1917 entwickelten fast alle deutschen Jäger-Hersteller einen Dreidecker, doch nur die Dr I kam zum Einsatz.

Sopwith Camel

Bis Ende 1916 entstand bei der Sopwith Aviation Co. unter der Leitung des Chefkonstrukteurs Herbert Smith ein neuer Jagddoppeldecker – mit größerer Motorleistung und stärkerer Bewaffnung. Typisch für diese neue – Sopwith F.1 genannte – Maschine war eine abgerundete Verkleidung

Die Sopwith Camel – hier ein Nachbau – war eines der besten Jagdflugzeuge des Ersten Weltkriegs.

Eine Staffel Triplane in Bereitschaft. Das Vorläufermodell der Camel wies bessere Steigleistungen und eine höhere Wendigkeit auf.

Thomas Sopwith – ein Leben für die Fliegerei

Die englische Luftfahrtgeschichte ist untrennbar mit Thomas „Tommy" Sopwith verbunden. 1888 geboren, glückte ihm 1910 in einem Wettbewerb der längste Flug von Großbritannien auf das europäische Festland und er legte in 3 Stunden und 40 Minuten rund 270 Kilometer zurück. Mit dem Preisgeld von 4000 Pfund pachtete Sopwith im Sommer 1913 eine ehemalige Eislaufbahn in Kingston-upon-Thames, gründete die Sopwith Aviation Co. und begann gemeinsam mit Fred Sigrist Flugzeuge zu entwerfen. Harry Hawker wurde als Pilot und Geschäftsführer gewonnen.

Aus diesen kleinen Anfängen kamen Tausende der bedeutendsten Kampfflugzeuge des Ersten Weltkrieges, denen die berühmten Hawker-Flugzeuge der späteren Jahre folgten. Sopwith war einer der Gründer der Hawker-Siddeley-Gruppe und auch an British Aerospace war Thomas Sopwith maßgeblich beteiligt.

Für seine Verdienste in Krieg und Frieden 1953 in den Ritterstand erhoben, blieb Sir Thomas sein ganzes Leben der Fliegerei treu und bis in die 1980er-Jahre seinem inzwischen verstaatlichten Unternehmen als Berater verbunden. Sir Thomas Sopwith starb 1989 im Alter von hundert Jahren.

Thomas Sopwith, Luftfahrtpionier und begnadeter Konstrukteur, wurde für seine Verdienste in den Adelsstand erhoben.

Diese F1 Camel wurde im Luftkampf einer deutschen Gotha zum Verhängnis.

(sie leitete die von den MGs verursachten Luftwirbel um das Cockpit herum), deren Form entfernt an Kamelhöcker erinnerte. So blieb der Spitzname „Camel" haften.

Ende Mai 1917 übernahm das RFC seine ersten Camel. Man glaubt, dass mindestens 5140 Camel hergestellt wurden. Die Camel konnte ihre Verwandtschaft mit der Pup nicht verleugnen, allerdings war sie statt mit einem mit zwei starr lafettierten synchronisierten MG bewaffnet.

Ihre überragende Wendigkeit verdankte die Camel einer gewissen Kopflastigkeit, resultierend aus der Tatsache, dass die Hauptmasse (Motor, Pilot, Tank, Bewaffnung) im Vorderrumpf um den Schwerpunkt herum konzentriert war. Dieser Lastkonzentration, verbunden mit dem Kreiselmoment des Umlaufmotors, verdankte die Camel ihre

Ein Luftkampf im Ersten Weltkrieg – ein spektakuläres Foto, aber nach heutigem Erkenntnisstand vermutlich eine Fälschung.

AERODYNAMIK – Widerstand

Der Widerstand (engl.: „drag") ist die dritte der wichtigen Hauptgrößen im Flugzeugbau (s. S. 29 und 53). Diese Größe ist – allgemein ausgedrückt – die Summe der Kräfte, die entgegen der Flugrichtung wirken. Dazu gehören:

Der Körperwiderstand

Jeder Körper setzt einem strömenden Medium Widerstand entgegen, die Hand am Autofenster macht es deutlich, wenn man die Handfläche zur Fahrtrichtung dreht. Es gibt verschiedene Bezeichnungen für diese Kraft, in Deutschland ist Widerstandsbeiwert üblich, der Wert dieser Größe wird als Cw-Wert benannt, der vielleicht einigen aus der Automobiltechnik vertraut ist. Im englischsprachigen Raum nennt man ihn drag coefficient, bezeichnet mit Cd oder Cx. Um diesen Wert so gering wie möglich zu halten, muss die strömungsgünstigste Form gefunden werden, die sogenannte Stromlinienform.
Zwei Beispiele, um die Dimension zu verdeutlichen: Ein optimal gestaltetes Auto kann einen Cw-Wert von 0,2 erreichen, eine Flugzeugtragfläche 0,08, also deutlich weniger als die Hälfte – eine Scheibe oder eine Wand weisen einen Cw-Wert von 1,2 auf.

Der Reibungswiderstand

Auch wenn die Luft eine recht geringe Masse hat, sie hat eine. Sonst wäre der Flug nicht möglich. Wenn nun ein fester Körper durch ein Medium (hier die Luft) bewegt wird, entsteht an der Grenze zwischen Körper und Medium Reibung. Ein Beispiel hierfür ist der Wiedereintritt einer Raumfähre in die Erdatmosphäre. Hier entsteht durch die Reibung zwischen Luft und Raumfähre extreme Hitze. Daher muss die Oberfläche eines Flugzeugs so glatt wie irgend möglich gestaltet sein, um diese Reibung zu verringern. Modernere Versuche gehen in Richtung einer rauen „Haifischhaut", dabei reibt sich nicht mehr Luft und Hülle, sondern Luft und die die raue Haut umgebende Luft.

Der induzierte Widerstand

Der induzierte Widerstand beschreibt die Kraft, die aus der Bewegung des Flügels selber erwächst, man könnte sagen es ist der Preis für den Auftrieb. Ein Grund für den induzierten Widerstand ist die bereits beschrieben Druckdifferenz zwischen Flügeloberseite und Unterseite. An der Flügelnase treffen die beiden Druckzonen aufeinander und gleichen sich aus, dabei entsteht ein Wirbel, den der Flügel hinter sich herzieht. Klingt harmlos, aber diese sogenannten Wirbelschleppen sind so stark, dass sie noch mehrere Minuten nach dem Vorbeiflug eines Großflugzeugs in der Lage sind, kleine Maschinen völlig unkontrollierbar herumzuwirbeln. Und diese Wirbel wirken der Bewegungsrichtung des Flugzeugs entgegen, kosten Leistung und Geschwindigkeit. Falls Sie sich bei modernen Verkehrsflugzeugen schon einmal gefragt haben, wozu die kleinen, aufwärts stehenden Flügelendscheiben (auch „Flügelohren" genannt; engl.: „winglets") dienen: Sie sollen den induzierten Widerstand reduzieren und nicht zuletzt dadurch die Langsamflugeigenschaften, Steigrate und Reisegeschwindigkeit verbessern.
Zum Schluss noch ein letzter Begriff, die Gleitzahl. Diese Zahl leitet sich nämlich aus dem Verhältnis von Auftrieb und Widerstand ab (engl.: drag/lift ratio). Wenn ein theoretisches Flugzeug eine Gleitzahl von eins zu eins hätte, würde es – antriebslos – für jeden geflogenen Meter einen Meter an Höhe verlieren. Moderne Hochleistungssegelflieger können Gleitzahlen bis zu 1/50 erreichen, das heißt fünfzig Meter gleiten und nur einen Meter Höhe verlieren.

legendäre Wendigkeit. Doch forderten ihre unangenehmen Flugeigenschaften großes Können und besonders unter den Flugschülern waren die Unfallzahlen hoch. Beim Start neigte sich die Camel nach links, sodass der Pilot stark gegensteuern musste. Durch das starke Kreiselmoment des Umlaufmotors nach rechts neigte die Maschine dazu, nach vorn abzukippen, und geriet schnell ins Trudeln, während sie bei Linkskurven zum Steigflug tendierte. Obwohl nicht unumstritten, ist die Camel der vielleicht berühmteste Jäger des Ersten Weltkrieges. Entente-Piloten vernichteten mit ihr mindestens 1294 Feindmaschinen – mehr als mit jedem anderen Flugzeugtyp. Doch der Preis war hoch: 413 Piloten verloren ihr Leben im Luftkampf, 385 bei Unfällen ohne Feindeinwirkung. Die Camel des Kanadiers William Barker (Seriennummer B6313) gilt mit 46 Luftsiegen über Ballons und Flugzeuge als die erfolgreichste Camel des Ersten Weltkrieges – und dies innerhalb eines Jahres bei rund 400 Flugstunden.

Mitte 1918 galt die Camel wegen ihrer geringen Geschwindigkeit und mäßigen Flugleistungen in Höhen über 3650 Metern als veraltet. Nur die schleppende Entwicklung ihrer Nachfolgerin, der Sopwith Snipe, erklärt, dass sie bis zum Waffenstillstand im Dienst blieb. Die Camel bewährte sich aber auch als Schlachtflugzeug zur Erdkampfunterstützung. Bei der großen deutschen Offensive im Frühjahr 1918 fügte sie den deutschen Truppen mit Hale/Cooper-Bomben empfindliche Verluste zu.

Albatros D I/D II

Der Jagdeinsitzer Albatros D I ist dem von Albatros 1913 für die Wiener Flugwoche entwickelten „Renndoppeldecker“ völlig ähnlich. Ihre Propellerhaube ging aerodynamisch günstig in den wohlabgerundeten, in Sperrholz-Schalenbauweise gefertigten Rumpf über. Dieser sich nach hinten verjüngende schlanke Rumpf verlieh dem Flugzeug geringen Luftwiderstand und daraus resultierend hohe Geschwindigkeit. Nachdem die ersten D I im August/September 1916 zum Einsatz gelangten, erkämpften die deutschen Flieger in kürzester Zeit die Luftüberlegenheit über den Schlachtfeldern der Westfront.

ALBATROS D II
Jagdeinsitzer
Spannweite: 9,50 m
Länge: 7,40 m
Höhe: 2,59 m
Leergewicht: 640 kg
Startgewicht: 890 kg
Triebwerk: Reihenmotor Daimler D III mit 120 kW (160 PS)
Höchstgeschwindigkeit: 175 km/h
Dienstgipfelhöhe: 5500 m
Reichweite: 330 km
Bewaffnung: zwei starre (synchronisierte, durch den Propellerkreis feuernde) LMG 08/15 Kaliber 7,92 mm

Zeitzeugen waren von den wahrhaft atemberaubenden Flugleistungen der Albatros, ihrer Motorleistung und Feuerkraft begeistert. Aber die D I hatte auch ihre Mängel: Die Sicht nach vorne und schräg oben sowie schräg nach unten war begrenzt, und im schnellen Sturzflug konnte der Unterflügel ins Flattern geraten und sogar abbrechen. Nichtsdestotrotz erwies sich die Albatros im Einsatz als ausgesprochen robust. Ihr ovaler, torpedoförmiger Sperrholzrumpf war weitaus beschussfester als die sonst übliche Bauweise mit einem stoffbespanntem Holzgerüst. Wichtigste Neuerung allerdings waren zwei LMG 08/15 Kaliber 7,92 mm in Zwillingslafettierung. Starr vor dem Piloten auf dem Vorderrumpf montiert und gesteuert durch den

Die windschlüpfigen Formen der Albatros D I zeigen die Verwandtschaft zum Vorläufer, einem Renndoppeldecker.

Propellerkreis schießend, wurde die Trefferquote deutlich verbessert. Angetrieben wurde die D I entweder von einem Benz Bz III (110 kW/150 PS) oder einem wassergekühlten Reihenmotor Daimler D III (120 kW/160 PS).

Die Erfolge an der Front blieben nicht aus. Mit einer Albatros errang Oswald Boelcke – Flieger-Ass und Führer der neu gebildeten Jagdstaffel 2 – in nur 16 Tagen elf Luftsiege. Manfred von Richthofen erkämpfte 48 seiner insgesamt 80 anerkannten Luftsiege mit Albatros-Jägern: 17 mit D II, 23 mit D III, sechs mit D V und zwei mit D Va.

Auf die D I folgte schnell die D II, eine der Änderungen betraf den Oberflügel, den hatte man tiefer angeordnet, um die Sicht nach oben

Die weiterentwickelte Albatros D II: Durch einen geänderten Oberflügel wurde die Sicht des Piloten verbessert.

In Österreich wurden in Lizenz gebaute Albatros D II mit einem kräftigeren Austro-Daimler-Motor ausgestattet, der Einsätze in größerer Höhe möglich machte.

Blutiger April

Bis weit in den Sommer 1917 beherrschten die Albatros den Luftraum im Westen. Obschon technisch nicht mehr auf dem aktuellen Stand, waren sie dank dem überlegenen Können ihrer Piloten verantwortlich für die außergewöhnlich hohen Verluste der Alliierten im Frühjahr 1917. Im März hatte sich die deutsche Führung entschlossen, in die Siegfriedstellung zurückzugehen, die sich von Arras über St. Quentin nach Vailly zog. Man wollte Zeit für die Wirksamkeit des U-Boot-Krieges gewinnen, die Angriffsabsichten des Gegners auf dem Frontbogen zwischen Arras und Soisson sollte gestört werden und ihn zu neuen, zeitraubenden Dispositionen zwingen. Dank der deutschen Luftüberlegenheit glückte der Rückzug unentdeckt. Aber dann griffen Hunderte britische Flugzeuge an. Im Rahmen der am 9. April losbrechenden britischen Offensive bei Arras entwickelten sich Luftkämpfe von bis dahin unerreichter Härte. Dieser April brachte dem RFC so erschreckende Verluste, dass er als „blutiger April" in die Luftkriegsgeschichte einging. Allein die Jasta 11 unter dem Kommando des „Roten Barons" Manfred von Richthofen erzielte 89 Abschüsse und einige gegnerische Staffeln wurden völlig vernichtet. Die deutsche Luftüberlegenheit dauerte bis in den Sommer 1917 hinein, dann brachte die Entente kampfwert- und leistungsgesteigerte Jäger an die Front. Der vereinten Elite der alliierten Flieger und ihren neuen Maschinen – SPAD XIII, Bristol, Breguet, S.E.5 und Sopwith Triplane – gelang es schließlich, das Gleichgewicht in der Luft zumindest teilweise wieder herzustellen.

Oswald Boelcke

Oswald Boelcke kam 1914, im Alter von 23 Jahren, in die Fliegerschule Darmstadt. Nach erfolgreich bestandener Pilotenprüfung und kurzem Dienst bei Flieger-Ersatz-Abteilungen, wurde er am 1. September 1914 an die Westfront geschickt und gelangte schließlich zur Feldfliegerabteilung 62. Dort führte Anthony Fokker gerade seine neuen Kampfeinsitzer mit synchronisiertem MG vor.

Begeistert von der neuen Maschine, flog er sich heimlich auf sie ein und errang am 6. Juli 1915 seinen ersten Luftsieg. Boelckes Verdienst war in erster Linie der organisatorische Ausbau und die taktische Verwendung der Jagdfliegerei – die übrigens immer noch Gültigkeit hat. So lehrte er unter anderem, dass der Jagdflieger sich nicht als Einzelkämpfer verstehen und persönlichen Erfolgen nachjagen dürfe, dass es seine vornehmste Aufgabe sei, bescheiden hinter seiner Tätigkeit zurückzutreten und sich in die Gesamtheit einzuordnen …

Der Kaiser verlieh Boelcke und Immelmann am 12. Januar 1916 für ihren jeweils achten Luftsieg als ersten Fliegern den höchsten preußischen Tapferkeitsorden „Pour le Mérite".

Nach Boelckes Vorschlägen wurden im August 1916 die ersten Jagdstaffeln geschaffen. Mit der Zusammenstellung und Führung der Jasta 2 betraut, durfte er sich seine Piloten selber aussuchen. Diese legendäre „Jagdstaffel Boelcke" wurde zur Schule zahlreicher erfolgreicher Jagdflieger.

Manfred von Richthofen – damals noch eine völlig unbekannte Größe – war einer von ihnen. In der Richthofen-Biographie „Der rote Kampfflieger" kann man nachlesen, mit welcher Hingabe und Verehrung Boelckes Jagdstaffel 2 ihm folgte – ihm, dem meisterlichen Jagdflieger und Lehrer, einem schlichten jungen Mann, weit davon entfernt, sich vom Ruhm den Kopf verdrehen zu lassen. Am 28. Oktober 1916 stieß Hauptmann Boelcke während eines Luftkampfes mit der Maschine seines Staffelkameraden und Freundes Erwin Böhme zusammen und stürzte – unbesiegt – in den Tod.

Der Kaiser verfügte daraufhin, dass Jasta 2 zum Andenken an ihren ersten Führer den Namen „Jagdstaffel Boelcke" tragen sollte. Diese Tradition lebt bis heute in der Bundesluftwaffe, deren Jagdbombergeschwader 31 den Namen „Boelcke" führt.

zu verbessern. In großen Stückzahlen gebaut (rund 1500) und nach weiteren, nicht immer gelungenen kampfwert- und leistungssteigernden Maßnahmen, waren die letzten Albatros der D-Serie die D V und D Va.

Die Albatros Flugzeugwerke GmbH, Berlin-Johannisthal

Die Albatros Flugzeugwerke, 1909 von Dr. Walter Huth und dem Ingenieur Wiener gegründet, sind untrennbar mit der deutschen Luftfahrtgeschichte verbunden. Dr. Huth erkannte die Überlegenheit der damaligen französischen Flugapparate und kaufte im gleichen Jahr je einen Antoinette-Eindecker und Farman-Doppeldecker und erwarb die Lizenzrechte für die Albatros-Werke.

Aber es blieb nicht bei der Lizenzfertigung. Am Firmensitz in Johannisthal-Adlershof – der Wiege des deutschen Motorfluges – erschien 1913 als erste Eigenkonstruktion der Militär-Doppeldecker B II, den Albatros der Fliegertruppe samt Fluglehrer zur Verfügung stellte. Die Albatros Flugzeugwerke wuchsen – bis auf 6400 Beschäftigte – und gediehen und stellten im Ersten Weltkrieg gut 20 Prozent aller deut-

Die kleinen, dreieckigen Flächen am Höhenruder der Albatros dienten dem Ruderkraftausgleich.

schen Militärmaschinen. Auch der junge Ernst Heinkel arbeitete für 200 Mark monatlich als Ingenieur bei Albatros. Die Gesamtfertigung in den Kriegsjahren summierte sich bei 67 Modellen auf über 10 000 Exemplare; davon war die D-Baureihe eine der meistgefürchteten Gegner im Luftkampf.

Zu den letzten Typen der D-Serie zählt die Albatros D V – hier mit Pilot und Mannschaft.

Dicta Boelcke
Oswald Boelcke fasste die bis heute gültigen Grundsätze des Luftkampfs wie folgt zusammen:
1. Sichere Dir die Vorteile vor dem Angriff (Überraschung, überlegene Höhe, Geschwindigkeit, zahlenmäßige Überlegenheit, Kampf über den eigenen Linien);
2. Führe den angesetzten Angriff stets durch (Entschlossenheit ist entscheidend; ein zu früh abgebrochener Angriff bringt keinen Erfolg);
3. Nur aus kürzester Entfernung feuern und nur dann, wenn der Gegner sicher im Visier ist;
4. Gegner ständig im Auge behalten (nicht durch Finten täuschen lassen);
5. Für jeden Angriff wichtig: Den Gegner von rückwärts fassen;
6. Greift der Gegner von oben an, nicht ausweichen, sondern entgegenfliegen (der im Sturzflugangriff erzielte Geschwindigkeitsüberschuss des Angreifers ist zu groß, um vor ihm fliehen zu können);
7. Über feindlichem Gebiet nie die eigene Rückzugslinie vergessen;
Für die Staffel: Angriff prinzipiell nur in Gruppen zu vier oder sechs und bei Auflösung in Einzelkämpfe nicht mehrere auf einen Gegner.

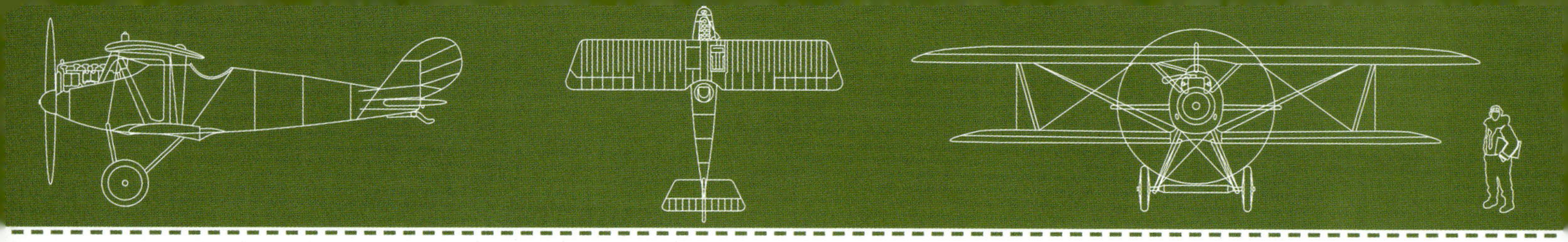

Pfalz D III und D XII

Die Jäger aus der Firma der Brüder Eversbusch in Speyer standen ein wenig im Schatten der Fokker und Albatros-Maschinen. Obwohl in Bauweise und Motorisierung zukunftsweisend, konnten sie nicht die Leistung und Popularität ihrer Konkurrenten erreichen.

PFALZ D III
Jagdeinsitzer
Spannweite: 9,40 m
Länge: 6,90 m
Höhe: 2,67 m
Leergewicht: 700 kg
Startgewicht: 930 kg
Triebwerk: wassergekühlter Sechszylindermotor Daimler D III mit 120 kW (160 PS)
Höchstgeschwindigkeit: 165 km/h in 3000 m Höhe
Dienstgipfelhöhe: rund 5100 m
Reichweite: 350 km
Bewaffnung: 2 x starr montierte, synchronisiert vorwärtsfeuernde LMG 08/15 „Spandau“ Kaliber 7,92 mm

Die Pfalz-Flugzeugwerke hatte als Lizenznehmer (u. a. der deutschen LFG „Roland“) mit dem Flugzeugbau begonnen – die Ähnlichkeit zu den Modellen der letzteren zeigt dies deutlich. Auch das erste eigene Modell aus dem Jahr 1916, die Pfalz D III, zeigte die von LFG entwickelte Bauweise mit einem halb selbsttragenden Holzschalenrumpf. Diese Fabrikationstechnik war bis Kriegsende typisch für beide Firmen.

Pfalz D III

Der Doppeldecker – mit auffallend kurzem Unterflügel beinah ein Anderthalbdecker – war durch den Einbau von zwei Maschinengewehren und einem Reihenmotor durchaus „modern“ – ihre Flugleistungen aber eher bescheiden.

In einer Hinsicht war die Pfalz allerdings einzigartig. Die DIII war zu ihrer Zeit die Einzige, die einen Sturzflug sicher überstehen konnte. Bei allen Konkurrenten entschied das Glück, ob die Tragflächen den Belastungen beim Abfangen standhielten. Dieser Angriff von oben war die erfolgversprechendste Methode, um die durch starke bodengestützte Flugabwehr geschützten Beobachtungs- und Sperrballons anzugreifen. Die

Nicht immer wurden Maschinen des Gegners beim Luftkampf zerstört: Eine erbeutete Pfalz D IIIa in den Händen der Allierten.

PFALZ D XII
Jagdeinsitzer
Spannweite: 9,00 m
Länge: 6,40 m
Höhe: 2,70 m
Leergewicht: 720 kg
Startgewicht: 900 kg
Triebwerk: wassergekühlter Sechszylindermotor Daimler D IIIa mit 120 kW (160 PS)
Höchstgeschwindigkeit: 170 km/h
Dienstgipfelhöhe: 5640 m
Reichweite: 425 km
Bewaffnung: 2 x starr montierte, synchronisiert vorwärtsfeuernde LMG 08/15 „Spandau" Kaliber 7,92 mm

Pfalz D XII

Zum Jagdflugzeugwettbewerb der IdFlieg (Inspektion der Fliegertruppen) im Mai 1918 erschien die letzte in größerer Zahl hergestellte Pfalz D XII. Als Rückversicherung und Ersatz für die Fokker D VIII geplant, verfügte sie über gute Flugleistungen und war ebenso wie ihre Vorgängerin sehr robust; auch die ausgezeichnete Sturzflugtauglichkeit blieb erhalten.

Auch wenn man ihre Namen nicht mehr kennt – ohne das Bodenpersonal und die Monteure hätte es keine Helden der Lüfte gegeben.

Pfalz konnte sich von oben feuernd auf den Ballon stürzen und hatte als Ballonjäger (engl.: „Balloon Buster" = Ballonknacker) ihre größten Erfolge.

Von diesem Modell wurden etwa 600 Exemplare gebaut und in erster Linie von bayrischen Einheiten geflogen. Der allgemeinen Ablehnung dieser Maschine steht das Urteil alliierter Piloten entgegen. Nachdem sie eine erbeutete Pfalz D IIIa erprobt hatten, fanden sie das Muster wendiger und besser ausgeglichen als die Albatros D V.

Abschließend muss der Genauigkeit halber gesagt werden: die Pfalz hat nie den Nimbus anderer Maschine erreicht, diente aber in zahlreichen Geschwadern neben Fokker- und Albatros-Modellen und hatte dank Ihrer Robustheit und guten Übersicht im Cockpit ihre Befürworter. Im Fronteinsatz hat sie einige der besser bekannten Flugzeuge überdauert – bis in den August 1918.

Leutnant von Alvensleben, Jagstaffel 21, in seiner Pfalz D.III

Filmstar Pfalz
Nach Kriegsende wurden ca. 175 Exemplare der verschiedenen Pfalz Modelle an die Alliierten übergeben, In verschiedenen Museen überdauerten sie die Nachkriegszeit und zwei davon kamen zu Filmruhm.
Buck Kennel, ein Amerikaner im Dienst der US-Filmgesellschaft Paramount, stieß 1938 auf zwei dieser Maschinen und restaurierte sie. Ob sie dann tatsächlich im Film „Men with wings" zu sehen waren, ist unklar, auf der Besetzungsliste standen sie sicher.
Eine dieser Maschine ist heute im National Air and Space Museum der Smithsonian Institution in Washington/USA zu sehen.

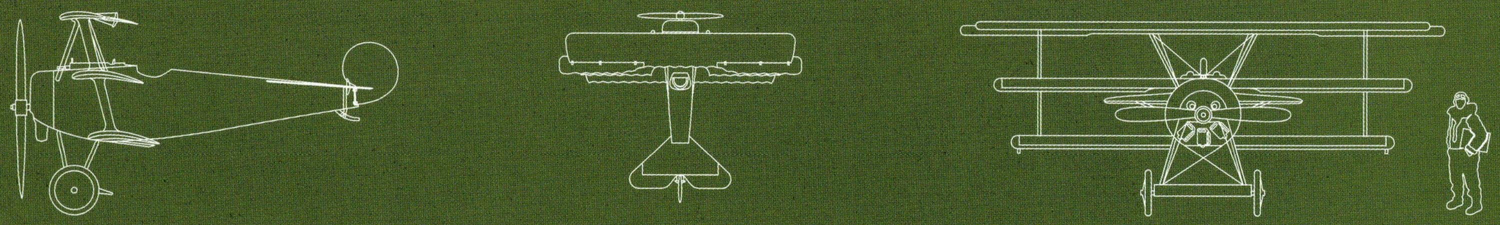

Fokker Dr I

Werner Voß war einer der ersten Piloten, denen eine Dr. I zur Erprobung übergeben wurde. Seine Fokker zeigt an den Enden der Oberflügel deutlich die Ausgleichsflächen des Hornausgleichs.

Der Fokker-Dreidecker und Manfred von Richthofen sind ein Urbild für das Jagdflugzeug und seinen Piloten. Der „Rote Baron" mehrte den Ruhm dieses Modells weit über den Grad hinaus, der dieser Maschine eigentlich zukäme – ihre Dienstzeit betrug nicht einmal ein Jahr und die Gesamtproduktion war recht klein. Die Dr I (sprich: „Dre I") war fast schon veraltet, als die ersten Prototypen Ende August 1917 zur Flugerprobung unter Frontbedingungen bei Richthofens Jasta 11 eintrafen. Nach einer Gesamtproduktion von nur 323 Exemplaren wurde die Serienfertigung im Mai 1918 eingestellt.

FOKKER DR I
Jagdeinsitzer
Spannweite: 7,19 m oben, 6,22 m Mitte und 5,72 m unten
Länge: 5,77 m
Höhe: 2,95 m
Leergewicht: 404 kg
Startgewicht: 584 kg
Triebwerk: Neunzylinder-Umlaufmotor Oberursel UR II mit 82 kW (110 PS) Startleistung
Höchstgeschwindigkeit: 165 km/h in 4000 m Höhe
Dienstgipfelhöhe: 6000 m
Reichweite: 300 km
Bewaffnung: zwei starre 7,92-mm-LMG 08/15 mit je 500 Schuss

Kurvenkämpfer

Die Dr I war das einzige erfolgreiche von elf verschiedenen Dreidecker-Modellen, die als Antwort auf die hervorragende Sopwith Triplane geplant wurden. Fokkers Chefkonstrukteur Reinhold Platz hatte kompromisslos der Wendigkeit und der Steigleistung oberste Priorität gegeben. Die Höchstgeschwindigkeit der Dr I war mäßig – ihre große Stunde kam, wenn im Kurvenkampf auf kürzeste Entfernung die Wendigkeit über Sieg oder Niederlage entschied.

Beispielsweise konnte eine Kehre nur mit den Steuerklappen geflogen werden und der Pilot musste sogar das Seitenruder in die Gegenrichtung stellen, damit die Dr I nicht einfach weiterrollte und sich auf den Rücken legte. Einigkeit herrschte allgemein darüber, dass bei der flachen Kehre im Horizontalflug kein anderes Jagdflugzeug mit der Dr I vergleichbar war – alliierte Flugzeuge fielen bei diesem Manöver buchstäblich vom Himmel.

Dank hervorragender Wendigkeit und Rundumsicht in den Händen erfahrener Pilo-

Ruderkraftausgleich: Hornausgleich, Ohrenausgleich, Innenausgleich

In der Frühzeit der Fliegerei war das Betätigen der Steuerflächen noch mit beträchtlicher Muskelarbeit verbunden, denn je größer der Ruderausschlag, desto stärker wurden die Steuerflächen vom Fahrtwind beaufschlagt. Der Ruderkraftausgleich oder andere Formen von Kraftausgleichsflächen war ein einfacher, rein mechanischer Weg, diesen Druck auf die Handkräfte zu mindern. Je weiter die Ruder aus der Richtung des Hauptflügels ausklappen, desto weiter ragen die Ausgleichsflächen in die Gegenrichtung und verringern die zur Steuerung benötigte Kraft. Ausgleiche wie beim Querruder der Fokker Dr I werden Ohrenausgleiche, die am Höhenruder Hornausgleiche und die am Querruder der Pfalz D III als Innenausgleiche bezeichnet.

Die extrem kurze Spannweite der Fokker Dr I verlieh ihr eine überragende Wendigkeit, für ungeübte Piloten war sie aber fast nicht zu beherrschen.

Airco D.H.2

Besonders auffällig bei diesem als Jagdeinsitzer konzipierten Doppeldecker ist seine ungewöhnliche Konstruktion: Druckpropeller und Gitterschwanz. Als am 24. Juni 1916 der britisch-französische Großangriff an der Somme losbrach, erwiesen sich die D.H.2 den deutschen Jägern ebenbürtig und erzielten gegen die „Fokker-Plage" beachtliche Erfolge.

Die Airco D.H.2 wurde auch unter den erschwerten Bedingungen des Mittleren Ostens geflogen..

Geoffrey De Havilland

Geoffrey de Havilland, seit 1914 Chefkonstrukteur und Testpilot der Aircraft Manufacturing Company (Airco), schuf für diese Firma mehrere wegweisende Flugzeugmodelle.
Sein zweiter eigenverantwortlicher Entwurf war die vom Zweisitzer D.H.1 abgeleitete D.H.2. „D.H.", wie man ihn fast überall nannte, gehörte zu jener Gruppe von Pionieren, die nicht nur Flugzeuge, sondern auch Motoren entwarfen und dann auch lernten, ihre Apparate zu fliegen.

Seine geistige Urheberschaft dokumentierte Geoffrey de Havilland mit seinem Namenskürzel „D.H." als Typenbezeichnung und konnte sich damit aus der Masse der Konstrukteure herausheben, die nur in Fachkreisen bekannt sind.
1920 übernahm er die Firma Airco und gründete die De Havilland Aircraft Co, seine erste eigene Firma. Das Ergebnis seiner Arbeit war eine seltene Dynastie von Flugzeugen, bis hin zum Düsenverkehrsflugzeug „Comet".

Druckpropeller

1915, als der Prototyp D.H.2 flog, stand ein zuverlässig arbeitendes Unterbrechergetriebe für das MG noch nicht zur Verfügung. Da Propellerdrehzahl und Schussfolge nicht synchronisiert werden konnten, nahm man den Propeller

AIRCO D.H.2
Jagdeinsitzer
Spannweite: 8,61 m
Länge: 7,68 m
Höhe: 2,91 m
Leergewicht: 428 kg
Startgewicht: 654 kg
Triebwerk: Umlaufmotor Gnôme Monosoupape mit 74 kW (100 PS) oder Le Rhône mit 81 kW (110 PS)
Höchstgeschwindigkeit: 150 km/h
Dienstgipfelhöhe: 4265 m
Reichweite: 360 km
Bewaffnung: ein nach vorn feuerndes Lewis-MG Kaliber 7,7 mm

Lanoe Hawker
Hawker war einer der Begründer der modernen Luftkampftaktik. Bereits zu Beginn seiner Laufbahn hatte er mit der MG-Bewaffnung seines Bristol-Doppeldeckers eine wichtige Neuerung geschaffen und getreu seiner Devise „Attack everything" damit großen Erfolg gehabt – hohe militärische Auszeichnungen wurden ihm dafür zuteil. Für den Abschuss von drei deutschen Flugzeugen im Juli 1915 wurde Hawker als erster Pilot mit dem Victoria Cross ausgezeichnet, nachdem er schon im April 1915 mit Handgranaten einen Zeppelin zerstört und mit der Verdienstmedaille Distinguished Service Order belohnt worden war. Zum Major befördert, übertrug man ihm die Leitung der No 24 Squadron des RFC. Hier entwickelte er die Taktik des geordneten Staffelflugs, die lange Jahre Gültigkeit behalten sollte. Lanoe Hawker wurde in einem der längsten dokumentierten Luftkämpfe (35 Minuten) am 23. November 1916 das elfte Opfer des „Roten Barons". Richthofen nannte ihn später einen „Mordskerl und englischen Immelmann".

buchstäblich aus der Schusslinie und baute ihn hinter der Kanzel als Druckpropeller ein. So wurde es möglich, die Bordwaffe am Bug zu installieren und ungehindert in Flugrichtung zu feuern. Leider lag damit der Motor in der Hauptangriffsrichtung eines feindlichen Jägers. Ein Treffer im Triebwerk bedeutete den fast sicheren Absturz. und Trümmer eines zerstörten Motors beschädigten zusätzlich das Gitterwerk des Hecks.

Zielerfassung

Obwohl der Druckpropeller das Schießen in Flugrichtung nicht behinderte, kam „D.H." nicht auf die Idee, ein oder mehrere MGs starr einzubauen. Stattdessen wurden rechts und links neben der Windschutzscheibe Halterungen für das MG eingerichtet, damit der Pilot selbst die zur Zielbekämpfung wirksamste Auflage wählen konnte. Er sollte also die rund zwölf Kilogramm schwere Waffe nicht nur von einer Seite auf die andere wuchten, sondern musste im Luftkampf mit einer Hand schießen und mit der anderen sein Flugzeug unter Kontrolle

Der Druckpropeller hinter dem Piloten war eine technische Lösung, um das Schießen durch den Propellerkreis zu umgehen.

FLUGZEUGSTEUERUNG –
Die Steuerelemente

Zwischen den Besenstielen, an denen in den Pioniertagen der Fliegerei die Steuerdrähte befestigt waren, und den Joysticks heutiger Flugzeuge liegen Welten. Geblieben sind allerdings einige Grundsätze:
Der Steuerknüppel steuert die Querlage und die Höhe des Flugzeugs, wirkt also auf Quer- und Höhenruder. Dabei macht es keinen Unterschied, ob es sich wirklich um einen Knüppel, die traditionelle Steuersäule für beide Hände oder einen modernen Sidestick (kleiner Bedienungshebel, auch „Steuergriff" genannt; setzt über Bordrechner elektronische Befehle um) handelt.
Zwei Fußpedale steuern das Seitenruder und damit die Bewegung um die senkrechte Hochachse. Der Umstieg vom Auto auf das Flugzeug hat also seine Tücken, auch wenn bei einigen Flugzeugen die Radbremsen über die Pedale gesteuert werden.
Unter Trimmung versteht man das Herstellen des Kräfte- und Momentengleichgewichts am Flugkörper. Um die Piloten zu entlasten, soll die Haltekraft am Bedienelement (Steuerknüppel, Pedale) gleich Null sein. Beim Betätigen der Ruder durch Muskelkraft erfolgt die Trimmung mittels Trimmrudern. Trimmruder können Kopf- und Schwanzlastigkeit ausgleichen oder bei Motorausfall an mehrmotorigen Maschinen eine Seitendifferenz neutralisieren.

halten. Beschwerden aus den Reihen der Piloten führten dann dazu, dass das MG fest in der mittleren Halterung auf dem Bug montiert wurde. Gezielt wurde also mit dem ganzen Flugzeug.

Bis zuletzt blieb die Bewaffnung eine Schwachstelle der D.H.2. Mit nur einem MG bewaffnet konnte sie es an Feuerkraft nicht mit den moderneren Jägern aufnehmen,

Fronteinsatz

Die erste reine Jagdstaffel des Royal Flying Corps – No 24 Squadron – wurde im Februar 1916 erstmalig mit nur einem Flugzeugtyp ausgestattet, der Airco D.H.2.

Nachdem einige Kinderkrankheiten kuriert waren, schätzten die Piloten die ausgezeichnete Rundumsicht und die hervorragenden Flugeigenschaften. Nicht zuletzt dank ihrer feinfühligen Flugsteuerung erwies sie sich bei den wichtigsten Eigenschaften – Steigleistung, Manövrierbarkeit und Höchstgeschwindigkeit –

Mehr noch als andere zeitgenössische Flugzeuge verdeutlicht die Airco D.H.2 die damalige, noch sehr fragile Bauweise.

als den Fokker-Eindeckern überlegen. Die D.H.2 konnte im Verlauf der rund fünf Monate dauernden Schlacht an der Somme die Luftüberlegenheit zurückgewinnen und wurde erst Ende 1916 von den neuen Albatros- und Halberstadt-Jägern überflügelt.

Startvorbereitung! Das Bodenpersonal wartet auf den Befehl zum Anwerfen der Airco D.H.5.

AERODYNAMIK –
Schub oder der Propeller

Die vierte Grundgröße (s. S. 29 und 35) der Fliegerei ist der Schub. Zum Fliegen ist Bewegung nötig, nur wenn die Tragflächen ausreichend schnell angeströmt werden, entsteht Auftrieb. Bei Segelflugzeugen entsteht die Bewegung durch das Hinabgleiten, auch im Aufwind gleitet das Segelflugzeug relativ zum Aufwind abwärts – obwohl es an Höhe über Grund gewinnt.
Zum Motorflug braucht es einen anderen Antrieb, hier geht es zunächst um den Propeller. Das Wirkungsprinzip ist im Grunde dasselbe wie bei einer Tragfläche. Bei einem vorne montierten Zugpropeller entsteht durch die Bewegung der Luftschraube Vortrieb, an der Vorderseite ist der Druck geringer als auf der Rückseite, das Flugzeug wird nach vorne gezogen.
Der Druckpropeller ist hinter der Pilotenkanzel angebracht und schiebt das Flugzeug anstatt es zu ziehen. Die Blätter des Propellers verlaufen nicht gerade, sie sind verdreht – man spricht von einer unterschiedlichen Steigung. Diese Steigung entspricht dem Anstellwinkel einer Tragfläche (steiler Anstellwinkel = große Steigung = viel Schub und umgekehrt). Seit den 1930er-Jahren gibt es Verstellpropeller, mit variabler Steigung, denn ein kleiner Anstellwinkel – eine kleine Steigung – ist für den Start und Steigflug optimal, sie erlaubt dem Motor hohe Drehzahlen.
Im Horizontalflug bei Reisegeschwindigkeit ist eine große Steigung günstig, sie liefert bei geringerer Motorleistung ausreichend Schub. Moderne Propeller verstellen sich automatisch, abhängig von der Flugsituation.
Ein weiterer Vorteil von Verstellpropellern ist die Segelstellung. Fällt nämlich der Motor aus, kann das Flugzeug im Gleitflug durchaus noch landen. Der Fahrtwind könnte den Propeller in Normalstellung aber wie ein Windrad antreiben und das würde zu weiteren Schäden am Motor führen – die Segelstellung, also Propellervorderkante in Flugrichtung, verhindert das.

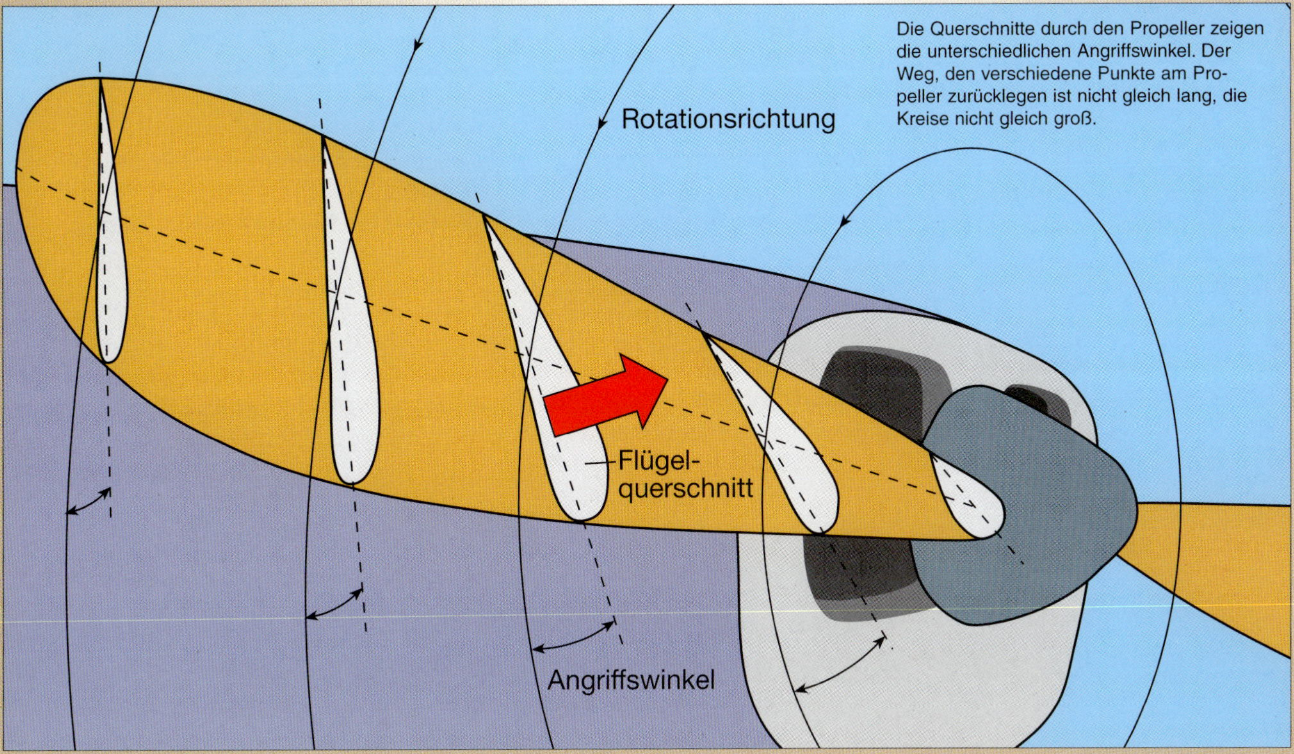

Die Querschnitte durch den Propeller zeigen die unterschiedlichen Angriffswinkel. Der Weg, den verschiedene Punkte am Propeller zurücklegen ist nicht gleich lang, die Kreise nicht gleich groß.

Nieuport 17

In den ersten zwei Jahren nach der Erfindung des Jagdflugzeugs entstanden zahlreiche Bauweisen; sogar Vier- und Fünfdecker. Einige Konzepte führten in technologische „Sackgassen“, während sich Ein- und Doppeldecker bewährten – aber auch sie lieferten genügend Stoff für Kontroversen. Die Nieuport 17 bot eine vielversprechende Alternative zum Ein- und Doppeldecker. Ausgelegt als Anderthalbdecker mit deutlich kürzerem Unterflügel, vereinte sie eine Zeit lang die Vorzüge beider Bauweisen.

NIEUPORT 17

Jagdeinsitzer
Spannweite: 8,22 m
Länge: 5,74 m
Höhe: 2,33 m
Leergewicht: 410 kg
Startgewicht: 565 kg
Triebwerk: Umlaufmotor Le Rhône 9Ja mit 80,9 kW (110 PS) oder Le Rhône 9Jb mit 88,3 kW (120 PS)
Höchstgeschwindigkeit: 170 km/h
Dienstgipfelhöhe: 5300 m
Reichweite: 300 km
Bewaffnung: erste Serie gewöhnlich 7,7-mm-Vickers-MG auf dem Oberflügel, später ein MG (meistens 7,7-mm-Vickers) starr und synchronisiert auf dem Bug

Bis 1917 der Standardjäger der Armée de l'Air, war die Nieuport 17 lange Zeit dominierend am Himmel über der Westfront.

Nieuport 17

Basierend auf der Nieuport 11, wegen ihrer kürzeren Spannweite auch „Bébé“ (Baby) genannt, kam dieser Anderthalbdecker im März 1916 zum Einsatz. Sein charakteristischer verkürzter Unterflügel diente primär als Stütze für die V-förmigen Flügelstreben und nur sekundär als Tragfläche. Nieuports Konstrukteure hatten vorzügliche Arbeit geleistet und den Unterflügel – verglichen mit den Vorgängermodellen – erheblich verstärkt, um das Verwinden der Tragflächen zu vermeiden, wie es bei Typ 11 und 16 auftrat. Die Nieuport 17 überzeugte durch Wendigkeit und gute Flugleistungen, insbesondere mit einem hohen Steigvermögen und beachtlicher Höchstgeschwindigkeit. Sie vereinte die Vorzüge des Eindeckers (hohe Geschwindigkeit) mit dem Doppeldecker (gute Manövrierfähigkeit und Robustheit). In jeder Hinsicht besser als die damaligen Fokker- und

Lafayette Escadrille

Noch vor dem Kriegseintritt der USA bildeten US-Freiwillige im Rahmen der französischen Luftstreitkräfte 1916 die Escadrille Américaine. Ihre Motive waren verschieden: Einige meldeten sich aus reiner Abenteuerlust, andere weil sie an die Sache der Entente glaubten. Nach deutschen Protesten gegen diesen Bruch der Neutralität wurde die Staffel nach dem französischen Marquis de Lafayette in Lafayette Escadrille umbenannt. Lafayette hatte seit 1777 als General unter George Washington im Unabhängigkeitskrieg der USA gekämpft. Ausgerüstet war die Staffel mit Nieuport und SPAD. Die Bedeutung der Staffel war weniger militärisch als vielmehr politischer Natur. Immerhin vermittelte ihre aktive Teilnahme an den Kämpfen schon ein Jahr vor dem Kriegseintritt der USA den Eindruck, auf welcher Seite die amerikanischen Sympathien lagen. In ihrem Quartier zeigten sich die Amerikaner als stilvolle Gastgeber. Ihre britischen und französischen Kameraden erschienen in Scharen und genossen eine verschwenderische Gastfreundschaft: Endlose und laute Pokerpartien, Musik, und ausgezeichnetes Essen. Nicht zu vergessen die Maskottchen der Staffel – die beiden Löwenjungen „Whiskey“ und „Soda“.

Gruppenfoto der Lafayette-Escadrille mit einem ihrer exotischen Maskottchen, einem Löwenjungen.

Halberstadt-Jäger, erwies sich die Nieuport 17 bis zum Erscheinen der Albatros D III und Fokker D VII am Himmel über der Westfront überlegen. Bis zum Frühjahr 1917 französischer Standardjäger, ist die Nieuport 17 mit vielen Flieger-Assen verbunden. Ihre Verbreitung war enorm; sie diente sechs nationalen Luftstreitkräften. Der Kanadier Billy Bishop errang mit ihr 47 Luftsiege, während Albert Ball (44 Luftsiege) seine Nieuport so sehr schätzte, dass er nach der Erprobung eines neuen Modells die Ergebnisse fälschte, um nicht auf ein anderes Flugzeugmuster wechseln zu müssen.

Société Anonyme des Établissements Nieuport

Die Gebrüder Édouard und Charles de Nieuport hatten bereits 1908 mit dem Flugzeugbau begonnen. Charles hatte großen Anteil daran, dass die französischen Militärs sehr frühzeitig den Wert einer Fliegertruppe erkannten. Die Produktionszahlen sprechen für sich: 1910 wurden in Frankreich rund 1300 Flugzeuge gebaut, in Deutschland nicht einmal hundert und 1912 hielten französische Flieger alle wichtigen Weltrekorde.

Diese Überlegenheit zeigte sich zu Beginn des Ersten Weltkrieges. Der Schweizer Franz Schneider (1909–1911 Konstrukteur bei Nieuport) war 1911 zur neu gegründeten Luftverkehrsgesellschaft (L.V.G.) in Berlin-Johannisthal gewechselt und entwickelte unter dem Druck der Kriegsereignisse dort sogar einen illegalen Nachbau.

Diese „Raubkopie" – ein Doppeldecker – wurde aber erst fertiggestellt, als die Nieuport technisch schon veraltet waren.

Die Replica einer Nieuport trägt das Staffelsymbol der Lafayette Escadrille. Die amerikanischen Freiwilligen wählten den Kopf eines Sioux-Kriegers als Erkennungszeichen.

DER TRAGFLÜGEL – EINIGE GRUNDBEGRIFFE

Zunächst muss man sagen, dass es auch beim Flügel keine Universallösung gibt. Für jeden Einsatzzweck muss der richtige Kompromiss zwischen den unterschiedlichen Vorzügen und Nachteilen der einzelnen Formen gefunden werden.

Das Profil
Das Profil beschreibt die Form des Flügelquerschnitts und ist mitentscheidend für die Eigenschaften. Ein dicker Flügel erzeugt zwar viel Auftrieb, aber auch viel Widerstand und ist dementsprechend langsamer. Ein schlanker Flügel erlaubt höhere Geschwindigkeiten, erzeugt aber weniger Auftrieb. Es gibt zwei Hauptgruppen von Profilen: Das Laminarprofil, das an der Ober- und Unterseite eine fast gleiche Profilwölbung aufweist und dessen größte Dicke bei 50–60 Prozent der Profiltiefe liegt. Der Vorteil dieser Flügel ist, dass die umströmende Luft lange unverwirbelt und anliegend (laminar) um den Flügel strömt. Der Auftrieb eines solchen Flügels ist auf Grund der geringeren Druckdifferenz zwischen Ober- und Unterseite aber geringer. Daneben das unsymmetrische, konvexe Profil mit nach oben gewölbter Ober- und konkaver oder fast ungewölbter Unterseite, war typisch für die Flugzeuge im Ersten Weltkrieg.

Die Profilsehne
Profilsehne meint die gedachte gerade (durchschnittliche) Strecke zwischen Flügelvorderkante und -hinterkante. Das Verhältnis zwischen Profildicke und Profilsehne sagt viel über den Flügel aus. Die Phantom II zum Beispiel hat ein Dicken-/Tiefenverhältnis von etwa fünf Prozent und erreicht Mach 2 bei 12 Tonnen Kampflast; die Lockheed Hercules, eine Transportmaschine, kann 45 Tonnen Nutzlast aufnehmen, wird aber nicht viel schneller als 620 km/h bei einem Verhältnis von 18 Prozent, die Flügelfläche einmal außer Acht gelassen.

Die Flächenbelastung
Dieses Maß für die Belastung von Tragflügeln ist der Quotient aus dem Gewicht und der tragenden Fläche. Da das Gewicht von Motorflugzeugen während des Fluges veränderlich ist, verändert sich auch die Flächenbelastung. Flugzeuge mit höheren Maximalgeschwindigkeiten haben größere Flächenbelastung. Angaben über die Flächenbelastung liefern folglich einen wichtigen Wert für die Kräfte, die die Konstruktion aufnehmen muss.

Die Flügelstreckung
Das Verhältnis von Spannweite zu Flügeltiefe wird als Flügelstreckung bezeichnet. Ein Flügel mit hoher Streckung ist lang und schmal wie bei einem Hochleistungssegelflugzeug. Diese Bauform vermindert die Wirbel an der Flügelvorderkante und damit den induzierten Widerstand (siehe Seite 20ff). Aber auch hier gibt es kein Nonplusultra: Der Flügel mit hoher Streckung ist konstruktiv anspruchsvoller als der kurze breite Flügel und schwerer!

Die Pfeilung
Pfeilung meint die Abweichung des Flügels vom rechten Winkel (zur Flugzeuglängsachse). Ein stark gepfeilter Flügel ist ideal für hohe Geschwindigkeiten, bei Start und Landung (im Langsamflug) ist eine mäßige Pfeilung deutlich vorteilhafter. Die modernen Schwenkflügel-Konzepte sind aus diesem Grund entstanden. Zum Start sind diese recht schwach gepfeilt, beim Flug mit hohen Geschwindigkeiten hingegen sehr stark.

Der Einstellwinkel
Der Einstellwinkel bezeichnet den aus Rumpflängsachse und Wurzelsehne des Tragflügels gebildeten Winkel. Bei den meisten Flügeln ist die Vorderkante geringfügig höher als die Hinterkante. Der Einstellwinkel ist nicht mit dem Anstellwinkel zu verwechseln – letzterer bezieht sich immer auf die Anströmrichtung und ist veränderlich; der Einstellwinkel hingegen ist fix.

Der Einstellwinkel sorgt für stabile Fluglage:

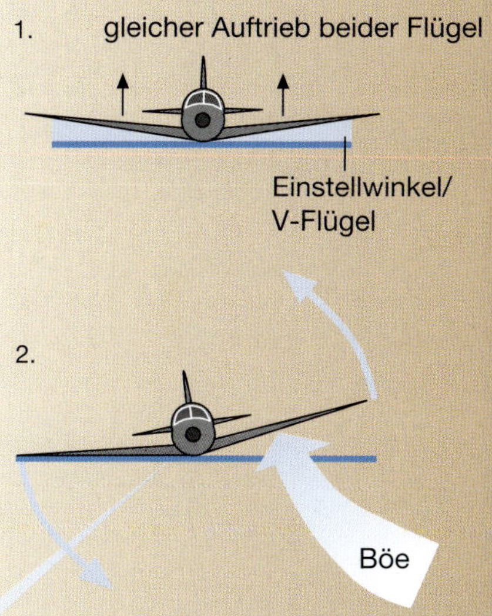

Eine Böe stört die Stabilität.

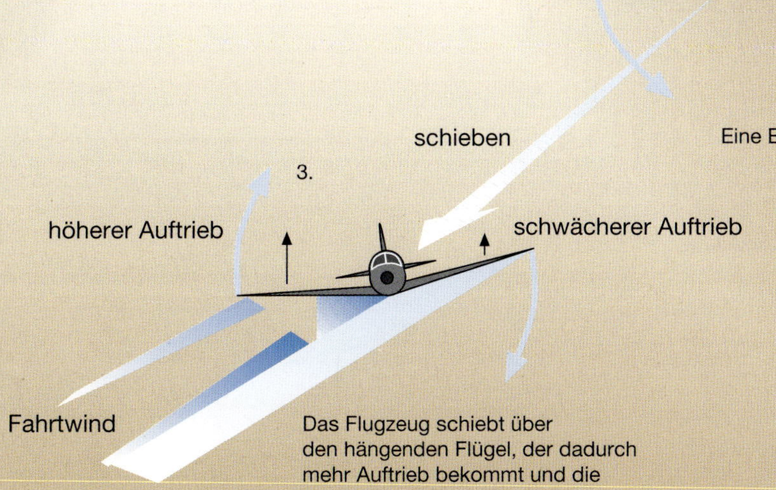

Das Flugzeug schiebt über den hängenden Flügel, der dadurch mehr Auftrieb bekommt und die stabile Fluglage wieder herstellt.

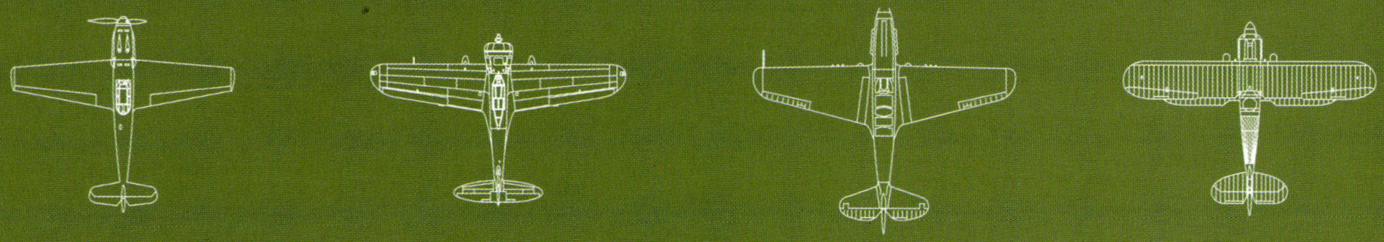

Zwischen den Kriegen

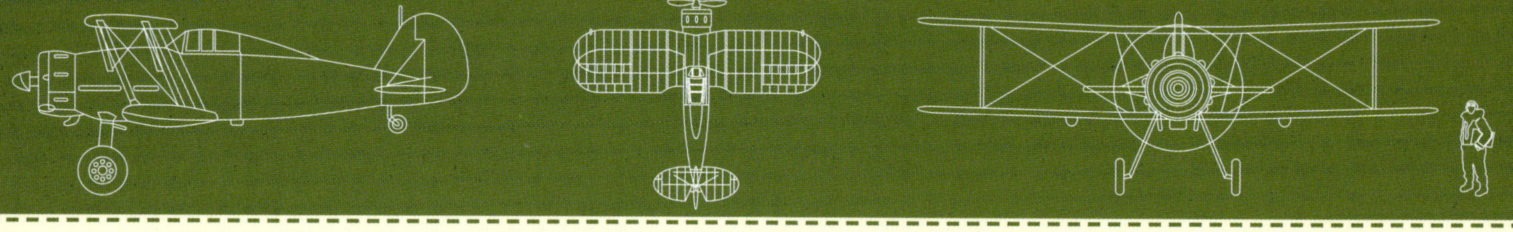

Gloster Gladiator

Auf der einen Seite einer der beste Jagddoppeldecker, der je gebaut wurde, auf der anderen ein Anachronismus – nach zwanzig Jahren ging mit der Gladiator eine Ära zu Ende. Dass sie noch in Dienst gestellt wurde, spricht für die konservative Einstellung der RAF-Strategen, denn bereits bei ihrer Bestellung 1934 war sie den modernen Eindecker-Konstruktionen hoffnungslos unterlegen.

GLOSTER GLADIATOR II
Einsitziger Jagddoppeldecker
Spannweite: 9,83 m
Länge: 8,36 m
Höhe: 3,15 m
Leergewicht: 1565 kg
Startgewicht: 2155 kg
Triebwerk: ein Neunzylinder-Sternmotor Bristol Mercury VIIIA oder VIIIAS mit 626 kW (840 PS)
Höchstgeschwindigkeit: 414 km/h
Dienstgipfelhöhe: 10 060 m
Reichweite: 708 km
Bewaffnung: vier Browning-MG Kaliber 7,7 mm

Ausschreibung F.7/30

Die Ausschreibung F.7/30 der Royal Air Force (RAF) datiert auf das Jahr 1931 und forderte ein allwettertaugliches Jagdflugzeug mit einer Mindestgeschwindigkeit von 250 Meilen (402 km/h)

Die Bauart der Gladiator – als Doppeldecker mit starrem Fahrwerk – war zu ihrem Dienstbeginn bereits veraltet.

und einer Bewaffnung mit vier Maschinengewehren. Gemäß dieser Spezifikation wurde übrigens auch der allererste Spitfire-Prototyp gebaut, der aber mit der späteren seriengefertigten Spitfire nicht viel Ähnlichkeit hatte.

Den Anforderungen von F.7/30 entsprach eine private Entwicklung, deren Konstruktionsunterlagen die Firma Gloster bereits fertig in der Schublade hatte. Die Gladiator (Werksbezeichnung SS.37), mit privaten Mitteln vorfinanziert und im ersten Erprobungsstadium 1934 noch etwas leistungsschwach, erhielt mit dem zweiten Prototyp von 1935 einen Sternmotor Bristol Mercury IXS (619 kW/830 PS) und ging im selben Jahr als Gladiator I in die Serienfertigung.

weitere 38 waren ehemalige, für die Royal Navy umgerüstete RAF-Maschinen (Gladiator II).

Die in den Flächen der Gloster eingebauten MGs werden mit Munitionsgurten munitioniert.

Exportschlager Gladiator

Mag es der Preis oder die Verfügbarkeit gewe- … die Gladiator tat in sechzehn Ländern, … und war dort durchaus erfolgreich – … nderem bei der Verteidigung der … eerinsel Malta. Dort konnte eine … l Sea Gladiator im Frühjahr 1940 den … ritische Position im Mittelmeer und in … ika immens wichtigen Stützpunkt … ch gegen italienische Bomber verteidi- … n die Flugeigenschaften der Gladiator … usgezeichnet. In Pilotenkreisen hieß es … Doppeldecker, dass er zwar bei der … und Bewaffnung ausgestochen, aber … ausmanövriert wurde. Auch in … ika und Griechenland blieb die … r siegreich – solange sie nicht gegen … erschmitt Bf 109 antreten musste.

… AF musterte den Doppeldecker 1942 … pfflugzeug aus und setzte ihn nur noch … teraufklärer oder Fortgeschrittenen- … ein.

Die geschlossene Kabinenhaube war eine der wenigen Konzessionen an die neuen Entwicklungen im Jagdflugzeugbau.

Brewster F2A Buffalo

Die Brewster F2A Buffalo, als Trägerflugzeug konzipiert, war der erste Ganzmetall-Jäger in Eindecker-Auslegung bei der US Navy. Obwohl technisch auf der Höhe der Entwicklung, scheiden sich an der Brewster Buffalo bis heute die Geister – immer noch herrscht vollkommene Uneinigkeit, ob die Buffalo das schlechteste Jagdflugzeug des Zweiten Weltkriegs war oder ein technischer Quantensprung nach vorne.

Im Vergleich zu heute sehr sparsam instrumentiert – das Cockpit der Brewster Buffalo.

BREWSTER F2A-2 BUFFALO
Trägergestützter Jagdeinsitzer
Spannweite: 10,67 m
Länge: 8,00 m
Höhe: 3,70 m
Leergewicht: 2100 kg
Startgewicht: 3250 kg
Triebwerk: ein Sternmotor Wright R-1820-40 mit 1200 PS Startleistung und 900 PS in 4267 m Höhe
Höchstgeschwindigkeit: 520 km/h
Dienstgipfelhöhe: 9300 m
Reichweite: 1530 km
Bewaffnung: vier Maschinengewehre, je zwei in Rumpf und Flügeln; jedes Paar Kaliber 7,5 mm, 7,62 mm oder (meistens) 12,7 mm

XF2A – Der Prototyp

Die US Navy wollte ihre veralteten Doppeldecker durch eine Neukonstruktion ersetzen. Obwohl die Brewster Aeronautical Corporation ein Neuling unter den Flugzeugherstellern war, konnte sie sich bei der Auftragsvergabe durchsetzen. Der Prototyp XFA2, Erstflug 1937, brachte nur eine marginal verbesserte Leistung gegenüber den Doppeldeckern. Die Konstrukteure prüften – manche Quellen sagen, zum ersten Mal überhaupt in den USA – das ganze Flugzeug im Windkanal. Die Erkenntnisse daraus beziehungsweise die folgenden Änderungen brachten der Buffalo eine Höchstgeschwindigkeit von 484 km/h in 5182 m Höhe. Die Flugerprobung wurde wieder aufgenommen, und obwohl ein Prototyp bei der Trägerlandung schwer beschädigt wurde, waren die Flugleistungen so vielversprechend, dass ein Regierungsauftrag zur Produktion der ersten 54 Stück F2A-1 erteilt wurde.

Die fortschrittliche Technik der Buffalo beinhaltete u. a. hydraulisch betätigte Spreizklappen, die beim Landeanflug auf den Flugzeugträger eine Mindestgeschwindigkeit von etwa 107 km/h erlaubten, ohne dass das Flugzeug durchsackte.

Nicht ganz so fortschrittlich war die Produktionsanlage der Herstellerfirma. Die erste seriengefertigte Buffalo wurde im Juli 1939 fertig gestellt, danach dauerte es bis in den Dezember hinein, bis genug Maschinen für eine Staffel bereit standen.

USS Saratoga

Die ersten elf in Dienst gestellten Buffalo kamen im Juni 1939 zur Jagdstaffel VF-3 an Bord des Flugzeugträgers USS Saratoga, die restlichen Maschinen dieses Liefervertrags wurden nach Finnland verkauft. Von diesen finnischen Maschinen wird noch die Rede sein. Anfang 1939 hatte die US Navy 43 Exemplare der leistungsgesteigerten F2A-2 bestellt, die im September 1940 in Dienst gestellt wurden.

Kampfeinsätze

Buffalo waren hauptsächlich auf Flughäfen an Land gestützt. Gegen die erdrückende Übermacht der japanischen Mitsubishi Zero und ihrer kampferprobten Piloten waren die Flieger der US Navy mit ihren Brewster Buffalo den Mitsubishi Rei-Sen hoffnungslos unterlegen – das Ergebnis ein Desaster.

Ganz anders in Finnland. Dort erreichte die Brewster eine Abschuss/Verlust-Rate von 26:1 – den Rekord aller Jagdflugzeuge für den zweiten Weltkrieg – das heißt für jede abgeschossene Buffalo wurden 26 Luftsiege mit der Buffalo erzielt. Nicht schlecht für den „schlechtesten Jäger der Welt".

Die kurze, gedrungene Bauweise der Brewster lässt schon spätere amerikanische Modelle vorausahnen.

Auch wenn sie für trägergestützte Einsätze konzipiert war, flog die Buffalo die meisten Einsätze vom Festland aus.

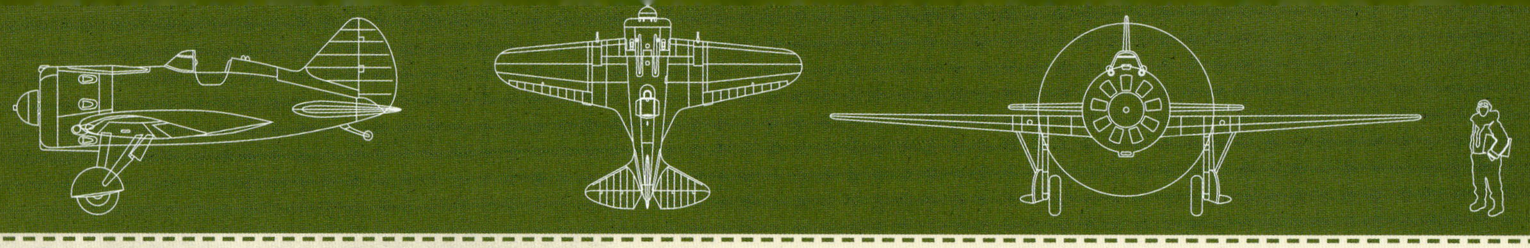

Das einziehbare Fahrwerk der Polikarpow I-16 war eine technische Novität, die Bauweise insgesamt hochaktuell.

Polikarpow I-16

Nikolai Nikolajewitsch Polikarpow, einer der Gründerväter der sowjetischen Luftfahrtindustrie und unter dem Spitznamen „König der Jagdflugzeuge" berühmt, schrieb mit diesem gedrungenen Jäger ein besonderes Kapitel sowjetischer Luftfahrtgeschichte – die I-16 („I" steht für „Istrebitel" = Jäger) war einer der ersten freitragenden Eindecker weltweit. Als Tiefdecker entworfen, verfügte die I-16 als erstes seriengefertigter Jäger über ein einziehbares Fahrwerk. Mitte der 1930er-Jahre war die I-16 – trotz offenem Cockpit und großer Motorverkleidung – das schnellste und wendigste Jagdflugzeug am Himmel und diente als Vorlage für viele später entwickelte Jäger. Um alle drei Achsen so gut wie instabil, verlangte die I-16 äußerste Wachsamkeit und neigte dazu, sich im Kurvenflug selbst zu überziehen und dann abzukippen.

POLIKARPOW I-16 TYP 24

Einmotoriger Jagdeinsitzer
Spannweite: 8,88 m
Länge: 6,10 m
Höhe: 2,41 m
Leergewicht: 1490 kg
Startgewicht: 2062 kg
Triebwerk: ein Neunzylinder-Sternmotor Schwezow M-63 mit 850 kW (1100 PS)
Höchstgeschwindigkeit: 489 km/h
Dienstgipfelhöhe: 8900 m
Reichweite: 740 km
Bewaffnung: vier MG SchKAS (Schpital'ni-komarizki) mit je 650 Schuss Munition oder zwei rumpfmontierte SchKAS und zwei 2-cm-Kanonen SchWAK (Schpital'ni-Wladimirow) mit je 180 Schuss Munition

Das Gefängnis als Konstruktionsbüro

Warum Nikolai N. Polikarpow und sein Team in Ungnade gefallen waren, sei dahingestellt, Tatsache ist aber, dass das sogenannte Staatliche Flugzeugwerk Nr. 39, die Geburtsstätte des Prototyps, eine Strafanstalt war.

Unter der strengen Beobachtung des stalinistischen Regimes hatte das Design-Team einen Jäger erschaffen, der die russische Luftfahrtindustrie für einige Jahre an die Weltspitze brachte.

I-16

Der Prototyp TsKB-12 (Zentrales Konstruktionsbüro, Flugzeug Nr. 12) flog im Dezember 1933 zum ersten Mal, die Serienfertigung begann 1934 – ganze drei Jahre vor der Spitfire. Ein Jahr später wurde sie in Dienst gestellt und der sowjetischen Öffentlichkeit bei der Parade zum 1. Mai präsentiert.

Mosca

Der Spanische Bürgerkrieg wurde zur Feuertaufe für die Polikarpow. Im Oktober 1936 wurden die ersten Maschinen an die spanischen Regierungstruppen geliefert. „Mosca" (Fliege) nannte man sie – oder weniger schmeichelhaft Rata (Ratte) auf der Gegenseite. Im Kampf gegen die Jagddoppeldecker Heinkel He 51B, die Deutschland an die Aufständischen geliefert hatte, zeigte sie ihre Kampfstärke und überlegene Wendigkeit. Erst das Auftauchen der Messerschmitt Bf 109 am spanischen Himmel beendete die Luftüberlegenheit der „Mosca" und ihres Nachfolgemodells „Supermosca".

Insgesamt wurden 290 Stück dieses Modells nach Spanien geliefert. Weitere dreißig lizenzgefertigte I-16 blieben bis Ende 1953 im Flugdienst. Auch an der sowjetisch-japanischen Front 1939 behauptete sich die Polikarpow – bis zum Eintreffen der Nakajima Ki-27.

Am Großen Vaterländischen Krieg, wie der Zweite Weltkrieg in Russland genannt wird, nahm die I-16 noch in großer Zahl teil; rund 60 Prozent der sowjetischen Jagdflieger flogen bei Kriegsausbruch 1941 Polikarpow! In den 1930er-Jahren noch revolutionär, konnte sich die inzwischen veraltete Polikarpow nun gegen die überlegenen Flugleistungen der modernen, stärker bewaffneten und schnelleren deutschen Jäger nicht mehr behaupten.

Technik

Die Polikarpow I-16 war als einsitziger Tiefdecker in Gemischtbauweise konstruiert. Ihr Schichtholzrumpf war in Halbschalenbauweise gefertigt und mit Aluminium (Bug) beziehungsweise Sperrholz (Heck) beplankt. Die Metallflügel waren freitragend konzipiert und auf zwei Stahlrohrholmen und Rippen aus Flugzeugaluminium aufgebaut und teilweise stoffbespannt. Das Seitenleitwerk war eine stoffbespannte Metallkonstruktion. Die Heckunterseite stützte ein starrer, nicht lenkbarer Hecksporn.

Zur Landung wurden die relativ breiten Querruder um 15 Grad abgesenkt und dienten als Landeklappen – eine höchst moderne Konstruktion. Ansonsten war die I-16 primitiv gebaut und ausgerüstet und besaß weder Hydraulik noch Elektrik. Ein fast kurioses Detail war das Fahrgestell – es war zwar einziehbar, aber der Pilot musste es mühsam mit 44 Umdrehungen einer Handkurbel und mit Hilfe von Seilzügen in den Rumpf einziehen. Unter anderem mussten auch die Lande- und Kühlerklappen von Hand verstellt werden.

Rund 7000 Polikarpow-Jäger wurden gebaut, außerdem 1639 zweisitzige Schulflugzeuge.

Selbst im russischen Winter verfügte nicht jede Polikarpow über eine geschlossene Kabine. Die Gleitkufen dagegen waren unverzichtbar.

Die Polikarpow I-16 war unter vielen Namen bekannt – „Mosca" (Fliege) oder „Rata" (Ratte) waren nur zwei davon.

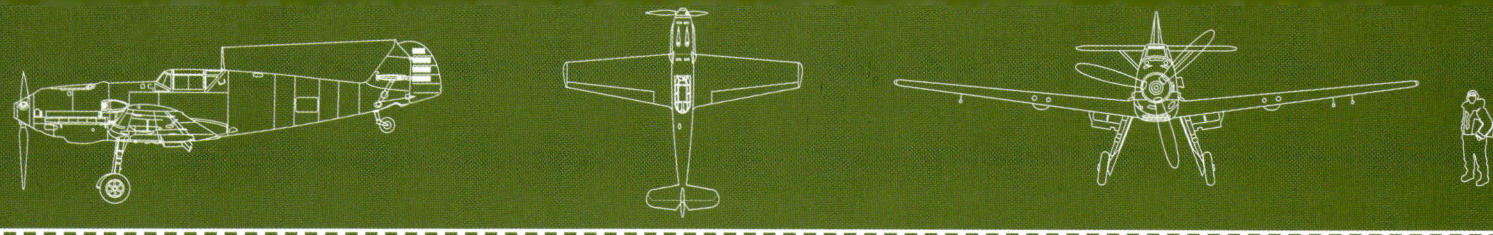

Messerschmitt Bf 109

Der Standardjäger der Luftwaffe und Schrecken ihrer Gegner – die Bf 109 – war eines der besten Jagdflugzeuge ihrer Zeit. Die Konstruktion war zukunftsweisend, die Flugleistungen herausragend – der taktische Wert mitverantwortlich für die siegreichen „Blitzkriege".

MESSERSCHMITT BF 109 G-10
Jagdeinsitzer
Spannweite: 9,92 m
Länge: 9,04 m
Höhe: 2,59 m
Leergewicht: 2800 kg
Startgewicht: 3400 kg
Triebwerk: ein Daimler-Benz V12-Zylinder-Motor (hängend) DB 605D mit 1085 kW (1475 PS), mit Wasser-Methanol-Einspritzung MW 50 kurzzeitig 1324 kW (1800 PS)
Höchstgeschwindigkeit: 685 km/h
Dienstgipfelhöhe: 11 600 m
Reichweite: 560 km
Bewaffnung: Zwei MG 131 Kaliber 13 mm über dem Motor und ein MG 151/20 Kaliber 2 cm oder eine Maschinenkanone Rheinmetall Borsig MK 108 Kaliber 3 cm, Unterrumpfrüstsätze für weitere zwei MK 108 Bomben

Entwicklung

Der Jagdflugzeugwettbewerb 1935 sollte im direkten Vergleich den neuen deutschen Standardjäger ermitteln. Zunächst nicht eingeladen waren die Bayrischen Flugzeugwerke (BFW), der Grund war eine Feindschaft aus Friedenszeiten zwischen dem Göring-Stellvertreter Erhard Milch und Willy Messerschmitt. Glücklicherweise war aber Rudolf Heß (Stellvertreter Adolf Hitlers und Reichsminister ohne Geschäftsbereich) selber Kunde bei Messerschmitt – in Major Wimmer, Chef des Technischen Amtes im Reichsluftfahrtministerium (RLM), hatte Messerschmitt einen zweiten Fürsprecher und konnte teilnehmen. Sowohl Heß als auch Wimmer wussten, dass Messerschmitt mit der BFW Bf 108, einem Reiseviersitzer, bereits eine fertige Konstruktion vorweisen konnte, die sich leicht zum Jagdflugzeug umrüsten ließ.

Fortschrittliche Technik und ausgezeichnete Flugleistungen machten die Messerschmitt Bf 109 zu einem der besten Jagdflugzeuge ihrer Zeit.

09 war ihre
60 km. Bei der
nten die Piloten
itschutz für die
andernfalls
wasserung im
ngel.

Das Flugzeug, das Messerschmitt ins Rennen schickte, war nicht unbedingt revolutionär, aber mit Sicherheit demonstrierte es den Stand des Flugzeugbaus auf der Höhe der Zeit.

Nach dem Jägerwettbewerb erging an Messerschmitt und den Konkurrenten Heinkel der Auftrag, je zehn Vorserienflugzeuge zu bauen, den endgültigen Produktionsvertrag erhielten die BFW.

1937, beim 4. Internationalen Flugmeeting in Zürich-Dübendorf, wurde dann das neue Modell vorgestellt. Die Bilanz weist eine Notlandung auf – Pilot war der berühmte Ernst Udet, mit 62 Luftsiegen nach Manfred von Richthofen erfolgreichster deutscher Jagdflieger des Ersten Weltkrieges – und vier Siege in Luftrennen; in einer Konkurrenz sogar die Plätze eins bis drei.

Noch im selben Jahr – am 11. November – flog die Bf 109 V-13 mit 611 km/h Geschwindigkeitsweltrekord; allerdings nicht mit dem Rolls-Royce-Kestrel der Vorserie, sondern mit einem Einspritzmotor Daimler Benz DB 601. Mit erhöhter Drehzahl leistete der DB 601 1250 kW (1700 PS).

Das schmalspurige Fahrwerk der Bf 109 erforderte vom Piloten höchste Konzentration bei der Landung.

Bf 109 oder Me 109?
Über diese Bezeichnung wird häufig gestritten, fest steht aber: Willy Messerschmitt übernahm die Bayrischen Flugzeugwerke (BFW) erst 1938, vorher war er Anteilseigner und angestellter Chefkonstrukteur – daher lautete damals die Bezeichnung Bf 109 – und dabei blieb es!

AERODYNAMIK –
Klappen/Auftriebshilfen

Klappen und Vorflügel dienen in erster Linie dazu, das Auftriebsverhalten des Flügels zu verbessern, indem sie sein Profil verändern. Im Folgenden sind Querschnitte durch verschiedene Klappen/Flügelsysteme dargestellt (Flügel=blau, Klappen=schwarz).

Wölbungsklappen/Spreizklappen

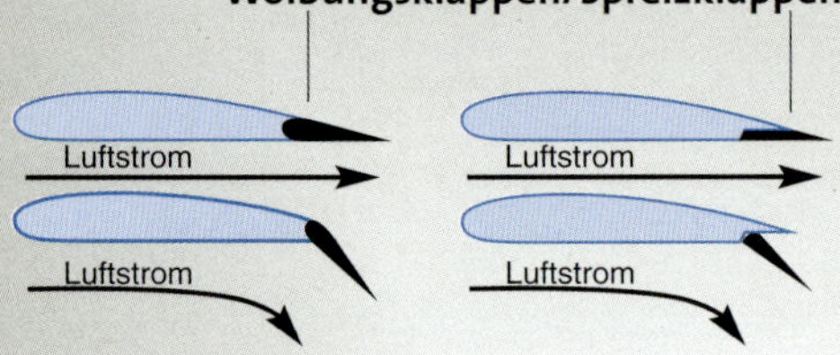

Wölbungs- bzw. Spreizklappen sind die konstruktiv einfachste Lösung: Diese Klappen bilden eine Fläche, ähnlich wie die Querruder, fahren aber immer nur zur Unterseite des Flügels aus. Bei der Wölbungsklappe knickt der ganze Bereich der Klappe ab, bei Spreizklappen bleibt die Flügeloberseite unverändert und nur ein Teil klappt nach unten aus. Spreizklappen sind bei der Landung etwas wirksamer als Wölbklappen, weil der Luftstrom auf der Flügeloberseite nicht nachteilig verändert wird. Wölbklappen verbessern die Starteigenschaften. Die Wirkungsweise beider Systeme ist gleich. Wie schon gesagt, ist ein dicker Flügel eher geeignet für hohen Auftrieb, und diese beiden Klappensysteme machen das Flügelprofil im ausgefahrenen Zustand scheinbar dicker, erhöhen den Auftrieb zu Ungunsten des Widerstands und ermöglichen niedrigere Landegeschwindigkeit.

Fowlerklappen

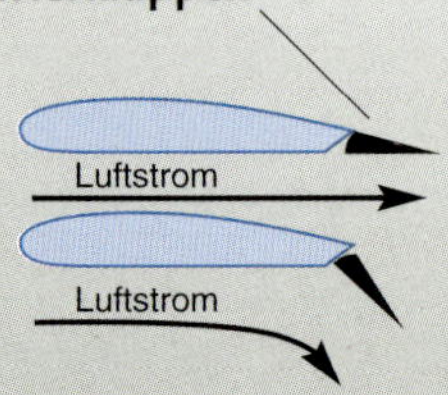

Fowlerklappen fahren zusätzlich nach hinten aus, nicht nur dass sie den Flügel scheinbar dicker machen, sondern sie machen ihn auch tiefer (= erhöhen die Profiltiefe) und damit die Fläche, die Auftrieb erzeugt.

Spaltklappen

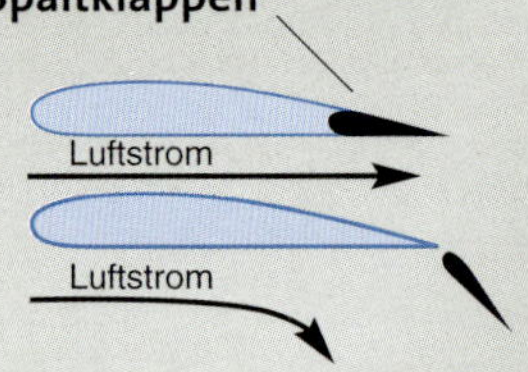

Spaltklappen fahren ebenfalls nach unten und hinten aus, zusätzlich leiten sie durch einen Spalt zwischen Klappe und Flügel Luft in den Luftstrom auf der Flügeloberseite. Dadurch wird der Punkt der Verwirbelung, also der Zone, in der kein Auftrieb mehr entsteht, hinter den Flügel verlegt. Die Durchsackgeschwindigkeit (engl.: „stall speed“) sinkt und das Flugzeug kann so mit geringerer Geschwindigkeit fliegen und landen.

Vorflügel

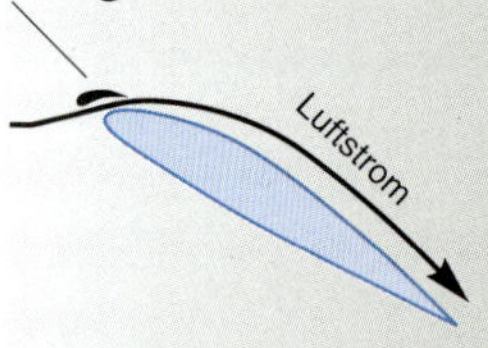

Vorflügel befinden sich an der Flügelvorderkante, ihre Wirkung beruht darauf, dass sie den Luftstrom an der Kante in die richtige Richtung lenken. Bei hohem Anstellwinkel löst sich der Luftstrom von der Flügeloberseite, verwirbelt und dadurch bricht der Auftrieb zusammen. Zur Erinnerung: Die schnelle Strömung auf der Oberseite erzeugt den zum Fliegen nötigen Unterdruck. Mit einem Vorflügel sind wesentlich höhere Anstellwinkel möglich, er leitet die Luft immer noch um den Flügel – Steigfähigkeit und Manövrierbarkeit des Flugzeugs verbessern sich wesentlich. Zeitweise wurden Vorflügel fest angebaut, später ging man dazu über, sie zu automatisieren, bei höheren Geschwindigkeiten fahren sie selbsttätig ein.

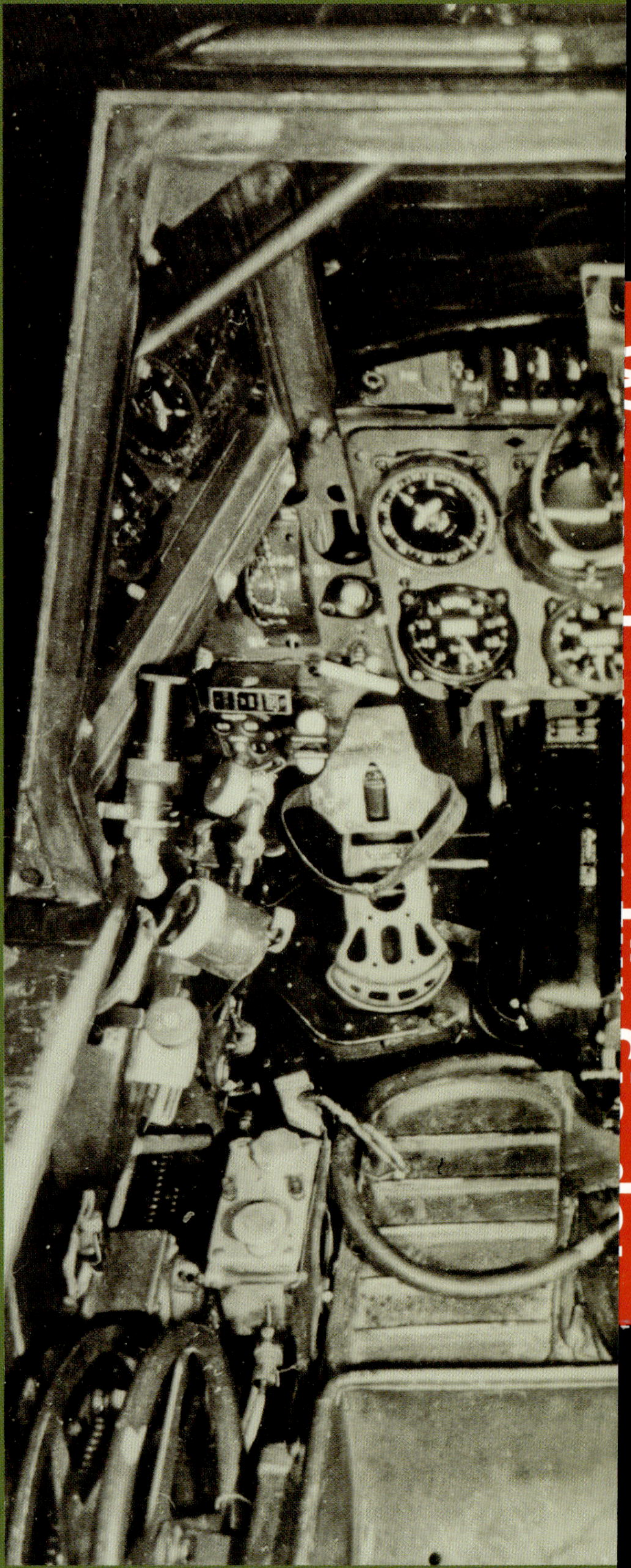

Wer zwitschert da so früh am Morgen?

Im Frühling wird wieder froh von den Dächern und Bäumen gesungen. Wen das Gezwitscher aber leicht aus dem Schlaf bringt, der hat mit dieser Grafik schnell den Schuldigen gefunden. Denn präzise wie ein Uhrwerk teilen sich die Vögel die Morgendämmerung auf, um ihre Gesänge zum Besten zu geben. Als erstes zwitschert laut Landesbund für Vogelschutz der Gartenrotschwanz – gut 80 Minuten vor Sonnenaufgang. Zum Schluss wacht der Buchfink auf, nur zehn Minuten, bevor die Sonne ihr Gesicht zeigt.

Technik zur Zeit vor dem Zweiten Weltkrieg wider.

nbare Verkleidungen erleichterten den Flugzeug-
n Munitionierung und Reparatur.

ilhelm „Willy" Messerschmitt

illy Messerschmitt war von gend an mit der Fliegerei ver- nden, gemeinsam mit seinem entor, dem Bamberger Stadt- umeister Friedrich Harth, ute er seit seinem 15. Lebens- hr Flugzeuge.

ine Ausbildung zum Konstruk- ur fand von 1918–1923 an der chnischen Hochschule in Mün- en statt. Wenig später gründe- er seine erstes eigenes Unter- ehmen, die „Messerschmitt ugzeugbau GmbH" in Bam- erg.

eben seiner Tätigkeit als Unter- ehmer und Konstrukteur fand die Zeit für eine Lehrtätigkeit n seiner alten Hochschule, 1937 urde er zum Professor berufen. ie Zusammenarbeit mit den ayerischen Flugzeugwerken urde schnell enger. Bereits 1927 rkaufte Messerschmitt die ertigung seines erfolgreichen –6-sitzigen Verkehrsflugzeugs 18 an BFW und übernahm in er Firma den Posten des Tech- ischen Leiters und 1938 die anze Firma.

n Dritten Reich stieg er weiter uf, bis zum Wehrwirtschafts- führer, legte jedoch 1942 nach Differenzen mit der Staats- führung seine Ämter nieder. Nach Krieg und „Entnazifi- zierung", man hatte Messer- schmitt als Mitläufer eingestuft, gab er sein reiches Wissen als Berater weiter, bis er 1955 end- lich wieder Flugzeuge bauen durfte, und zwar als Teilhaber der Messerschmitt-Bölkow- Blohm GmbH.

Am 15. September 1978 verstarb Professor Dr.-Ing. Wilhelm Messer- schmitt im Alter von 80 Jahren in München.

Die Kabinenhaube der Bf 109 F-2. Die Platte (rechts im Bild) war ein Teil der Schutzpanzerung für den Piloten.

Im Einsatz

Vom ersten Kampfeinsatz der Bf 109B im Frühjahr 1937 bei der Legion Condor im Spanischen Bürgerkrieg bis zum Ende des Zweiten Weltkrieges flogen zahlreiche, ständig weiterentwickelte Varianten der Bf 109 an allen deutschen Fronten – die Liste der Piloten liest sich wie ein Who's Who der deutschen Weltkrieg-2-Asse. Die Bf 109 wurde zum erfolgreichsten Jagdflugzeug des Zweiten Weltkrieges. Die Serienfertigung lief bis 1945 und sogar darüber hinaus. Einschließlich der Lizenzbauten wurden rund 33 000 Exemplare gefertigt.

Versionen

Die Bf 109 wurde während ihrer Einsatzzeit immer wieder kampfwert- und leistungsgesteigert, um mit den neuen gegnerischen Jägern Schritt halten zu können. Es ist unmöglich, alle Varianten zu beschreiben: Bis Kriegsende gab es elf Baureihen; alleine die Reihe „G" hatte sechsundzwanzig Unterversionen.

Die ohnehin gute Aerodynamik wurde immer weiter verfeinert, die Leistung mehr und mehr gesteigert – von 448 kW (610 PS) und etwas über 400 km/h der Prototypen auf 1800 PS (1320KW) der Baureihe „K". Die Höchstgeschwindigkeit betrug 720 km/h.

Auch die Bewaffnung wurde mehrfach optimiert. Die zwei MGs wurden ab Baureihe „B" durch ein drittes 7,92 mm MG 17 ergänzt, das durch die hohle Propellerwelle feuerte. Die Baureihe „C" verfügte schon über vier MGs, zwei über dem Motor und zwei in den Flügeln. Später kamen großkalibrige Maschinenkanonen dazu und Rüstsätze für Bomben oder andere Unterrumpf- beziehungsweise Unterflügelwaffen. Das Modell Bf 109 „K" beispielsweise verfügte über zwei 13 mm MG 131 (über dem Motor) und eine 3-cm-Maschinenkanone. Mit dieser Anordnung stand dem Piloten geballte Feuerkraft zur Verfügung, aber die Waffen waren auf kleinem Raum konzentriert – das Zielen schwierig.

Was machte die Bf 109 so herausragend?

Die Konstruktion – Der freitragende Eindecker mit aerodynamisch günstigen Formen, selbsttragender Zelle und Einziehfahrwerk – das bedeutete das endgültige Ende für die Ära der Doppeldecker.

Innovative Technik – In späteren Baureihen kam zum ersten Male eine Benzineinspritzung zur Anwendung. Die Bf 109 konnte dadurch Flugmanöver ausführen, die bei einem Vergasermodell zum Motorstillstand durch Treibstoffmangel führte.

Die Flügel – Ihre Bauweise wird bis heute angewandt, damals war sie noch recht neu: Eine selbsttragende Konstruktion mit nur einem Holm und einer torsionssteifen (verdrehungsfesten) Nasenleiste. Im Vergleich zu anderen zeitgenössischen Modellen war die Flächenbelastung der Bf 109 recht hoch, über 200 kg/m^2 – zum Vergleich dazu die Hawker Sea Hurricane, hier waren es gerade mal 154 kg/m^2. Das heißt, dass die Flügelfläche der Bf 109 im Verhältnis zum Gewicht klein war. Nun erlaubte dieser Flügel hohe Endgeschwindigkeiten, aber das Problem war der Langsamflug, sowohl bei langsam geflogenen Flugmanövern als auch bei Start und Landung. Die Konstrukteure statteten den Flügel aus diesem Grund mit Vorflügeln und Spaltklappen aus (s. Kasten, S. 66).

Die Leistung – Die neue Generation leistungsstarker längs eingebauter V-12-Motoren erlaubten eine schmale Stirnfläche, einen schlanken Rumpf und somit höhere Geschwindigkeiten. Neuentwicklungen wie eine Druckkabine für große Flughöhen oder die MW 50 (Wasser-Methanol/Wasser-Zusatzeinspritzung) und das GM-1-Verfahren mit Sauerstoffanreicherung durch Einspritzen von verflüssigtem Stickoxydul für höhere Start- und Höhenleistung werteten spätere Modelle auf.

Der Kampfwert – Je nach Version war die Bf 109 den besten Jägern der Alliierten ebenbürtig oder überlegen.

G wie Gustav

In hoher Stückzahl gebaut wurde die Baureihe „G". Ihr neuer Motor DB-605A hatte einen größeren Lader, der einige Ausbuchtungen nötig machte und der Bf 109 G den Spitznamen „Beule" bescherte. Bei der Baureihe G-10 – Spitzname „Superbeule" – wurden verschiedene Varianten mit denselben Einbauten vereinheitlicht.

Allen G-10 Modellen gemeinsam war die Galland- oder Erla-Klarsichthaube, mit der die bescheidenen Sichtverhältnisse im Cockpit verbessert wurden.

Die Bewaffnung der Bf 109 wurde im Laufe der Jahre immer weiter verbessert, das Zielen blieb jedoch trotzdem schwierig.

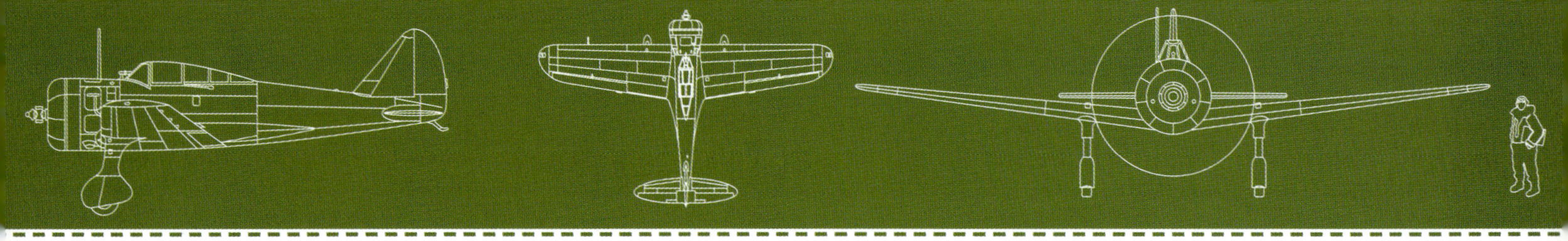

Nakajima Ki-27

Japan wurde im Westen häufig – und nicht immer zu Unrecht– des Plagiats verdächtigt. Für die Nakajima Ki-27 trifft das sicher nicht zu: Mit der Bauweise des freitragenden Eindeckers waren die japanischen Designer ganz vorne dabei im Wettlauf um das beste Jagdflugzeug dieser Zeit. Claire Chennault – der Kommandant der US-amerikanischen Freiwilligen-Truppe „Flying Tigers“ – sagte über dieses Modell, dass es steigt wie eine Rakete und behende ist wie ein Eichhörnchen. Schwachpunkte der Nakajima waren ihre bescheidene Höchstgeschwindigkeit und die schwache Bewaffnung. Auf alliierter Seite wurde die Ki-27 unter den Codebezeichnungen Abdul (China/Burma) und Nate (Südwest-Pazifik) geführt.

NAKAJIMA KI-27B

Jagdeinsitzer
Spannweite: 11,31 m
Länge: 7,53 m
Höhe: 2,80 m
Leergewicht: 1090 kg
Startgewicht: 1790 kg
Triebwerk: 1 x luftgekühlter Neunzylinder-Sternmotor Nakajima Ha-1-Otsu; beste Leistung in 2900 m Höhe 574 kW (780 PS)
Höchstgeschwindigkeit: 460 km/h
Dienstgipfelhöhe: 10 500 m
Reichweite: 625 km
Bewaffnung: 2 x Maschinengewehre Typ 89 Kaliber 7,7 mm, Aufhängungen für vier 25-kg-Bomben

Die bauartbedingte, große Stirnfläche des Sternmotors begrenzte die ansonsten ausgezeichneten Flugleistungen der Nakajima Ki-27.

Der Standardjäger der japanischen Heeresflieger 1937–42 (Typ 97)

Für den Jägerwettbewerb der Kaiserlich Japanischen Armee 1935 wurde die Ki-27 entworfen. Die Konstrukteure hatten der Wendigkeit und Steigleistung dieses Jägers die oberste Priorität eingeräumt, und so baute man um den Sternmotor Nakajima Ha-1b (leistete in 2900 m Höhe 780 PS) die kleinstmögliche Zelle und verzichtete aus Gewichtsgründen auf jedwede Panzerung. Als weitere Diät verordnete man den Verzicht auf ein Heckrad, ein Einziehfahrwerk und einen Startermotor. Heraus kam ein kleines Jagdflugzeug mit überragender Manövrierfähigkeit und Steigleistung; der Erstflug erfolgte am 15. Oktober 1936. Nach der Erprobung ging die Ki-27a 1937 in die Serienproduktion und zum ersten Kampfeinsatz – mittlerweile mit einer geschlossenen Cockpithaube – und 1939 folgte die Ki-27b. Auf den Kriegsschauplätzen im Südwestpazifik und in der Mandschurei konnte die Nakajima sich noch gegen die russischen I-15 und I-16 behaupten. Gegen Ende 1942 war sie dann aber endgültig veraltet und wurde aus der vorderen Reihe zurückgezogen.

Das starre Fahrwerk der Nakajima Ki-27 war 1937 technisch eigentlich schon überholt, verringerte aber den technischen Aufwand und das Gewicht des Jägers.

Die Nakajima Ki-27 war ein ausgesprochen wendiges Leichtgewicht, der Verzicht auf eine Panzerung erhöhte aber das Risiko für den Piloten.

Die Ki-27 wurde inklusive der Lizenzbauten 3396-mal gebaut, eine weitaus größere Anzahl als jedes andere japanische Vorkriegsmuster. Sie blieb bis zu ihrer Ablösung – unter anderem durch die Ki-43 Hayabusa – Standardjäger der japanischen Heeresflieger.

Der Nomonhan-Zwischenfall – die Schlacht am Chalchin Gol

Seit 1905 war die Mandschurei in ein russisches und japanisches Einflussgebiet aufgeteilt. 1932 entstand der von Japan abhängige Staat Mandschuko, dessen Bodenschätze (Steinkohle, Eisenerz) Tokio für seine Expansionspläne dringend benötigte. Streitigkeiten um den Verlauf der Grenze, die durch den Fluss Chalchin Gol markiert war – oder eben nicht –, führten zu fünfmonatigen Kämpfen, in deren Verlauf sich die Ki-27 den sowjetischen Polikarpow I-15 hoch überlegen zeigte. Einer der Piloten war das japanische Top-Ass Hiromichi Shinohara, der 58 Luftsiege für sich verbuchen konnte, bevor er im selben Jahr tödlich getroffen wurde.

Flächenbelastung

Die Flächenbelastung ergibt sich aus dem Verhältnis von Fluggewicht eines Flugzeugs zur Flügelfläche (tragende Fläche). Dieser Wert gibt Aufschluss über die Flugeigenschaften und man kann sagen, dass ein Tragflügel mit geringer Flächenbelastung zu gutmütigem Flugverhalten und guter Manövrierbarkeit führt; allerdings um den Preis relativ geringerer Geschwindigkeit.
Die Nakajima Ki-27 wies eine Flächenbelastung von 86 kg/m² auf – der etwa zur gleichen Zeit entstandene amerikanische Jäger Curtiss P-40 über 180 kg/m².
Moderne Kampfjets erreichen Werte in der Flächenbelastung, die das von Jagdflugzeugen des Ersten Weltkriegs um ein Vielfaches übersteigen.
Zum Vergleich: Die Flächenbelastung einer Fokker D VII betrug ca. 47 kg/m² Flügelfläche, die Flächenbelastung einer McDonnell Douglas F-4E Phantom II etwa 559 kg/m² Flügelfläche.

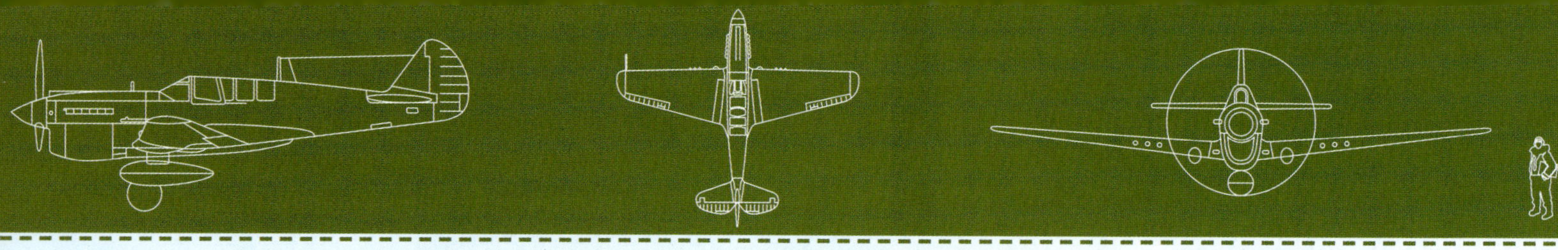

Curtiss P-40

Die Curtiss P-40 war eine Weiterentwicklung der P-36. Der nun verwendete Reihenmotor verringerte die Stirnfläche und damit den Luftwiderstand erheblich .

Der Konstrukteur Donovan Berlin entwarf auf der Basis der bewährten Zelle der P-36 den ersten in Großserie gebauten Jäger/Jagdbomber der USAAF, die P-40 – geliebt für seine gutmütigen Flugeigenschaften, gehasst für unzureichende Wendigkeit und mäßige Flugleistungen. Obwohl ein kontroverses Flugzeug – von manchen als die beste zweite Wahl bezeichnet – wurde es zum Arbeitspferd der fliegenden Einheiten und viele Piloten verdanken der Robustheit der Curtiss ihr Leben.

Die Doktrin „Bomber vor Jäger“
Das Oberkommando der USAAF bewertete Mitte der 1930er-Jahre das strategische Bombardement höher als die taktischen Möglichkeiten der Abfangjagd. Die Aufgabe der Jagdflugzeuge sah man eher bei der Verteidigung des eigenen Landes als beim Begleitschutz für eigene Bomberverbände. Bei der Entwicklung der P-40 wurde daher großen Wert gelegt auf Robustheit und die Fähigkeiten in der Nahverteidigung – und im Küstenschutz in geringer Höhe. Man vernachlässigte aus diesem Grund Höchstgeschwindigkeit und Höhenleistung. Somit verhalf das Oberkommando der P-40 zum eingebauten Handicap, das ihre Kampfkraft bei der Abfangjagd erheblich einschränkte.

CURTISS P-40E-1 WARHAWK

Jagdeinsitzer/Jagdbomber
Spannweite: 11,38 m
Länge: 9,68 m
Höhe: 3,76 m
Leergewicht: 2880 kg
Startgewicht: 4131 kg
Triebwerk: ein flüssigkeitsgekühlter Zwölf-Zylinder-V-Motor Allison 1710-39 mit 846 kW (1150 PS)
Höchstgeschwindigkeit: 552 km/h
Dienstgipfelhöhe: 8800 m
Reichweite: 845 km
Bewaffnung: 6 x MG Kaliber 12,7 mm; Bombenlast 1680 kg

Hawk – Warhawk – Kittyhawk

Die P-40 gilt als Höhepunkt der berühmten Hawk-Jägerserie aus dem Hause Curtiss Aircraft unter dem Chefkonstrukteur Donovan Berlin. Bestellt 1937, startete der Prototyp XP-40 am 14. Oktober 1938 zum Erstflug; die Firmenbezeichnung war Hawk 81A. Die ersten Maschinen aus der Serienfertigung (P-40) flogen im April 1940. Robust und mit leichtgängiger Steuerung – einem Grund für die gutmütigen Flugeigenschaften – war die P-40 nach europäischen Standards unterbewaffnet (zwei „Fifties“ – 0.50 = 12,7 mm Colt Browning MGs M-2) und besaß keinen Pilotenpanzerschutz, ja nicht einmal einen selbstabdichtenden Tank. Mit dem verbesserten Modell P-40B eliminierte man diese Schwachstellen, setzte das Gewicht aber damit hinauf und die Leistung herab. Nichtsdestotrotz übernahm die britische RAF 1180 Flugzeuge dieses Typs – davon 230 aus einem Liefervertrag mit der Armée de l'Air, der nach der französischen Kapitulation hinfällig war. In

American Volunteer Group – Flying Tigers

Der US-Amerikaner Captain a. D. Claire L. Chennault kam 1938 auf Einladung von Madame Tschiang Kai-schek für drei Monate nach China und blieb sechs Jahre. Sein Status: ziviler Militärberater in Luftwaffenfragen. Seine Aufgabe: Reorganisation der nationalchinesischen Luftstreitkräfte.

Eine der Ideen Chennaults – eine amerikanische Freiwilligen-Truppe aufzustellen – stieß auf wenig Gegenliebe bei der Führung der US Army Air Force. Erst die persönliche Intervention von Theodore Roosevelt machte es möglich – die Flying Tigers wurden gegründet. Ausgerüstet wurde die Einheit mit 100 Curtiss P-40 aus einer stornierten Bestellung. Selbst als Kommandant der Flying Tigers blieb Captain Chennaults Arbeitgeber bis 1942 die Chinesische Zentralbank und in seinem Pass war als Beruf „Landwirt“ angegeben.

Das Cockpit der Curtiss P-40 mit teilweise englischen, teilweise französischen Beschriftungen.

Eine Staffel der „Flying Tigers". Die Bemalung mit einem Haifischmaul war das Kennzeichen der Freiwilligentruppe.

Großbritannien nannte sich die P-40 Tomahawk, ein späteres Modell, die P-40N, wurde zur Kittyhawk – und um die Verwirrung zu vollenden, hieß die P-40 ab Baureihe F (nach anderen Quellen ab Baureihe E) in den USA Warhawk, die mit zwei zusätzlichen MGs Kaliber 12,7 mm aufgerüstet wurde. Einige Modelle erhielten als Triebwerk den von Packard in Lizenz gebauten Rolls-Royce Merlin, die letzte Baureihe P-40 N dann den Allison-Reihenmotor.

Die P-40 diente bei den Luftstreitkräften der Türkei, Südafrikas,

Glenn H. Curtiss – Pionier, Unternehmer, Weltrekordler

Der Platz, den die Geschichte einem Menschen einräumt, hat nicht zwangsläufig etwas mit seiner tatsächlichen Bedeutung zu tun. Glenn H. Curtiss ist ein beredtes Beispiel dafür.

Im Sommer 2003 hat sich der erste offiziell bezeugte Motorflug zum hundertsten Mal gejährt, und (fast) jedes Schulkind kennt die Namen der Brüder Wright. Doch mit der offiziellen Anerkennung des ersten Fluges hatten die Brüder wohl erreicht, was sie erreichen wollten, von Stunde an hüteten sie nur noch eifersüchtig und prozessfreudig ihr Geheimnis. Die weitere Entwicklung des Motorflugs scheint sie kalt gelassen zu haben.

Ganz anders Glenn H. Curtiss, der – obwohl in interessierten Kreisen wohlbekannt – nie die Popularität von Orville und Wilbur Wright hatte. Verdient hätte er es, man kann ihn mit Recht einen der Gründerväter der US-amerikanischen Luftfahrtindustrie nennen.

Curtiss zeigte schon früh Begeisterung für Technik und Mathematik. Zeitgenossen nannten ihn allerdings einen langsamen Denker – aus ihren Beschreibungen geht hervor, dass Curtiss sich Zeit ließ, um Probleme zu durchdenken.

Zunächst reparierte und produzierte Curtiss Fahrräder, dann motorisierte er sie und, unzufrieden mit den verfügbaren Motoren, baute er auch diese noch selber. Und zwar so erfolgreich, dass er 1903 mit einer eigenen Maschine mit 103 km/h einen Geschwindigkeitsweltrekord über die Meile aufstellte und 1907 mit 219,4 km/h zum schnellsten Mann der Welt wurde. 1910 verkaufte Curtiss seine Motorradproduktion, denn seit 1904 interessierte er sich auch für die Luftfahrt. Sein Versuch, die Gebrüder Wright für Curtiss-Motoren zu begeistern scheiterte zwar, aber 1908 trat er der im kanadischen Halifax gegründeten Aerial Experiment Association bei. Unter der Führung von Dr. Alexander Graham Bell leistete diese Gesellschaft Grundlagenforschung in der Fliegerei – Curtiss wurde als anerkannter Motorenexperte hinzugezogen und war als Versuchsleiter tätig.

Ein frühes und berühmt gewordenes Produkt dieser Gesellschaft war die 1908 von Glenn Curtiss konstruierte „June Bug". Ein weiteres sehr populäres Flugzeug wurde die Curtiss JN-4 mit dem Spitznamen „Jenny", ein zweisitziger Trainer, der über 6000-mal gebaut wurde.

Kanadas, Australiens, Neuseelands und sogar in der Sowjetunion. Als ihre Serienfertigung 1944 endete, belief sich die Gesamtproduktion der P-40 auf 13 738 Stück.

Die Gegner

Am Himmel über Europa wurde nur zu schnell deutlich, dass die P-40 sich nicht mit den Jägern der deutschen Luftwaffe messen konnte und wurde deshalb unter anderem in Nordafrika als Jagdbomber eingesetzt. Auch im Pazifik stand der Curtiss mit der Mitsubishi A6M Zero-Sen ein Jäger gegenüber, mit dem sie nicht auf gleicher Ebene konkurrieren konnte.

In China hingegen traf sie vorwiegend auf die japanische Nakajima Ki-43 Hayabusa und konnte sich auf diesem Kriegsschauplatz mit den Piloten der – anfänglich irregulären – American Volunteer Group alias „Flying Tigers“ behaupten.

„B“ für Bomber, „F“ für Fighter

Die Bezeichnungen der Militärflugzeuge können verwirren, in den USA wie überall sonst auch. Bei den US-Streitkräften wird ein Flugzeug nach seinem Verwendungszweck bezeichnet, das ist der Grund, warum der moderne Jet F-15 Eagle von McDonnel Douglas produziert wurde und sein Zeitgenosse F-16 Fighting Falcon von General Dynamics. Beiden gemeinsam ist – neben der Bezeichnung nach Greifvögeln – der Buchstabe „F“ – und der steht für „Fighter“ = Kampfflugzeug.

Hier einige Bezeichnungen der USAF aus der Zeit vor 1960, die Bezeichnungen der US Navy weichen davon stellenweise ab:

A – leichter Bomber

B – mittlerer oder schwerer Bomber

P – Jagdflugzeug (P = pursuit = Verfolgung/Jagd)

Der Lufteinlass unterhalb der Bugnase war ein charakteristisches Merkmal der Curtiss P-40.

Heinkel He 51

Die Heinkel He 51 ist nicht so sehr wegen ihrer Leistung oder wegweisenden Konstruktion bemerkenswert, sondern wegen ihrer historischen Bedeutung. Nach den langjährigen Beschränkungen durch den Versailler Vertrag war dieser Doppeldecker das erste offiziell gebaute deutsche Jagdflugzeug nach dem Ersten Weltkrieg. Die Konstruktion war bewährt – aber weder modern noch zukunftweisend.

HEINKEL HE 51 C
Einmotoriger Jagdeinsitzer/Doppeldecker
Spannweite: 11,00 m (Oberflügel), 8,60 m (Unterflügel)
Länge: 8,40 m
Höhe: 3,20 m
Leergewicht: 1462 kg
Startgewicht: 1900 kg
Triebwerk: ein wassergekühlter Zwölfzylinder-V-Motor BMW VI 7.3Z mit 552 kW (750 PS)
Höchstgeschwindigkeit: 330 km/h
Dienstgipfelhöhe: 7500 m
Reichweite: 800 km
Bewaffnung: zwei synchronisierte MG 17 Kaliber 7,92 mm auf dem Bug; Unterflügelstationen für vier 50-kg-Bomben

Nach einer langen, im Versailler Vertrag festgelegten Pause, begann mit der Heinkel He 51 der öffentlich zugegebene Jagdflugzeugbau.

Ernst Heinkel
Ernst Heinkels Laufbahn und der deutsche Flugzeugbau entwickelten sich gemeinsam. Als Mann der ersten Stunde begann er mit einem Nachbau des französischen Farman-Doppeldeckers, wie viele andere Konstrukteure auch. Sein erstes Flugzeug stieg 1910 auf, ein Jahr später endete nach einem schweren Unfall seine Leidenschaft für das Fliegen, nicht jedoch seine Leidenschaft für Flugzeuge.
Als Konstrukteur war sein nächste Arbeitgeber die Firma LVG (Luftverkehrsgesellschaft), danach, im Dienste der Albatros-Flugzeugwerke, entwarf er als Chefkonstrukteur in eigener Regie die Albatros B II. 1914 wechselte er als technischer Direktor zu den Hansa- und Brandenburgischen Flugzeugwerken.
1922 endlich gründete Heinkel in Warnemünde seine erste eigene Firma, die Ernst Heinkel Flugzeugwerke.
Zahlreiche Flugzeugmuster verließen die Firma, die Militärflugzeuge wurden im Ausland montiert, um den Beschränkungen des Versailler Vertrags gerecht zu werden. Eines der sogenannten Schnellverkehrsflugzeuge, die Heinkel-Blitz He 70, war kurze Zeit das schnellste Flugzeug der Welt und lieferte wesentliche Erkenntnisse für den Bau des späteren Bombers He 111.

Eine kurze Laufbahn

Bei seinem Dienstantritt bereits veraltet, zeigten die Erfahrungen im spanischen Bürgerkrieg, dass man mit diesem Doppeldecker bestenfalls nur noch Doppeldecker bekämpfen konnte. Ihre Gegner in Spanien – die Polikarpow I-15 und I-16 – waren so überlegen, dass man die Heinkel schon bald nur noch als Erdkampfunterstützungsflugzeug oder in Aufgaben ohne direkten Kampfeinsatz verwendete. Bereits 1938 wurde sie als Jäger ausgemustert und war bis 1943 nur noch als Kampftrainer eingesetzt. Die gesamte Produktion beläuft sich inklusive der Lizenzbauten auf 625 Stück.

Der runde Ausschnitt im Oberflügel, der die Sicht nach oben und nach vorne verbesserte, war typisch für Doppeldecker.

Der erste Standardjäger der Luftwaffe

Anfang der 1930er-Jahre glaubte der Konstrukteur Ernst Heinkel, den Versailler Vertrag ganz offen verletzen zu können, ohne Sanktionen der Siegermächte des Ersten Weltkrieges befürchten zu müssen – er sollte Recht behalten. Hatte man in Deutschland noch kurz zuvor sogenannte Schnellverkehrsflugzeuge gebaut, die nichts anderes waren als getarnte Jagdflugzeuge, wurde die He 51 nun in aller Öffentlichkeit vorgestellt. Geplant 1932, flogen die ersten Prototypen im Mai 1933 – als die neue deutsche Luftwaffe noch im Verborgenen operierte. Die Auslieferung begann im Juli 1934. Als im März 1935 die Gründung der Reichsluftwaffe bekannt gegeben wurde, war das Jagdgeschwader 1 Richthofen bereits mit He 51 ausgerüstet und einsatzbereit.

Die Brüder Günther
Das Team, das hinter den Entwicklungen der He 51 stand, umfasste neben dem Firmenchef und seinem Geschäftspartner Karl Schwärzler ab 1931 die Zwillingsbrüder Walter und Siegfried Günther. Zivile Entwicklungen aus dem Hause Heinkel hatten seit 1923 ihre Kunden gefunden, von der HE 1 bis zur HD 43. Erfahrungen gab es also reichlich, und mit der Verstärkung durch die Gebrüder Günther hatte sich eine Mannschaft hochkarätiger Spezialisten zusammengefunden. Ein erster oberflächlicher Blick auf die He 51 vermittelt den Eindruck, als ob sich die Konstrukteure noch nicht ganz von den alten Traditionen des Flugzeugbaus hätten lösen können. Die He 51 war zwar grundsolide, aber eine wirklich bahnbrechende Erfindung war sie nicht, sondern ein Kind ihrer Zeit und ein Sinnbild der damaligen „deutschen" Situation. Dennoch: Ernst Heinkel bezeichnete sie in seinen Memoiren als „schnittig-schön". Wie schwierig die Lage der deutschen Fliegertruppe war, wird beispielsweise dadurch verdeutlicht, dass 1935 noch nicht einmal die nötigen durch den Propellerkreis schießenden MG vorhanden waren.

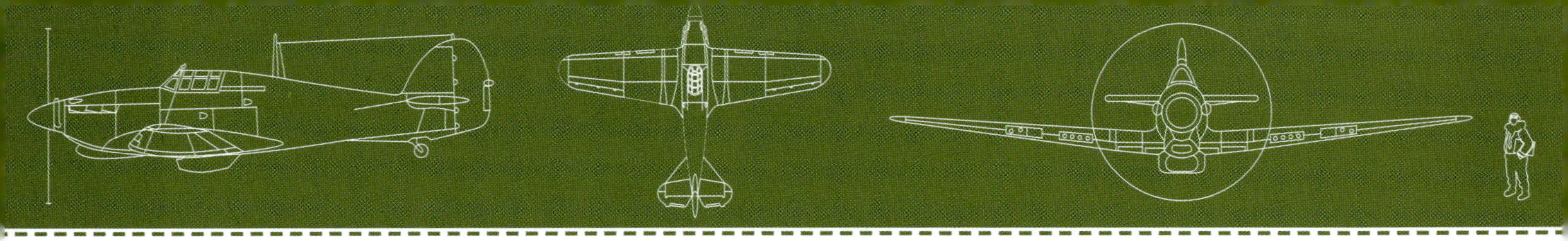

Hawker – Demon, Fury, Hurricane

Aus dem Hause Hawker kamen einige der bekanntesten Kampfflugzeuge aller Zeiten. In der Nachkriegszeit der Harrier, im Zweiten Weltkrieg die Hurricane, und zuvor der wohl eleganteste Jagddoppeldecker überhaupt – die Fury.

HAWKER FURY II

Jagdeinsitzer
Spannweite: 9,15 m
Länge: 8,00 m
Höhe: 2,89 m
Leergewicht: 1245 kg
Startgewicht: 1583 kg
Triebwerk: 1 Zwölfzylinder-Motor (V-Form) Rolls-Royce Kestrel VI mit 477 kW (640 PS)
Höchstgeschwindigkeit: 357 km/h
Dienstgipfelhöhe: 9000 m
Reichweite: 420 km
Bewaffnung: 2 x Vickers-MG Mk IV Kaliber 7,7 mm, Unterflügelstationen für leichte Bomben

Demon

Die Demon war eine Interimslösung vor der Fertigstellung der Fury. Dieser doppelsitzige Jagdbomber – eine auf dem Tagbomber Hart beruhende Entwicklung – wurde ab März 1931 ausgeliefert.

Etwa 200 Exemplare wurden mit verschiedenen Motorvarianten gebaut. Bewaffnet war die Demon mit einem Lewis-MG Kaliber 7,7 mm für den Beobachter und zwei nach vorne feuernde Vickers-MG Kaliber 7,7 mm. Nach 1936 erhielten alle neuen Demon einen hydraulisch

Die Hawker Hurricane entwickelte sich zu einem der besten Jagdflugzeuge des Zweiten Weltkriegs.

Viele der Hawker Hurricane wurden in sogenannten „Schattenfabriken“ gefertigt – in als Herrenhäuser oder andere zivile Bauten getarnten Gebäuden.

HAWKER HURRICANE MK.IIC
Jagdeinsitzer, Erdkampfflugzeug und Jagdbomber
Spannweite: 12,19 m
Länge: 9,75 m
Höhe: 3,99 m
Leergewicht: 2563 kg
Startgewicht: 3712 kg
Triebwerk: Ein aufgeladener flüssigkeitsgekühlter V-12-Kolbenmotor Rolls-Royce Merlin XX mit 955 kW (1280 PS)
Höchstgeschwindigkeit: 537 km/h
Dienstgipfelhöhe: 10 860 m
Reichweite: 1737 km
Bewaffnung: vier 20-mm-Maschinenkanone Hispano Suiza, Unterflügelstationen für zwei 227-kg-Bomben oder acht 27,2-kg-Raketen

angetriebenen Waffenturm auf dem Rumpfrücken und viele andere wurden nachgerüstet. Gebaut wurden 239 Exemplare.

Fury – der Doppeldecker par excellence

Vielen gilt die Fury als der schönste Doppeldecker überhaupt, sie vereint gelungenes, aerodynamisch ausgezeichnetes Design mit überlegener Technik – der erste Jäger der RAF, der die magische Grenze von 200 Meilen (322 km/h) pro Stunde überschritt und das bei nie dagewesenen Flugeigenschaften. Obwohl als Jäger mit guter Steigfähigkeit und hoher Geschwindigkeit entworfen, war ihre Fluglage so stabil, dass der Pilot im Horizontalflug freihändig fliegen konnte, ein Strömungsabriss konnte leicht wieder aufgefangen und das Trudeln jederzeit beendet werden. Die Steigrate der Fury I in Bodennähe betrug 12,5 m/sec.

Der mit Firmengeldern entwickelte Prototyp – Hornet genannt – flog erstmalig im März 1929. Nach Beschaffung durch das Luftfahrtministerium und Beginn der militärischen Laufbahn 1931 wurde das Serienmodell „Fury“ getauft.

Neville Duke (links), Flieger-Ass und Testpilot bei Hawker Aircraft im Gespräch mit Sidney Camm, dem Vater der Hurricane.

Die Bewaffnung der Hurricane wurde später auf bis zu zwölf flügellafettierte MG verstärkt.

Harry Hawker
Harry Hawker war Australier, seine Begeisterung für das Abenteuer Motorflug zog ihn nach England. Bevor er Mechaniker – später Chefdesigner – und Testpilot bei Sopwith Aviation wurde, schlug er sich als Fluglehrer durch. Seine Risikobereitschaft lässt sich am folgenden Ereignis ermessen: Am 10. April 1919 stiegen Harry Hawker und sein Navigator Mackenzie Grieve zur ersten Atlantik-Überquerung auf, und zwar mit einer Sopwith, die den passenden Namen „Atlantic" trug. Am selben Ort wie später die erfolgreichen Piloten Alcock und Brown in St. Johns (Neufundland) gestartet, mussten sie nach technischen Problemen – das Ziel fast zum Greifen nah – vor der norwegischen Küste notwassern. Aufgefischt von einem dänischen Frachter ohne Funkgerät an Bord, war ihr Nachruf schon geschrieben, als die beiden Pioniere eine Woche später in England ankamen. Die 10 000 £ Preisgeld – die von der Tageszeitung Daily Mail für die erste Atlantiküberquerung ausgeschrieben worden waren – war ihnen zwar entgangen, aber der britische König zahlte für ihren Wagemut einen Trostpreis von 5000 £.
Als der Firma Sopwith wegen drohender Steuernachforderungen die Insolvenz drohte, wurde das Unternehmen aufgelöst und 1920 gründete Harry Hawker gemeinsam mit Thomas Sopwith und zwei anderen Partnern die H.G. Hawker Engineering Co. Ltd.
An der Entwicklung der Fury oder der Hurricane war Harry Hawker selber nicht mehr beteiligt – im Jahr 1921 wurde er bei einem Flugunfall getötet. Thomas Sopwith bewahrte sein Angedenken mit dem Firmennamen Hawker Aircraft Limited und sicherte dem Pionier damit seinen Platz in der Ruhmeshalle der Luftfahrt.

In den Jahren 1936 und 1937 wurde die verbesserte Fury II an die RAF ausgeliefert. Ihr Rolls-Royce-Kestrel VI (477 kW/640 PS) bescherte der Fury II einen Leistungszuwachs von 20 Prozent und eine auf 357 km/h gesteigerte Höchstgeschwindigkeit. Von den insgesamt 262 gebauten Exemplaren wurden einige nach Jugoslawien verkauft, andere dienten in Persien, Portugal, Spanien und Südafrika.

Zu Beginn des Zweiten Weltkrieges hatte die RAF ihre Fury als Jagdflugzeug bereits ausgemustert und durch Hurricane und Gloster Gladiator ersetzt.

Hurricane

Die Hurricane ist eines der beiden besten britischen Jagdflugzeuge des Zweiten Weltkriegs. Sie erreichte – und überschritt – als erste die Grenze von 300 Meilen in der Stunde (483 km/h) und erwies sich als eines der vielseitigsten und wandlungsfähigsten Modelle überhaupt. Als Abfangjäger konzipiert, diente sie auch als Erdkampfflugzeug, schiffsgestützter Jäger der Marine, als leichter Bomber und Panzerjäger. Zwischen Juli und Oktober 1940 – während der Luftschlacht um England – zeigte sie sich sogar den wendigeren Spitfire als Waffenplattform überlegen und war bei der Abwehr der deutschen Bomber sogar effektiver.

Chefkonstrukteur Sir Sidney Camm – der Vater der Hurricane
„Von der Pike auf" beschreibt seine Karriere am besten. Camm begann als Modellflugzeugbauer, baute bereits 1912 mit Freunden einen Gleiter, mit dem sogar bemannte Flüge glückten. 1925 trat er bei Hawker Aircraft als Technischer Zeichner ein, diente sich bis zum Chefkonstrukteur hoch und blieb der Firma ein Leben lang treu. Mit der Hurricane, Typhoon, Tempest – um nur einige zu nennen – setzte er sich selbst gleich mehrere Denkmäler. 1953 wurde Sidney Camm für seine Verdienste in den Ritterstand erhoben.

Das Konzept

Chefkonstrukteur Sidney Camm hatte früh die Grenzen der Doppeldecker erkannt und begann 1933 mit den Arbeiten an dem neuen Konzept mit der internen Bezeichnung „Interceptor Monoplane" dem Abfangjäger in Eindeckerbauweise. Das Ergebnis war eine Synthese aus Erfahrung und Innovation – ein bewährter stoffbespannter Stahlrohr-Gitterrumpf, ein modernes Einziehfahrwerk und eine geschlossene Kanzel. Der Prototyp K5083 stieg – angetrieben von einem Rolls-Royce-PV-12 – am 6. November 1935 zum Jungfernflug auf. Die erste seriengefertigte Hurricane Mk.I flog im Oktober 1937 mit einem starren Zweiblatt-Propeller aus Holz und dem neuen Merlin II-Motor.

Die Fertigung beginnt

Der Großauftrag von 600 Serienflugzeugen (anfangs waren sogar 1000 Maschinen geplant!) hätte andere Fabrikanten in Schwierigkeiten gebracht, nicht so Hawker Aircraft. Dort war bereits Monate vor der Bestellung vorausschauend die Serienfertigung vorbereitet worden und so konnte problemlos die größte Einzelbestellung in Friedenszeiten abgewickelt werden. Nach drei Monaten waren vierzig Maschinen fertig! Die Bauart der Hurricane hatte daran einen Anteil der nicht unterschätzt werden darf. Viele Einzelteile konnten in mittelständischen Handwerksbetrieben gefertigt werden und erst die Endmontage fand in den Hawker-Werken statt. In den Zeiten der deutschen Bombenangriffe bot diese dezentrale Fertigung kein großflächiges Ziel. Im Zweiten Weltkrieg wurden Teile der Produktion in die sogenannten Schattenfabriken ausgelagert. Diese Fabriken waren als solche nicht erkennbar. Aus Gründen

Zwei britische Staffeln trainierten die sowjetischen Piloten, bevor die Maschinen übergeben wurden.

der Tarnung fand die Fertigung kriegswichtiger Güter auch im Verborgenen statt; unter anderem auch in Schlössern oder Herrenhäusern.

Dazu kommt, dass durch die modulare Bauweise der Hurricane einzelne Baugruppen einfach gegen verbesserte Varianten ausgetauscht werden konnten, was natürlich die schnelle Anpassung der Hurricane an neue Herausforderungen vereinfachte.

Unternehmen „Seelöwe"

Voraussetzung für die gemäß der Führerweisung vom 16. Juli 1940 geplante deutsche Invasion Englands war die Erringung der totalen Luftherrschaft. Bei ihren Angriffen stieß die Luftwaffe jedoch auf den erbitterten Widerstand der britischen Spitfire und Hurricane. In der Luftschlacht um England erwiesen sich die Hurricane als ideale Waffenplattform und waren bei der Abwehr der deutschen Bomber sogar effektiver als die modernen Spitfire. Der Messerschmitt Bf 109 war die Hurricane zwar von den Leistungen her unterlegen, aber letztendlich entschied das Können der Piloten über Sieg oder Niederlage. Als die Luftschlacht zu Ende ging, hatten Hurricane mehr deutsche Flugzeuge vernichtet als alle andere Verteidiger (Jäger, Flak, Sperrballons) zusammen. Ihre Feuerkraft war beachtlich – acht Browning-MG Kaliber 7,7 mm waren so ausgerichtet, dass sie

Ein beeindruckendes Bild: sechs Hawker Hurricane Mk.IIC der No 3 Squadron Fighter Command im Formationsflug.

230 Meter voraus ihr Feuer an einem Punkt konzentrierten – ein Feuerstoß konnte ausreichen für den Abschuss. Die Hurricane Mk.IIB verfügte schon über zwölf 7,62-mm-MG, die Mk.IIC (mehr als 4700 gebaute Exemplare) über vier 20-mm-Maschinenkanonen Hispano-Suiza und Aufhängestationen für eine oder zwei Bomben.

Als Erdkampfflugzeug war sie mit zwei oder vier 40-mm-Kanonen bewaffnet, die panzerbrechende Munition verschossen und ihr den Namen „Dosenöffner" eintrugen. Diese Munition hatte zwar eine hohe Durchschlagkraft, aber auch einen gravierenden Nachteil: Da die Maschinenkanonen unter den Flügeln montiert waren und beim Schuss einen enormen Rückstoß verursachten, wirkte sich schon der Ausfall einer Batterie sehr nachteilig auf das Flugverhalten aus.

Modellpflege

Die Hurricane wurde immer weiter modifiziert, dem ersten Rolls-Royce Merlin II V-12-Motor mit hängenden Zylindern folgten andere, in der Hurricane Mk.II brachte der Merlin XX mit einem zweistufigen Lader eine Startleistung von 831 kW (1300 PS) und 537 km/h Höchstgeschwindigkeit in 6700 m Höhe. Neben den Rolls-Royce Merlin kamen im Modell Mk.III auch der amerikanische Lizenzbau Packard Merlin zum Einsatz und aus dem Hurricane Mk.IIE wurde die Hurricane Mk.III mit dem neuen Merlin 24 (1192 kW/1620 PS).

Handelsmarine und Fleet Air Arm (Marineflieger)

Eine Variante der Hurricane – inoffiziell als „Hurricat" bezeichnet – diente dem Schutz von schwimmenden Geleitzügen. Von Handelsschiffen auf kleinen Flugdecks mitgeführt und katapultgestartet, boten diese Sea Hurricane IA Geleitschutz. Solche Einsätze waren aber nur bedingt erfolgreich, denn einmal gestartet, blieb dem Piloten für die Landung keine andere Wahl als notzuwassern, mit dem Fallschirm abzuspringen oder nach Land zu suchen. Etwa fünfzig dieser Hurricat waren im Dienst. Später wurden für diese Einsatzart Zusatztanks nachgerüstet, um die Reichweite zu verbessern.

Die Hurricane IB – umgerüstete Mk.I und Mk.II – war dagegen als Trägerflugzeug mit Fanghaken ausgerüstet.

Die letzte von weit über 12 000 gebauten Hurricane wird für einen Festakt vorbereitet.

Die Produzenten

12 780 Maschinen, über tausend davon bei Gloster Aircraft und 300 bei Austin Motors, wurden im Vereinigten Königreich gebaut – inklusive 1451 Stück, die bei der Canadian Car and Foundry Works in Kanada entstanden. Die Hurricane diente in neunzehn verschiedenen Ländern, der davon zahlenmäßig größte Abnehmer war die Sowjetunion, die fast 3000 Maschinen erhielt. Der Hauptteil der in die UdSSR gelieferten Maschinen wurde als zweisitzige Version zur Erdkampfunterstützung eingesetzt.

Der Waffenwart bei der Arbeit mit der beeindruckend großen Munition des Kalibers 20 mm.

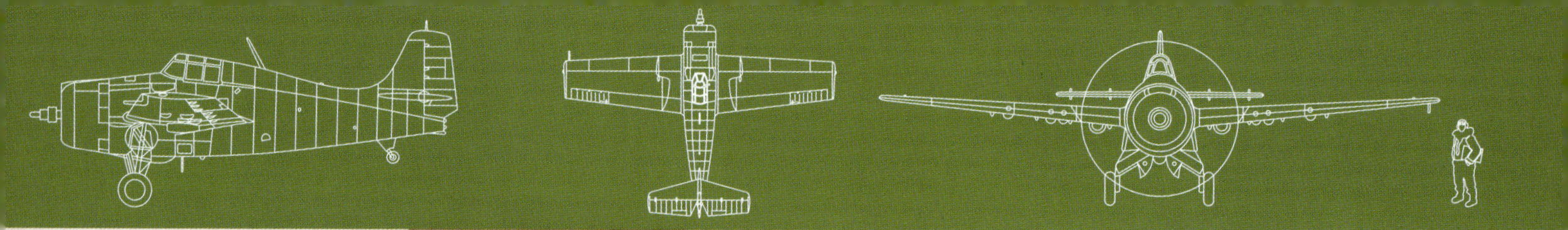

Grumman F4F Wildcat

Anfang der 1940er-Jahre war dieser gedrungene einsitzige Mitteldecker das Standardträgerflugzeug der US Navy. Seine Robustheit und Feuerkraft machte ihn im Kampf mit den japanischen Mitsubishi A6M2 (allgemein Rei-Sen oder Zero-Sen genannt) zum einzigen ernsthaften Gegner.

Der gedrungene Marinejäger Grumman F4F Wildcat blieb von 1942 bis Kriegsende im Dienst.

Wildcat und Buffalo

Der Prototyp F4F-1 war noch als Doppeldecker ausgelegt und verlor den Wettbewerb mit der Brewster Buffalo um den Regierungsauftrag für den neuen Marinejäger. Ihre Nachfolgerin, die als Eindecker konstruierte dritte Version F4F-3, konnte dank dem stärkeren Triebwerk Pratt & Whitney Twin Wasp mit zweistufigem Turbolader ihre Leistungsfähigkeit steigern und den

GRUMMAN F4F-4 WILDCAT

Trägergestützter Jagdeinsitzer
Spannweite: 11,58 m
Länge: 8,76 m
Höhe: 3,45 m
Leergewicht: 2109 kg
Startgewicht: 2767 kg
Triebwerk: 1 x luftgekühlter 14-Zylinder Doppelsternmotor Pratt & Whitney R-1830-86 Twin Wasp mit 895 kW (1200 PS)
Höchstgeschwindigkeit: 512 km/h
Dienstgipfelhöhe: 10 640 m
Reichweite: 2050 km
Bewaffnung: 6 x Browning-MG M-2 Kaliber 12,7 mm, Unterflügelstationen für zwei 113-kg-Bomben bzw. sechs 127-mm-Raketen

Beschaffungsauftrag der Navy sichern. Die F4F-3 kam auch in Europa zum Einsatz, und zwar bei den britischen Marinefliegern unter dem Namen „Martlet“.

Wildcat versus Mitsubishi A6M Zero

Die F4F war dem damals besten Jäger der Kaiserlichen Japanischen Streitkräfte in puncto Steigvermögen, Wendigkeit und Geschwindigkeit unterlegen – die Stärken der Wildcat waren Zähigkeit und Feuerkraft. Dank der hohen Beschussfestigkeit der Grumman kam es allerdings vor, dass die Piloten der Mitsubishi nicht genug Munition abfeuern konnten, um die Wildcat flugunfähig zu schießen – die Zero wäre bei gleicher Trefferzahl in einem Feuerball aufgegangen. Bewaffnet war die Grumman bis Modell F4F-3 mit vier MG Kaliber 12,7 mm, während die Zero mit zwei MG im Gewehrkaliber 7,7 mm und zwei MK (mit nur je 20 Schuss Munition) Kaliber 20 mm bestückt war. Das 1942 in Dienst gestellte Modell F4F-4 hatte sogar sechs MG Kaliber 12,7 mm. Mit dieser Neuerung waren nicht alle Piloten einverstanden, die Munitionsvorräte blieben nämlich dieselben und daher war die Zeit, in der gefeuert werden konnte, kürzer. Manche meinten sogar: „Wer mit vier MG nicht trifft, der schießt auch mit sechs daneben.“

Das Fahrwerk der F4F musste zum Unmut der Piloten mit der Hand eingekurbelt werden. Falls man nicht bis zur Endstellung – und dem Einrasten – kurbelte, konnte es vorkommen, dass die Kurbel zurückschlug und den Flugzeugführer verletzte. Erschwerend kam hinzu, dass das Fahrwerk eine relativ schmale Spurweite hatte. Zwar wurde bei Trägerlandungen beim Aufsetzen durch das Fangkabel die Richtung einigermaßen gehalten – auch wenn es dabei zu vielen Unfällen kam. Richtig kritisch aber waren Landungen auf festen Landpisten, weil dort die Kraft des Fangkabels fehlte, die Wildcat nicht zwangsläufig auf Kurs gehalten wurde und es folglich häufig zu Landeunfällen kam.

Klappflügel

Eine großartige Ingenieursleistung waren die beiklappbaren Tragflächen, die den Platzbedarf einer Maschine auf und unter Deck halbierte. Die Konstruktion wurde zunächst hydraulisch betrieben, das erhöhte aber das Gewicht und verschlechterte demzufolge die Flugleistung. Die zweite, verbesserte Version der Klappflügel wurde deshalb von Hand durch die Deckmannschaft „gefaltet“, und zwar so, dass die Flügel nicht einfach hoch, sondern nach hinten und fast senkrecht neben dem Rumpf beigeklappt und durch Streben gesichert wurden.

Die Seeschlachten bei Midway und im Korallenmeer

Für die US Navy und das US Marine Corps waren die F4F zu Beginn des Zweiten Weltkrieges die wichtigsten Waffen in den Seeschlachten bei Midway und im Korallenmeer. Aber auch nach Indienststellung ihrer Nachfolger F6F Hellcat und F4U Corsair wurde sie noch nicht ausgemustert. Die F4F erwiesen sich als besonders wertvoll, weil sie auch von den kurzen Flugdecks kleiner Begleitträger operieren konnten. Als die Firma Grumman ihre Fertigungsanlagen auf F6F umstellte, wurde die F4F bei General Motors als „FM“ weiter gebaut.

Die F4F-4 blieb bis Kriegsende im aktiven Dienst, die Anzahl der gebauten Maschinen beträgt 7722 Stück.

Die US-amerikanische Grumman F4F war ein typischer Vertreter der Jagdflugzeuge mit Sternmotor.

Im Dienst der britischen Marineflieger, der „Fleet Air Arm“, wurde die Grumman F4F „Martlet“ genannt.

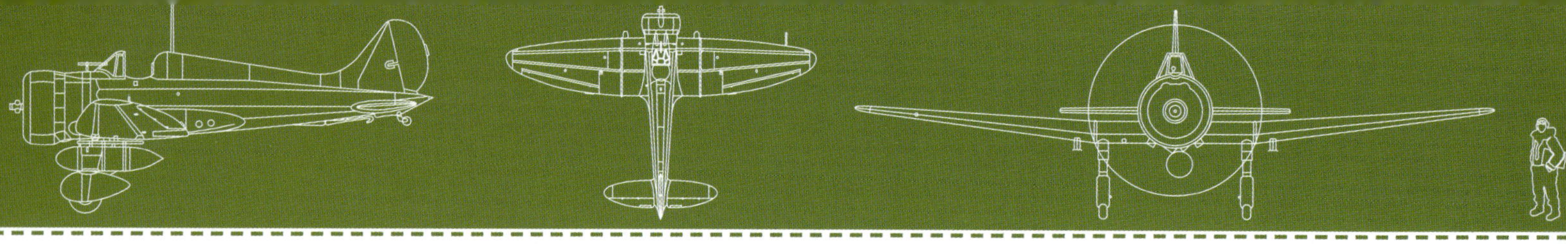

Mitsubishi A5M

Der erste trägergestützte Jagdeindecker der japanischen Marine wurde kompromisslos auf Höchstgeschwindigkeit und Wendigkeit im Kurvenkampf ausgelegt. Mit für die damalige Zeit ausgezeichneten Leistungen, moderner Ganzmetall-Bauweise und aerodynamisch sauberer Konstruktion brachte sie Japan den Anschluss an die Spitze der weltweiten Entwicklung im Jagdflugzeugbau.

MITSUBISHI A5M4
Jagdeinsitzer
Spannweite: 11,00 m
Länge: 7,55 m
Höhe: 3,27 m
Leergewicht: 1216 kg
Startgewicht: 1708 kg
Triebwerk: ein luftgekühlter Sternmotor Kotobuki-41 mit 522 kW (710 PS)
Höchstgeschwindigkeit: 440 km/h
Dienstgipfelhöhe: 10 000 m
Reichweite: 1200 km
Bewaffnung: 2 x MG Typ 89 Kaliber 7,7 mm; Unterflügelstationen für zwei 30-kg-Bomben

Die Mitsubishi A5M war eines der Flugzeuge beim Angriff auf Pearl Habour.

Chinesisch-Japanischer Krieg

Bei ihrem Erstflug im Februar 1935 übertraf die A5M die in der Ausschreibung geforderte Höchstgeschwindigkeit von 350 km/h bei weitem; der Prototyp war 450 km/h schnell. Das zweite Serienmodell, die A5M2, erwies sich mit ihrer überlegenen Geschwindigkeit und Manövrierfähigkeit im Zweiten Chinesisch-Japanischen Krieg als das wichtigste Jagdflugzeug der Marine. Als Triebwerk diente damals der Sternmotor Kotobuki KAI 3-ko mit 471 kW (690 PS).

Bis ins Jahr 1941 wurden insgesamt 982 Exemplare gebaut und zur Zeit des Angriffs auf Pearl Harbor am 7. Dezember 1941 war die Mitsubishi noch in vorderster Linie aktiv; 1942 wurde sie dann von der A6M Zero-Sen abgelöst. Ihre letzten Kriegseinsätze sah die A5M bei den Kamikaze-Einsätzen (Opferflieger) im „Göttlichen Wind".

Das Jahr 2596
Die interne Bezeichnung der A5M lautete Typ 96. Namengebend war das Jahr ihrer Abnahme durch die Militärs nach der japanischen Kigen-Zählung – den man im Kaiserlichen Japan zur Zeitbestimmung in militärischen Fragen heranzog. Und in diesem System entsprach das Jahr 1936 n. Chr. in Japan dem Jahr 2596 nach der Amtseinführung des ersten (mythologischen) Kaisers – Jimmu-Tenno.

Die Mitsubishi A5M hatte ihre letzten Kampfeinsätze bei den Selbstmordangriffen der Kamikaze.

Göttlicher Wind

Das Wort „Kamikaze“ (göttlicher Wind) steht ursprünglich für Taifun und ist zuerst einmal sehr wörtlich zu nehmen – zweimal in seiner Geschichte wurde Japan vor übermächtigen Gegnern durch Wirbelstürme gerettet. Im Jahr 1274 und 1281 wurden die Horden Kublai Khans beim Versuch ,das japanische Kaiserreich zu erobern, letztendlich durch diese Stürme besiegt. Es steht zu vermuten, dass die Japaner die am Ende des Zweiten Weltkriegs – angesichts der drohenden Niederlage – für einen Kamikaze gebetet haben, dies auf solch eine schicksalhafte Wendung des Kriegsglücks bezogen.

Der Gebrauch des Wortes für Selbstmordangriffe ist im Westen entstanden, – in Japan wurden die kämpfenden Einheiten, die diese selbstmörderischen Angriffe führten, als „Tokkoh-Tai“ bezeichnet. Eine der Untergruppen dieser Kommandos nannte sich „Shimpu“. Und das Schriftzeichen für Shimpu erlaubt zwei Bedeutungen – eine davon ist Kamikaze. Dieses letzte verzweifelte Aufbäumen der japanischen Truppen kostete über 2000 Japaner und über 12 000 Soldaten der Alliierten das Leben – den Gang der Geschichte aufhalten konnten die Kamikaze nicht.

Das Fahrwerk der Mitsubishi war an der tiefsten Stelle der „Möwenflügel“ angebracht, am Beginn des positiven Einstellwinkels.

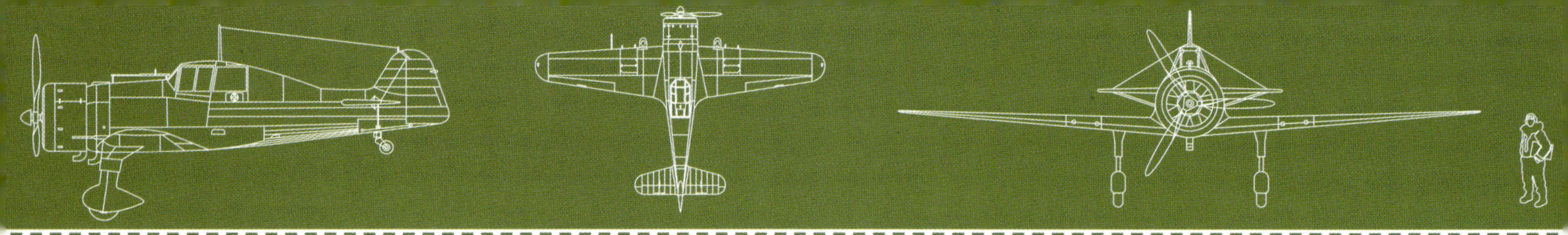

FOKKER D XXI

Eines verbindet die Fokker D XXI mit der amerikanischen Grumman F4F: Beide Jagdflugzeuge waren nicht unbedingt herausragend, aber bereits fertig entwickelt und verfügbar, als sie gebraucht wurden. Robust, wartungsfreundlich und preiswert – das waren die Anforderungen, für die die Fokker D XXI konzipiert war. Ihr Einsatzgebiet sollten ursprünglich die niederländisch-ostindischen Kolonien sein, ihre Laufbahn führte aber in ganz andere Klimazonen. Als Mitte der 1930er-Jahre das Wettrüsten der Luftstreitkräfte begann, wurde die D XXI durch Ihre Verfügbarkeit auf dem europäischen Markt interessant.

FOKKER D XXI

Jagdeinsitzer
Spannweite: 11,00 m
Länge: 8,22 m (Mercury), 8,00 m (R-1535)
Höhe: 2,94 m
Leergewicht: 1442 kg (Mercury), 1534 kg (R-1535)
Startgewicht: 2050 kg (Mercury), 2186 kg (R-1535)
Triebwerk: 1 x (niederländisch) ein 9-Zylinder-Sternmotor Bristol Mercury VIII (620 kW/830 PS); (dänisch) Mercury VI S (482 kW/645 PS); (finnisch) 14-Zylinder-Doppelsternmotor Pratt & Whitney R-1535-SB4-G Twin Wasp Junior (616 kW/825 PS)
Höchstgeschwindigkeit: 460 km/h (Mercury), 439 km/h (R-1535)
Dienstgipfelhöhe: 11 000 m (Mercury), 9750 m (R-1535)
Reichweite: 950 km (Mercury), 900 km (R-1535)
Bewaffnung: (niederländisch) 4 x 7,9-mm-MG FN-Browning M 36; (dänisch) 2 x 7,9-mm-MG Madsen, 2 x 20-mm-MK Madsen; (finnisch) 4 x 7,7-mm-MG

Eine Staffel Fokker D XXI in den Tarnfarben der niederländischen Luftstreitkräfte.

Der Stand der Technik und die Fokker

Zunächst für die niederländisch-ostindische Heeresluftwaffe entwickelt, wurde die Fokker XXI zum Standardjäger dreier europäischer Nationen. Die unpräzise Spezifikation führte im Fall der Fokker zu einem durchschnittlichen Ergebnis. Obwohl im Planungsjahr 1935 das Einziehfahrwerk nicht mehr neu war, erhielt die D XXI noch ein starres Fahrgestell. Ansonsten hatte sich Fokker auf bewährte Techniken gestützt: Das Rumpfgerüst bestand aus geschweißten Stahlrohren mit Metallbeplankung bis zum Cockpit und stoffbespanntem hinteren Rumpf und Heck. Die Flügel bestanden aus Holz mit einer Bakelit-/Sperrholz-Beplankung. Immerhin war die Fokker mit einer Kabinenhaube ausgestattet, sonst hätte Finnland 1937 wohl kaum sieben Exemplare gekauft und weitere 90 in Lizenz gebaut.

Der Erstflug des Prototyps fand im März 1936 statt, damals noch angetrieben von einem Bristol Mercury VIS; die Serienmaschinen sollten später den Mercury VII beziehungsweise VIII erhalten.

1939, bei Kriegsausbruch, waren in Holland 36 Fokker D XXI im Dienst, davon 28 einsatzbereit. Die Niederländer schlugen sich bis zur Kapitulation erstaunlich gut. Was ihrer Maschine an Leistung fehlte, machte, sie durch erstaunliche Wendigkeit wett. Man muss allerdings sagen, dass die Fokker nicht ganz einfach zu fliegen war, die Steuerorgane reagierten an manchen Punkten, beispielsweise während eines Loopings, übersensibel. Die Landegeschwindigkeit war relativ hoch und man sagte ihr eine Tendenz nach, im Landeanflug unvermittelt einen Flügel hängen zu lassen. Wenn dieser dann den Boden berührte, folgte eine abrupte, unfreiwillige Kehre. Das Heckrad sollte auch besser festgestellt bleiben, sonst drohte die Fokker beim Rollen auszubrechen.

Der Winterkrieg 1939/40

Im ersten finnisch-sowjetischen Krieg – dem sogenannten Winterkrieg – war die D XXI am richtigen Platz. Wartung, Start und Ladung auf verschneiten Behelfsflugplätzen waren dort der Alltag – das starre Fahrwerk konnte leicht mit Kufen nachgerüstet werden und die einfache Konstruktion machte sie wartungsfreundlich. Gegen die russischen I-15 und I-16 – die zu dieser Zeit beide bereits als veraltetet galten – konnte sich die Fokker besser behaupten als auf dem Kriegsschauplatz Westeuropa gegen moderne Jäger. Die Modelle der Serie IV, die in der staatlichen finnischen Flugzeugfabrik „Valtion Lentokonetehdas - VL" lizenzgefertigt wurden, erhielten zu einem großen Teil den amerikanischen 14-Zylinder-Doppelsternmotor Pratt & Whitney R-1535-SB4-G Twin Wasp Junior. Einige dieser finnischen Fokker blieben bis 1948 in Dienst.

Die dänische Regierung beschaffte ebenfalls die D XXI, allerdings nur drei Stück und baute weitere zehn Exemplare in Lizenz.

Dritter Lizenznehmer sollte die spanische Republik werden, deren neues Flugzeugwerk aber kurz vor Produktionsbeginn von den Nationalisten überrannt wurde.

Eine Fokker D XXI im Einsatz im finnisch-sowjetischen Winterkrieg.

Robust, zuverlässig und einfach in der Wartung – die D XXI stand ganz in der Tradition der Fokker-Werke.

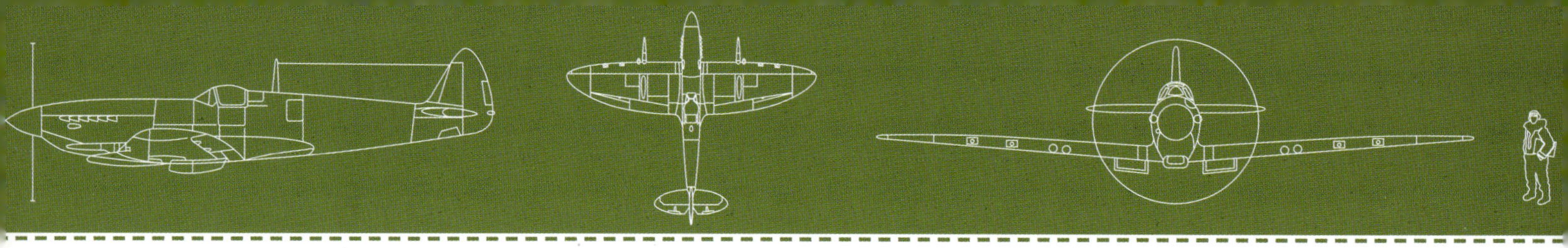

Supermarine Spitfire

Diese fliegende Legende war als einziges Flugzeug der RAF während des ganzen Zweiten Weltkriegs im Einsatz – in 24 Hauptversionen immer auf dem neuesten Stand der Technik. Der Kampfwert der Spits und Hurricanes retteten Großbritannien in höchster Not – in der „Luftschlacht um England". Auch wenn die Propaganda den tatsächlichen Anteil der Spitfire am Scheitern der deutschen Invasionspläne überhöht hat – eines ist ganz sicher: Dieses Jagdflugzeug hatte ein enormes Entwicklungspotenzial und wurde in seinen verschiedenen Versionen immer wieder an die Spitze aller Jäger des Zweiten Weltkriegs gebracht.

Kontrollturm des Fighter Command: Ein britischer Offizier beobachtet die zum Nachteinsatz abhebenden Maschinen.

SUPERMARINE SPITFIRE MK IA

Jagdeinsitzer
Spannweite: 11,23 m
Länge: 9,12 m
Höhe: 3,86 m
Leergewicht: 2182 kg
Startgewicht: 2651 kg
Triebwerk: 1 x flüssigkeitsgekühlter 12-Zylinder V-Motor Rolls-Royce Merlin II mit 746 kW (1015 PS) 26,7 l Hubraum; verstellbarer Dreiblatt-Propeller
Höchstgeschwindigkeit: 557 km/h
Dienstgipfelhöhe: 9296 m
Reichweite: 668 km
Bewaffnung: acht Browning-MG Mk II Kaliber 7,7 mm; einige Exemplare der Spitfire Mk IB wurden 1940 mit zwei 20-mm-MK Hispano Suiza und vier 7,7-mm-MG bestückt

Geburtshaus Rennstall

Die Erfahrungen aus dem Bau der erfolgreichen Supermarine-Rennflugzeuge wurden 1931 auf ein neues Jagdflugzeug angewandt – anfänglich noch als firmeninterne Entwicklung. Dieser ursprüngliche Prototyp wies noch Knickflügel auf und hatte mit der späteren Spitfire wenig Ähnlichkeit. Auch der zweite Entwurf von Chefkonstrukteur Reginald J. Mitchell und der Supermarine Aviation – ab 1928 eine Tochterfirma der Vickers-Gruppe – fand keine Akzeptanz beim Luftfahrtministerium. Man forschte weiter und der dritte Entwurf, Type 300, war so überzeugend, dass schon während der Erprobung 310 Maschinen bestellt wurden – die Spitfire war geboren.

Diese erste Spitfire war bereits mit einem Einzieh-Fahrwerk und geschlossenem Cockpit ausgestattet, der Rumpf in Ganzmetallbauweise ausgeführt.

Der Jungfernflug des Prototypen K5054 wurde am 5. März 1936 vom Flugplatz Eastleigh bei Southampton erfolgreich absolviert. Schon im Juni 1936 erteilte das britische Luftfahrtministerium einen ersten Beschaffungsauftrag über 310 Flugzeuge. Am 4. August 1938 wurde das erste Exemplare ausgeliefert – zur Royal Air Force nach Duxford, wo No 19 Squadron als erste Jagdstaffel die nunmehr „Spitfire" getaufte Maschine in Dienst stellte.

Mitchell selber erlebte die Serienproduktion der Spitfire nicht mehr, er starb 1937 im Alter von 42 Jahren. Sein Nachfolger wurde Joseph Smith.

SUPERMARINE SPITFIRE MK 22

Jagdeinsitzer
Spannweite: 11,26 m
Länge: 10,04 m
Höhe: 4,12 m
Leergewicht: 3247 kg
Startgewicht: 5121 kg
Triebwerk: 1 x flüssigkeitsgekühlter 12-Zylinder V-Motor Rolls-Royce Griffon 64 mit 1747 kW (2375 PS); Fünfblatt-Propeller
Höchstgeschwindigkeit: 724 km/h
Dienstgipfelhöhe: 13 105 m
Reichweite: 933 km
Bewaffnung: 4 x 20-mm-MK British Hispano Maschinenkanonen; Unterrumpf- und Unterflügelstationen für Bomben

Joseph „Joe" Smith löste Reginald Mitchell nach dessen frühem Tod als Chefkonstrukteur bei Supermarine ab.

Die Supermarine Spitfire wird häufig als das eleganteste Jagdflugzeug aller Zeiten bezeichnet. Ihr Bekanntheitsgrad ist enorm.

Das Kraftwerk

Die Entwicklung im Flugzeug- und Motorenbau waren immer eng miteinander gebunden. Der 1931 stärkste verfügbare Flugmotor war der Rolls-Royce PV-12 – der später als Merlin legendär wurde. Obwohl der PV-12 (757 kW/1030 PS) noch an Kinderkrankheiten litt, baute Supermarine den neuen Jäger so um diesen Motor herum, dass der Spitfire-Prototyp K5054 beim Erstflug in 5300 m Höhe 560 km/h erreichte.

Im Laufe des Kriegsjahres 1941 mussten die Piloten der Spitfire Mk V erleben, dass die Leistung des verwendeten Merlin 45 von einem völlig unbekannten feindlichen Flugzeugtyp mit Sternmotor auf den zweiten Platz verwiesen wurde. Das Auftauchen der Focke-Wulff Fw 190 machte dringend eine Leistungssteigerung der Spitfire nötig – glücklicherweise hatte Rolls-Royce bereits einen neuen Motor – den Merlin 60 – produktionsreif. Auf der Basis der Spitfire Mk V wurde mit diesem Motor die Mk IX gefertigt. Zwei zweistufige Lader brachten diesem Motor einen Leistungszuwachs, der die Spitfire wieder konkurrenzfähig machte. Die Höhenleistung dieses Motors betrug fast das Doppelte der allerersten Variante mit dem Rolls-Royce Goshawk Motor. Das Basismodell Mk V und die Weiterentwicklung Mk IX wurden zusammen über 7000-mal gebaut.

Hindernisse

Fast wäre die Spitfire nie gebaut worden. Das schleppende Anlaufen der Serienfertigung hätte beinah das „Aus" bedeutet. Einer der Gründe dafür war das ungewöhnliche Design der Flügel, das beim Bau der Spitfire im Vergleich zur Messerschmitt Bf 109 fast die dreifache Menge an Arbeitsstunden nötig machte. So waren Anfang August 1940 nur 19 Staffeln mit Spitfire ausgerüstet, obwohl über 2000 Stück bestellt waren.

Die Spitfire der No 243 Squadron, ausgestattet mit der tropfenförmigen Vollsichthaube „Bubble Canopy".

Strömungsabriss (engl.: „stall")
Der Auftrieb am Flügel entsteht durch strömende Luft. Der Anstellwinkel bezeichnet die Abweichung der Flügel von der Waagerechten. Wenn das Flugzeug die Nase hoch nimmt und der Flügel steiler steht – der Anstellwinkel größer wird – wird zunächst der Auftrieb größer. Aber nur bis zum kritischen Abreißanstellwinkel, dann steht der Flügel so steil, dass die Luftströmung schlagartig vom Flügelprofil abreißt.

Eine andere Ursache für den Strömungsabriss kann die Geschwindigkeit sein. Fliegt ein Flugzeug zu langsam und unterschreitet die Mindestgeschwindigkeit (engl.: „stalling speed"), reißt die Luftströmung ebenfalls ab. In großer Höhe ist dieser Strömungsabriss – oder salopp ausgedrückt das Abschmieren – nicht unbedingt fatal, denn das Flugzeug kann mit abwärts gerichteter Nase wieder Geschwindigkeit aufnehmen, während in Bodennähe der Absturz droht.

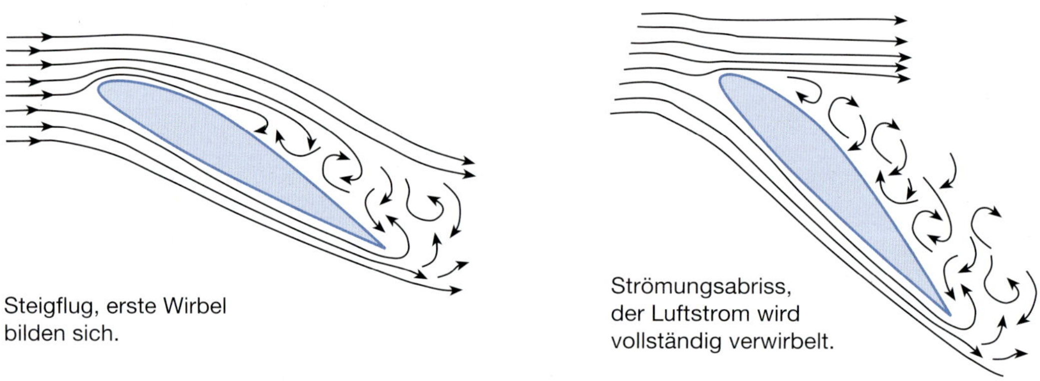

Beim Strömungsabriss befinden sich oberhalb des Flügels nur noch Wirbel, die keinen Auftrieb erzeugen.

Mit dem Nachfolger Rolls-Royce Griffon erreichte die Baureihe Mk XII bis zu 724 km/h, der Photoaufklärer Spitfire Mk XIX war im Sturzflug sogar noch wesentlich schneller.

Der Spitfire-Flügel – Fortschritt im Flugzeugbau

Die große, elliptische Form der Tragflächen brachte eine relativ geringe Flächenbelastung mit sich, also enorme Wendigkeit – bei hoher Endgeschwindigkeit durch den flachen Flügelquerschnitt. Darüber hinaus erzeugte der Flügel durch seine Formgebung einen geringen induzierten Widerstand – auch das machte die Spitfire schnell.

Die Besonderheit des Flügels war sein Profil: Er war geschränkt, seine Vorderkante verlief nicht in gerader Linie, sondern wich um -0,5 Grad bis +2 Grad von einer gedachten Geraden ab.

Beim Kurvenflug am Limit trat dadurch der fatale Strömungsabriss zuerst an den Flügelwurzeln auf – die Steuerklappen an der Flügelhinterkante sprachen weiterhin an, der Pilot konnte rechtzeitig die Fluglage korrigieren und ein Trudeln verhindern.

Der Arbeitsplatz des Piloten. Die Instrumentierung ist zeitgemäß und auf die wesentlichen Elemente beschränkt.

Eine während der alliierten Landung auf Sizilien notgelandete Spitfire. Die drei kleinen Hakenkreuze am Cockpit stehen für drei Luftsiege mit dieser Maschine.

Die drei Grundmuster

Der A-Flügel besaß acht 7,7-mm-MG, deren Kaliber sich aber als zu klein erwies – viele Messerschmitt-Jäger wurden im Kampf zwar durchlöchert, aber nicht zerstört. Der B-Flügel bekam deswegen zwei 20-mm-MK und vier 7,7-mm-MG. Der C-Flügel hatte entweder vier MK oder eine Kombination aus MG und MK. Dieser „Universalflügel" wurde mit der Mk VC eingeführt.

Die Spitfire – eine Schönheit mit Problemzonen

Bei aller Euphorie über dieses gelungene Flugzeug darf man eines nicht vergessen: Nobody's perfect. Der Vergleich mit der Messerschmitt Bf 109 verrät einiges über die Stärken und Schwächen der Spitfire.

An Manövrierbarkeit war sie klar überlegen, je nach Modell auch in der Endgeschwindigkeit.

Die Feuerkraft der Kontrahenten war seit dem Einbau der 20-mm-Maschinenkanonen etwa gleich.

Die Steigleistung der Bf 109 war besser – im Vergleich der Sturzflugtauglichkeit hatte der deutsche Jäger einen Vorteil: die Benzineinspritzung. Der Vergaser des Spitfire-Motors versagte bei negativen G-Kräften, z. B. beim Abtauchen über die Nase. Daher mussten Spitfire-Piloten mit einer halben Rolle abwärts den Sturzflug vorbereiten und verloren entscheidende Sekunden – in denen der Gegner sich möglicherweise in eine überlegene Position manövrieren konnte.

Bei der Rundumsicht hatte die Spitfire wieder die Nase vorn, das gewölbte Vollsichtkabinendach ohne Streben brachte buchstäblich mehr Durchblick.

Nachdem sie unter als Seafire zum trägergestützten Jäger umgebaut worden war, bescherte ihr die Zusatzlast der Marine-Ausrüstung (z. B. Fanghaken) eine Tendenz zur Hecklastigkeit, dazu kam – bedingt durch das schmalspurige Fahrwerk – eine hohe Unfallziffer bei Start und Landung auf den kurzen Trägerflugdecks.

Spitfire an allen Fronten

Die Spitfire diente an allen Fronten, die zum britischen Einflussgebiet zählten, in Europa, in den Wüsten Nordafrikas, auf dem indischen Subkontinent, in Burma und den Steppen der Sowjetunion. Im Nahen Osten geschah es nach Kriegsende sogar, dass israelische gegen ägyptische Spitfire kämpften.

Selten wurde ein Flugzeug von seinen Piloten so geliebt und vom Gegner so gefürchtet. Im März 1948 endete die Produktion mit den letzten von 54 Mk 24 – der aktive Dienst währte bei der RAF bis 1954, bei anderen Luftstreitkräften sogar bis in die 1960er-Jahre. Die Gesamtzahl der produzierten Exemplare beträgt 20 346 Stück plus 2334 Seafire.

Zwei Flugzeugwarte bereiten eine Spitfire Mk IX auf ihren nächsten Einsatz vor.

Noch heute besitzt die Spitfire eine riesige Fan-Gemeinde und ist auf Flugtagen ein gern gesehener Gast.

La Coupe d'Aviation Maritime Jacques Schneider – der Schneider-Pokal

Jacques Schneider, ein französischer Flugenthusiast, war insbesondere an der Seefliegerei interessiert. Um diesem Zweig der Luftfahrt neue Impulse zu geben, stiftete er dem Aéro Club de France 1913 (nach anderen Quellen: 1912) diesen Pokal. Um ihn zu erringen, mussten die Teilnehmer des Schneider-Pokal-Rennens mit einem Wasserflugzeug einen Dreieckskurs von zuletzt 350 Kilometern abfliegen – dem schnellsten winkten Pokal und Preisgeld. Dieses Flugzeugrennen fand nicht nur die Beachtung von riesigen Zuschauermengen, sondern auch das Interesse der Regierungen der teilnehmenden Länder – es bot einfach eine ausgezeichnete Möglichkeit, die Entwicklung im Flugzeugbau voranzutreiben und sich im direkten Vergleich mit anderen Nationen zu messen. Kritiker sagen, dass dieser Schneider-Pokal und der mit einer Fußball-WM vergleichbare Prestigegewinn der einzige Grund war, warum in England Anfang der 1930er-Jahre überhaupt an der Entwicklung im Flugzeugbau gearbeitet wurde. Die Hauptanforderungen an die Rennflugzeuge – aerodynamisch gute Formen und Hochleistungsmotoren – ließen sich auch im Jagdflugzeugbau anwenden, und so wundert es nicht, dass die Wettbewerbsflugzeuge im Regelfall mit finanzieller Unterstützung der Regierungen gebaut wurden

Reginald Mitchell, der Vater der Spitfire, konstruierte drei Schneider-Pokal-Sieger. Bei den Wettbewerben 1927, 1929 und 1931 gewannen Supermarine-Flugzeuge in Folge und brachten gemäß den Wettbewerbsbedingungen den Schneider-Pokal dauerhaft nach Großbritannien zum Royal Aero Club.

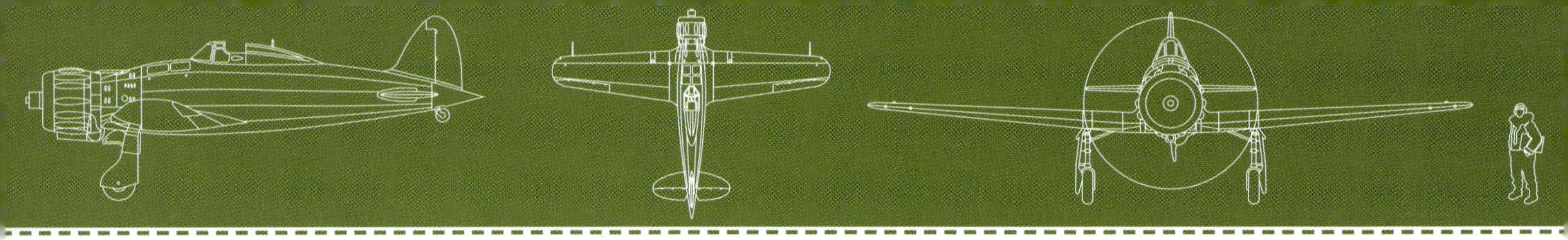

Macchi C.200 Saetta

Mario Castoldi entwarf 1936 für die Firma Macchi das Modell C.200 Saetta (ital.: Blitz). Vom Flugverhalten und der Rundumsicht her ein großartiges Flugzeug, krankte die C.200 an ihrem schwachen Motor und der mäßigen Feuerkraft von nur zwei 12,7-mm-MG. Dessen ungeachtet bildete die Saetta – gemeinsam mit den Fiat-Doppeldeckern CR.42 – bei Kriegseintritt 1940 das Rückgrat der italienischen Luftwaffe, der Regia Aeronautica. Die Stückzahl von einsatzfähigen C.200 betrug damals 156, was eine gute Vorstellung von der Schlagkraft der italienischen Jagdflugzeugwaffe ermöglicht.

MACCHI C.200 SAETTA

Jagdeinsitzer/Jagdbomber
Spannweite: 10,58 m
Länge: 8,19 m
Höhe: 3,51 m
Leergewicht: 1900 kg
Startgewicht: 2339 kg
Triebwerk: 1 x luftgekühlter 14-Zylinder-Doppelsternmotor Fiat A.74R.C.38
Höchstgeschwindigkeit: 503 km/h
Dienstgipfelhöhe: 8900 m
Einsatzradius: 570 km
Bewaffnung: 2 x 12,7-mm-MG Breda-SAFAT auf dem Bug; zusätzlich erhielt die Jagdbomberversion C.200 C.B. (Caccia Bombardiere) Unterflügelstationen für zwei Bomben bis 160 kg

Modernes Design in konservativen Händen

Trotz vieler moderner Konstruktionsdetails krankte die Macchi Saetta an der zu schwachen Motorisierung.

Der erste Prototyp der C.200 (MM.336) absolvierte am 24. Dezember 1937 seinen Jungfernflug. 1938 gewann er den Jagdflugzeugwettbewerb gegen konkurrierende Baumuster und im selben Jahr wurde der erste Auftrag über 99 seriengefertigte Maschinen unterschrieben. Die Macchi C.200 entsprach durchaus dem damaligen Stand der Technik: Ein freitragender Tiefdecker in Ganzmetallbauweise, dessen Rumpf ovalen Querschnitt hatte. Der zweiholmige Flügel war dreiteilig, wobei das Mittelstück fest mit dem Rumpf verbunden war. Das einziehbare Fahrwerk, das geschlossene Cockpit sowie die hydraulisch betätigten Klappen und Querruder – die auch gemeinsam betätigt werden konnten – waren absolut zeitgemäß.

Die Macchi C.200 der Hauptserie – auf Wunsch der Piloten wieder mit einem offenen Cockpit ausgestattet.

Das Flugverhalten und die Wendigkeit der Saetta waren ausgezeichnet, die Steuerorgane reagierten sensibel und ausgeglichen. Der Rundumsicht aus dem Cockpit hatte Castoldi höchste Priorität eingeräumt – die typische Rumpfform der Saetta weist darauf hin.

Nur: Italienische Jagdflieger waren konservativ und auf ihren Protest hin erhielt die Hauptserie wieder ein offenes Cockpit und ein starres Heckrad. Und als die ersten C.200 an die Truppen geliefert wurden, verzichtete eine Staffel sogar auf das neue Flugzeug zugunsten der bewährten und beweglichen, aber veralteten Fiat-Doppeldecker CR.42.

Der eingebaute Gegenwind

Ein Sternmotor muss nicht zwangsweise zu schlechten Flugleistungen führen; die Vought Corsair beweist es. Schiere Kraft kann im Flugzeugbau durchaus die Nachteile eines hohen Luftwiderstands kompensieren. Bei der C.200 reichten aber die 672 kW (870 PS) des 14-Zylinder-Doppelsternmotors nicht, um das Handicap der großen Stirnfläche wett zu machen und stärkere Motoren gab es damals in ganz Italien nicht. Die italienische Flugzeugindustrie hatte in der Motorenentwicklung – auf Weisung der Militärs – dem zuverlässigeren Sternmotor den Vorzug gegeben und den Bau von Reihen- oder V-Motoren in der Leistungsklasse um 1000 PS vernachlässigt. So wurde auch die leistungsgesteigerte Nachfolgerin der C.200, die C.202 Folgore, nicht von einem italienischen Motor, sondern von einem importierten 12-Zylinder-V-Motor Daimler Benz DB 601A-1 angetrieben. Spätere seriengefertigte Saetta wurden mit dem Lizenzbau dieses Motors, dem Alfa Romeo RA.1000 RC 41-I Monsone, ausgestattet. Die schleppend anlaufende Produktion dieses Motors verlängerte die Einsatzdauer der Saetta erheblich. Insgesamt wurden 1153 Saetta gebaut.

Nach dem Angriff: Zerstörte Maschinen der Regia Aeronautica, vorne im Bild eine Saetta.

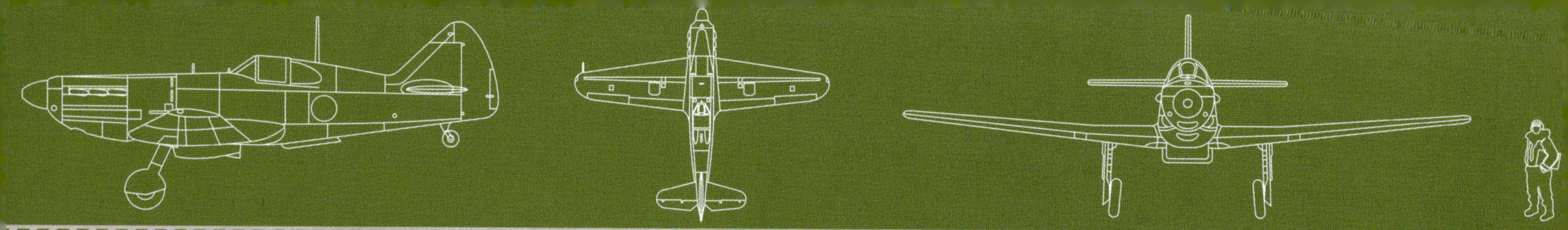

DEWOITINE D.520

Dieser einmotorige Tiefdecker war der wohl beste in Frankreich gebaute Jäger der Armée de l'Air im Zweiten Weltkrieg. Die Dewoitine wurde von der deutschen Besatzungsmacht so hoch bewertet, dass ausdrücklich die Herausgabe oder Stilllegung aller Maschinen dieses Typs im Waffenstillstandsvertrag von 1940 verlangt wurde.

Zu Beginn der deutschen Westoffensive (10. Mai 1940) hatte erst eine französische Jagdgruppe auf D.520 umgerüstet. Obwohl sich die wenigen Maschinen und ihre Piloten bewährten, konnten sie den Gang der Geschichte nicht aufhalten.

DEWOITINE D.520

Jagdeinsitzer, freitragender Ganzmetall-Tiefdecker
Spannweite: 10,20 m
Länge: 8,60 m
Höhe: 2,57 m
Leergewicht: 2119 kg
Startgewicht: 2675 kg
Triebwerk: 1 x flüssigkeitsgekühlter Zwölfzylinder-Motor Hispano-Suiza 12Y45 mit 697 kW (935 PS); die ersten Serienmaschinen wurden von dem schwächeren Hispano-Suiza 12Y31 angetrieben
Höchstgeschwindigkeit: 535 km/h
Dienstgipfelhöhe: 10 250 m
Reichweite: 1240 km
Bewaffnung: 1 x 20-mm-Motorkanone Hispano-Suiza HS 404, 4 x 7,5-mm-MG MAC 34M39 in den Flügeln

Warum D.520?

Die Modellbezeichnung D.520 bezieht sich auf die 520 km/h Mindestgeschwindigkeit, die das französische Ministerium für Luftfahrt 1937 in der inoffiziellen Spezifikation C 1 gefordert hatte. Auch wenn der erste von drei Prototypen diese Forderung nicht erfüllte, lagen vor dem Erstflug des zweiten Prototypen bereits Bestellungen über 200 Maschinen vor. Der dritte Prototyp (D.520-03) flog im März 1939 zum ersten Mal und am 2. November desselben Jahres absolvierte die erste seriengefertigte D.520 ihren Jungfernflug.

Die Dienstzeit

Als erster französischer Jagdverband wurde die Groupe de Chasse I/3 im Januar 1940 mit der D.520 ausgerüstet; zunächst mit unbewaffneten Maschinen zur Erprobung. Im April und Mai dieses Jahres erhielt die Einheit ihre ersten gefechtsklaren Maschinen. Nach der Niederlage Frankreichs und dem Waffenstillstand (23. Juni 1940) begann für die D.520 eine wechselvolle Zeit. Zunächst befahlen die Deutschen die

Endmontage der noch unfertigen Maschinen und die Wiederaufnahme der Produktion, die erst mit Fertigstellung der 905. Maschine im Sommer 1944 endete. Viele D.520 wurden von den Vichy-Luftstreitkräften der Verbündeten Deutschlands sowie von den Jagdfliegerschulen der deutschen und italienischen Luftwaffe übernommen. Erst nach dem Juli 1944 kam die D.520 wieder in die Hände der neuen französischen Luftstreitkräfte.

Zuletzt dienten D.520 – zu doppelsitzigen Trainern D.520 DC umgebaut – als Schulflugzeuge; die letzte wurde 1953 ausgemustert.

Hohe Kampfkraft

Das wendige und schnelle Jagdflugzeug zählt zur Spitze der Jagdflugzeuge des Zweiten Weltkriegs. Kam die D.520 auch ihrer leistungsstärkeren Gegnerin, der Bf 109, an Endgeschwindigkeit und Steigfähigkeit nicht gleich, konnte sie doch bei Wendigkeit und Sturzflugtauglichkeit punkten.

Obwohl die Serienfertigung der D.520 relativ schnell anlief, verzögerten zahlreiche Kinderkrankheiten immer wieder die Produktion, sodass das Besatzungstraining erst im Januar 1940 beginnen konnte. Am 10. Mai 1940, dem Tag des deutschen Angriffs, waren erst 79 Maschinen im Truppendienst (gemäß anderen Quellen 36) und nur die Groupe de Chasse I/3 voll einsatzbereit. Obwohl diese Maschinen in der Schlacht um Frankreich mit 108 bestätigten und 39 möglichen Luftsiegen bei 85 eigenen Verlusten ihre Kampfkraft beweisen konnte, war sie zahlenmäßig zu schwach, um dem Gang der Geschichte eine andere Richtung zu geben.

C.A.E.D – Construction Aéronautique Émile Dewoitine

So nannte sich das von Émile Dewoitine 1920 gegründete Unternehmen. 1936 – dem Geburtsjahr der D.520 – wurde im Rahmen des Nationalisierungsgesetzes die französischen Luftfahrtindustrie verstaatlicht und C.A.E.D. ging in der staatlichen Neugründung SNCAM auf – der Société Nationale de Constructions Aéronautiques du Midi. Die D.520 war der vorerst letzte Entwurf Dewoitines für Frankreich. Er emigrierte 1944 und setzte seine Arbeit in Spanien und Argentinien fort und kehrte erst 1953 nach Frankreich zurück – die SNCAM ging später im Technologiekonzern EADS auf.

Eine von den Deutschen erbeutete D.520. Die Maschine wurde von der Luftwaffe für so kampfstark befunden, dass die Herausgabe aller Maschinen im Waffenstillstandsvertrag ausdrücklich gefordert wurde.

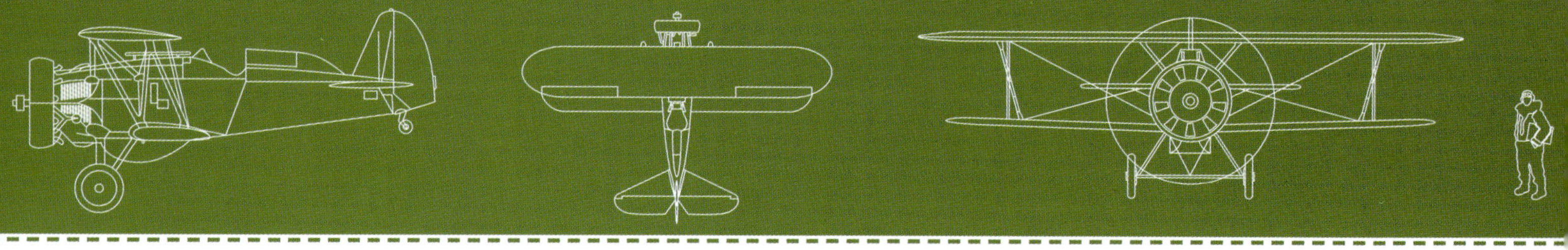

Boeing F4B/P-12

Die Boeing F4B war einer der erfolgreichsten US-amerikanischen Jagdflugzeuge zwischen den Weltkriegen und über Jahre hinweg der amerikanische Standardjäger. Von der US Navy als trägergestützte F4B und beim US Army Air Corps (USAAC) als P-12 eingeführt, war es der letzte Jagddoppeldecker der US-Streitkräfte im aktiven Dienst. Die Boeing sollte für über zwanzig Jahre, bis zur Ankunft der North American F-86, das letzte Modell sein, das gleichzeitig von allen Teilstreitkräften der USA geflogen wurde – vom USAAC sowie von US Navy und US Marine Corps (USMC). Die Ära der FB4/P-12 dauerte von der Auslieferung 1929 bis in die 1940er-Jahre hinein.

Eine trägergestützte Boeing F4B-4, der letzten und beliebtesten Version des Marinejägers.

Boeing

Die Firma Boeing wird heute nicht mehr unbedingt mit Jagdflugzeugen in Verbindung gebracht. In den 1930er-Jahren war das anders, damals half die Produktion dieses späten Doppeldeckers dem jungen Unternehmen durch die Zeit der Weltwirtschaftskrise. Die beiden Prototypen hatte Boeing auf eigenes Risiko entwickelt und der Navy zur Erprobung übergeben. Die Beurteilung der Flugleistungen fiel so gut aus, dass nicht nur die US Navy, sondern auch das USAAC den Jagddoppeldecker als F4B beziehungsweise P-12 beschafften. Das unternehmerische Wagnis hatte sich also gelohnt.

Das ausgezeichnete Flugverhalten der F4B/P-12 fasste ein Pilot in die Worte: „Man konnte die Maschine in ein Kurve bringen, indem man den Arm aus dem Cockpit hielt.“ Diese guten Flugeigenschaften blieben bei allen Mustern der F4B/P-12 bewahrt; trotz Mehrgewicht und anderen Veränderungen bei späteren Varianten.

BOEING F4B-4/P-12E
Einsitziger, trägergestützter Jagddoppeldecker
Spannweite: 9,14 m
Länge: 6,22 m (F4B-4), 6,86 m (P-12E)
Höhe: 2,97 m (F4B-4), 2,47 m (P-12E)
Leergewicht: 906 kg
Startgewicht: 1419 kg (F4B-4), 1219 kg (P-12E)
Triebwerk: 1 x luftgekühlter Neun-Zylinder-Sternmotor Pratt & Whitney R-1340-17 mit 391 kW (532 PS)
Höchstgeschwindigkeit: 304 km/h
Dienstgipfelhöhe: 8016 kg
Reichweite: 597 km (F4B-4), 917 km (P-12E)
Bewaffnung: zwei synchronisiert durch den Propellerkreis feuernde MG Kaliber 7,62 mm oder je ein MG im Kaliber 7,62 und 12,7 mm; Bombenzuladung (P-12) 111 kg

Leicht, klein und von klarer Konstruktion – diese F4B von 1929 zeigte den Höhepunkt im Bau von Jagdoppeldeckern in den USA.

Das Cockpit der sparsam instrumentierten Boeing in der Montagehalle.

Varianten

Während der laufenden Serienproduktion wurde die F4B laufend modernisiert. An Stelle des genieteten, stoffbespannten Aluminiumrahmens trat ab Modell F4B-3 ein selbsttragender Halbschalenrumpf in Metallbauweise und die Stoffbespannung der zweiholmigen Flügel wurde durch eine Metallbeplankung ersetzt. Dieses Modell – angetrieben von einem Pratt & Whitney R-1340-16 – wurde ab Dezember 1931 ausgeliefert. Die Bestellungen der US Navy und des USAAC – insgesamt 135 Maschinen dieses Typs – bedeutete den größte Auftrag für die Firma Boeing seit fast zehn Jahren – und half dem Unternehmen, seine Marktposition als Flugzeughersteller zu festigen.

Die letzten 25 Maschinen aus diesem Auftrag erhielt das USAAC unter der Bezeichnung P-12F, das verwendete Triebwerk war der Pratt & Whitney R-1340-19, der mit 447 kW (610 PS) eine verbesserte Leistung in großer Höhe aufwies.

Die letzten Muster, F4B-4 beziehungsweise P-12F, waren bis März 1933 vollständig ausgeliefert, die gesamte Produktion aller Baureihen umfasst 586 Maschinen; davon mehr als die Hälfte für das USAAC, der Rest teilten sich US Navy und USMC.

The Wasp – Pratt & Whitney

Heute gehört Pratt & Whitney (P&W) zu den weltweit bedeutendsten Produzenten von Flugzeugtriebwerken – schon in den Pioniertagen verhalf der Wasp-Motor dem Unternehmen zu einem Spitzenplatz unter den Herstellern.

Gegründet wurde P&W, um Werkzeugmaschinen für die Industrie zu produzieren. 1925, nach 65 Jahren Firmengeschichte, trat Frederick B. Rentschler in das Unternehmen ein und bildete die Pratt & Whitney Aircraft Co. P&W stellte Rentschler Kapital und Betriebsstätten im eigenen Haus zur Verfügung und so begann der beispiellose Siegeszug ihrer Flugmotoren. Gleich das erste Modell, ein luftgekühlter Neun-Zylinder-Sternmotor genannt Wasp, wurde ein durchschlagender Erfolg. Die gesamte Familie der Motoren dieses Namens wurde von 1925 bis in die 1960er-Jahre gebaut – in einer Stückzahl von 34 966 Einheiten.

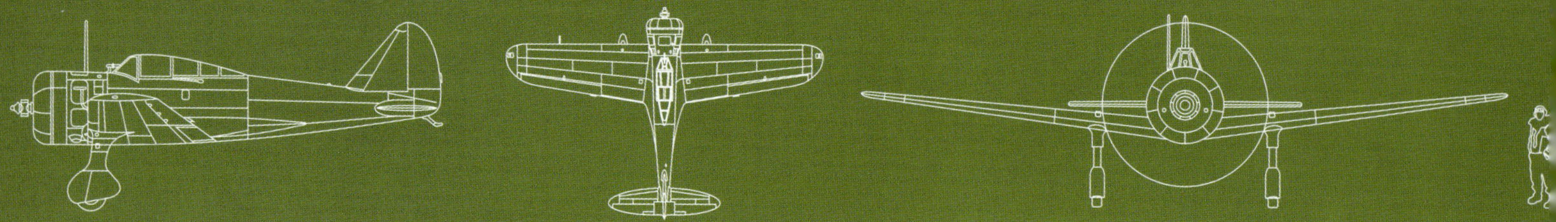

Unter größter Geheimhaltung entwickelt und gebaut, überraschte die Nakajima Ki-43 die alliierten Jagdflieger durch ihre ausgezeichneten Flugleistungen.

Nakajima Ki-43 Hayabusa

Das mit 5919 gebauten Exemplaren zahlenmäßig wichtigste Jagdflugzeug der Kaiserlichen-Japanischen Streitkräfte im Zweiten Weltkrieg, konnte zwar nach europäischen Maßstäben bei Dienstbeginn als veraltet gelten, erwies sich jedoch während der ersten Kriegsphase als gefürchteter Jäger, drängte die Amerikaner sogar kurzfristig in die Defensive und blieb bis 1945 im Einsatz.

NAKAJIMA KI-43-IA HAYABUSA

Jagdeinsitzer/Jagdbomber
Spannweite: 11,44 m
Länge: 8,83 m
Höhe: 3,27 m
Leergewicht: 1975 kg
Startgewicht: 2642 kg
Triebwerk: ein luftgekühlter 14-Zylinder Sternmotor Nakajima Ha-25 mit einer Startleistung von max. 728 kW (990 PS)
Höchstgeschwindigkeit: 492 km/h
Dienstgipfelhöhe: 11 750 m
Reichweite: 1300 km
Bewaffnung: zwei 7,7-mm-MG oder ein 7,7-mm- und ein 12,7-mm-MG in der oberen Motorverkleidung; Unterflügelstationen für zwei abwerfbare 200-l-Zusatztanks

Oscar und Jim

So nannten die Alliierten im Südwestpazifik beziehungsweise China/Burma die neue Hayabusa (Wanderfalke), sobald sie etwas von ihrer Existenz wussten. Die Japaner hatten nämlich die Ki-43 im Geheimen entwickelt, ohne Wettbewerb war der Auftrag direkt an Chefkonstrukteur Dr. Hideo Itokawa und sein Team erteilt worden – der US-Nachrichtendienst hatte keine Erkenntnisse darüber. Als dann die ersten Hayabusa 1941 zum Kampf aufstiegen, wurden sie mit der Ki-27 verwechselt. Durchaus naheliegend – die Ki-43 war deutlich erkennbar eine Weiterentwicklung ihrer Vorgängerin Ki-27 – ebenfalls als freitragender Tiefdecker ausgelegt und bis auf die Klappen in Ganzmetallbauweise gefertigt. Der Rumpf war ausgesprochen schlank und aerodynamisch sauber gestaltet. Die Neuerungen der Ki-43 waren ihr geschlossenes Cockpit und das einziehbare Fahrwerk.

Obwohl die Ki-43 die Spezifikation für ihre Entwicklung erfüllte, war ihr Schicksal zunächst im Ungewissen. Am Prototyp bemängelten die Testpiloten die schlechten Sichtverhältnisse und das zusätzliche Gewicht des Einziehfahrwerks. Daraufhin beschloss Japans oberste Führung, zehn Vorserienmaschinen in verschiedenen Konfigurationen bauen und erproben zu lassen. Im Verlauf der Einsatzerprobung beeindruckten besonders die stark verbesserten Kurvenkampfeigenschaften. Daraufhin lief im April 1941 die Fertigung der ersten Serienausführung Ki-43-Ia an und im September konnten die ersten Einheiten auf Ki-43-Ia umrüsten.

Der Wanderfalke steigt auf

In Japan galten Manövrierbarkeit und Flugverhalten immer noch als oberstes Ziel bei der Jäger-Entwicklung. Dieser Haltung wurde die Hayabusa mehr als gerecht – Hochauftriebshilfen an der Hinterkante der Flügel in Rumpfnähe halfen dabei. Diese aus der Tragfläche ausfahrenden sogenannten Kampfklappen, auch als „Schmetterlingsklappen" bekannt,wirkten auftriebserhöhend und verbesserten die Manövriereigenschaften der Ki-43 im engen Kurvenflug und bei extrem niedrigen Geschwindigkeiten. Kam es dennoch zu einem Strömungsabriss, zum Abschmieren, konnte sie leicht wieder in eine kontrollierte Fluglage gebracht werden – zusammengefasst kann man sagen, dass die Ki-43 aerodynamisch keine Schwachstellen oder „Launen" aufwies.

Alliierte Piloten konnten 1943 eine erbeutete Ki-43 in Scheingefechten erproben. Sie fanden die japanische Maschine zwar von den Leistungen her – inzwischen – den meisten modernen amerikanischen Jagdflugzeugen unterlegen, erkannten die Hayabusa jedoch im Kurvenkampf als ausgesprochen gefährlichen Gegner. Nicht nur, dass sie extrem wendig war, sondern sie konnte auch aus niedriger Geschwindigkeit sehr schnell beschleunigen und sich in eine überlegene Angriffsosition manövrieren.

Leider waren Motorleistung, Bewaffnung und Panzerung der Ki-43 nicht konkurrenzfähig – auch oberflächliche Kampfschäden konnten den Absturz bedeuten – und so blieb die Ki-43 Hayabusa eine Interimslösung zwischen den leichten, wendigen Jägern der frühen 1930er- und den leistungsstarken Maschinen der 1940er-Jahre.

Im Kurvenkampf blieb die Hyabusa ein gefährlicher Gegner, auch wenn die anfängliche Überlegenheit bei Kriegsende nicht mehr bestand.

Ihre leichte Konstruktion machte die Nakajima sehr manövrierfähig, Kampfschäden konnte sie aber nicht im selben Maß wie amerikanische Modelle verkraften.

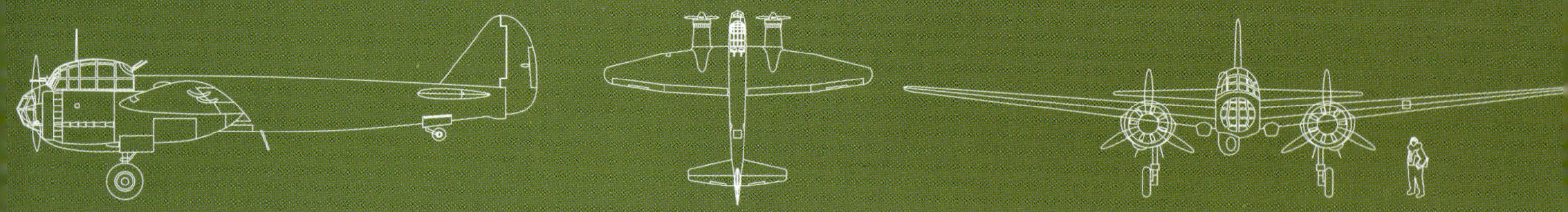

Junkers Ju 88

Die ursprünglich als schneller Mittelstreckenbomber spezifizierte Junkers Ju 88 entwickelte sich im weiteren Verlauf des Krieges zum vielseitigsten Flugzeug der Luftwaffe – sie war einer der von Hitler geforderten sturzkampffähigen „Schnellbomber" und bewährte sich auch als mittelschwerer Zerstörer. Besonders erfolgreich war sie als Nachtjäger im Kampf gegen die Bomberströme der RAF und USAAF. Auf alliierter Seite galt die Ju 88 als schnell, gefährlich und hart im Nehmen.

Eine Junkers Ju 88 in der dreisitzigen Version mit Glaskanzel für den Bugschützen.

Vom Bomber zum Jäger

Die Firma Junkers und ihre Ingenieure W. H. Evers und A. Gassner, legten den Prototyp Ju 88 V1, Erstflug: 21. Dezember 1936, noch als den mittelschweren Horizontal- und Sturzbomber aus, den die Luftwaffe gefordert hatte. Aber schon während des Anlaufens des Großserienbaus der Bomberversion Ju 88 A-1 wurde das große Potenzial der Maschine erkannt und auf der Basis der Ju 88 V7 fieberhaft an der Weiterentwicklung zum Zerstörer gearbeitet. Diese Jäger- und spätere Nachtjagdversion bestand dann später zum großen Teil aus der C-Serie und war in diesen Rollen selbst der Messerschmitt Bf 110 überlegen.

Der lange Weg zur Serie

Durch wiederholte Nachbesserungen am Prototyp – von denen die meisten durch immer neue Forderungen der Luftwaffe nötig wurden – dauerte es fast drei Jahre, bis die Luftwaffe 1939 ihre ersten Ju 88 in Dienst stellte.

Neben den Horizontal- und Sturzkampfbombern wurden Langstrecken-Aufklärer, Torpedobomber, Zerstörer und Erdkampfflugzeuge geschaffen. Als Panzerjäger wurden Ju 88 mit der 75-mm-Panzerabwehrkanone Pak 40 und der 5-cm-Bordkanone B.K. ausgerüstet. Zum Ende des Krieges (ab Mai 1944) dienten nicht mehr einsatzfähige Ju 88 bei Huckepack- beziehungsweise Mistel-Gespannen als ferngesteuerte „fliegende Superbombe".

Ju 88 auf Nachtjagd

1940 war die Nachtjagd ein Tasten im Nebel, ohne Sicht und immer drohte die Gefahr, von der eigenen Flak abgeschossen zu werden. Das von Telefunken gebaute Lichtenstein-Nachtjagdgerät brachte für die Ju 88 eine Wende – damit konnten Feindflugzeuge in tiefster Nacht geortet und sogar ohne Sichtkontakt beschossen werden. Spätere Nachtjagdgeräte lösten auch das Problem der Geschwindigkeitseinbußen von 30–40 km/h durch den brem-

Die Junkers Ju 88 in der Nachtjägerversion mit dem typischen Antennenwald des „Lichtenstein"-Nachtjagdgeräts an der Nase.

JUNKERS JU 88 G-7B

Zwei- oder dreisitziger Zerstörer, mittlerer Bomber, Torpedobomber, Erdkampfflugzeug, Aufklärer
Spannweite: 20,13 m
Länge: 16,55 m
Höhe: 4,85 m
Leergewicht: 9100 kg
Startgewicht: 14 690 kg
Triebwerk: zwei 12-Zylinder-Höhenmotoren mit Zweistufenlader Junkers Jumo 213 E mit 1285 kW (1750 PS) Startleistung
Höchstgeschwindigkeit: 647 km/h
Dienstgipfelhöhe: 8800 m
Reichweite: 2300 km
Bewaffnung: vier MG 151/20 Kaliber 20 mm unter dem Rumpf, zwei MG 151/20 als „schräge Musik", ein MG 131 Kaliber 13 mm im hinteren Kanzelfenster

senden Antennenwald an der Flugzeugnase – sie empfingen ihre Signale über innenliegende Antennen.

In der Nachtjagdversion wurde die verglaste Bugkanzel der Ju 88 durch eine geschlossene Haube mit starr nach vorn feuernden Maschinengewehren und -kanonen ersetzt. Der Heckschütze wurde zum Radarbeobachter, der den Piloten an den feindlichen Bomber heranführte. Eine erhebliche Steigerung der Kampfkraft brachte der Einbau von zwei schräg nach oben feuernden 20-mm-MG-FF im Rumpfrücken. Mit dieser sogenannten „schrägen Musik" konnten sich die Nachtjäger von unten – im toten Winkel des Abwehrfeuers der Bomber – an die Gegner herantasten.

Eine andere Angriffsvariante war das Verfolgen der englischen Bomber bis zu den Heimatflughäfen. Dort schleusten sich die Ju 88 in die Bomberströme ein und schossen dann die beim Landeanflug hilflosen Bomber ab.

Mit 83 Nachtjagdsiegen, größtenteils mit der Ju 88, war Hauptmann Heinrich Prinz zu Sayn-Wittgenstein, mit seinem Radar-Beobachter und Bordfunker Feldwebel Ostheimer, einer der erfolgreichsten deutschen Nachtjäger. Er fand in der Nacht vom 21. auf den 22. Januar 1944 den Tod. Nachdem er fünf britische Bomber mit „schräger Musik" vernichtet hatte, schoss eine Mosquito seine Bf 110 in Brand. Der Prinz ließ seine Besatzung abspringen und kam beim Versuch, seine Maschine zu retten, ums Leben.

Eine Gruppe britischer Experten sammelt Informationen über die vielseitige Ju 88.

Lockheed P-38 Lightning

Obwohl die Bewertung dieses zweimotorigen Langstreckenjägers mit seinen beiden charakteristischen Leitwerkträgern unterschiedlich ausfällt, kann man sicher sagen, dass die P-38 eine bis dahin unerreichte Reichweite hatte, dass sie überaus schnell und in der Hand eines treffsicheren Piloten eine Waffenplattform mit enormer Kampfkraft war. Die bei der Entwicklung auftretenden technischen Schwierigkeiten waren zum Teil bis dahin vollkommen unbekannt und brachten für den Bau von Hochgeschwindigkeitsflugzeugen wichtige neue Erkenntnisse.

LOCKHEED P-38L LIGHTNING

Jagdeinsitzer/Jagdbomber
Spannweite: 15,85 m
Länge: 11,53 m
Höhe: 3,91 m
Leergewicht: 5806 kg
Startgewicht: 9798 kg
Triebwerk: zwei flüssigkeitsgekühlte kompressorunterstützte V-12-Motoren Allison V-1710-111/113 mit je 1100 kW (1496 PS), vollautomatische Turbolader
Höchstgeschwindigkeit: 666 km/h
Dienstgipfelhöhe: 13 410 m
Reichweite: 4185 km
Bewaffnung: 1 x 20-mm-MK Hispano M2(C) mit 150 Schuss und 4 x Colt-Browning MG 53-2 Kaliber 12,7 mm mit je 500 Schuss plus bis zu je zwei 907-kg- oder 726-kg-Bomben und zehn 127-mm-Raketen an Unterflügelstationen

Die „Weihnachtsbaum“ genannten Raketenwerfer und die in der Bugnase eingebauten MG und MK verliehen der P-38 eine konkurrenzlose Feuerkraft.

Auf der Oberseite der Motorverkleidung sind die Turbolader zu erkennen. Diese Technik blieb aber zunächst ein US-Monopol und wurde nicht in Exportmaschinen eingebaut.

Die taktischen Anforderungen

Für die Entwicklung der Lightning kann man zwei grundlegende Ursachen benennen: Zum einen spielte die geographische Lage Nordamerikas eine große Rolle bei der Entwicklung. Der riesige Interessenbereich der USA ließ die Entwicklung von Langstreckenjägern sinnvoll erscheinen, und es war dann später auch der weiträumige pazifische Kriegsschauplatz, wo die Lockheed P-38 ihre größten Erfolge errang. Zum anderen die taktische Einschätzung – zeitgleich wurde in den 1930er-Jahren in Europa ein Konzept des Ersten Weltkriegs wieder belebt: der zweimotorige strategische Jäger, in Deutschland auch „Zerstörer" genannt. Zwei typische Vertreter dieser Gattung waren die Messerschmitt Bf 110 und die Bristol Beaufighter.

In den USA forderte eine Ausschreibung des USAAC (US Army Air Corps) von 1936 einen zweimotorigen Langstrecken-Höhenabfangjäger, der in 6100 m Höhe eine Geschwindigkeit von 580 km/h erreichen sollte und in diesem Bereich bis zu einer Stunde mit Vollgas fliegen konnte.

Einige Flugzeughersteller hielten die Forderungen des USAAC für nicht realisierbar. Anders Lockheed. Dort griffen Hibbard und Johnson den Gedanken mutig auf und stellten sich dem Wettbewerb mit ihren Konkurrenten Boeing, Consolidated, Curtiss, Douglas und Vultee. Schnell entstand in den Skunk Works die zweimotorige Lockheed 22 – ein revolutionärer Jäger mit Bugfahrwerk und ungewöhnlicher Form. Zwei Leitwerkträger, die Maschine wurde deshalb manchmal scherzhaft als „fliegendes Scheunentor" bezeichnet, waren das hervorstechende äußere Merkmal der Lockheed 22 und späteren P-38.

Clarence „Kelly" Johnson, Hall L. Hibbard und „Skunk Works"

1939 war Hall L. Hibbard Lockheeds Chefkonstrukteur, während „Kelly" Johnson, der geniale Techniker und Projektmanager des Unternehmens, die Entwicklungsabteilung leitete. Unter dem Decknamen „Skonk Works" (in den 1960er-Jahren in „Skunk Works" umbenannt) tauchte diese geheimnisumwitterte Technologieschmiede damals zum ersten Mal auf und erlangte unter Johnsons Führung bald legendären Ruf. Aus ihr stammen so bahnbrechende Konstruktionen wie der in großen Höhen operierende Langstreckenaufklärer U-2 „Dragon Lady". Ins Blickfeld der Weltöffentlichkeit geriet die U-2, als eine Maschine am 1. Mai 1960 über der UdSSR abgeschossen wurde.

Inzwischen tüfteln die „Skunk Workers" im Rahmen des Megakonzerns Lockheed Martin Corporation an ihren geheimen Projekten ganz offiziell im Unternehmensbereich Advanced Development Programs und zeigen stolz ein Stinktier („Skunk") als Markenzeichen.

Am 23. Juni 1937 als Siegerin aus dem Wettbewerb X-608 hervorgegangen, dauerte es rund eineinhalb Jahre bis zum Jungfernflug des Prototyps XP-38 am 27. Januar 1939. Doch dann fingen die Probleme erst richtig an. Die XP-38 stieß im Sturzflug in Geschwindigkeitsbereiche vor, die die Kompressibilität (Zusammendrückbarkeit) der Luft – die im Flugzeugbau vorher so gut wie keine Rolle gespielt hatte – zum Problem werden ließ. Sogar der begnadete Konstrukteur und Aerodynamiker „Kelly" Johnson empfand diese Kompressibilität als ein so unüberwindliches Hindernis, dass er es mit einer Ziegelmauer verglich.

Die Lightning in Europa

Eins verdankt die Lightning sicher der Alten Welt: ihren Namen. Den gaben ihr nämlich die Engländer. Sie empfanden die ursprünglich vorgesehene Bezeichnung Atalanta wohl nicht martialisch genug. Darüber hinaus wurde die P-38 aber von den Briten nicht sehr geschätzt. Einer der Gründe war der kompressorunterstützte Allison-Motor, ein vollautomatischer Turbolader, Anfang der 1940er-Jahre noch ein wohlgehütetes Geheimnis der Amerikaner, dessen Export damals noch verboten war. Die britischen Lightning durften deshalb nur mit Allison V-1710-C15R ohne Kompressor und mit rechtsdrehenden Propellern (bei den „amerikanischen" P-38 drehten die Luftschrauben jeweils nach außen) ausgerüstet werden. Drei im Januar 1942 nach Großbritannien verschiffte P-38 (britischer Typ „Lightning Mk.I") zeigten deshalb so enttäuschende Flugleistungen (ohne Kompressor nur 570 km/h in 6400 m Höhe), dass die RAF die Übernahme dieses Typs ablehnte.

Ein weiterer Grund war das Flugverhalten der P-38. Sie war zwar nicht wirklich tückisch, aber es bedurfte in jedem Fall eines erfahrenen

Kompressibilität und Flugzeugbau

Kompressibilität (Formelzeichen: K) meint das Verhalten einer Materie unter Druck.

Im Flugzeugbau kommt es durch das Verhalten von Luft unter Druck zu folgendem Effekt: Auch die aerodynamische beste Tragfläche erzeugt einen Stirnwiderstand – an beziehungsweise sogar vor der Flügelvorderkante. Ab einer bestimmten Geschwindigkeit wird die Luft vor dem Flügel so stark komprimiert, dass der Druckausgleich in der Wirbelzone des Flügels nicht mehr gleichmäßig abläuft, sondern in Stoßwellen, das heißt, dass Zonen hohen Drucks und Zonen tiefen Drucks rhythmisch aufeinander folgen. Diese überlagerten Stoßwellen verursachen nicht nur den Knall beim Durchbrechen der Schallmauer, sondern führten im Fall der späteren Lockheed Lightning außerdem dazu, dass die strukturelle Festigkeitsgrenze überschritten wurde und sich Leitwerkträger und Leitwerk durch die Vibration buchstäblich im Flug zerlegten.

Eine andere höchst gefährliche Folge dieser Kompressibilität war, dass die Maschine im steilen Sturzflug unvermittelt nicht mehr auf die Steuerorgane reagierte. Bis zum Einbau der Hochauftriebshilfen, der Fowlerklappen (s. S. 68) bei der Lockheed 22, hatte der Pilot also nur eine sehr geringe Chance die Maschine aus dem Sturzflug abzufangen.

Piloten, um sie zu fliegen. Bei den britischen Lightning Mk.I kam erschwerend hinzu, dass ihre beiden rechtsdrehenden Propeller eine ähnliche Wirkung wie das Kreiselmoment der Umlaufmotoren ausübten und das Flugverhalten sehr stark negativ beeinflussten. Die von den Briten abgelehnten Lightning ließ die USAAF zu Trainern umrüsten oder von Grund auf modifizieren. Den Namen „Lightning“ übernahm die USAAF erst Ende 1941.

In den USA genießt die P-38 einen so guten Ruf, dass die Lockheed F-35 („Joint Strike Fighter“ = gemeinsamer Jagdbomber für alle Teilstreitkräfte) am 7. Juli 2006 auf den Namen „Lightning II“ getauft wurde.

Operation Vengeance
Über dem Pazifik wurden mit der P-38 mehr Luftsiege erzielt als mit allen anderen amerikanischen Modellen. Eines der spektakulärsten Ereignisse der Luftkriegsgeschichte war die „Operation Vengeance“ (Vergeltung).
Die amerikanische Funkbeobachtung hatte einen japanischen Funkspruch entschlüsselt und kannte den Flugplan des ranghöchsten japanischen Marineoffiziers Admiral Isoroku Yamamoto, der als Architekt des Angriffs auf Pearl Harbor gilt, mit genauen Ort- und Zeitangaben. Es war bekannt, dass Yamamoto Wert auf größte Pünktlichkeit legte, und so starteten am 18. April 1943 16 auf Guadalcanal stationierte P-38G zum Flug nach Bougainville. Ausgerüstet mit 1175 Liter fassenden Zusatztanks, legten sie fast 1800 km zurück – allein das ist schon eine unglaubliche Leistung. Gemeinsam mit Yamamoto erschienen die Lightning pünktlich über dem Flugplatz Buin, sichteten zwei Mitsubishi-Bomber G4M, unter dem Begleitschutz von 6 Mitsubishi A6M Rei-Sen Jägern. In dem folgenden Luftkampf wurden beide Bomber abgeschossen und Yamamoto getötet – Pearl Harbor war gerächt.

Die Waffenplattform

Die schwere Bewaffnung der Lightning war in der Nase der Rumpfgondel konzentriert – die Wirkung der geballten Feuerkraft ist mit einer gigantischen Kreissäge verglichen worden. Ein weiterer Vorteil dieser Waffenanordnung war, dass Schussleistung und vernichtende Wirkung deutlich verbessert wurden – mit der Lightning war ein guter Schütze bis in einen Bereich von fast einem Kilometer treffsicher.

Für den Einsatz auf langen Strecken verliehen Zusatztanks der Lockheed Lightning eine Reichweite von 3650 Kilometern.

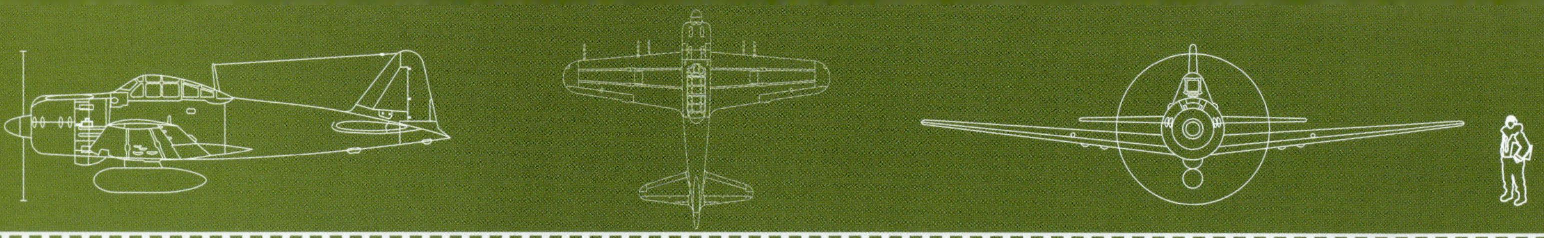

Eine erbeutete Mitsubishi A6M. Für eine Photo-Session wurde das amerikanische Hoheitszeichen mit dem japanischen übermalt; der amerikanische Stern ist noch zu erkennen.

Mitsubishi A6M Rei-Sen

Die Mitsubishi A6M ist der wohl bekannteste japanische einmotorige Jäger des Zweiten Weltkrieges und markiert den Höhepunkt des Jagdflugzeugbaus in Japan. Nachfolgende Modelle bedeuteten keine entscheidende Verbesserung mehr, sodass die A6M bis Kriegsende im Dienst blieb – vom ersten Einsatz in China 1940 bis zum letzten verzweifelten Kampf der Kamikaze am Ende des Krieges.

Rei-Sen, Reisen oder Zero?

Man kann in der Literatur für diesen Luftüberlegenheitsjäger sehr verschiedene Namen finden, bis hin zu einer Mischung aus der japanischen Lesart und der amerikanischen, nämlich Zero-Sen. Tatsache ist, dass die offizielle Bezeichnung in Japan Rei-Sen oder Reisen lautet, und das bedeutet „erster Jäger" oder auch „Null-Jäger", was zumindest die englische Übersetzung Zero erklärt. Die Alliierten gebrauchten für die A6M den Codenamen „Zeke".

MITSUBISHI A6M
REI-SEN C 53C

Jagdeinsitzer
Spannweite: 11,00 m
Länge: 9,07 m
Höhe: 2,98 m
Leergewicht: 1894 kg
Startgewicht: 2952 kg
Triebwerk: ein Sternmotor Sakae 31 mit 890 kW (1210 PS), Wasser-Methanol-Einspritzung
Höchstgeschwindigkeit: 570 km/h
Dienstgipfelhöhe: 11 500 m
Reichweite: 1800 km
Bewaffnung: zwei Flügel-MG Kaliber 13,2 mm und zwei 20-mm-Kanonen Typ 99 im Bugrücken, Unterflügelstationen für zwei 60-kg-Bomben

Eine Mitsubishi A6M mit Zusatztank unter dem Rumpf im Einsatz über den japanischen Inseln.

Die Entwicklung

Die Mitsubishi A6M wurde von Chefkonstrukteur Jori Horikoshi aufgrund einer Anforderung der Kaiserlich-Japanischen Marineleitung entwickelt Ihren Erstflug absolvierte sie am 1. April 1940, und bereits Ende Juli 1940 ging sie unter der offiziellen Bezeichnung „Marine Typ 0 trägergestützter Jäger" in Produktion. Zur einfacheren Unterbringung der Flugzeuge auf dem engen Raum der Flug- und Parkdecks konnten die Flügelspitzen der A6M manuell beigeklappt werden.

Noch im gleichen Jahr wurden die ersten Versuchsmodelle der A6M im Chinesisch-japanischen Krieg erprobt. Dort waren sie so außergewöhnlich erfolgreich – sie zerstörten 99 chinesische Flugzeuge bei nur zwei eigenen Verlusten –, dass der US-General, Berater der chinesischen Luftwaffe und Führer der Flying Tigers, Claire Chennault, einen alarmierenden Bericht über ihre herausragenden Leistungen an das Hauptquartier des USAAC sandte.

Trotzdem wurden die US-Luftreitkräfte (seit Juni 1941: USAAF = US Army Air Force) beim Ausbruch des Pazifikkrieges vollkommen von der hohen Geschwindigkeit und der Wendigkeit der A6M überrascht – man hatte die Qualität des japanischen Flugzeugbaus offensichtlich unterschätzt.

Pearl Harbor

Zur Zeit des Angriffes auf Pearl Harbor (7. Dezember 1941) waren schon mehr als 400 A6M als Trägerflugzeug an die japanische Marine ausgeliefert worden. In der ersten Phase des Krieges war sie allen anderen Jägern bei Endgeschwindigkeit und Steigleistung überlegen. Zudem konnte sie dank ihrer Wendigkeit die

Die schlagkräftigste Waffe der japanischen Luftstreitkräfte im Zweiten Weltkrieg: Die Mitsubishi Rei-Sen unmittelbar vor dem Einsatz.

Beim Angriff auf Pearl Harbor spielte die Mitsubishi A6M eine entscheidende Rolle. Sie war den US-amerikanischen Jägern damals noch deutlich überlegen.

Kamikaze: Rammstoß – Oka – Kaiten

Eine sehr verlustreiche Art des Kamikaze-Angriffs war der Rammstoß. Der japanische Pilot versuchte dabei, das Abwehrfeuer der B-29-Bomber zu unterfliegen und mit dem Propeller die Flügel oder die Steuerorgane des Bombers zu zerstören. Der so beschädigte Bomber kam dann in der Regel ins Trudeln und stürzte ab. Obwohl die meisten japanischen Piloten diese Einsätze mit dem Leben bezahlten, konnten einige auf diese Weise sogar mehrere Luftsiege erringen.

Die bemannte Flugbombe „Oka“ (Kirschblüte) war weniger effektiv. Vom tragenden Bomber ausgeklinkt, verfehlten sie wegen Steuerungsproblemen meistens ihr Ziel und landeten im Meer. Auch die bemannten Torpedos „Kaiten“ hatten kein allzu hohes Vernichtungspotenzial – sie wurden häufig von der U-Boot-Abwehr vernichtet.

damaligen Standard-Jäger Brewster Buffalo, Curtiss P-40 und Grumman Wildcat ausmanövrieren. Bis zur Schlacht bei Midway, im Juni 1942, hatten die Mitsubishi A6M die Luftherrschaft über dem Pazifik inne – als Begleit- und Luftüberlegenheitsjäger.

1942 gelang es den Amerikanern, eine auf den Aleuten notgelandete und nur gering beschädigte A6M2 zu bergen. Die mit ihr in den USA durchgeführten Tests führten zu entscheidenden Verbesserungen bei den neu konzipierten Jägern Grumman F4F und F6F Hellcat.

Midway – Das Kriegsglück wendet sich

Mit den Neuentwicklungen der amerikanischen Jäger wurden erstmals die Schwächen der A6M offensichtlich. Ihre Leichtbauweise machte sie zwar schnell und wendig, erhöhte aber ihre Anfälligkeit gegenüber Treffern. Die amerikanischen Jäger dagegen waren dank selbstabdichtenden Tanks und überlegener Panzerung wesentlich robuster. Zudem versorgte die jetzt voll anlaufende amerikanische Industrieproduktion die US Navy mit einer großen Zahl von Flugzeugträgern und hervorragend geeigneten Flugzeugen, sodass nach der Schlacht von Midway die Initiative im Pazifikkrieg an die Amerikaner überging. Dagegen konnte Japan seine Industrieproduktion an Kriegsmaterial nur unwesentlich steigern und der Ausbildungsstand der neuen Zero-Piloten wurde immer unzureichender. Nun gewannen die Amerikaner die Salomon-Inseln zurück, vertrieben die Japaner von Neuguinea, den Aleuten und den Marianen.

In Ermangelung einer geeigneten Nachfolgerin beschloss man, die Zero zu verbessern. Die Variante A6M5 wurde mit einer Cockpithaube aus Panzerglas nachgerüstet, Modell A6M6 erhielt selbstabdichtende Treibstofftanks und ihr Triebwerk Wasser-Methanol-Einspritzung für bessere Höhenleistung. Gegen die zahlenmäßige Übermacht der US-Marineflieger hatten diese Entwicklungen jedoch keinen kriegsentscheidenden Einfluss mehr. Bei der Seeschlacht in der Philippinen-See, von amerikanischer Seite auch als „Great Marianas Turkey Shot“ (Das große Marianen-Truthahnschießen) genannt, verlor die Kaiserlich-Japanische Marine am 19. Juni 1944 zwischen 300 und 400 Flugzeuge und drei Flugzeugträger, wodurch aus den meisten A6M nun landgestützte Jäger und Jagdbomber wurden.

Konventionell geführte Angriffe auf amerikanische Flugzeugträger erschienen – dank der überlegenen Jagdabwehr des Feindes – nunmehr aussichtslos. Daher griff man auf japanischer Seite zum letzten, verzweifelten Mittel des freiwilligen Selbstmord-Opferfluges, der im Westen unter dem Namen „Kamikaze“ bekannt wurde (s. S. 89).

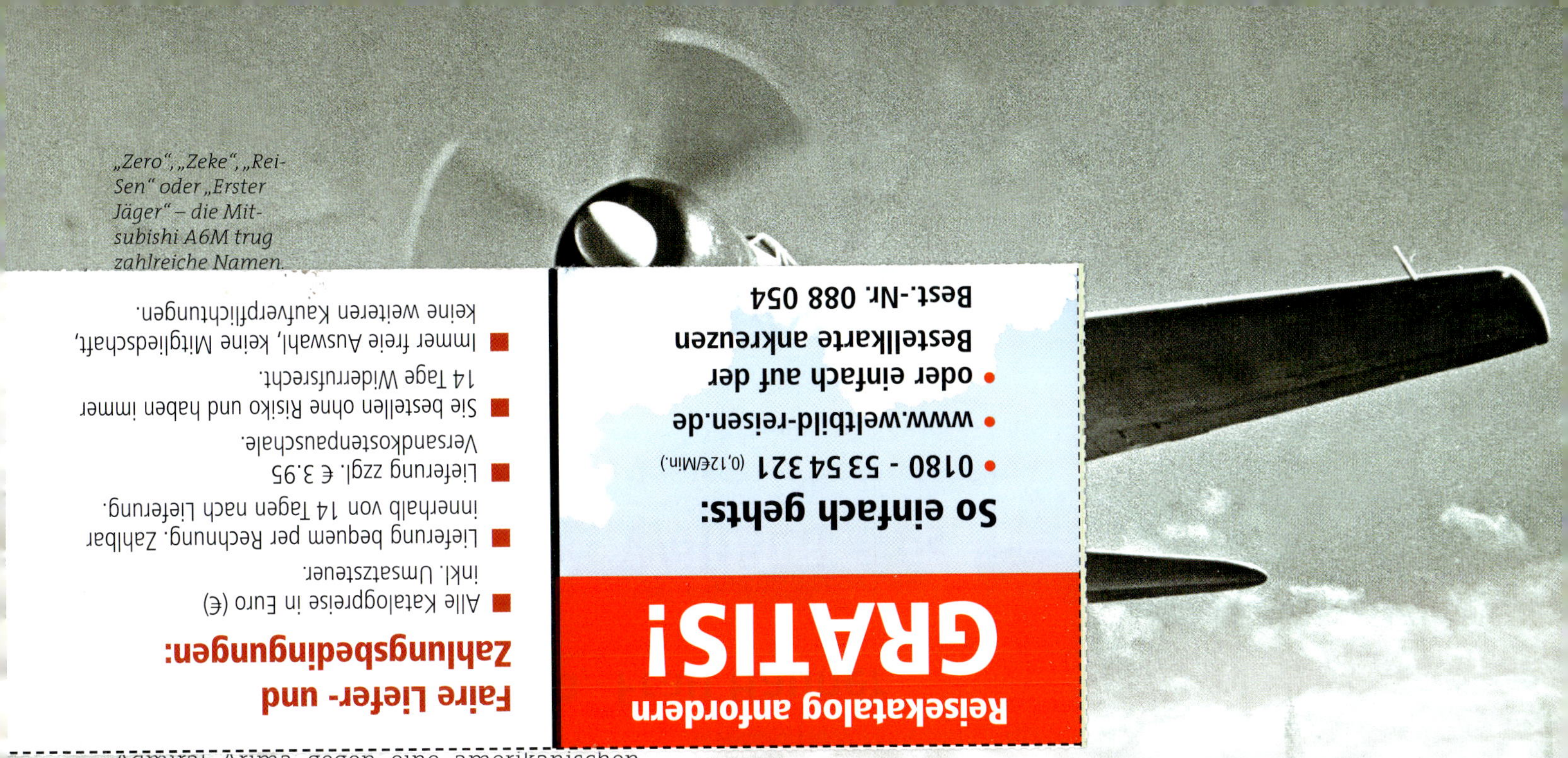

„Zero", „Zeke", „Rei-Sen" oder „Erster Jäger" – die Mitsubishi A6M trug zahlreiche Namen.

Admiral Arima gegen eine amerikanischen Flugzeugträgerverband vor der Philippinen-Insel Luzon eingesetzt.

Der erste „offizielle" Kamikaze-Verband wurde von Vize-Admiral Takijiro Onishi am 19. Oktober 1944 bei der Verteidigung der Philippinen aufgestellt. Zur Abwehr der drohenden US-Invasion sollten spezielle Selbstmord-Kommandos gebildet werden. Aufgabe des Piloten war es, sich mit seinem Flugzeug im Sturzflug auf den feindlichen Träger zu stürzen und auf ihm zu zerschellen. Das Ziel war die schwere Beschädigung oder im günstigsten Fall die Versenkung des Trägers.

Bereits am nächsten Tag hatten sich 24 Piloten freiwillig gemeldet. Sie bildeten vier spezielle Angriffseinheiten, die mit der Mitsubishi A6M5 ausgerüstet waren. Jedes Flugzeug trug unter dem Rumpf eine 250-kg-Bombe.

So wurden am 29. Oktober bei sechs Einsätzen im Raum der Philippinen mehrere amerikanische Schiffe getroffen, der Geleitflugzeugträger St. Lo versenkt und sechs weitere Geleitflugzeugträger beschädigt. Alleine bei der Wiedereroberung der Philippinen versenkten Kamikaze 18 größere US-Schiffe und beschädigten viele andere zum Teil schwer.

Die psychologischen Auswirkungen dieser Angriffe wiegt womöglich noch schwerer – gegen einen Gegner zu kämpfen, dem das Überleben nichts gilt und der Sieg alles.

Ihren Höhepunkt erreichten die Kamikaze-Flüge nach der amerikanischen Besetzung von Okinawa 1945.

Der zweite Weltkrieg

Bell P-39 Airacobra

Die P-39 war ein ungewöhnliches Flugzeug und nicht, wie so oft, um den Motor herum konstruiert, sondern um eine Waffe. Das Grundkonzept sah nämlich einen Abfangjäger für große Höhen vor, der sich – außer Reichweite der Bordwaffen einfliegender Bomber – auf Schussdistanz annähern konnte. Die 37-mm-Maschinenkanone T-9 der American Armament Corporation ließ im Bug keinen Platz für den Motor, weshalb er hinter dem Pilotensitz eingebaut wurde. Die Propellerantriebswelle lief unter dem Führersitz zum Getriebe im Bug.

BELL P-39N AIRACOBRA

Jagdeinsitzer/Jagdbomber
Spannweite: 10,37 m
Länge: 9,20 m
Höhe: 3,63 m
Leergewicht: 2478 kg
Startgewicht: 3720 kg
Triebwerk: Ein flüssigkeitsgekühlter Zwölfzylinder V-Motor Allison V-1710-85 mit 895 kW (1217 PS)
Höchstgeschwindigkeit: 642 km/h
Dienstgipelhöhe: 10 670 m
Reichweite: 1200 km
Bewaffnung: Eine durch die Propellernabe feuernde Maschinenkanone T-9 der American Armament Corporation im Kaliber 37 mm, zwei MG Kaliber 12,7 mm in der oberen Bugabdeckung, zwei Flügel-MG Kaliber 7,62 mm, Unterrumpfstation für eine 227-kg-Bombe

Die mangelhafte Leistung der Airacobra in großer Höhe führte zur Stornierung der Restbestellung für die RAF.

Zwei Besonderheiten der P-39 waren die 37-mm-Kanone, die durch die Propellerwelle feuerte, und der Einstieg in die Kanzel, der wie eine Autotür konstruiert war.

Das Management und der Turbolader

Der Prototyp XP-39, 1937 bestellt, ging im April 1939 in die Flugerprobung, im selben Monat unterschrieb die US-Regierung eine Order für 13 Vorserienmodelle. Die späteren Serienmaschinen P-39 wurden ab Januar 1941 ausgeliefert.

Nach der Truppenerprobung wurden zahlreiche Veränderungen an der Airacobra vorgenommen, die unverständlichste davon war der Verzicht auf den Turbolader. Dadurch wurde die Höhenleistung so weit heruntergesetzt, dass die P-39 ihrem ursprünglichen Einsatzzweck (Abwehr von Höhenbombern) nicht mehr gerecht werden konnte. Anfangs weigerte sich das USAAC sogar, die Maschinen ohne Turbolader einzuführen.

Nicht viel anders sah es in Großbritannien aus, zwar bestellte das Empire mehr als 650 Maschinen, stornierte die Order aber, nachdem die P-39 im Kampfeinsatz enttäuscht hatte. Die besten Ergebnisse brachte die Airacobra bei der Erdkampfunterstützung, sobald die Luftkämpfe aber in größeren Höhen stattfanden, ließ die Leistung rapide nach. Der Löwenanteil der produzierten Maschinen – mehr als 4700 Stück von der Gesamtproduktion von 9558 – wurde dann im Rahmen eines Pacht-Leihvertrages an die Sowjetunion geliefert.

Vom Pazifik in die Taiga

Vom japanisch-amerikanischen Kriegsschauplatz im Pazifik wurde die P-39 schnell wieder abgezogen. Auch wenn sie im Erdkampf durchaus bestehen konnte, war sie gegen die Mitsubishi-Jäger A6M chancenlos und wurde durch P-38 Lightning und P-40 Warhawk ersetzt.

Ganz anders in der UdSSR. Die dort eingesetzten verbesserten Maschinen der N- und Q-Serien hatten ihre Kinderkrankheiten überwunden. Die Maschinenkanone hatte ihre Neigung zu Ladehemmung verloren und funktionierte in Russland zuverlässig. Darüber hinaus hatte man der Airacobra mit einer Gewichtsreduktion zu besserer Leistung verholfen: Teile der Panzerung und die Flügel-MG entfernt, womit die P-39 immer noch der Standardbewaffnung sowjetischer Jäger entsprach. Über der Sowjetunion fanden die Luftkämpfe häufig in geringerer Höhe statt, sodass die Airacobra dort gute Dienste leistete.

Zum Ausgleich von Lieferengpässen wurden einige P-39 auch nach Italien geliefert, da sich die Werke der italienischen Flugzeugindustrie hauptsächlich in dem noch faschistischen Norden befanden.

Das Bugrad

Die Airacobra streitet sich mit anderen Modellen um den ersten Platz bei Verwendung eines Bugradfahrwerks. Die Umstellung dürfte für die Piloten nicht einfach gewesen sein. Beim Start mit einem Heckrad oder mit einem Schleifsporn beschleunigt man die Maschine, nimmt dann den Steuerknüppel ganz leicht nach vorne, das Heck hebt sich und erst dann wird weiter beschleunigt, um abzuheben. Bei einem Bugrad sollte man das tunlichst vermeiden, wenn man kurz vor dem Abheben der Gewohnheit gemäß das Steuer nach vorne drückt, kann das zum Bruch des Rades führen – oder zum sogenannten Pilotendenkmal, bei dem das Flugzeug mit der Nase am Grund und dem Heck in der Luft dasteht.

Das fragile Bugrad war eines der ersten weltweit, das in ein Jagdflugzeug eingebaut wurde.

Bristol Beaufighter

Dieser schwere, zweimotorige Jäger war letztendlich eine Notlösung – die sich allerdings im Einsatz an allen Fronten bewährte und einer der Gründe war, warum der Luftkrieg über England von den Briten gewonnen wurde. Die Konstruktionsabteilung der Bristol Aeroplane Company war offensichtlich weitsichtiger als die Führung der RAF und hatte sich in den Jahren zwischen den beiden Weltkriegen mit dem Konzept des schweren Langstrecken-Jägers befasst; schon bevor eine dementsprechende Spezifikation vorlag.

BRISTOL BEAUFIGHTER MK IF

Zweisitziger Jäger/Nachtjäger/Torpedoflugzeug
Spannweite: 17,63 m
Länge: 12,70 m
Höhe: 4,82 m
Leergewicht: 7072 kg
Startgewicht: 9570 kg
Triebwerk: zwei luftgekühlte 14-Zylinder-Doppelsternmotoren Bristol Hercules III mit max. 1140 kW (1550 PS)
Höchstgeschwindigkeit: 497 km/h
Dienstgipfelhöhe: 8070 m
Reichweite: 1880 km
Bewaffnung: vier Maschinenkanonen Kaliber 20 mm im Rumpfbug und sechs Flügel-MG Browning Kaliber 7,7 mm

Leslie G. Frise

Leslie G. Frise, der damalige Chefkonstrukteur, und sein Kollege, der Motorenkonstrukteur Fedden, hatten die Möglichkeit diskutiert, auf der Basis eines Bristol-Bombers – Beaufort oder Blenheim – einen einsitzigen Jäger zu entwickeln, und ihre Vorschläge 1938 dem Luftfahrtministerium unterbreitet.

Eine offizielle Ausschreibung wurde nachgereicht. Diese Spezifikation F.11/37 forderte einen schwer bewaffneten Jäger mit einem Geschützturm für das zweite Besatzungsmitglied. Frise und Fedden konstruierten einen zweisitzigen Jäger mit zwei Motoren und vernichtender Feuerkraft: Vier Maschinenkanonen Kaliber 20 mm starr an der Rumpfbugunterseite und zusätzlich sechs Flügel-MG Kaliber 7,7 mm.

Die Bristol Beaufighter Mk6F in der Nachtjägerversion mit Flammendämpfern an den Auspuffrohren und den pfeilspitzenförmigen Antennen des „Arrowhead" Air Interception Radar.

Er
ei
ac
Au
w
er

Di
De
Mi
Be
au
zel
ku
ein
erk
vo
ha
Be
ein
Mo
He

wa
bes
der
ma
we

Op
Ihr
Okt
Squ
erst
glü
zun
Exe
196
tert

I
E
v
A
a
ü
e
ß
d
d
w
m

…des „Royal Observer Corps“. Hier liefen …n Informationen über Luftbewegungen

…hter diente in einer Reihe anderer …e – der kanadischen, neuseelän- …rikanischen und bei der USAAF.

Der verkürzte Rumpf des Beaufort Bombers diente als Basis für die Entwicklung der Beaufighter.

Die ungelenkten Raketen der Beaufighter konnten paarweise oder alle acht gleichzeitig als Salve abgefeuert werden.

Andere gelangten nach dem Zweiten Weltkrieg nach Portugal und in die Türkei. Beaufighter kämpften auf allen Kriegsschauplätzen des Zweiten Weltkriegs sowie über Nordatlantik, Mittelmeer und Pazifik.

Aufgabenverteilung

In der Entwicklungszeit hatte man bei Bristol eine Höchstgeschwindigkeit von 540 km/h angenommen, die Beaufighter Mk I verfehlte mit ihren beiden Doppelsternmotoren Bristol Hercules III diese Erwartungen aber um fast 40 km/h. Langsamer als die Hawker Hurricane und darüber hinaus bei größerem Treibstoffverbrauch, war die Beaufighter damit als Abfangjäger für den Tageinsatz nicht geeignet.

Die große Stunde des Beaufighters schlug mit der Nachtjagd. Die deutsche Luftwaffe verstärkte 1940 ihre nächtlichen Bombenangriffe auf England und blieb bis zur Indienststellung der Beaufighter verhältnismäßig unbehelligt.

John „Cat's Eyes" Cunningham –
von No 604 Squadron war der erfolgreichste Nachtjäger der Royal Air Force. Ihm und seinem Radarbeobachter Jimmy Rawnsley wurden 19 bestätigte Nachtsiege und ein Abschuss am Tag zuerkannt. Nach dem Krieg kehrte Cunningham zu De Havilland Aircraft zurück – wo er seine Ausbildung erhalten hatte – und stieg zum Chef-Testpiloten auf. Er blieb bis ins hohe Alter der Fliegerei verbunden; sein letzter Arbeitgeber war bis in die 1980er-Jahre British Aerospace.

Die Beaufighter besaß alle Eigenschaften eines guten Nachtjägers – schnell genug, um den deutschen Bombern überlegen zu sein, mit überragender Feuerkraft – eine Salve im Ziel garantierte schwere Schäden – und sie bot durch die Anordnung der Bewaffnung ausreichend Platz für den Einbau des gerade entwickelten Radars AI Mk IV. Der Platz, den bei der Beaufort noch der Bombenschütze eingenommen hatte, wurde bei der Mk IF Fighter zum Rumpfbug umgebaut und die Maschinenkanonen an der Rumpfunterseite lafettiert.

Zuvor wurde noch die – mit 430 km/h Höchstgeschwindigkeit langsame – Bristol-Bomber Blenheim Mk IF, mit Radar ausgerüstet, als

Zwei Beaufighter des Küstenschutzes „Coastal Command" greifen einen deutschen Geleitzug vor Norwegen an und fügen dem Gegner schwere Verluste zu.

Nachtjäger eingesetzt. Die Beaufort brachte an Leistung mit, was dieser Behelfslösung fehlte und ersetzte die Vorgängerin. Die Triebwerke mussten schon bald ausgetauscht werden, weil das Lieferprogramm der Bomberflotte – des Short-Bombers Stirling – Vorrang genoss. Die Folge war, dass ab Ende 1941 Modell Mk II von Rolls-Royce Merlin XX angetrieben wurde. Auch der leistungsstärkere Rolls-Royce Griffon wurde für andere Modelle gebraucht.

Bis zum Erscheinen der deutlich schnelleren De Havilland Mosquito sicherte die Beaufighter den Nachthimmel über Großbritannien; danach hatte er aber noch nicht ausgedient. Ab 1943 kam der Typ Mk X an die Front – mit 2205 gebauten Maschinen eine der wichtigsten Varianten. Mit zwei Bristol-Motoren Hercules 14 erreichte er 515 km/h Höchstgeschwindigkeit und wurde – mit einem 457-mm-Torpedo zusätzlich zur Standardbewaffnung – erfolgreich zur Schiffsbekämpfung eingesetzt. Diese Variante des Coastal Command (Seeaufklärung) wurde auch „Torbeau" genannt.

Die ansonsten baugleichen Maschinen des Fighter Command (Jagdkommando) erhielten Flügelaufhängungen für acht 41-kg-Raketen und wurden erfolgreich in der Erdkampf-Unterstützung eingesetzt.

Varianten „C" und „F"

Diese beiden Kürzel erklären sich aus dem Truppenteil, der das jeweilige Flugzeug benutzte, das „C" stand für Coastal Command, das unter anderem zum Küstenschutz gegründet worden war. Bei den Maschinen der Jagdwaffe wurde ein „F" für Fighter Command an der Modellbezeichnung angehängt.

Neben Unterschieden in der Motorisierung, vom Bristol Hercules über den Rolls-Royce Merlin und anderen unterschieden sich die Beaufighter durch die Bewaffnung. Beiden gemeinsam waren die vier buglafettierten Maschinenkanonen. Zusätzlich waren die Maschinen des Fighter Command mit sechs Flügel-MG ausgestattet und trugen später an Rumpf- beziehungsweise Unterflügelstationen acht Raketen RP-3 und zwei Bomben. Das Coastal Command ließ seine Beaufighter mit einem oder zwei Maschinengewehren in der Kanzel des Beobachters und einem Torpedo bestücken.

Das Cockpit einer Beaufighter. Die Anordnung der zahlreichen Instrumente wirkt verwirrend, war aber zeitgemäß und nicht ungewöhnlich.

De Havilland D.H. 98 Mosquito

Der glatte Holzrumpf der Mosquito – hier eine Maschine der australischen RAAF – trug wesentlich zur hohen Geschwindigkeit der D.H.98 bei.

Eine der Ungereimtheiten der Luftfahrtgeschichte ist, dass die De Havilland Mosquito ihren Ruhm dadurch begründete, dass sie andere Aufgaben meisterte, als ihr ursprünglich zugedacht waren. Sie war als leichter, schneller Bomber konzipiert, entwickelte sich aber im Laufe ihrer Dienstzeit zu dem vielseitigsten Kampfflugzeug der Alliierten – sie war Jäger, Jagdbomber, Nachtjäger, Aufklärer, Bomber, Torpedobomber, U-Boot-Jäger und mehr. Die Technik war gleichzeitig wegweisend und überholt. Ein Rumpf in Holzbauweise machte sie für Radar nicht erfassbar, leicht und schnell. So schnell, dass sie den deutschen Jägern in großer Höhe einfach davonflog.

DE HAVILLAND D.H.98 NF XIX MOSQUITO

Zweisitziger Nachtjäger
Spannweite: 16,50 m
Länge: 12,77 m
Höhe: 4,79 m
Leergewicht: 7243 kg
Startgewicht: 8900 kg
Triebwerk: 2 x V-12 Rolls-Royce Merlin 25 mit je 1200 kW (1635 PS)
Höchstgeschwindigkeit: 604 km/h
Dienstgipfelhöhe: 8500 m
Reichweite: 3065 km
Bewaffnung: Vier 20 mm British Hispano-Maschinenkanonen

Geoffrey „D.H." de Havilland, der Konstrukteur der Mosquito, in einer Aufnahme aus dem Ersten Weltkrieg.

Eigene Wege

Das Design-Team um Geoffrey de Havilland beschritt mit der Mosquito einen sehr eigenwilligen Weg, der sich keinesfalls mit der herrschenden Auffassung vereinbaren ließ. Die Führungsriege der RAF stand diesem Entwurf daher höchst skeptisch gegenüber – erst die ausgezeichneten Leistungen des Prototyps überzeugte sie vom Wert dieser privaten Entwicklung.

Die Mosquito war so schnell, dass zunächst auf eine Bewaffnung oder eine Panzerung verzichtet wurde, die meisten Jäger der Luftwaffe waren gegen sie chancenlos. Einige ihrer vielen Varianten konnten sich selbst gegen die Supermarine Spitfire in Trainingskämpfen behaupten. Sie war altmodisch – ein Kampfflugzeug komplett aus Holz und dies zu einer Zeit, als das Ganzmetallflugzeug längst Standard war. Gleichzeitig war sie hochmodern, Verbundwerkstoffe – wie das Sperrholz, aus dem sie gebaut wurde – sind heute erste Wahl, wenn Belastbarkeit und Leichtigkeit gleichzeitig gefordert sind.

Die Mosquito machte ihrem Namen alle Ehre: Sie konnte in kleinen Gruppen angreifen, dem Feind einen schmerzhaften Stich versetzen und wieder entkommen. Und nicht zuletzt war sie eine Schönheit mit eleganten Linien, allerdings ohne die Launenhaftigkeit einer Diva.

Die Führungsmaschine „A-Apple" greift im Hafen des norwegischen Sandefjord ein Versorgungsschiff an.

No 143 Squadron – ein weiteres Mal erfolgreich bei der Seezielbekämpfung vor Norwegen.

Operation Jericho
Eine Verwendung der Mosquito waren Pfadfindereinsätze. An der Spitze der Bomberverbände fliegend, markierten sie mit wenigen, genauen Abwürfen das Ziel für die nachfolgenden schweren Einheiten. Anfangs benutzte das Bomber Command dabei Brandbomben – solange bis die deutsche Luftabwehr selbst Brände auf dünn besiedelten Zielen legte, um die anfliegenden Bomber in die Irre zu leiten. Danach wurde Markierungsbomben eingesetzt, die mit farbigem Feuer brannten. Die Farbe wurde bis kurz vor dem Start der Bomber geheim gehalten.

Die Präzision der Pfadfinder machte sie ideal für Überraschungsangriffe tief im Feindesland – „Operation Jericho" war einer davon.
Am 18. Februar 1944 griffen 18 Mosquito das Gefängnis im französischen Amiens an, in dem die Gestapo Angehörige der Resistance gefangen hielt. Die Mission war ein Erfolg und ermöglichte etwa 250 Häftlingen die Flucht. Andere siegreiche Angriffe galten den Gestapo-Hauptquartieren in Oslo, Aarhus und Kopenhagen – man könnte fast glauben, dass die Mosquito einen Privatkrieg gegen die Gestapo geführt hätten.

Die Wirkung einer Salve der ungelenkten Raketen lässt sich mit der Breitseite eines Schlachtschiffes vergleichen.

Geoffrey de Havilland

Der britische Luftfahrtpionier und Konstrukteur Geoffrey de Havilland hatte 1920 ein eigenes Unternehmen gegründet – die De Havilland Aircraft Co. Ltd. Das neue Unternehmen erwies sich als ausgesprochen erfolgreich. Ein Verkaufsschlager von vielen war die Tiger Moth – das Standard-Schulflugzeug der Royal Air Force. Sie wurde 8500-Mal gebaut und blieb bis 1951 im aktiven Dienst.

Im August 1936 forderte das britische Luftfahrtministerium de Havilland zur Teilnahme an einer Ausschreibung auf. Diese Spezifikation P.13/36 beschrieb die Anforderungen an das zu bauende Flugzeug: ein mittelschwerer Bomber, der auch als Aufklärer dienen konnte. Darüber hinaus sollte er in 5000 Metern Höhe eine Marschgeschwindigkeit von 450 km/h erreichen, um die Zeit über feindlichem Gebiet so kurz wie möglich zu halten.

De Havilland war nicht interessiert – zu dieser Zeit konzentrierte sich seine Firma auf den Bau von Zivilflugzeugen. Zwei Jahre später, im Juli 1938, war die Bedrohung durch das Dritte Reich aber so präsent geworden, dass man erneut über den leichten Schnellbomber nachdachte.

De Havilland und seine Designer R. E. Bishop, R. M. Clarkson und C. T. Wilkins beschritten neue, alte Wege – sie bevorzugten Holz als Baumaterial. Ihr Argument war das Verhältnis von Gewicht zu Festigkeit. In dieser Beziehung konnte Holz mit Duraluminium oder Stahl konkurrieren – bis auf die Torsionsfestigkeit (die Belastbarkeit bei Verdrehung). Die Verfügbarkeit von Holz war ein weiteres schlagkräftiges Argument. Metalle waren als knappe, kriegswichtige Güter eingestuft, Holz nicht. Der Arbeitskräftemangel in Kriegszeiten sprach ebenfalls für Holz. Das De Havilland vorschwebende Konzept konnte von Schreinern und Klavierbauern umgesetzt werden. Der Verzicht auf die Defensiv-Bewaffnung reduzierte das Gewicht weiter und kam der Höchstgeschwindigkeit zugute.

Die Royal Air Force und die Prototypen

Auf Seiten der RAF stand man der Mosquito unentschlossen gegenüber, der Commander in Chief, Sir Arthur „Bomber" Harris, bevorzugte das Flächenbombardement mit viermotorigen Großflugzeugen wie der Avro Lancaster oder der Handley Page Halifax. Trotzdem glaubte man bei De Havilland fest an den Erfolg und begann 1940 mit den Arbeiten am Prototyp – während am Himmel die Luftschlacht um England tobte. Von fünf Tagen gab es mindestens einen, an dem eine Bombe in unmittelbarer Nähe einschlug, und 25 Prozent aller Arbeitsstunden verbrachten die Mitarbeiter im Luftschutzkeller. Entgegen aller Widerstände baute man weiter – und nach zehn Monaten und 26 Tagen fand am 25. November 1940 der Erstflug statt – am Steuerknüppel saß Geoffrey de Havilland jr. Aber noch einmal musste der Bomber-Prototyp W4050 überarbeitet werden. Das Luftfahrtministerium hatte das Konzept des unbewaffneten Schnellbombers zurückgestellt, bevorzugte nun ein schwerbewaffnetes Kampfflugzeug und ließ die Lieferverträge dahinge-

Das Cockpit eine Mosquito in der Nachtjägerausstattung. Rechts oben im Bild der Sichtschirm des Radars für den Beobachter.

Radio Detection and Ranging – Radar

Einen wesentlichen Beitrag zum Erfolg und zur Präzision der Nachtflüge war die neu entwickelte Technologie der Radarleitsysteme. In der Mitte der 1930er-Jahre wurde sowohl auf britischer wie auf deutscher Seite Verfahren zur praktischen Reife gebracht, „um entfernte metallische Gegenstände mittels elektrischer Wellen aufspüren zu können" wie es in der vermutlich ersten Patentschrift für einen „Telemobiloskop" genannten Vorläufer der Radargeräte von Christian Hülsmeyer 1904 hieß. Robert Watson-Watt, ein Schotte, sollte 30 Jahre später für das britische Militär die taktische Möglichkeit von sogenannten Todesstrahlen (death rays) erkunden. Watts bewies, dass keine bekannte Energiequelle dazu in der Lage wäre, erfand aber sozusagen als Nebeneffekt die Möglichkeit der Funkmesstechnik zur Funkortung. Auf seiner Arbeit basiert das Frühwarnsystem Chain Home, ein fast unsichtbarer Verteidigungswall entlang der englischen Südküste am Ärmelkanal. Weiterentwickelt führten Watson-Watts Forschungen zusammen mit Erkenntnissen von Alan Reeves und Frank Jones zum Bomberleitgerät OBOE (Observer Bombing Over Enemy).

Raketenangriff einer Mosquito vor der norwegischen Küste im letzten Kriegswinter.

hend ändern. Der neue Prototyp, die W4052, wurde dann am 15. Mai 1941 von dem Seniorchef der Firma zum ersten Mal geflogen; der erste Kampfeinsatz folgte vier Monate später.

NF-Night Fighter und FB-Fighter Bomber

Der Nachtjäger NF II wurde 1942 in Dienst gestellt und insgesamt 466 Stück produziert. Bewaffnet mit vier 20 mm-Kanonen und vier Browning-MG Kaliber 7,7 mm diente sie in der Heimatverteidigung. Der Tarnanstrich reduzierte zwar die Höchstgeschwindigkeit, trotzdem war dieses Modell ein gefährlicher Gegner für eindringende Feinde; unter anderem vernichteten sie mehr als 600 deutsche V1-Raketen.

Ein Problem der ersten Nachtjäger rührte von den Kühlern her, die in den Flügelvorderkanten eingebaut waren. Bei der Nachtjagd mussten die Mosquito sich sehr nahe an den Gegner herantasten, um erfolgreich zu sein, und nach dem Abschuss zerlegte sich das gegnerische Flugzeug häufig in Einzelteile. Oft beschädigten Trümmer die Kühler und mehr als eine Mosquito kehrte mit nur einem laufenden Motor zur Basis zurück.

In der Bugnase war zu Anfang das Luftradar „Arrowhead" A.I.Mk.IV oder A.I.Mk.V installiert, das seinen Namen von den pfeilspitzenförmigen Antennen herleitete.

Produktionszahlen

Die Gesamtproduktion belief sich – inklusive Lizenzbauten – auf 7781 Mosquito. Führend bei den Fertigungszahlen war der Jagdbomber FB mit 2718 ausgelieferten Exemplaren. Eine Variante, die FB XVIII, war zur Schiffsbekämpfung mit einer Molins-Kanone im Kaliber 57 mm (!) bewaffnet. Das Gewicht der panzerbrechenden Waffe lag bei knapp einer Tonne. Der Rückstoß war gewaltig und der erforderliche geradlinige Zielanflug machte die Mosquito verwundbar, daher wurde nach kurzer Zeit die Kanone gegen acht ungelenkte Raketen ausgetauscht,

Fertigungstechnik

Die Bauweise der Mosquito war ihrer Zeit weit voraus. Der Rumpf wurde in zwei Hälften gefertigt, das erleichterte wesentlich den Einbau von Elektronik und Steuerung. Der Werkstoff – kanadisches Birkensperrholz mit einer Zwischenlage aus Balsaholz – wurde eigens für De Havilland entwickelt. Die Flügel wurden der Stabilität wegen in einem Stück gebaut und später angesetzt, Spanten und Schotts versteiften den Rumpf. Besonderen Wert legte man auf die Aerodynamik. Strömungsgünstige Formen und eine extrem glatte Außenhaut verringerten den Luftwiderstand. Die D.H.98 erwies sich später im Einsatz als ausgesprochen zäh, konnte einige Treffer verschmerzen und war auch mit nur einem Motor voll flugtauglich. „Die Mossie", „Das Hölzerne Wunder", oder „Termites Dream" – das Flugzeug hatte zahlreiche Spitznamen und war bei seinen Besatzungen ausgesprochen beliebt. Vielleicht lag dies an ihrer Zuverlässigkeit – die D.H.98 hatte bei Kriegsende die geringsten Verlustzahlen des ganzen britischen Bomberkommandos. Nur 193 Maschinen gingen verloren.

Die Bezeichnungen

Die Buchstaben im Namen der verschieden Baumuster erklären den geplanten Einsatzzweck der Mosquito.
Es stehen:

B für Bomber
F (Fighter) für Jagdflugzeug
NF (Night Fighter) für Nachtjäger
FB (Fighter Bomber) für Jagdbomber
PR (Photo Reconnaissance) für Photoaufklärer
T (Trainer) für Schulflugzeug
TT (Target Tug) für Flugzielschlepper, in dieser Rolle diente die Mosquito in der RAF bis 1961.

Die Waffenwarte bestücken eine D.H.98. An den Startschienen unter den Flügeln konnten bis zu acht Raketen Kaliber 27,2 mm mitgeführt werden.

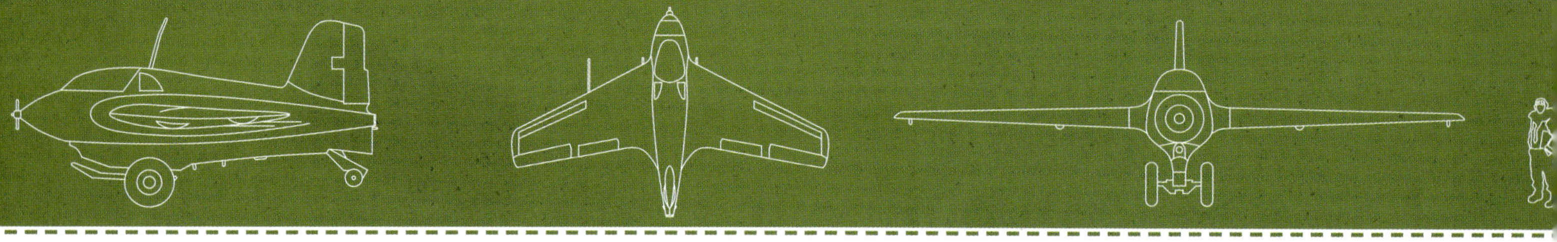

Messerschmitt Me 163 Komet

Die Messerschmitt Me 163 vereint in sich gleich zwei revolutionäre Konzepte – das erste Nurflügelflugzeug mit gepfeilten Tragflächen und einem Raketenmotor als Triebwerk, das in die Serienfertigung gelangte. Ihr Steigvermögen war für die damalige Zeit aufsehenerregend – trotzdem stellte sich das System des Raketenantriebs für ein Flugzeug nach kurzer Zeit als technologische Sackgasse heraus.

MESSERSCHMITT ME 163 B-1A KOMET
Einsitziger Raketen-Abfangjäger
Spannweite: 9,35 m
Länge: 5,85 m
Höhe: 2,74 m
Leergewicht: 1910 kg
Startgewicht: 4310 kg
Triebwerk: ein Walter HWK-Flüssigkeitsraketentriebwerk HWK 109-509-A 1 mit 14,70 kN Schub
Höchstgeschwindigkeit: 960 km/h
Dienstgipfelhöhe: 12 040 m
Flugdauer: 7,5 min.
Reichweite: 80 km
Bewaffnung: zwei Maschinenkanonen Rheinmetall-Borsig MK 108 Kaliber 30 mm mit je 60 Schuss

Für das Triebwerk der Messerschmitt Me 163 wurde das Konzept des Raketenmotors zum ersten Mal in der Serienfertigung genutzt.

Das Walter-HWK-Raketentriebwerk

Das Grundkonzept, das Dr. Alexander Lippisch entwickelt hatte, war ein Versuchsflugzeug für Experimente im Überschallflug – die sensationelle Steigrate der Me 163 empfahl das Modell dann für den Einsatz als Abfangjäger.

Der Name Raketenjäger für die Me 163 zeigt an, dass sie mit dem HWK 109-509-A 1 ein echtes Walter-HWK-Flüssigkeitsraketentriebwerk mit Brennkammer und Düse hatte, also nicht von Feststoffraketen angetrieben wurde. Ab der B-Variante 509D wurden zwei äußerst aggressive Brennstoffe, der sogenannte T-Stoff (Wasserstoffsuperoxyd; Oxydator H_2O_2) und als eigent-

Heini Dittmar
Heini Dittmar kam aus dem Segelflug und hatte bereits mehrere Strecken - und Höhenweltrekorde aufgestellt. Während des Zweiten Weltkriegs war er in der Konstruktion und der Erprobung von Flugzeugen tätig – und er saß dann auch im Cockpit, als am 2. Oktober 1941 mit der Me 163 erstmalig ein Mensch die 1000-Kilometer-Marke überschritt, ganz genau waren es sogar 1003,67 km/h.

licher Brennstoff der C–Stoff (Hydrazinhydrat), in der Brennkammer zusammengebracht und erzeugten über eine Düse den Schub. Damit wurden bis dahin für unmöglich gehaltene Geschwindigkeiten erreicht.

Kompressibilität und Steigrate

Man näherte sich mit der Me 163 dem Geschwindigkeitsbereich, in dem es zu Kompressionseffekten der Luft und der damit zusammenhängenden Instabilität des Flugzeuges kam. Auch wenn die Konstruktion der Me 163 vermutlich die Schallgeschwindigkeit ausgehalten hätte, kam es dazu nicht.

Auch die Steigleistungen der Maschine waren sensationell. In nur 3 Minuten wurde eine Höhe von 12 000 m erreicht. Darüber hinaus konnte die Maschine mit ihrem von Sauerstoff unabhängigen Raketentriebwerk in Höhen bis zu 16 000 m vorstoßen – in Höhen, in die kein Propellerflugzeug vordringen kann und die auch dem damaligem besten Jet, der Me 262, versperrt blieben.

Die Entwicklung der Me 163

Die Entwicklung der Me 163 basierte auf grundsätzlichen aerodynamischen Arbeiten von Dr. Alexander Lippisch mit den beim DFS (Deutsches Forschungsinstitut für Segelflug) entwickelten schwanzlosen Segelflugzeugen DFS 39 und DFS 194. Lippischs Segelflugzeuge waren Nurflügler mit gepfeilten Tragflächen, die ursprünglich als Testvehikel zur Prüfung des Raketenantriebs und der dadurch verursachten Änderung der Flugeigenschaften eines schwanzlosen Flugzeugtyps dienten.

Da bei Heinkel mit der experimentellen He 176 das erste Flugzeug mit Raketentriebwerk bereits geflogen war, lag es für Lippisch nahe, auch sein Muster DFS 194 mit einem Walter-Raketentriebwerk auszustatten. Ab Anfang 1939 führte Lippisch seine Studien im Rahmen der Messerschmitt AG, Augsburg, fort und es entstand die Me 163 A. Nach erfolgreichen Gleitflugtests durch Heini Dittmar, wurde die Flugerprobung im Sommer 1941 mit Raketentriebwerk in Peenemünde fortgesetzt. Anfang 1944 begann die Auslieferung der ersten Serien-Produktionsmodelle. Wegen Lieferverzögerungen beim Triebwerk, Erprobung des Musters und Schulung der Luftwaffenpiloten und Bodenmannschaften standen seriengefertigte Me 163 B-1a erst ab Mai 1944 zum Einsatz als Tagjäger gegen die B-17-Bomber der 8. US-Luftflotte bereit. Die Angaben über von ihnen erlangte Abschüsse von Bombern schwanken in der Literatur beträchtlich, da in der Spätphase des Krieges Luftsiege kaum noch dokumentiert wurden. Es dürften zwischen 20–60 Bomber gewesen sein.

Die Steigrate der Me 163 Komet betrug 4000 m/min, allerdings nur für die Dauer von 180 Sekunden.

Jagdfaust
Die alternative Waffe für die Me 163 war die „Jagdfaust". Hierbei handelte es sich um fünf senkrecht in jeder Tragfläche an den Flügelwurzeln montierten Röhren, die jeweils eine Bordrakete R4M Kaliber 50 mm enthielten. Das in einer Salve feuernde System wurde ausgelöst, sobald ein darüber fliegendes Ziel eine Lichtzelle beschattete. Der Pilot der Me 163 flog also unterhalb des Bombers und feuerte seine Bewaffnung automatisch nach oben ab. Dieses System erreichte die Serienfertigung nicht – aber zumindest ein Abschuss eines B-17-Bombers mit dieser merkwürdigen Waffe ist bestätigt.

Sieben Minuten Höchstleistung

Der eindeutige Vorteil der Komet war ihre für die damalige Zeit unvorstellbare Steig- und Endgeschwindigkeit. Die Anfangssteigrate der Me 163 B-1 betrug 80 m/s! Mit laufendem Triebwerk war der Jäger praktisch unangreifbar. Diese extrem hohe Geschwindigkeit war jedoch problematisch beim Angriff auf die Bomber. Um ein Rammen des Gegners zu vermeiden, musste die Me 163 schon auf 200 m Entfernung vom Ziel weggezogen werden. Wegen der verhältnismäßig geringen Reichweite der MK 108 (Schussfolge etwa 600 Schuss/min) konnte aber frühestens aus 650 m Distanz geschossen werden. So blieben dem Piloten zum gezielten Feuern nur rund 450 m. Eine Strecke, die die Me 163 in nur zwei bis drei Sekunden zurücklegte. Erschwerend kam hinzu, dass die große Geschwindigkeitsdifferenz zwischen Jäger und Gejagtem Zielen und Treffen fast unmöglich machten. Es kann deshalb nicht verwundern, dass viele Piloten beim Angriff auf die US-Bomber scheiterten.

Flughafen Brandis

Bedingt durch die extrem kurze Einsatzreichweite des Raketenjägers mussten die Standorte der Jäger direkt in den Einflugraum der Bomberströme beziehungsweise in unmittelbarer Nähe der zu schützenden Objekte platziert werden. Als erster Kampfverband wurde die I. Gruppe Jagdgeschwader 400 ab Mai 1944 mit Me 163 B-1a ausgerüstet und zum Schutz der Leuna-Werke zum Flugplatz Brandis bei Leipzig verlegt. Nachdem im niederländischen Venlo im JG 400 eine zweite Staffel mit Me 163 aufgebaut worden war, dort aber keine Feindbomber einflogen, verlegte man auch diesen Verband nach Brandis. Dadurch standen in Brandis rund 40 Komet mit ebenso vielen Piloten zur Verfügung. Dieser kampfstarke Verband übernahm nun auch den Objektschutz der Buna-Werke bei Halle, womit alle Me 163 zum Schutz der kriegswichtigen Herstellung von synthetischen Treibstoffen konzentriert waren.

Die Jagd

Nach dem Start stiegen die Me 163 auf 10 000 m Abfanghöhe und hatten dann noch maximal vier Minuten zum Angriff. Nachdem später Walter ein Triebwerk mit zusätzlicher Marschflug-Brennkammer entwickelt hatte, konnte die Kampfzeit auf neun Minuten gesteigert werden. Die hohe Aggressivität und Unberechenbarkeit der Treibstoffe bei Erschütterungen machten die Einsätze sehr gefährlich. Das Fahrwerk war nur ein Rollwerk, das nach dem Start abgeworfen wurde. Zum Landen diente der Komet eine ausfahrbare gefederte Kufe vor dem Schwerpunkt.

Die Unfallzahlen der Me 163 waren fast so hoch wie ihre Leistungsdaten. Viele Maschinen

Der kleine Propeller an der Nase der Komet diente nicht etwa als Notantrieb, sondern der Stromversorgung.

gingen bei der Landung zu Bruch und der ätzende Brennstoff – einer der Tanks befand sich direkt hinter dem Piloten – führte zu zahlreichen tödlichen Verletzungen; der Schutzanzug der Piloten konnte das nur unzureichend verhindern. Deshalb war es zwingend erforderlich, dass der Pilot vor der Landung sämtlichen Treibstoff aus den Tanks verbrauchte und der eigentliche Landeanflug antriebslos im Gleitflug erfolgte. Das machte die Me 163 in diesem Moment äußerst verwundbar für die Angriffe alliierter Begleitjäger.

Problematisch wurde es auch, wenn der Pilot beim Start das Rollwerk zu früh abwarf. Es konnte zurückspringen und das Flugzeug beschädigen oder gar zum Absturz bringen.

Das Betanken der Komet erforderte speziell ausgebildetes Personal und musste unter strengsten Sicherheitsvorkehrungen erfolgen. Sollten nämlich versehentlich C- und T-Stoff vermischt werden – auch in geringsten Mengen –, war eine unkontrollierte Explosion unvermeidlich; Pilot und Bodenmannschaft hatten keine Überlebenschance.

Aufgrund der beträchtlichen technischen Schwierigkeiten und da der erwartete militärische Erfolg nicht eintrat, wurde die Me 163 noch zu Kriegszeiten außer Dienst gestellt.

Die Gefährlichkeit der verwendeten Brennstoffe machte den Start mit der Komet zu einem extrem hohen Risiko.

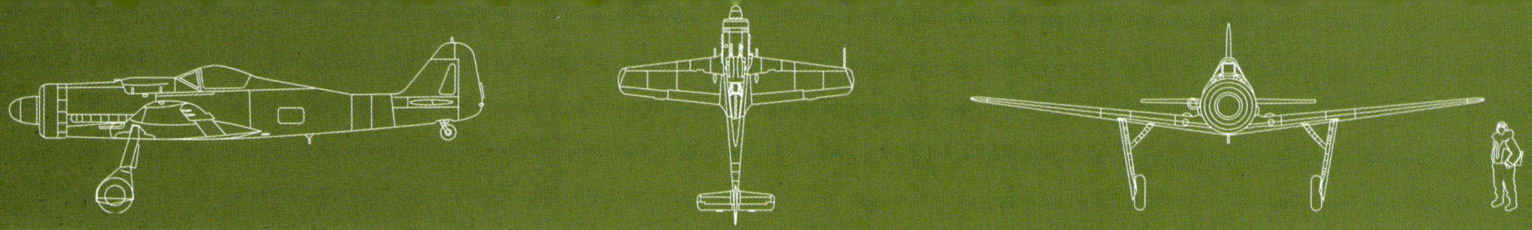

Focke-Wulf Fw 190 war nicht so populär wie manch ein anderes Modell, aber für geraume Zeit das beste Jagdflugzeug an der Westfront.

Focke-Wulf Fw 190

Die Fw 190 „Würger“ steht für den Gipfel des deutschen Jagdflugzeugbaus im Zweiten Weltkrieg und hat einen Platz unter den ganz Großen dieser Gattung. Ihr Auftauchen über dem Ärmelkanal Anfang 1941 verwies den damals besten Jäger der Engländer – die Spitfire Mk V – mit Abstand auf den zweiten Platz.

FOCKE-WULF FW 190A-8
Jagdeinsitzer/Jagdbomber
Spannweite: 10,50 m
Länge: 9,10 m
Höhe: 3,95 m
Leergewicht: 3170 kg
Startgewicht: 4900 kg
Triebwerk: ein 14-Zylinder-Doppelsternmotor BMW 801D2 mit 1272 kW (1730 PS)
Höchstgeschwindigkeit: 635 km/h (kurzzeitig mit der GM-1 Anlage zur Einspritzung des Sauerstoffträgers Stickoxydul)
Dienstgipfelhöhe: 11 410 m
Reichweite: 900 km
Bewaffnung: 2 x MG Rheinmetall-Borsig Kaliber 13 mm und 4 x MK Mauser 151/20 Kaliber 20 mm oder je 2 x MK Kaliber 20 mm und 30 mm

Kurt Tank (im Overall), der Chefkonstrukteur der Fw 190, war nicht nur Techniker, sondern auch Pilot.

Unternehmen „Donnerkeil“
Drei der größten deutschen Kriegsschiffe – der schwere Kreuzer „Prinz Eugen“ sowie die Schlachtschiffe „Scharnhorst“ und „Gneisenau“ – lagen nach Einsätzen im Atlantik im französischen Kriegshafen Brest. Insgesamt 299 britische Bomberangriffe hatten sie unbehelligt gelassen. Nach der Versenkung des Schlachtschiffes „Bismarck“ standen die Erfolgsaussichten für weitere deutsche Vorstöße in die Weltmeere schlecht und ließen es angeraten scheinen, die drei Dickschiffe durch den Ärmelkanal in deutsche Häfen zurück zu nehmen. Am 11. Februar 1942 stach ein Konvoi aus zahlreichen Schiffen in See – die Operation der Luftwaffe zum Schutz dieses Kanaldurchbruchs trug den bezeichnenden Namen „Donnerkeil“. Über 200 britische Jäger, Bomber und Torpedobomber versuchten erfolglos das Unternehmen zu verhindern. Praktisch unter der Nase der Engländer konnte der deutsche Konvoi am 12. Februar den Kanal bei Tageslicht passieren und am 13. Februar fast unbeschädigt in Kiel (Gneisenau, Prinz Eugen) beziehungsweise Wilhelmshaven (Scharnhorst) einlaufen. Die taktische Führung der eingesetzten deutschen Jäger und Nachtjäger lag in den Händen von Oberstleutnant Adolf Galland, Kommodore des JG 26.

Kurt Tank und sein Team

Professor Henrich Focke schied 1932 aus der Focke-Wulf-Flugzeugbau aus und Dipl.-Ing. Kurt Tank übernahm die Leitung des Entwurfbüros und der Flugerprobung und wurde 1933 Technischer Leiter des Unternehmens. Einige der bekannteren Flugzeuge, die unter seine Ägide entstanden, waren die Fw 56 „Stößer“, Fw 200 „Condor“ und Fw 44 „Stieglitz“. Kurt Tank war nicht nur ein Mann der Theorie, sondern der geborene Flieger. Er trug den Titel Flugkapitän und testete persönlich zahlreiche Modelle.

Nachfolgerin der Bf 109

Die Fw 190 sollte die Nachfolge der Messerschmitt Bf 109 antreten. Einen entsprechenden Entwicklungsauftrag hatte Ernst Udet als Leiter des Technischen Amtes im Luftfahrtministerium bereits 1938 erteilt. Am 1. Juni 1939 absolvierte der erste Prototyp V 1 seinen Erstflug. Der zweite Prototyp V 2 startete im Oktober zum Jungfernflug und brachte die Fw 190 mit dem luftgekühlten 14-Zylinder-Sternmotor BMW 139 auf

Die „Schwarze Zwölf“ von Hauptmann Bruno Stolle, 8./ Jagdgeschwader 2, wird in Brest einsatzbereit gemacht.

Das Cockpit der Fw 190 – ausgesprochen übersichtlich und „aufgeräumt".

In Personam Adolf Galland

Gallands Karriere in der Luftwaffe ist exemplarisch – als junger Mann hatte er sich für die Segelfliegerei begeistert, später einen der begehrten und raren Ausbildungsplätze zum Verkehrsflieger ergattert. Dann wurde er im Geheimen – in Italien – zum Jagdpiloten ausgebildet, als der er später 104 Luftsiege zuerkannt bekam.

Im Jahr 1935 – als die deutsche Luftwaffe das Versteckspiel aufgab und sich der Welt als das präsentierte, was sie war – trat Galland seinen Dienst im Traditions-Jagdgeschwader 2 „Richthofen" an. Sein Aufstieg vollzog sich in einem Tempo, das nur durch die Kriegs- beziehungsweise Vorkriegszeit erklärbar ist – bereits mit dreißig Jahre wurde er zum jüngsten General der Flieger befördert.

Eine der unzähligen Geschichten, die sich um Galland ranken, war die über seine Leidenschaft für das Zigarrenrauchen – er flog die wohl einzige Bf 109, in die ein Aschenbecher eingebaut war.

Adolf Galland überlebte den Krieg und starb 1996 im Alter von 83 Jahren in seinem Haus in Oberwinter bei Remagen.

eine Höchstgeschwindigkeit von über 600 km/h. Leider erwies sich die Triebwerkanlage als nicht zuverlässig und bewirkte unter anderem, dass es im Führersitz unerträglich heiß wurde. Auch nachdem der BWM 139 gegen den leistungsgesteigerten BMW 801 mit verbesserten Kühlverhältnissen ausgetauscht worden war, waren zu

Bei Einsätzen als Jagdbomber trug die Fw 190 eine 250-kg-Bombe.

hohe Temperaturen im Führerraum noch bis Mitte 1942 eine ernstliche Beanstandung – die auch durch Verschiebung des Führersitzes nach hinten, Verkleinerung der Motor-Stirnfläche, ein stärkeres Kühlgebläse und ein wirksameres Lüfterrad nur ungenügend behoben werden konnten.

Ab Winter 1940 wurden die Vorserienmaschinen Fw 190 A-0 in der zentralen Flugerprobungsstelle der Luftwaffe in Rechlin geprüft. Da die Bf 109 als Standardjäger beibehalten werden sollte, lag zuerst keine besondere Dringlichkeit in der Entwicklung der Fw 190 zur Serienreife. Und das war gut so, denn bei ausgezeichneten Flugeigenschaften – Geschwindigkeit, Rollverhältnis, Wendigkeit und Handhabung stießen bei den Piloten auf einhellige Begeisterung – ließen die BMW-Motoren kaum eine Möglichkeit zu Beanstandungen aus. In enger Zusammenarbeit mit Angehörigen des Jagdgeschwaders 26 „Schlageter" unter Leitung von Oberleutnant Otto Behrens und Fliegerstabsingenieur Battmer und Kurt Tank beziehungsweise dessen Mitarbeiter Ingenieur Kaether wurden die Kinderkrankheiten weitgehend kuriert.

II. Gruppe Jagdgeschwader 26 „Schlageter"

Das Jagdgeschwader 26 wurde im Sommer 1941 als erste Einheit mit der Fw 190 ausgerüstet. Aufgabe des JG 26 war damals die Luftsicherung über dem Ärmelkanal. Schnell zeigte sich, dass die Focke-Wulf der Bf 109 in fast allem überlegen war. Lediglich bei der Geschwindigkeit in großen Höhen (über etwa 5000–6000 m) und in der Steigleistung war die Bf 109 etwas besser. Neben den besseren Flugleistungen und dem besseren Flugverhalten hatte die Fw 190 das bessere – weil breitspurigere – Fahrwerk und war wesentlich beschussfester – ein Vorteil des luftgekühlten Sternmotors. Wie nur selten vereinte die Fw 190 ausgezeichnete Wendigkeit im Kurvenkampf mit der Eigenschaft einer ebenso kampfstarken Waffenplattform.

Einer der ersten größeren Kampfeinsätze der Fw 190 war die Luftsicherung beim Durchbruch mehrerer deutscher Großkampfschiffe durch den Ärmelkanal nach Kiel beziehungsweise Wilhelmshaven – Unternehmen „Donnerkeil".

GM-1 Einspritzung

Jeder Kolbenmotor, der seine Luft aus der Umgebung ansaugt, hat einen optimalen Bereich, was den Umgebungsdruck anbelangt, den sogenannten Volldruckbereich. Mit zunehmender Flughöhe sinkt der Umgebungsdruck (der Luftdruck) und wenn ein Flugzeug noch höher steigt, sinkt die Motorleistung immer weiter ab. Den Ladedruck der angesaugten Luft zu erhöhen ist eine Methode, die Höhenleistung zu verbessern, die Einspritzung von Sauerstoff eine andere. Bei der GM-1-Einspritzung wurde N_2O (Stickoxydul oder Lachgas) benutzt. Das Gas setzt im Brennraum des Motors zusätzlichen Sauerstoff frei und ermöglicht kurzfristig mehr Leistung, darüber hinaus ist kalte Luft in der Lage, mehr Sauerstoff zu binden, und die Verflüssigung des N_2O kühlte die Ladeluft des BMW-801-Motors.

Operativer Dienst

Das Ungewöhnliche an der Fw 190 bei ihrem ersten Auftreten an der Front im Jahr 1941 ist sicher der beschussfeste luftgekühlte BMW-Sternmotor in Kombination mit hervorragendem Handling, hoher Geschwindigkeit und starker Bewaffnung mit Kanonen und Maschinengewehren. Der wohl ausschlaggebende Punkt im Verlauf der Entwicklung ist aber ihre Eignung als effizienter Waffen- und Kampfmittelträger, d. h. sie konnte im Gegensatz zur Bf 109 nicht nur als Jäger, sondern für viele taktischen Aufgaben verwendet werden. Demge-

Eine Variante der Bewaffnung: Die Focke-Wulf, mit acht 50-kg-Bomben SC50.

genüber negativ zu Buche stehen ihre schwächeren Leistungen in großen Höhen bei den ersten Baureihen. Mit der Baureihe Fw 190D mit flüssigkeitsgekühltem Reihenmotor wurde jedoch auch dieses Manko beseitigt.

Das Auftauchen der Fw 190 am Ärmelkanal war für die RAF eine böse Überraschung, weil sie der damaligen Spitfire Mk V deutlich überlegen war. Da der Sternmotor so ungewohnt für einen deutschen Jäger war, vermuteten die Briten zuerst, es handele sich um erbeutete amerikanische Curtiss. Dann hatte man auf britischer Seite das Glück, dass ein deutscher Flieger sich verirrte – nach anderen Quellen soll er desertiert sein – und auf einem südenglischen Flugplatz landete. Nun konnte seine Fw 190 von der RAF auf Herz und Nieren getestet und mit der Spitfire verglichen werden.

Die Erkenntnisse daraus flossen in die britische Spezifikation F.2/43 ein, nach der die Spitfire Mk IX gebaut wurden. Die Spitfire, erkennbar an der etwas längeren Nase, war mit ihrem neuen Merlin-Motor der Fw 190 gleichwertig und der Bf 109 überlegen. Das verdeutlicht die Rüstungsspirale – ein neues, überlegenes Jagdflugzeug führte zu einem verbesserten Modell auf der gegnerischen Seite usw. usf.

Man kann sagen, dass der Ausbildungsstand der entscheidende Faktor in dieser Spirale war – auch wenn nationale Eitelkeiten eine Rolle spielen, waren die besten Jagdflugzeuge auf allen Seiten immer nur so gut wie ihre Piloten – das ultimative Flugzeug hat es nicht gegeben.

Fw 190 Langnasen-D-Serie

Die ungewöhnlichste Fw 190 (1944–1945) ist die Serie D, auch Langnase genannt, mit fast vollständig geänderter Rumpf-Silhouette. Anstatt des luftgekühlten BMW-Sternmotors hatte sie einen flüssigkeitsgekühlten 12-Zylinder-Reihenmotor Junkers Jumo 213. Mit dem neuen Motor war die Fw 190D dann auch in großen Höhen leistungsfähig. Viele deutsche und alliierte Piloten halten dieses Modell für den besten deutschen Jäger überhaupt. Die späteren Versionen F und G hatten dann wieder einen BMW–Sternmotor.

Die Rüstsätze

Je nach ihrer Verwendung konnte die Fw 190 – wie alle deutschen Jagdflugzeuge – mit Rüstsätzen angepasst werden. Diese genormten Ausrüstungseinheiten trugen ein „R“ (Rüstsatz) in der Bezeichnung und bestanden unter anderem aus Abwurftanks, Bomben, Torpedos, Raketen, Raketenwerfern, Unterflügel-Zusatz-

Maschinen der 7. Jagdgeschwader 2 „Richthofen“. Das nach innen in die Flügelunterseiten einziehbare Fahrwerk brachte eine breite Spur und gute Rolleigenschaften.

kanonen oder Radargeräten. Der Jabo Fw 190 hatte zum Beispiel den Rüstsatz R 1 mit zwei Unterflügelbombenschlössern für 50-kg-Bomben oder aber unter oder im Flügel Rüstsätze R 2 beziehungsweise R 3 mit zwei MK 108 oder zwei MK 103 zur Erdzielbekämpfung. Im Zuge des Einsatzes als Abfangjäger gegen die amerikanischen viermotorigen Bomber wurde die Fw 190 sehr erfolgreich mit dem Rüstsatz R 6 mit zwei Wurfgranaten WGr 42 (Kaliber 21 cm) in Rohren unter den Flügeln oder dem Rüstsatz R 4M mit 21-mm-Raketen unter den Flügeln ausgestattet.

Eine spezielle Ausführung der Fw 190 erhielt eine verstärkte Panzerung und nahm an den Rammattacken gegen amerikanische Bomber teil. Vor allem im Russlandfeldzug wurde die Focke-Wulf zur Unterstützung des Heeres vermehrt als Jagdbomber eingesetzt, aber auch bei der Ardennen-Offensive war es hauptsächlich die Jabo-Rolle, die den Fw 190 zufiel. Die Rüstsätze verringerten teilweise durch ihr Zusatzgewicht die Leistungsfähigkeit der Jäger, sodass diese wiederum relativ hilflos den Angriffen der alliierten Jäger ausgesetzt waren.

Die Fw 190 auf Nachtjagd

Mit Stanniolstreifen – Windows oder Chaff auf englischer Seite genannt und Düppel auf deutscher – störten die einfliegenden alliierten Bomber ab 1943 die Radarortung. Kurzzeitig wurde daher die radargeführte Nachtjagd mit zweisitzigen Jagdflugzeugen gestört. Deshalb wurden einmotorige Tagjäger nachts über den vom Bombenabwurf bedrohten Städte in Stellung gebracht. Von den Flakscheinwerfern angeleuchtete Bomber bzw. in Vollmondnächten als Silhouette erkennbare Bomber konnten dann visuell erfasst und von den einmotorigen Jägern auf Sicht bekämpft werden – der Pilot flog ohne Schutz mitten in die Bomberströme hinein. Diese ungeordnete Art zu kämpfen trug den bezeichnenden Namen „Wilde Sau“.

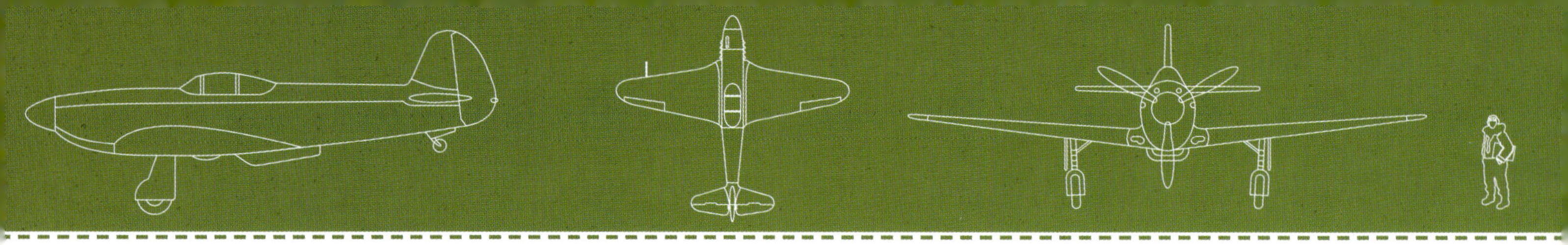

Jakowlew Jak-3

Die Jak-3 wurde als Luftüberlegenheitsjäger, Begleitjäger für die schweren Schlachtflugzeuge und als Erdkampfflugzeug zu einer echten Bedrohung für ihre Gegner. Dank ausgezeichneter Manövrierbarkeit und hoher Endgeschwindigkeit konnte sie sich mit den deutschen Bf 109 und Fw 190 durchaus auf gleichem Niveau messen.

JAKOWLEW JAK-3
Jagdeinsitzer
Spannweite: 9,20 m
Länge: 8,50 m
Höhe: 2,39 m
Leergewicht: 2550 kg
Startgewicht: 3130 kg
Triebwerk: ein flüssigkeitsgekühlter Zwölfzylinder-V-Motor Klimow VK-105PF-Z mit 912 kW Startleistung (1240 PS)
Höchstgeschwindigkeit: 720 km/h
Dienstgipfelhöhe: 11 800 m
Reichweite: 710 km
Bewaffnung: eine durch die Propellernabe feuernde 20-mm-MK ShVAK oder eine 23-mm-MK MP-23WW, zwei Flügel-MG Kaliber 12,7 mm

Aerodynamik und Gewicht – die Konstruktion

Die Produktion in der sowjetischen Luftfahrtindustrie war unter Kriegsbedingungen naturgemäß schwierig – nicht nur dass die Produktionsstätten vor den näher rückenden deutschen Truppen ab Sommer 1941 immer weiter in das Hinterland zurückverlegt werden mussten – in den Jahren nach 1941 galt es zunehmend, die verlorenen Maschinen schnellstmöglich zu ersetzen.

Die Jakowlew Jak-3 wurde aus diesen Gründen nicht von Grund auf neu konzipiert, sondern aus der Vorgängerin Jak-1 weiterentwickelt.

Chefkonstrukteur Alexander Sergejewitsch Jakowlew und sein Team vom OKB-115 – eines der Konstruktionsbüros unter staatlicher Kontrolle – standen unter dem Druck, in kürzester Zeit ein einsatzfähiges Modell für die Rolle eines Luftüberlegenheitsjägers für Höhen unter 5000 Metern zu entwerfen.

Sie griffen auf die bewährte Zelle der Jak-1 zurück und überarbeiteten sie: Der Flügel wurde übernommen, aber mit kürzerer Spannweite, 14,50 m² Flügelfläche und

Die Ansaugöffnungen in den Flügelwurzeln unterschied die Jak-3 von anderen Jakowlew-Jägern.

geringerer Tiefe deutlich verkleinert. Der hölzerne Holm wurde zur Gewichtsersparnis gegen einen aus Duraluminium ausgetauscht – wie bei dem Modell Jak-9, das erstaunlicherweise vor der Jak-3 einsatzreif war. Die Ölkühler wurden in die Flügelwurzeln beziehungsweise in das Flügelinnere verlagert, das Kabinendach verkleinert und ohne Streben in der Frontscheibe aerodynamisch günstig geformt.

Das Endprodukt war eines der leichtesten Jagdflugzeuge des Zweiten Weltkrieges mit einem Leergewicht von wenig über zweieinhalb Tonnen.

Die Erprobung

Im Frühjahr 1943 zeigte sich, dass die Jak-3 ein ausgesprochen gelungener Entwurf war. Ihre Manövrierfähigkeit wird häufig mit Superlativen belegt. Ein Beispiel: Eine volle 360-Grad-Kehre konnte die Jak-3 in unter 20 Sekunden ausführen und dabei sogar noch an Höhe gewinnen! Mit anderen Worten, im Rücken des verfolgenden Gegners wieder auftauchen und das in überhöhter Angriffsposition. Die technische Reife und Kampfkraft der Jakowlew lässt sich an Folgendem ermessen: Die deutschen Luftwaffeneinheiten an der Ostfront erhielten die Anweisung, „unter 5000 m Luftkämpfe mit den Jakowlew-Jägern zu vermeiden, denen der Ölkühler unter dem Bug fehlt." Der fehlende Ölkühler war für die deutschen Jäger das Unterscheidungsmerkmal zu den schwerfälligeren Jägern Jak-1, -7 und -9.

Das Ansprechen der Steuerorgane war ausgezeichnet, allerdings sagte man der Jak-3 eine Tendenz nach, im Landeanflug abrupt einen Flügel hängen zu lassen – es sei denn, man behielt ein relativ hohes Tempo bei. Ein weiteres Manko war eine hohe Mindestgeschwindigkeit, um den Strömungsabriss zu verhindern, der verkleinerte Flügel produzierte im Langsamflug nicht genug Auftrieb.

Der zweite Motor

Der zweite Motor, der in die fortlaufend verbesserte Jakowlew eingebaut wurde, kam im Spätherbst 1943 zum Einsatz, der Klimow VK-107 leistete 1620 PS und beschleunigte den Jäger in Tests bis auf 720 km/h. In der Serienfertigung wurde er ab dem Modell Jak-3U verwendet. In dieser 3U wurde auch der Flügel von einer Holz-/Metallkonstruktion in einen Ganzmetallflügel geändert.

Produktion

4848 Jakowlew dieses Typs wurden an die sowjetischen Truppen ausgeliefert und bis Anfang des Jahres 1946 seriengefertigt. Mit dem Ende des Zweiten Weltkriegs war die Dienstzeit der Jak-3 nicht zu Ende. Seit 1991 baut die Firma Jakowlew nach Originalplänen fabrikneue Exemplare für finanzkräftige Liebhaber von Weltkrieg-2-Jagdflugzeugen.

Die aerodynamisch gute Form und das geringe Gewicht trugen zu den ausgezeichneten Flugleistungen der Jak-3 bei.

Warten auf den Startbefehl. Auf deutscher Seite galt die Jakowlew als ausgesprochen kampfstark.

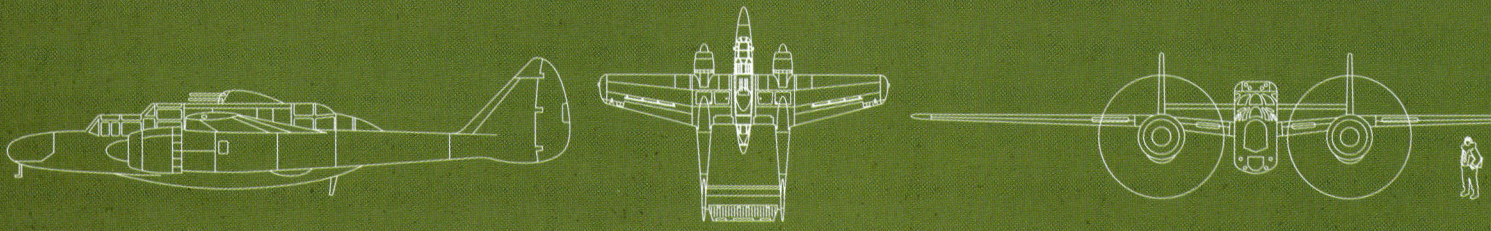

Die P-61 Black Widow, ein schwerer Nachtjäger mit Doppeltleitwerksträgern, war manövrierfähiger, als ihre Ausmaße es vermuten lassen.

Northrop P-61 Black Widow

Die P-61 war einer der effizientesten schweren Nachtjäger des Zweiten Weltkrieges. Die Black Widow – der erste speziell für die Nachtjagd entwickelte Typ – war von einem Bordradar SCR-520 geführt, hatte eine Einsatzreichweite von mehreren tausend Kilometern und ein Arsenal von Bordwaffen, das seinesgleichen sucht. Gegen Ende des Kriegs in Dienst gestellt, war die Zeit ihr größter Feind, die taktischen Anforderungen hatten sich gewandelt und das aufkommende Zeitalter der Jets machte sie schließlich überflüssig.

NORTHROP P-61B BLACK WIDOW

Nachtjäger
Spannweite: 20,12 m
Länge: 15,11 m
Höhe: 4,46 m
Leergewicht: 12 247 kg
Startgewicht: 17 237 kg
Triebwerk: 2 x 18-Zylinder-Doppelsternmotoren Pratt & Whitney R-2800-65 Double Wasp mit je 1492 kW (2028 PS)
Höchstgeschwindigkeit: 585 km/h
Dienstgipfelhöhe: 10 640 m
Reichweite: 4820 km
Bewaffnung: vier starr vorwärts feuernde, seitlich in der Rumpfwanne montierte Hispano-20-mm-Maschinenkanonen mit je 200 Schuss, vier Browning-MG M2 Kaliber 12,7 mm mit je 560 Schuss im ferngesteuerten, drehbaren Rückenturm, Unterflügelstationen für vier 726-kg-Bomben

Ein Amerikaner für Europa

Im Kriegsjahr 1940 brauchte die Royal Air Force viel dringender einen Nachtjäger als das USAAC – der Terror der nächtlichen Bombenangriffe blieb den USA erspart. Dessen ungeachtet wurden die Verantwortlichen im US Army Air Corps auf die taktischen Nöte ihrer Alliierten aufmerksam und kurz nach dem Wunsch der Briten – dass man an der Grenze der Kapazitäten angelangt Hilfe vom Großen Bruder erwartete – erging im Oktober 1940 eine Ausschreibung in den USA.

Die Firma Northrop erhielt den Zuschlag und einen Auftrag über zwei Erprobungsmuster XP-61, dann eine Bestellung über 13 Vorserienmodelle YP 61. Auch wenn der Jungfernflug der Prototypen erst Mitte 1942 stattfand, war die Serienfertigung von 150 Maschinen schon bestellt und die erste Auslieferung datiert auf Oktober 1943. Die Anfänge der Produktion brachten so viele Probleme mit sich, dass im ersten Jahr nur 34 Flugzeuge fertig gestellt wurden. Der Geschützturm auf der Rumpfmitte verursachte Schwingungen an den Doppelleitwerkträgern, Lieferschwierigkeiten und der Umbau der Kanonen von den Flügeln in den Rumpf taten ein Übriges.

Flugerprobung

Die Northrop war zwar ein Schwergewicht – mit weit über zwölf Tonnen Leermasse hatte sie die Abmessungen eines mittleren Bombers –, aber ihre Flugeigenschaften waren tadellos. Alle Flugmanöver, die man von einem Jagdflugzeug erwartet, konnte sie problemlos ausführen. Darüber hinaus waren die Auftriebshilfen am Flügel innovativ: Durch den Einbau von Spoilern und speziellen Zap-Klappen über fast die ganze Flügellänge – einer Kreuzung aus Spreiz- und Spaltklappen – zeigte die P-61 ausgezeichnete Eigenschaften im Langsamflug. Der Geschwindigkeitsbereich, in dem sie voll manövrierbar blieb, lag zwischen 590 km/h und 145 km/h – sie konnte mit hoher Geschwindigkeit zum Gegner aufschließen und dann stark abbremsen, um in eine überlegene Position zu kommen.

Obwohl die Black Widow ein sehr gelungener Entwurf war, machte der Wechsel in den taktischen Anforderungen sie trotzdem überflüssig.

Einsatzgebiet

Als die P-61 im Mai 1944 in Europa den operativen Dienst antrat, hatte sich die taktische Situation bereits grundlegend geändert. Die deutsche Invasion Englands war gescheitert – und damit die Bedeutung und Bindung der RAF in der Heimatverteidigung – und das nationalsozialistische Deutschland wurde nun selber zum Ziel nächtlicher Bomberflüge. Zum Zeitpunkt der Landung in der Normandie – dem D-Day (6. Juni 1944) – waren nur hundert P-61 in Europa stationiert, und diese wenigen erfüllten eher die Aufgabe eines Intruders, im Schutz der Dunkelheit tief in Feindesland einzudringen und strategische Ziele anzugreifen. Mit vier Maschinenkanonen Kaliber 20 mm und vier MG Kaliber 12,7 mm war die Black Widow mehr als in der Lage, sich selbst zu verteidigen, und trug zusätzlich vier 726-kg-Bomben.

Ein Jagdflugzeug in den Dimensionen eines mittleren Bombers, das maximale Stargewicht betrug mehr als 17 Tonnen.

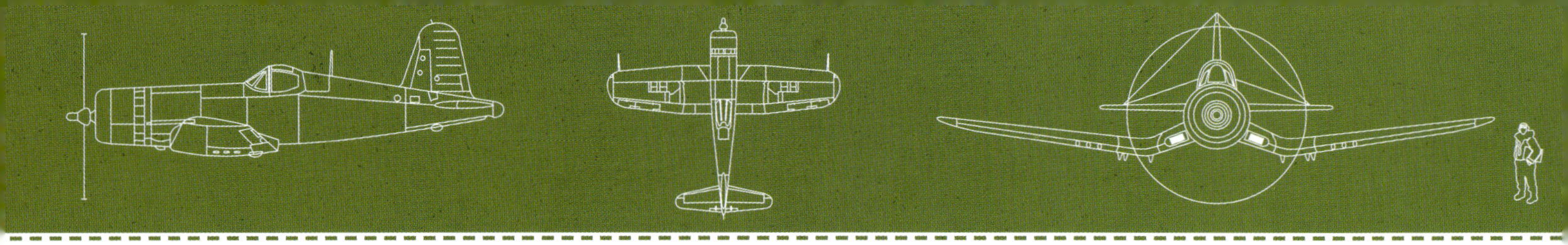

Chance Vought F4U Corsair

Die Corsair war das erste einmotorige Jagdflugzeug mit einer Motorleistung von über 2000 PS und das erste, das in den USA die Marke von 650 km/h überschritt. Dieser träger- und landgestützte Jagdeinsitzer stand von 1943 bis in den Koreakrieg im Dienst der US-Streitkräfte – die letzten F4U wurden 1952 ausgeliefert und im Dezember 1954 aus dem aktiven Einsatz genommen. Bei nachrangigen Luftstreitkräften standen Corsair bis Ende der 1960er-Jahre Corsair im Dienst.

CHANCE VOUGHT F4U-1 CORSAIR
Jagdeinsitzer/Jagdbomber
Spannweite: 12,49 m
Länge: 10,17 m
Höhe: 4,58 m
Leergewicht: 4068 kg
Startgewicht: 5951 kg
Triebwerk: 1 x 18-Zylinder-Doppelsternmotor Pratt & Whitney R-2800-8(W) Double Wasp mit 2000 PS Startleistung
Höchstgeschwindigkeit: 667 km/h
Dienstgipfelhöhe: 11 300 m
Reichweite: 1624 km
Bewaffnung: sechs Flügel-MG Colt-Browning-MG 2 im Kaliber 12, mit je 390 Schuss Munition, max. Bombenlast 1800 kg (F4U-1D)

Der 18-Zylinder-Doppelsternmotor „Double Wasp" brachte der Corsair eine Startleistung von 2000 PS – erstmalig in den USA.

Der Knickflügel

Das Bureau of Aeronautics schrieb 1938 ein neues einsitziges Hochleistungs-Jagdflugzeug für die Trägerflotte der US Navy aus. Rex B. Beisel, Chefkonstrukteur der texanischen Chance Vought Corporation, verfolgte die Grundidee, über minimalen Luftwiderstand maximale Geschwindigkeit zu erreichen. Der

Die Jagdbomberversion der Vought F4U – hier eine Maschine der US-Marines – konnte acht ungelenkte Raketen mitführen.

stärkste lieferbare Motor sollte mit einem sehr schlanken Rumpf und dem größtmöglichen Propeller kombiniert werden. Damit der Hamilton Standard Dreiblatt-Propeller mit einem Durchmesser von mehr als drei Metern bei Start und Landung nicht den Boden oder das Trägerdeck berührte, griff man bei der Konstruktion der Tragflächen zu der Lösung des Knickflügels. Das Fahrwerk war direkt unterhalb des Knicks angebracht und ließ sich um 90 Grad nach hinten in die Flügel einfahren. Als Motor wählte man den neuen Doppelsternmotor R-2800-8 „Double Wasp" von Pratt & Whitney; wohl auch weil Chance Vought und Pratt & Whitney beide zur United Aircraft Corporation gehörten.

Startschwierigkeiten und Laufbahn

Die Einsatz- und Produktionsdauer der Corsair ist nur noch mit der Phantom F-4 zu vergleichen – der Anfang war allerdings nicht einfach.

Am 29. Mai 1940 startete der Prototyp XF4U-1 zum Jungfernflug, die ersten Modelle aus der Serienfertigung verließen am 25. Juni 1942 die Endmontage. Die US Navy lehnte das Modell zunächst ab – das Flugverhalten war und blieb tückisch. Das weit zurückgesetzte Cockpit erschwerte die Sicht bei der Landung erheblich und das Aufsetzen selber war ruppig. Der Knickflügel und das Kreiselmoment des voluminösen Motors brachten die Tendenz mit, dass die F4U nach dem Start vom Flugdeck in eine schwer zu kontrollierende Kurve ausbrach. Die Landeunfälle häuften sich und für unerfahrene Piloten war die Corsair ein Alptraum. Zur Verbesserung der Flugeigenschaften wurden schließlich die beiden Querruder vergrößert. Die Marine setzte diesen Typ dann auch erst ab Februar 1943 ein, dann allerdings eroberte die Corsair schnell die Luftüberlegenheit über dem Pazifik – ihr charakteristisches Geräusch brachte ihr auf japanischer Seite die Bezeichnung „Flüsternder Tod" ein.

Ein Sechstel der gesamten F4U-Produktion ging an die Royal Navy, die ihre Corsair ebenfalls von Flugzeugträgern im Pazifik einsetzte. In Europa wurde die F4U dagegen eher selten eingesetzt.

Die Corsair war so außergewöhnlich, dass F4U-5 sogar noch im Korea-Krieg vorzugsweise und erfolgreich im Erdkampf eingesetzt wurde. Sie führte Abwurflasten mit, die für die ersten US-Strahljäger undenkbar waren. Aber auch gegen Jets war sie erfolgreich. Am 8. November 1950 gelang dem Navy Pilot W. T. Amen mit einer Corsair der erste Abschuss einer MiG-15.

Für ein trägergestütztes Jagdflugzeug aufgrund der beengten Platzverhältnisse auf den Flugzeugträgern unverzichtbar: die beiklappbaren Flügel.

Die gedrungene Form täuscht über die wahren Abmessungen hinweg: Die F6F Hellcat war der zweitgrößte Jagdeinsitzer des Zweiten Weltkriegs.

GRUMMAN F6F-3 HELLCAT

Jagdeinsitzer/Jagdbomber
Spannweite: 13,05 m
Länge: 10,20 m
Höhe: 3,99 m
Leergewicht: 4100 kg
Startgewicht: 6000 kg
Triebwerk: ein luftgekühlter 18-Zylinder-Doppelsternmotor Pratt & Whitney R-2800-19 Double Wasp mit 1492 kW (2029 PS)
Höchstgeschwindigkeit: 612 km/h
Dienstgipfelhöhe: 11 720 m
Reichweite: 1745 km
Bewaffnung: 6 x MG Colt-Browning Kaliber 12,7 mm mit je 400 Schuss; spätere Modelle konnten zusätzlich bis zu 907 Kilogramm Bombenlast tragen oder sechs 127 mm Bordraketen mit hoher Anfangsgeschwindigkeit (HVAR = High Velocity Aircraft Rocket) oder eine Kombination aus zwei MG und zwei Hispano-MK Kaliber 20 mm

Grumman F6F Hellcat

Die F6F wurde als Waffe gegen die bis dahin übermächtigen Mitsubishi A6M Rei-Sen „Zero" geplant – und sie wurde dieser Aufgabe gerecht. Die Hellcat war hauptverantwortlich dafür, dass die USA die Luftherrschaft im Südpazifik erringen konnten. Mit einer Abschuss-Verlust-Rate von 19:1 war sie das erfolgreichste Jagdflugzeug der US Navy im Zweiten Weltkrieg – 5100 Luftsiege, die mit der Hellcat erzielt wurden, brachten ihr den Spitznamen „Ace Maker" ein – 305 Piloten erreichten mit ihr den Status des Fliegerasses.

Grumman Aircraft Engineering Corporation – Die gute alte Eisenhütte

Die Grumman F4F Wildcat war nach nur zwei Jahren Produktionsdauer veraltet und konnte sich gegen die Mitsubishi „Zero“ nur mühsam

… kam von … hrung im … gen – am … otypen. … rumman … ent) and … Vizeprä- … rwandt- … deutlich … zur Ver- … in oval … s Dreh- … ehalten, … on. Um … otz des … träger- … an den … rößten … gdflug- … 2 der

Jagdeinsitzer hinter der Republic P-47 Thunderbolt. Eine Verbesserung fand die ungeteilte Zustimmung der Piloten – das Einzieh-Fahrwerk war von Handkurbel-Betrieb auf Hydraulik umgestellt.

Das Gesamtkonzept der F6F war völlig anders als das ihrer direkten Opponenten. Sie war dreieinhalbmal schwerer als die A6M und nicht auf maximale Manövrierbarkeit ausgelegt, sondern als kampfstarke Waffenplattform mit einer guten Panzerung und Motorleistung. Die sechs 12,7-mm-MG der F6F – von den Amerikanern wegen des US-Kalibers 0.50 inch „Fifties“ genannt – waren für die fragilen Mitsubishi eine ernsthafte Bedrohung. Die Hellcat konnte soviele Treffer aushalten wie kaum ein anderes Jagdflugzeug – manche Piloten kehrten zum Flugzeugträger zurück „mit mehr Löchern als Flugzeug“, wie sie sich ausdrückten, und viele Piloten verdanken dieser Robustheit ihr Leben. Liebevoll nannte man die Firma Grumman deshalb auch „gute alte Eisenhütte“.

Entwicklung

Ursprünglich wollte Grumman mit der Hellcat schnell nur eine verbesserte F4F schaffen und hatte als Triebwerk den Wright R-2600 oder den Cyclone 14 vorgesehen, die beide bei Grumman bereits für den Torpedobomber TBF Avenger produziert wurden. Forderungen der Royal Navy und der US Navy nach besseren Flugleistungen und in der Schlacht bei Midway gewonnene Erkenntnisse zwangen Grumman

Auch die Grumman Hellcat konnte in einer Version acht ungelenkte Raketen mitführen.

… ihn- … be- … typ … m … ails … nn … Insel Akutan ein auf dem Rücken liegendes Flugzeug. Das herbeigerufene Bergungsteam fand eine fast flugtaugliche Mitsubishi „Zero“, die der Firma Grumman zur Untersuchung übergeben wurde, die Erkenntnisse daraus flossen in die Entwicklung der F6F ein.

Die Seeschlacht in der Philippinen-See oder: „The Great Marianas Turkey Shoot“
Am Morgen des 19. Juni 1944 suchten sich nahe der Inselgruppe der Marianen zwei Flottenverbände – die schnelle Einsatztruppe der 5. US-Flotte unter dem Kommando von Konteradmiral Mark Mitscher und die japanische mobile Flotte unter Admiral Jisaburo Ozawa. 15 amerikanische Flugzeugträger mit 900 Jagdflugzeugen gegen neun japanische Träger mit 450 Maschinen. In 200 Kilometer Entfernung stiegen 70 japanische Maschinen auf, die sehr früh vom amerikanischen Radar erfasst und von einer Übermacht radargeführter US-Jäger abgefangen wurden. Nur 24 japanische Flugzeuge entkamen. Die zweite und dritte japanische Angriffswelle war nicht erfolgreicher. Insgesamt verlor die japanische Marine 350 Flugzeuge. Die Amerikaner hatten am Ende eine Abschuss-Verlustrate von 10:1 – den Großteil davon mit der F6F – erzielt. Ihren Sieg bei den Marianen nannten die amerikanischen Piloten und Seeleute später scherzhaft „großes Truthahnschießen bei den Marianen“.

jedoch, den Wright-Motor durch stärkeren Pratt & Whitney R-2800 Double Wasp zu ersetzen. Der R-2800 (1492 kW/2029 PS) hatte sich zwar in der F4U Corsair bewährte, konnte aber unmöglich in die Hellcat passen. Die Folge war, dass die Zelle der Hellcat-Prototypen sehr viel voluminöser gestaltet werden musste. Der zweite Prototyp XF6F-3 war fast identisch mit dem Modell der ersten Serie, der F6F-3.

Kraftakt Produktion

Die Firma Grumman stampfte eine neue Fabrik – Plant No 3 – aus dem Boden. Noch bevor das Werk fertig war, rollte die erste Serienmaschine vom Band – wie die gesamte Entwicklung der Hellcat nach rekordverdächtig kurzer Zeit. Zwischen dem Auftrag für die Prototypen und deren Erstflug lag nur ein Jahr; drei Monate später lief die Serienfertigung an. Zunächst mit 14 Maschinen im ersten Monat, dann aber geriet die Maschinerie richtig in Fahrt und am Ende des Jahres 1943 waren bereits 2555 Hellcat ausgeliefert. Innerhalb von drei Jahren baute Grumman 12 275 Stück dieses Erfolgsmodells – ohne dass man der Maschine dieses Produktionstempo anhand von Schwächen anmerken konnte.

Die F6F im Einsatz

Die erste Staffel der Navy wurde am 16. Januar 1943 mit Hellcat ausgerüstet und im Oktober lief der geplante trägergestützte Einsatz im größeren Umfang an. Am 5. Oktober griffen vier amerikanische Flugzeugträger die japanisch besetzte Insel Wake an und die F6 F– stationiert auf dem Flugzeugträger Essex – konnte sich zum ersten Mal mit der Mitsubishi A6M messen. Die Hellcat war in 5000 Metern Höhe über 70 km/h schneller als die Zero, hatte eine vergleichbare Steigrate und konnte dank des höheren Gewichts und überlegener Motorisierung der Mitsubishi im Sturzflug jederzeit entkommen. In diesem Gefecht zerstörten die Hellcat 22 Flugzeuge bei 12 eigenen Verlusten – die Grumman F6F hatte die erste Feuerprobe gemeistert, der endgültige Beweis für ihre Kampfkraft folgte bei der Landung auf den Marianen.

Hochkonzentrierte Teamarbeit: Die Deckmannschaft eines Flugzeugträgers während der Startvorbereitungen ..

Ein Missverständniss zwischen Pilot und Decksmannschaft lässt die Maschine viel zu schnell aufsetzen und führt zu einem spektakulären Landeunfall. Das abgerissene vordere Teil der Hellcat wurde erst von der letzten der drei Barrieren gestoppt.

Luftkampftaktik – Thach-Weave (Weberbaum-Abwehrmanöver)

Auf John S. Thach geht eine Taktik des Luftkampfs zurück, die bis in heutige Zeiten angewendet wird. Grundlage war die im Ersten Weltkrieg eingeführte Rottentaktik.

Diese kleinste und wendigste Kampfeinheit besteht aus zwei Flugzeugen: dem Rottenführer und dem (geführten) Rottenflieger. Der Rottenflieger bleibt im Einsatz an seinem Verbandsführer „dran" und hält ihm den Rücken frei.

Marineflieger Lieutenant Commander John S. Thach erfand auf dieser Basis sein „Weave", um der F4F Wildcat gegen die japanische Zero überhaupt eine Überlebenschance zu verschaffen, während die F6F mit diesem Abwehrmanöver ihre Schlagkraft steigerte. Thach war einer der ersten Staffelführer der US-Marineflieger, der die Viererformation und die zusammenkämpfenden Rotten einführte. Bedeutsam war sein Entschluss, die Rotten in Linie auf eine Distanz von 300–400 Meter nebeneinander fliegen zu lassen, womit sich die beiden Rotten gegenseitig schützen konnten. Sobald eine Rotte einen Angriff auf die andere erkannte, kurvte sie unverzüglich steil in deren Richtung, während die zweite Rotte ihrerseits in Richtung der ersten kurvte, sodass die beiden Rotten untereinander „Scheren" flogen. Wenn sich also eine Zero hinter eine Rotte setzte und ihr beim Ausweichmanöver folgte, fand sie sich vor den Bordwaffen der anderen Rotte wieder. Aber auch wenn die Zero ihren Angriff abbrach, konnte die Rotte ihre Kurvenrichtung wechseln und vielleicht noch zum Schuss kommen. Thachs Taktik war ausgezeichnet geeignet, Angriffen zu begegnen – und dies ohne Funkwarnung. Thach nannte seine Erfindung „Beam Defence Manœuvre" (Weberbaum-Verteidigungsverfahren). Als diese Taktik später weitgehend von den US-Marinefliegern übernommen worden war, hieß sie allgemein „Thach Weave". Die japanischen Kampfflieger waren machtlos, enge Kurvenkämpfe – ihre Domäne – fanden nicht mehr statt und sie hatten nur die Möglichkeiten, sich zu retten oder in der Tradition der Samurai im Kampf zu sterben. Die Bilanz der Hellcat spricht für sich, insgesamt zerstörten sie über 5000 gegnerische Flugzeuge, 4947 davon durch trägergestützte Einheiten.

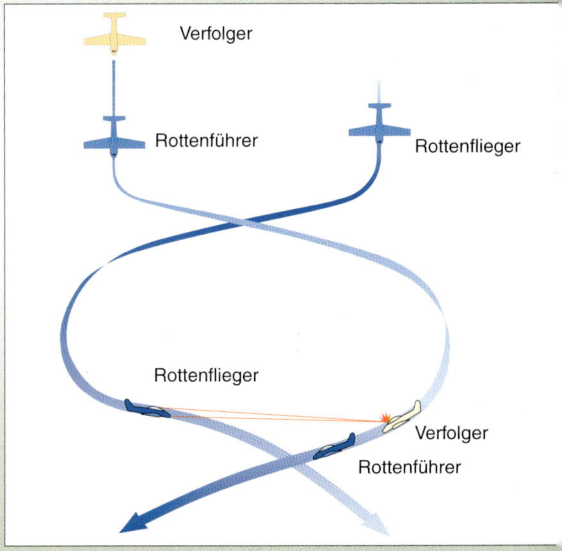

Hawker Tempest

Die Vernichtung von rund 800 deutschen Flugbomben Fieseler Fi 103 (V1) und der Abschuss von 20 Düsenjägern Me 262 sind wohl die Leistungen der Tempest, an die man sich zuerst erinnert – obwohl dieser Jagdeinsitzer zu den schnellsten Maschinen des Zweiten Weltkriegs zählte und sich alleine damit schon einen Spitzenplatz sicherte.

HAWKER TEMPEST MK V

Jagdeinsitzer/Jagdbomber
Spannweite: 12,50 m
Länge: 10,27 m
Höhe: 4,90 m
Leergewicht: 4196 kg
Startgewicht: 6179 kg
Triebwerk: ein flüssigkeitsgekühlter Napier Sabre IIB mit 1626 kW (2180 PS) Startleistung
Höchstgeschwindigkeit: 700 km/h
Dienstgipfelhöhe: 10 950 m
Reichweite: 2480 km
Bewaffnung: Vier 20-mm-Kanonen Hispano Mi II oder Mk V mit 800 Schuss, bis zu acht 75-mm-Raketen oder zwei 907-kg-Bomben

Von Sidney Camm, dem Vater der Hurricane, wurde die Hawker Tempest aus dem Modell Typhoon entwickelt. Ursprünglich sollte ihre Bezeichnung Typhoon II lauten.

Der Kühler unter der Nase, der sogenannte „Bart", war das gemeinsame Kennzeichen von Tempest und Typhoon.

Typhoon II alias Tempest – die Entwicklung

Die Vorgängerin der Tempest, die Hawker Typhoon, war eigentlich ein sehr kampfstarkes Flugzeug, im Tiefangriff und in geringer Höhe. Ihrer eigentliche Rolle als Abfangjäger konnte sie aber nicht gerecht werden, die Höhenleistung war sehr bescheiden und das Leitwerk neigte dazu, ab 500 km/h in Vibration zu geraten, zu flattern und im Sturzflug sogar abzubrechen. Darüber hinaus war ihre Einsatzreichweite mit 90 Minuten Flugdauer nicht akzeptabel.

Chefkonstrukteur Sidney Camm legte dem britischen Luftfahrtministerium daher im August 1941 Vorschläge für ein verbessertes Modell vor. Die Änderungen umfassten einen dünneren Flügel mit halbelliptischer Geometrie, einen Vierblatt-Propeller sowie ein leistungsgesteigertes Centaurus-Triebwerk. Das Leitwerk und die Kanzel wurden ebenfalls verändert. Die interne Bezeichnung im Planungsstadium war Hawker P.1012.

Wirklich gebaut wurden dann – um Spezifikation F.10/41 zu entsprechen – zwei Prototypen, die sich noch Typhoon II nannten. Der erste Prototyp Mk I war nur einmal gebaut worden, auch wenn er – angetrieben vom Napier Sabre IV – mit über 700 km/h der schnellste war. Das Luftfahrtministerium sah Engpässe in der Motorenfertigung voraus und bestellte fünf weitere Prototypen mit fünf verschiedenen Triebwerken, dem Centaurus IV für die Mk II, Rolls Royce Griffon IIB für Mk III, Griffon 61 für Modell Mk IV und schließlich dem Sabre II für das spätere Produktionsmodell Mk V.

Im Laufe der Konstruktion wurden dann an dem immer noch Typhoon Mk II genannten Muster so viele Änderungen vorgenommen, dass ein völlig neues, schließlich auf den Namen Tempest getauftes Modell entstand.

Der erste Tempest genannte Prototyp Mk V flog dann am 2. September 1942, war aber als Verwandte der Typhoon immer noch deutlich zu erkennen. Der charakteristische Kühler, der wie ein Bart unter dem Vorderrumpf hing, war erhalten geblieben.

Neu war der dünnere, halbelliptische Flügel. Sidney Camm soll sinngemäß über ihn gesagt haben, dass das Luftfahrtministerium alles kaufen würde, was aussah wie eine Spitfire – und die Flügel taten das auf jeden Fall.

Neu gestaltet war auch das Heck, dessen Höhenleitwerk fast doppelt so groß war wie bei der Typhoon.

Unter dem Flügel sieht man vier der acht Startschienen für die ungelenkten Raketen Kalibers 75 mm.

Die Tempest galt als Abfangjäger par excellence. Für kurze Zeit war sie der schnellste Jäger der RAF und galt als gefährlichster Gegner der Messerschmitt Me 262.

Tempest II

Gleichzeitig mit der Tempest Mk V sollte – als Rückversicherung – die Hawker Tempest II gebaut werden, mit einem anderen Triebwerk, dem Bristol Centaurus IV. Das hatte zwar nicht dieselbe Leistung wie der Sabre, war aber ausgereift, zuverlässig und sehr wartungsfreundlich. Bestellt waren die 500 Maschinen dieser Baureihe schon 1942, aber keine der beauftragten Firmen konnte Kapazitäten freimachen und so wurden die ersten Modelle dieser Serie erst im Oktober 1944 von der Bristol Airplane Corporation ausgeliefert – zu spät, um noch an Kampfhandlungen teilzunehmen.

Bestellungen und Dienstbeginn

Die erste Order der RAF über 400 Tempest I wurde noch vor Baubeginn storniert. Wie vorausgesehen, konnte der Sabre-IV-Motor nicht geliefert werden und dieses Modell kam nie in die Serienfertigung.

Die ersten, im April 1944 an die Kampfverbände ausgelieferten Tempest waren Maschinen der Baureihe Mk V. Auch wenn statt des leistungsstärkeren Sabre IV das Triebwerkmodel Sabre II eingebaut wurde, war die Tempest beim Dienstantritt kurze Zeit das schnellste Jagdflugzeug überhaupt und der ideale Abfangjäger.

No 486 Squadron – die 486. Staffel

Die 486. Staffel war die erste Truppe, die im Januar 1944 mit der Tempest ausgerüstet wurde. Diese Einheit gehörte formell zur RNZAF – der Royal New Zealand Air Force –, war aber der britischen Luftwaffe unterstellt. Die Führung der RAF ging davon aus, dass Piloten, die vorher die Typhoon geflogen hatten, am schnellsten mit der neuen Maschine vertraut werden würden. Offensichtlich behielten sie Recht, denn No 486 Squadron und die zweite mit Tempest ausgestattete Staffel – No 3 Squadron – meldeten im folgenden April ihre volle Einsatzbereitschaft.

Die Landung in der Normandie

Während der Landung der Alliierten in der Normandie sollte das Geschwader No 3 mit den Staffeln 3 und 486 über England den Luftraum sichern – für den Fall, dass die Deutschen einen Gegenschlag auf britischem Boden führen würden. Dieser Angriff blieb aus, stattdessen hatte die Tempest ihren ersten Kampfeinsatz zwei Tage später über französischem Gebiet. Eine Staffel des dritten Geschwaders traf auf sechs Focke-Wulf Fw 190 und schoss ohne eigene Verluste drei davon ab.

Me 262, die V1 und die Alliierten

Die Hawker Tempest war dank ihrer ausgezeichneten Geschwindigkeit in der Lage, sich den beiden Hochgeschwindigkeitswaffen der deutschen Luftwaffe zu stellen: der Messerschmitt Me 262 und der unbemannten Flugbombe V1 – dem ersten Marschflugkörper der Welt.

Die Fieseler Fi 103 oder Vergeltungswaffe – wie die V1 propagandistisch genannt wurde – flog zumeist in Höhen unter 3000 Metern und mit einer Geschwindigkeit von ungefähr 650 km/h. Der Abschuss war nicht ungefährlich, man sollte mindestens 250 Meter entfernt sein, wenn sie explodierte, um nicht durch Wrackteile selber getroffen zu werden.

Die Tempest hatte genügend Geschwindigkeitsreserven, um sich nach erfolgreicher Zerstörung aus der Gefahrenzone zu bringen, und als Waffenplattform war sie so stabil, dass spätere Nachtabschüsse gelangen – bei gleicher Höhe und Geschwindigkeit musste der Abgasstrahl der V1 genau im Visier auftauchen und die Flugbombe wurde vernichtet. Am Ende der Angriffe hatten Tempest-Piloten über 800 Fi 103 abgeschossen; besonders erfolgreich war J. Berry mit 61 abgefangenen Flugbomben.

Gegen die Messerschmitt Me 262 hatte die Tempest in der Endgeschwindigkeit keine Chance, trotzdem gelangen Siege im Luftkampf. Eine sehr risikobehaftete Taktik war der Abschuss der Düsenjäger im Landeanflug – mit ausgefahrenen Klappen hatte der landende Jet keine Möglichkeit zur Gegenwehr. Nur wurden die Flugplätze mit einer Unzahl von Vierlings-Flaks geschützt und man gab diese Art des Angriffs als zu verlustreich bald wieder auf. Trotzdem galt die Tempest unter den Piloten der Me 262 als der gefährlichste Gegner.

Eine andere Gefahr darf man nicht vergessen, nach ihrem Einsatz-Debüt dauerte es geraume Zeit, bis der neue Hawker-Jäger allgemein bekannt war und etliche Maschinen dieses Typs wurden das Opfer amerikanischer Flugabwehr.

Erdkampf

Neben ihrer Rolle als Abfangjäger war der Angriff auf Bodenziele eines der Haupteinsatzgebiete der Tempest, zumal nach der Landung der Alliierten auf dem Kontinent. Im Winter 1944/45 machten ihre Stärken sie zum Schrecken des deutschen Nachschubs, alleine im Februar 1945 zerstörten Tempest weit über 1500 Straßen- oder Schienenfahrzeuge, zuzüglich der abgeschossenen Flugzeuge.

In der Jagdbomber-Version trug die Tempest zwei Bomben von je 907 Kilo an den Unterflügelstationen.

Die großen Spreizklappen der Tempest sorgten für ausgezeichnete Eigenschaften im Langsamflug.

Jakowlew Jak-9

Die Jakowlew Jak-9 war der meistgebaute Jagdeinsitzer der Sowjetunion während des Zweiten Weltkriegs – zusammen mit der MiG-3 und der Lawotschkin LaGG-3 eroberten die Jak die Luftherrschaft über Russland. Späte Varianten blieben bei Satellitenstaaten der Sowjetunion bis in den Korea-Krieg hinein im Dienst.

JAKOWLEW JAK-9D

Jagdeinsitzer
Spannweite: 9,74 m
Länge: 8,50 m
Höhe: 3,00 m
Leergewicht: 2390 kg
Startgewicht: 3117 kg
Triebwerk: ein flüssigkeitsgekühlter V-12-Kolbenmotor Klimow M-105PF-3 mit 1001 kW (1360 PS)
Höchstgeschwindigkeit: 602 km/h
Dienstgipfelhöhe: 10 500 m
Reichweite: 1400 km
Bewaffnung: eine Maschinenkanone ShVAK Kaliber 20 mm mit 120 Schuss und zwei Flügel-MG UBS Kaliber 12,7 mm mit je 220 Schuss

Die Jak-9 lässt sich anhand des Lufteinlaufs für den Ölkühler unter der Bugnase von der Jak-3 unterscheiden.

Hinter den Ural

Der deutsche Vormarsch in der UdSSR zwang das Konstruktionsbüro und die Fertigungsstätten von Alexander Jakowlews Flugzeugfabrik hinter den Ural. Dort begann 1942 die Auslieferung des Modells Jak-9, des ersten Ganzmetall-Jägers dieser Marke. Ab November 1942 an der Front, erhielt die Jak-9 ihre Feuertaufe in der Schlacht um Stalingrad (Nov. 1942 – 31. Jan. bzw. 2. Febr. 1943). Nach Aussagen deutscher Jagdflieger waren die ersten Jak-9P zwar ausgesprochen wendig – wie alle Jakowlew- Jagdflugzeuge –, aber von der Leistung her den Messerschmitt Bf 109 deutlich unterlegen. Was sie gefährlich machte, war ihre zahlenmäßige Überlegenheit.

Genau wie die parallele Entwicklung Jak-3 basiert der Entwurf zur Jak-9 auf Jakowlews erstem großem Erfolg, der Jak-1 beziehungsweise dem daraus abgeleiteten Entwurf der Jak-7 – verfolgte aber eine andere Richtung. Man kann mit Recht bei den Modellen aus dem Haus Jakowlew von einem Baukastensystem

sprechen: Ein Grundkonzept, das an sich keine herausragenden Eigenschaften aufweist, aber mit einer Vielzahl von Rüstsätzen, Varianten und Umbauten eines der wandlungsfähigsten Jagdflugzeuge überhaupt wurde. Die Produktionszahlen sprechen eine deutliche Sprache – etwa zwei Drittel aller im Zweiten Weltkrieg hergestellten sowjetischen Kampfflugzeuge waren Jakowlews, rund 36 000 Stück!

Nach der Notlandung fiel diese beschädigte Jak-9 in die Hände der Wehrmacht.

Die Hauptvarianten

Im Konstruktionsbüro Jakowlew-OKB wurden insgesamt 22 verschiedene Versionen der Jak-9 entwickelt, von denen 15 in die Serienfertigung gingen. Hier einige der wichtigsten:

- Jak-9DD Fernjäger, der mit Überlasttanks im Rumpf (880 Liter) und einem Abwurftank eine Reichweite von fast 2200 Kilometern hatte und für die schweren US-Bomber Geleit flog;
- Jak-9B Jagdbomber mit internem Waffenschacht, ausgelegt für vier Bomben vom Tyo FAB-100, jeweils 100 kg schwer, oder für 128 Splitterbomben Typ PTAB, jeweils 1,5 oder 2,5 kg schwer.
- Jak-9K auf der Basis einer 9T entwickelt, bewaffnet mit einer panzerbrechenden Kanone Nudelmann-Suranow NS-45 im Kaliber 45 mm;
- Jak-9T37 und Jak-9T45 mit einer 37-mm- bzw. 45-mm-Nudelmann-Kanone zur Panzer- und Schiffsbekämpfung und die leistungsstärkste Variante;
- Jak-9R Fotoaufklärer;
- Jak-9U Triebwerk Klimow VK 107-A mit 1214 kW (1650 PS), der Prototyp war mit 700 km/h Höchstgeschwindigkeit einer der weltweit schnellsten Jäger;
- Jak-9V und Jak-9UV zweisitzige Trainerversionen.

Rekordzahlen
Bis zum Ende der Serienfertigung 1947 wurden insgesamt 16 769 Jak-9 plus 6399 Jak-7, 4848 Jak-3 und 8723 Jak-1 gebaut. Mit diesen Fertigungszahlen steht die Jak an der Spitze aller Jagdflugzeugmodelle der Luftfahrtgeschichte!

Jakowlew-Jagdflugzeuge wurden auch in den sowjetischen Bruderstaaten eingesetzt. Hier eine Maschine der polnischen Luftstreitkräfte.

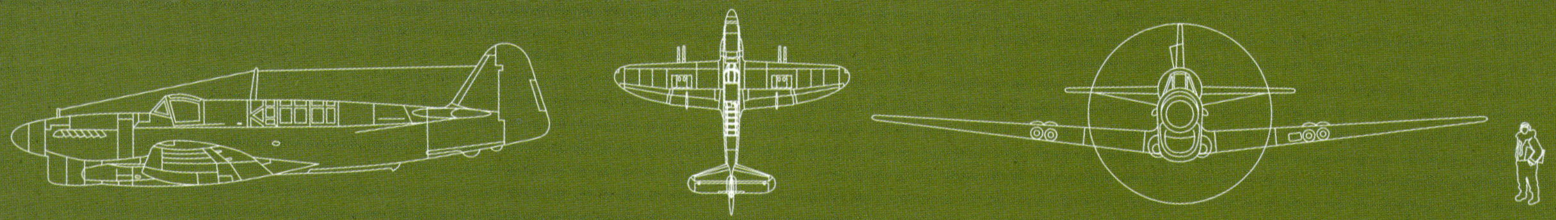

Fairey Firefly

FAIREY FIREFLY F I

Marinejäger/U-Boot-Jäger/Aufklärer
Spannweite: 13,56 m
Länge: 11,46 m
Höhe: 4,14 m
Leergewicht: 4425 kg
Startgewicht: 6359 kg
Triebwerk: ein flüssigkeitsgekühlter 12-Zylinder-V-Motor Rolls-Royce Griffon IIB mit 1276 kW (1735 PS) oder Griffon XII mit 1464 kW (1990 PS)
Höchstgeschwindigkeit: 513 km/h
Dienstgipfelhöhe: 8540 m
Reichweite: 2195 km mit Marschgeschwindigkeit: 328 km/h
Bewaffnung: vier 20 mm-Flügelkanonen Hispano-BMK, zwei 454-kg-Bomben oder bis zu 16 27-kg-Raketen

In der Geschichte der Jagdflugzeuge kam es häufig vor, dass ein als Jäger geplanter Typ im Laufe seiner Dienstzeit zum Aufklärer umgerüstet wurde – nicht so die Fairey Firefly. Sie war von vornherein als bewaffneter Aufklärer (Aufklärungsjäger) geplant und diente gleichzeitig als trägergestützter zweisitziger Marinejäger. Ihr taktischer Wert in der U-Boot-Jagd und bei der Luftnahunterstützung schlug sich in einer ausgesprochen langen Einsatzdauer von dreizehn Jahren nieder.

Die Fairey Firefly deckte ein breites Spektrum von Einsatzgebieten ab, hauptsächlich im Dienst der Royal Navy.

Fairey Aviation Company

Fairey Aviation war seit dem Ersten Weltkrieg eine feste Größe auf dem britischen Flugzeugmarkt – Charles R. Fairey hatte bei der Firma Short als Chefkonstrukteur Wasserflugzeuge gebaut, bevor er 1915 seine eigene Firma gründete. Vielleicht liegt es an seinem Werdegang, dass die erfolgreichsten Produkte aus seinem Haus Marineflugzeuge waren: Der Torpedobomber Swordfish oder eben die Firefly – die als Nachfolgemuster des Marinejägers Fulmar geplant wurde, der sie durchaus ähnlich sah. Eine der Besonderheiten der Firefly war das zweite, separate Cockpit hinter der Pilotenkanzel, in dem der Beobachter saß. Dieses Cockpit war völlig in die Form des Rumpfrückens integriert.

Der erste der vier Prototypen – Z 1826 – war am 22. Dezember 1941 auf seinem Jungfernflug. Von der Baureihe Mk I baute Fairey selber 297 Maschinen und General Aircraft Limited weitere 132 Stück.

Die Auslieferung der ersten Tagjäger Mk I begann im Frühjahr 1943 – ihre ersten Einsätze flogen diese Marinejäger noch im Herbst desselben Jahres.

Die Firefly war ein gelungener Entwurf, die Veränderungen hatten ein leistungsgesteigertes und an den Trägereinsatz angepasstes Jagdflugzeug hervorgebracht.

Die zweite, in größeren Stückzahlen hergestellte Variante war der Aufklärungsjäger FR I mit 376 gebauten Exemplaren. Insgesamt wurden 1702 Firefly hergestellt.

Der ausgeklügelte Dreh-Klapp-Mechanismus der Flügel trägt den Platzverhältnissen an Bord britischer Flugzeugträger Rechnung.

Trägertauglichkeit

Geschwindigkeit ist nicht der wichtigste Wert für ein Trägerflugzeug. Naturgemäß sind bei einer Landung auf dem kurzen Flugdeck eines Flugzeugträgers die Eigenschaften im langsamen Landeanflug mindestens genau so wichtig. Die Firefly war daher mit patentierten Youngman-Klappen für den Langsam- und Patrouillenflug ausgestattet. Youngman-Klappen ähneln den einteiligen Fowlerklappen und können an zwei Trägern nach hinten aus der Flügelhinterkante ausgefahren werden. Sie vergrößern somit die Flügelfläche – des ohnehin schon großen Flügels – und verbessern als Folge davon den Auftrieb. Nicht nur bei Start und Landung, sondern auch im Kurvenkampf waren die Flugeigenschaften der Firefly ausgezeichnet, mit den – in Landestellung – ausgefahrenen Klappen scheute die Firefly keinen Vergleich mit zeitgenössischen Jagdflugzeugen. Kontrollierte enge Kurven am Rand des Strömungsabriss waren mit ihr möglich.

Für den Trägereinsatz war auch die Spurweite des Fahrwerks – gegenüber der Vorgängerin Fulmar – vergrößert worden.

Nordatlantik und Korea

Die Firefly wurde vielen Aufgaben gerecht. Von der Photoaufklärung, die vor dem letzten, erfolgreichen Angriff auf das deutsche Schlachtschiff „Tirpitz“ durchgeführt wurde, über die U-Boot-Jagd im Nordatlantik und der Zerstörung japanischer Raffinerien im Pazifik, bis hin zu Tiefangriffen während des Korea-Kriegs reichte die Bandbreite der Einsätze. Nicht zu vergessen die Nachtjäger NF I und NF II.

Die Auflösung der ersten mit Firefly ausgerüsteten Staffeln begann zwar schon 1946, aber erst 1956 wurden die letzten von den Marinefliegern – Fleet Air Arm – ausgemustert.

Die Firefly trug an Waffenstationen unter Rumpf und Flügeln Bomben oder Raketen zur Seezielbekämpfung.

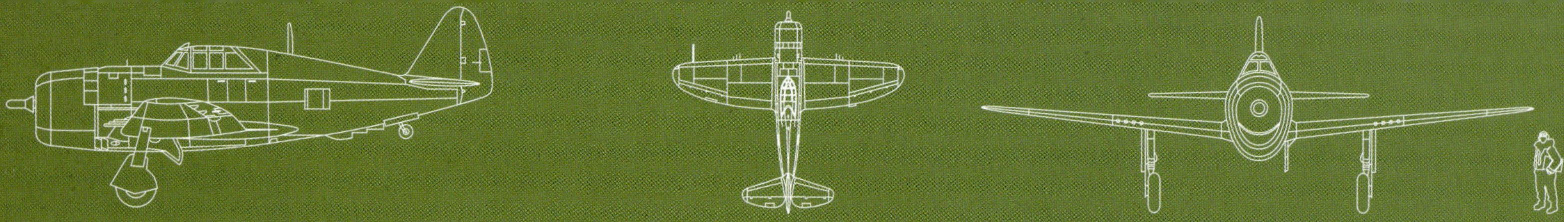

Die Republic Thunderbolt, der schwerste Jagdeinsitzer des Zweiten Weltkriegs, konnte mehr als eine Tonne an Außenlasten tragen.

Republic P-47 Thunderbolt

Dieser schwerste aller Jagdeinsitzer des Zweiten Weltkriegs legt beredtes Zeugnis ab von einer Hauptvariante des Jagdflugzeugbaus. Entweder man stellt Aerodynamik und Leichtigkeit an oberste Stelle der Prioritäten und motorisiert dieses Flugzeug danach oder man nimmt den stärksten zur Verfügung stehenden Motor und entwirft ein dazu passendes Flugzeug – und wenn fähige Konstrukteure am Werk sind, dann erhält man als Ergebnis einen Champion der Schwergewichtsklasse wie die P-47 Thunderbolt.

REPUBLIC P-47D THUNDERBOLT

Jagdeinsitzer/Jagdbomber
Spannweite: 12,42 m
Länge: 11,02 m
Höhe: 4,32 m
Leergewicht: 4530 kg
Startgewicht: 7926 kg
Triebwerk: ein luftgekühlter 18-Zylinder-Doppelsternmotor Pratt & Whitney R-2800-21 oder- 59 oder -63 mit 1471 kW (2000 PS) bzw. 1545 kW (2100 PS)PS Startleistung
Höchstgeschwindigkeit: 676 km/h
Dienstgipfelhöhe: 12 810 m
Reichweite: 1600 km
Bewaffnung: acht 12,7-mm-MG Colt-Browning M-2 in den Flügeln; drei oder fünf Unterflügelstationen für Tanks, Bomben oder Raketen bis zu 1134 kg

Seversky und Kartveli

Alexander Procofieff de Seversky selber war nach der Übernahme und Umbenennung seiner Firma in Republic Aviation nicht mehr an der Entwicklung der P-47 beteiligt, aber das Konzept träg

Diese Aufnahme einer P-47 Thunderbolt zeigt sehr anschaulich die zur damaligen Zeit vorherrschende Flügelgeometrie.

unverkennbar seine Handschrift und die seines Chefkonstrukteurs Alexander Kartveli.

Die beiden Konstrukteure hatten nach einigen vergeblichen Anläufen 1935 ihren ersten Regierungsauftrag zur Produktion der Seversky P-35 erhalten. Dieses Jagdflugzeug weist bereits eine ähnliche Konzeption wie die Thunderbolt auf, ist aber ungleich kleiner. Die P-35 hatte die Ehre, das erste amerikanische Kampfflugzeug zu werden, das einen Luftkampf mit den japanischen Angreifern ausfocht – es war den Piloten gelungen, im Bombenhagel von Pearl Harbor aufzusteigen.

Die Vorläufer XP-43 und XP-44

Mit einer früheren Maschine, der AP-4, trat Seversky Aircraft im Jagdflugzeugwettbewerb von 1939 gegen die Curtiss P-40 an – eigentlich erfolglos, aber das US Army Air Corps (USAAC) war zumindest so weit interessiert, dass es ein gutes Dutzend AP-4 zur Erprobung bestellte. Am Ende war es nur der fehlende selbstdichtende Tank, der den Auftrag zur Serienfertigung verhinderte; in mittleren und großen Höhen war die Seversky der Curtiss leistungsmäßig deutlich überlegen.

Der Wolf an der Bugnase weist diese Thunderbolt als Maschine des „Wolf Pack" („Wolfsrudel") aus, der 56th Fighter Group, 8th Air Force. Die Kennung UN-O deutet auf Lt. Wayne als Piloten hin.

Während der Abfangjagd stieg die P-47 in so große Höhen auf, dass die Sauerstoffmaske für die Piloten der Thunderbolt unverzichtbar war.

Turbolader

Kolbengetriebene Motoren saugen die zur Verbrennung benötigten Gase grundsätzlich erst einmal an. Sinkt in zunehmender Flughöhe der Luftdruck ab – und mit ihm der Ladedruck –, fehlt dem Motor buchstäblich die Luft zum Atmen und die Leistung sinkt rapide ab. Im Ersten Weltkrieg waren Flughöhen von über 5000 Metern daher undenkbar. Turbolader schafften Abhilfe – eine kleine Turbine wird vom Abgas des Motors angetrieben und verdichtet zum einen die Ansaugluft und presst sie zum andern unter Druck in die Brennkammer. Dadurch wird der Motor ohne konstruktive Veränderungen leistungsgesteigert. Eine andere Möglichkeit ist der Kompressor (engl.: „supercharger"), der mit eigenem Antrieb verdichtete Luft in die Brennkammer presst – mit dem Nachteil, dass der Kompressor selber Leistung kostet. Eine dritte Möglichkeit zur Steigerung der Höhenleistung ist der Zwischenkühler (engl.: „intercooler") – denn kalte Luft nimmt mehr Sauerstoff auf als heiße, die Verbrennung läuft unter höherem Druck und gleichmäßiger ab.

Nach verschiedenen Varianten mit diversen Sternmotoren stand dann 1940 ein Motor zur Verfügung, der selber Berühmtheit erlangte.

Der Turbolader als Grundforderung der Konstruktion

Im Sommer 1940 – im Planungsstadium der P-47 – versuchte Chefkonstrukteur Kartveli die neue Maschine mit den verschiedenen Anforderungen zu kombinieren: Der Pilot sollte durch weitestgehende Panzerung geschützt, die Einsatzreichweite gegenüber der Curtiss P-40 deutlich gesteigert und als Angriffsbewaffnung acht Flügel-MG Kaliber 12,7 mm eingebaut werden. Diese drei Grundforderungen bedeuteten einen enormen Gewichtszuwachs gegenüber der Vorgängerin – alleine die Bordwaffen

Thunderbolt der RAF auf einem Flugfeld in Arakan, Burma, von dem aus die P-47 Einsätze weit hinter den feindlichen Linien flog.

wogen ohne Munition fast eine halbe Tonne (8 x 58 kg). Als Motor kam daher nur der R-2800 Double Wasp in Frage. Dieser Motor sollte – für bessere Höhenleistung oberhalb der Volldruckhöhe – von einem Turbolader aufgeladen sein und um diesen Abgaslader herum baute man die Zelle auf!

Der neue Rumpf

Dem im hinteren Rumpfbereich angeordneten Turbolader wurde die Luft über einen lippenförmigen Einlauf in der Motorverkleidung über Rohrleitungen zugeführt. Unter dem Cockpit hindurchgeleitet, transportierten diese Rohrleitungen Abgase und Ansaugluft nach hinten und die Ladeluft zum Motor – mit einem Umweg über den Zwischenkühler. Die Abgase wurden hinter dem Cockpit an der Rumpfunterseite ausgestoßen. Diese Luft- und Abgasleitungen erwiesen sich im Kampf als sehr viel robuster als der Kühlkreislauf der flüssigkeitsgekühlten Triebwerke und war einer der Gründe dafür, warum die Thunderbolt bei ihren Piloten als eines der robustesten, zuverlässigsten und beliebtesten Jagdflugzeuge galt. Diese Anordnung von Motor und Turbolader führte zu der typischen halbelliptischen Rumpfnase der P-47 – in der Form eines Zuggeschirrs für Pferde. Öffnungen in der unteren Motorverkleidung dienten als Lufteinlässe für Ölkühler und Kompressor-Zwischenkühler. Der Stirnwiderstand der Flugzeugnase war gigantisch – diese Anordnung bedeutete aber auch einen ausgezeichneten Schutz für den Piloten, ein frontaler Treffer wurde zunächst einmal vom Motor abgefangen.

Pratt & Whitney R-2800 Double Wasp
Dieser Motor war buchstäblich ein Kraftwerk. Der luftgekühlte 18-Zylinder-Doppelsternmotor aus der langlebigen Familie der Wasp-Serie entwickelte aus 48 Litern! Hubraum je nach Version zwischen 1800 und 2800 PS. Sein Gewicht war allerdings ähnlich dimensioniert – mehr als eine Tonne brachte dieses Triebwerk auf die Waage. Der R-2800 wurde in so berühmte Maschinen wie F4U Corsair, F8F Bearcat, B-26 Marauder oder C-118, der militärischen Version der DC-6, eingebaut.
Mit einem modifizierten Motor dieser Baureihe erzielte der Amerikaner Darryl Greenamyer den Geschwindigkeitsweltrekord für Propellerflugzeuge im Horizontalflug mit 776,44 km/h – der dreißig Jahre in deutscher Hand gewesen war.

Ankunft in Europa – einige Vergleiche

Der Prototyp XP-47B absolvierte seinen Jungfernflug am 6. Mai 1941. Das erste Baulos seriengefertigter P-47B wurde im November 1942 – also nicht einmal 18 Monate später – an die US Army Air Force (USAAF) ausgeliefert und ab

Eine P-47 Thunderbolt, ausgerüstet mit Langstreckentanks.

April 1943 war die 56. Jagdgruppe der 8th Air Force (8. amerikanische Luftflotte) mit P-47D einsatzbereit – und zwar in Europa.

Auf den Flugfeldern – die gemeinsam mit der RAF genutzt wurden – wirkte die Größe der P-47 noch beeindruckender, Ihre Flügelspitzen waren in derselben Höhe wie das Cockpit der Spitfire.

Zu Beginn des operativen Dienstes krankte die neue Maschine noch ein wenig an einer kurzen Einsatzreichweite, sodass Jägereskorten tief im Feindesland vorerst verschoben werden mussten. Der Begleitschutz beziehungsweise die Abfangjagd in großer Höhe waren die ersten Hauptaufgaben. Thunderbolt der ersten B-Serie wurde darüber hinaus häufig als Jagdbomber eingesetzt.

Gegen die Bf 109 und die Fw 190 zeigte sich die P-47 in großen Höhen und im Sturzflug überlegen – zumindest nach dem Einbau der Sturzflugbremsen ab Modell D – auch wenn sie es an Agilität, Steig- und Drehgeschwindigkeit in geringeren Höhen nicht mit den kleineren gegnerischen Maschinen aufnehmen konnte. Das vermochten amerikanische Piloten aber zu kompensieren – der Kampfabbruch im Sturzflug gehörte seit den Erfahrungen auf dem pazifischen Kriegsschauplatz zum taktischen Standard in unterlegener Situation.

Die Vielzahl unterschiedlicher Modelle der Alliierten und der Ausbildungsstand der Flugabwehr in Europa schlug sich im Erscheinungsbild der P-47 nieder: Da Thunderbolt und die schlankere deutsche Fw 190 schnell verwechselt wurden, erhielt die P-47 sicherheitshalber auffällige unterschiedliche Farbmarkierungen; beispielsweise weiße Streifen oder Schachbrettmuster auf Motor- oder Rumpfverkleidung.

Alexander Procofieff de Seversky
Seversky war ein Mensch mit bewegter Vergangenheit: Im georgischen Tiflis als Sohn eines Adelsgeschlechts geboren, wurde er mit 14 Jahren an der zaristischen Marineakademie aufgenommen. Zu diesem Zeitpunkt konnte er bereits ein Flugzeug steuern, sein Vater war einer der ersten russischen Aviatiker. Nach einem Abschluss als Ingenieur trat er in die Kaiserlich-Russische Marine ein, nur um bald darauf zu den Marinefliegern zu wechseln. Im Ersten Weltkrieg bedurfte es nach einem schweren Unfall – Seversky trug seitdem eine Beinprothese – einer persönlichen Erlaubnis des Zaren, um weiter fliegen zu dürfen. In seinen 57 Feindflügen erzielte Seversky sechs (andere Quellen sprechen von 13) bestätigte Luftsiege und wurde damit zum erfolgreichsten Marineflieger der zaristischen Streitkräfte.
Im März 1918 entsandte die neue bolschewistische Regierung Seversky als stellvertretenden Marineattaché in die USA. Er zog es vor, dort zu bleiben, statt in das von der Revolution erschütterte Russland zurückzukehren, und wurde 1927 amerikanischer Staatsbürger.
1931 gründete er mit Alexander Kartveli als Chefkonstrukteur die Seversky Aircraft Corporation in Long Island (New York). 1939 wurde Seversky aus der hoch verschuldeten Firma gedrängt – die als Republic Aviation weiter bestand.

Die Vielzahl unterschiedlicher Flugzeugtypen machte eine eindeutige Kennzeichnung alliierter Kräfte während der Landung in der Normandie notwendig. Hier eine P-47 in den auffälligen Farben des D-Day Marking.

Überführungsflug. Noch fehlen die Staffelkennzeichen und, bei der zweiten Thunderbolt, Flügel-MG.

P-47C, D und andere

Serie C, die zweite Baureihe in nennenswerter Stückzahl, war zur Erhöhung der Reichweite mit Zusatztanks ausgerüstet.

Das nachfolgende Modell D – mit 12 602 Exemplaren das meistgebaute – konnte mit Wasser/Methanol-Einspritzung kurzzeitig eine Leistung von 2500 PS in 8000 m Höhe entwickeln. In der laufenden Produktion wurde bei diesem Modell die Vollsichthaube aus Plexiglas eingeführt, die die Sicht nach hinten entscheidend verbesserte. Eine weitere Änderung waren verstärkte Unterflügelstationen für Bomben, Raketen oder weitere Abwurftanks.

Modell N ging als letzte Variante in Großserie, Spannweite und Tankinhalt wurden für Langstreckeneinsätze erhöht; vornehmlich für den Einsatz im pazifischen Raum.

Im Einsatz waren die späteren Baureihen der Thunderbolt nicht nur kampfstarke Jagdflugzeuge, sondern – dank ihrer hohen Sturzfluggeschwindigkeit und der Fähigkeit, enorme Lasten zu tragen – ideale Jagdbomber. Die Royal Air Force erhielt 830 Exemplare der Baureihe C, die von den Briten unter anderem zur Jagd auf deutsche V1-Flugbomben verwendet wurden.

Dienstende

Die Produktion der P-47 Thunderbolt endete im Dezember 1945, nach insgesamt 15 660 gebauten Exemplaren, von denen weit über die Hälfte den Krieg überdauerte. Von der USAAF ausgemustert, dienten sie bei einigen Luftwaffen Lateinamerikas in kleiner Stückzahl noch bis in die 1960er-Jahre.

Bell P-63 Kingcobra

Die P-63 war ein robuster und schneller Jäger – sie kam allerdings so spät, dass sie auf amerikanischer Seite kaum noch an Kampfhandlungen beteiligt war. Die Anforderungen, nach denen sie gebaut wurde, waren bei der Auslieferung schon überholt. In der Sowjetunion – wohin das Hauptkontingent von 2421 Maschinen geliefert wurde – setzte man sie mit Erfolg als Panzer- und Abfangjäger ein. Weitere 114 Kingcobra lieferte man nach Frankreich ebenso wie an die Sowjetunion im Rahmen von Pacht-Leih-Verträgen. In den USA wurden Kingcobra zuletzt bei der Ausbildung junger Piloten genutzt – als fliegende Zielscheibe, geflogen von einem Piloten in einer gepanzerten Kanzel.

BELL P-63A KINGCOBRA

Jagdeinsitzer/Jagdbomber
Spannweite: 11,68 m
Länge: 9,96 m
Höhe: 3,84 m
Leergewicht: 2892 kg
Startgewicht: 4763 kg
Triebwerk: ein Reihenmotor Allison V-1710-93 mit 988 kW (1344 PS); das Nachfolge-Muster P-63C war mit dem Allison V-1710-117 ausgestattet, der mit einer Wasser-Einspritzung kurzfristig bis zu 1342 kW (1800 PS) leistete
Höchstgeschwindigkeit: 660 km/h
Dienstgipfelhöhe: 13 100 m
Reichweite: 724 km
Bewaffnung: eine Maschinenkanone M4 Kaliber 37 mm in Propellernabe; zwei fest eingebaute und durch den Propellerkreis feuernde MG Kaliber 12,7 mm; Unterflügelstationen für zwei 12,7-mm-MG sowie bis zu drei 237-kg-Bomben

Die Entstehung

Für die Kingcobra ist es schwierig, einen genauen Punkt des Konstruktionsbeginns zu nennen, der Übergang von der Airacobra war fließend.

Ursprünglich führte der Versuch, die Bell P-39 Airacobra zu verbessern, zu diversen Prototypen, die alle noch als XP-39 (X = Experimental) flogen. Die verbesserte Airacobra sollte eine bessere Höhenleistung und eine gesteigerte Höchstgeschwindigkeit aufweisen. Nach dem Verlust zweier Prototypen bei Unfällen wurde dann das ursprünglich geplante Triebwerk – ein Continental Aviation & Engineering Corporation IV-1430 (ein 12-Zylinder-Reihenmotor in hängender V-Form) – gegen den Allison V-1710-47 getauscht, der kaum mehr als die halbe Leistung brachte. Der Grund war angeblich die Unzuverlässigkeit des Continental-Triebwerks. Von diesem Continental-Triebwerk wurden nicht einmal 100 Stück gebaut. Zwei im Juni 1941

Bell P-63 Kingcobra, eine Weiterentwicklung, die der Vorgängerin P-39 Airacobra stark ähnelt.

Die Bell P-63 Kingcobra in der Jägerausführung- ohne Stationen für zusätzliche Außenlasten.

bestellte Prototypen erhielten erstmals (abweichend von den bisherigen XP-39) die Bezeichnung XP-63.

Am 7. Dezember 1942 – am ersten Jahrestag des japanischen Überfalls auf Pearl Harbor – beziehungsweise am 5. Februar 1943 absolvierten die beiden XP-63 ihre Erstflüge. Nachdem beide Erprobungsmuster im Rahmen des Testprogramms verloren gegangen waren, wurde als dritter Prototyp die XP-63A gebaut. Nach erfolgreichem Erstflug (26. April 1943) und befriedigender Erprobung bildete die XP-63A die Basis für die produktionsreife P-63 Kingcobra, deren erste seriengefertigte Exemplare P-63A im Oktober 1943 ausgeliefert wurden.

Die Ähnlichkeit der Kingcobra mit der Vorgängerin ist unverkennbar. Auch wenn Rumpf und Leitwerk ganz neue Entwürfe waren, hatte man sich bei Bell auf bewährte Formen gestützt. Die Anordnung des Triebwerks als Mittelmotor hinter dem Cockpit war geblieben, ebenso die Maschinenkanone M4 im panzerbrechenden Kaliber von 37 mm, die durch die hohle Propellernabe feuerte und die Kingcobra für die Bekämpfung von Bodenzielen prädestinierte. Der Flügel war eine Neukonstruktion und der P-51 Mustang vergleichbar. Auch von der Airacobra übernommen hatte man die Autotür. Ähnlich wie moderne Geschäftsflugzeuge oder eben Autos bestieg der Pilot die Kingcobra durch eine Tür statt einer geöffneten Cockpithaube.

Pinball – Bell RP-63

Gut 300 der Kingcobra dienten nach Kriegsende als Zielflugzeuge für Luftkämpfe. Zur Ausbildung junger Kampfpiloten rüstete man die Kingcobra um. Die Waffen wurden ausgebaut und das ganze Flugzeug mit einer zusätzlichen Schutzhülle aus Duraluminium sowie einer nochmals gepanzerten Frontscheibe versehen und die Öffnungen für Ölkühler und Ansaugluft abgedeckt.

In Trainingskämpfen durften die Neulinge dann – mit vergleichsweise harmloser Munition – versuchen, einen Treffer zu landen. Gelang dies, leuchtete eine rote Anzeigelampe, was wohl einige an einen Flipper-Spielautomaten (engl.: „pinball") erinnerte und der P-63 diesen Spitznamen eintrug.

Vorne die erste seriengefertigte Bell Airacomet, eine P-59A-1. Die Airacomet war der erste in den USA gefertigte strahlgetriebene Jäger. Im Hintergrund eine P-63 Kingcobra.

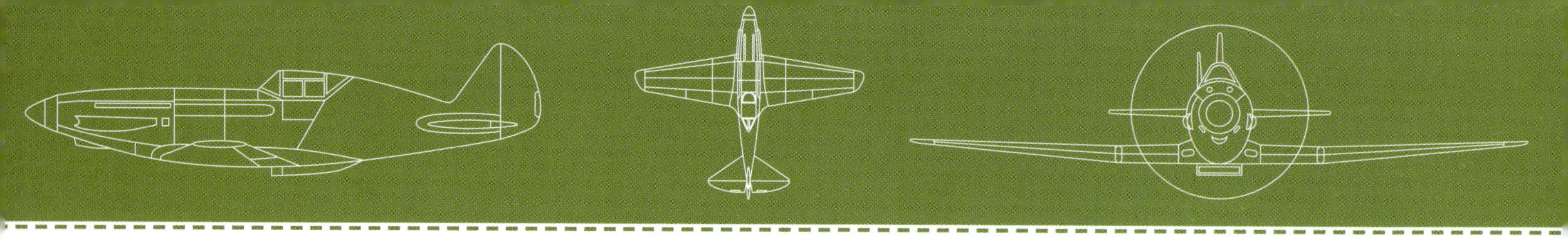

Mikojan-Gurjewitsch MiG-3

MIKOJAN-GURJEWITSCH MIG-3
Jagdeinsitzer
Spannweite: 10,20 m
Länge: 8,26 m
Höhe: 3,50 m
Leergewicht: 2700 kg
Startgewicht: 3325 kg
Triebwerk: ein flüssigkeitsgekühlter 12-Zylinder-V-Motor Mikulin AM-35A (Startleistung 994 kW/1350 PS, Dauerleistung 880 kW/1196 PS; Zweistufen-Höhenlader M-100; Hubraum 46,5 Liter
Höchstgeschwindigkeit: 640 km/h
Dienstgipfelhöhe: 12 000 m
Reichweite: 1195 km
Bewaffnung: ein 12,7-mm-MG BS und zwei SHKAS Kaliber 7,62 mm im Bug, später zusätzlich zwei weitere unsynchronisierte BS in Unterflügelbehältern, Unterflügelstationen für sechs Raketen RS-82 „Katjuscha" oder zwei Bomben bis zu 100 kg oder zwei Kampfstoffbehälter

Mikojan und Gurjewitsch – die später enormen Einfluss auf den sowjetischen Flugzeugbau ausübten – hatten mit der MiG-1 ihr erstes gemeinsames Jagdflugzeug gebaut. Sie zeigte aber so zahlreiche Mängel, dass sie schon ab dem hundertsten Serienmodell von der MiG-3 abgelöst wurde. Die MiG-3 gehört zu der Generation einsitziger schneller Abfangjäger, die in der unmittelbaren Vorkriegszeit projektiert und gebaut wurden. Diese Maschine wurde für die Abfangjagd in großen Höhen konzipiert – und zwar so kompromisslos, dass alle anderen Anforderungen, die ein Jagdflugzeug erfüllen muss, an die zweite Stelle rückten. Spätere Probleme wurden damit schon am Zeichentisch begründet.

Die ersten Einheiten wurden im März 1941 mit der MiG-3 ausgerüstet.

Diese MiG-3 musste in den ersten Wochen des deutschen Vormarsches in der UdSSR notlanden und fiel – schwer beschädigt – in die Hände der Wehrmacht.

Die Höhenleistung

Das Konzept des Abfangjägers für große und größte Höhen hatte der MiG-3 zu einer Dienstgipfelhöhe von 12 000 Metern verholfen; damals eine ziemlich einmalige Leistung. Im Vergleich zur Messerschmitt Bf 109 schnitt die MiG in Höhen über 5000 m deutlich besser ab, bei sehr guter Manövrierbarkeit lag ihre Höchstgeschwindigkeit in Bereichen, in denen die zeitgleich produzierten Bf-Modelle dramatische Leistungs-Einbrüche aufwiesen. Den Vollkreis konnte die MiG-3 innerhalb von 23,5 Sekunden fliegen – kein Rekordwert, aber beachtlich schnell.

Instabilität und Sicht

Die Geschwindigkeit und Wendigkeit in großen Höhen hatte ihren Preis: Die MiG-3 war nicht einfach zu fliegen, denn der verhältnismäßig kleine russische Jäger krankte an der Instabilität um die Längsachse – der Abstand zwischen Flügel und Heckleitwerk war sehr kurz und es erforderte unausgesetzte Steuerbewegungen, um die MiG auf Kurs zu halten, von Eigenstabilität konnte man nicht reden. Daran hatte bereits die MiG-1 gelitten, die Veränderung der Flügelgeometrie bei der MiG-3 – die Flügelaußenflächen erhielten eine stärkere V-Stellung – hatte die aerodynamische Schwäche mindern, aber nicht beseitigen können.

Eine andere Schwierigkeit resultierte aus der sehr weit hinten angeordneten Pilotenkanzel, die Sicht bei Start und Landung war stark eingeschränkt. Dadurch, dass man den Rumpf gegenüber der MiG-1 noch um 10 cm verlängert hatte, um Motor und Schwerpunkt nach vorne verlegen zu können, wurde dieses Problem noch verschärft.

Modellwechsel

Der Übergang der Produktion von MiG-1 zur MiG-3 war fließend, das 101. Serienflugzeug der MiG-1 verließ im Februar 1941 die Fabrik, mit einigen Änderungen wie zum Beispiel einem vergrößerten Tank, den bereits erwähnten Änderungen am Flugwerk und einem neuen Namen – MiG-3. Im März 1941 erhielten die ersten Einheiten das Serienmodell, produziert auf denselben Fertigungsstraßen, von denen vorher die MiG-1 gerollt war.

Als die deutsche Wehrmacht am 22. Juni 1941 die Sowjetunion angriff – Unternehmen Barbarossa – waren bereits 1269 Maschinen ausgeliefert.

Fronteinsatz

So problematisch die MiG-3 wegen ihre nervösen Flugcharakteristik für den Piloten war, so beliebt war sie beim Bodenpersonal: Sie galt als unkompliziert in der Wartung, mit vielen standardisierten Ersatzteilen, und war reparaturfreundlich – auch unter den erschwerten Bedingungen improvisierter Flugfelder. Vielleicht ist es diesen Eigenschaften zu verdanken, dass die MiG-3 trotz aller Schwachstellen fast bis Kriegsende im Dienst blieb. Denn die taktischen Gegebenheiten im Großen Vaterländischen Krieg – wie der Zweite Weltkrieg in der Sowjetunion genannt wird – sprachen gegen die MiG-3. Ihrem eigentlichen Einsatzzweck, der Höhenjagd, konnte sie nicht gerecht werden, weil die Luftkämpfe in geringeren Höhen stattfanden – und Versuche, sie als Erdkampfflugzeug einzusetzen, wurden wegen schlechter Leistung in geringer Höhe als erfolglos eingestellt. Die Einsatzlaufbahn in den an der Front kämpfenden Einheiten war daher relativ kurz, ab Ende 1941 wurde sie in die Heimatverteidigung abgezogen und sicherte fortan unter anderem den Luftraum über der sowjetischen Hauptstadt.

Produktionsende

Nach einem knappen Jahr lief die Produktion der MiG-3 bereits aus, nach einer Stückzahl von 3322 gebauten Exemplaren. Der Hauptgrund für die Einstellung war das neue Konkurrenzmodell Lawotschkin La-5, das den Anforderungen im

DAS LEITWERK

Steuerung und die Faktoren der Stabilität

Ganz allgemein kann man sagen, dass das Leitwerk am Flugzeug die zur Steuerung und Stabilisierung nötigen Momente (Kräfte) erzeugt. Dazu gehören: die Querruder (**a**) am Tragflügel, die die Rollbewegung steuern, außerdem senkrecht am Heck das Seitenleitwerk (**c**) und waagerecht das Höhenleitwerk (**b**).
Die Anordnung variiert: Es gibt das klassische Leitwerk mit waagerechter Fläche unter der senkrechten, den umgekehrten Fall, der wie ein T geformt ist, und das V-förmige. Dazu kommen Sonderformen wie der Canard-Flügel an der Flugzeugnase und andere.
Das Höhen- und Seitenleitwerk, meist am Heck zu finden, übernimmt im Flug neben der Kontrolle der Richtung in allen drei Achsen eine wichtige Rolle – die Stabilisierung. Ohne diese Stabilisierung ist ein kontrollierter Flug unmöglich, und wie man im Fall der MiG-3 sieht, ist es unter Umständen mit einer unzulänglichen Technik sehr mühsam, ein Flugzeug auf Kurs zu halten.

Eigenstabilität

Ein eigenstabiles System (hier Flugzeug) ist in der Lage, nach einer erzwungenen Richtungsänderung wieder in Normallage zurückzukehren. In der Aeronautik bedeutet das: Wenn das Flugzeug durch eine Kraft – eine Böe oder eine unbeabsichtigte Lenkbewegung – aus seiner Richtung gedrängt wird, ist eine eigenstabile Maschine fähig, wieder in die Normallage zurückzukehren, und das ohne Eingreifen des Piloten.
Fehlt einem Flugzeug diese Eigenschaft, muss der Flugzeugführer permanent selber gegensteuern, um den gewählten Kurs zu halten – ein großer Teil seiner Konzentration wird schon dadurch gebunden.

Windfahnenstabilität

Dieser Begriff erklärt sich fast von selber; dadurch, dass das Seitenleitwerk hinter den Tragflächen in der Hauptströmungsrichtung liegt, hat es, genau wie eine Windfahne, die Tendenz, bei asymmetrischer Anströmung sich wieder in die Hauptwindrichtung zu drehen und das Flugzeug um die senkrechte Hochachse auszurichten, zu stabilisieren.

Der V-Flügel

Der letzte Faktor, der zur Stabilität am Flugzeug hier besprochen werden soll, ist der Einstellwinkel, nicht zu verwechseln mit dem Anstellwinkel. Eine positive V-Stellung – das heißt die Flügelspitzen sind im Flug oberhalb der Flügelwurzel – beeinflusst positiv die Stabilität. Wird ein Flugzeug aus der Normallage bewegt, erzeugt diese Bauart asymmetrisch Auftrieb, das Flugzeug kehrt in die Normallage zurück. Eine negative V-Stellung erhöht die Wendigkeit, verschlechtert aber die Eigenstabilität.

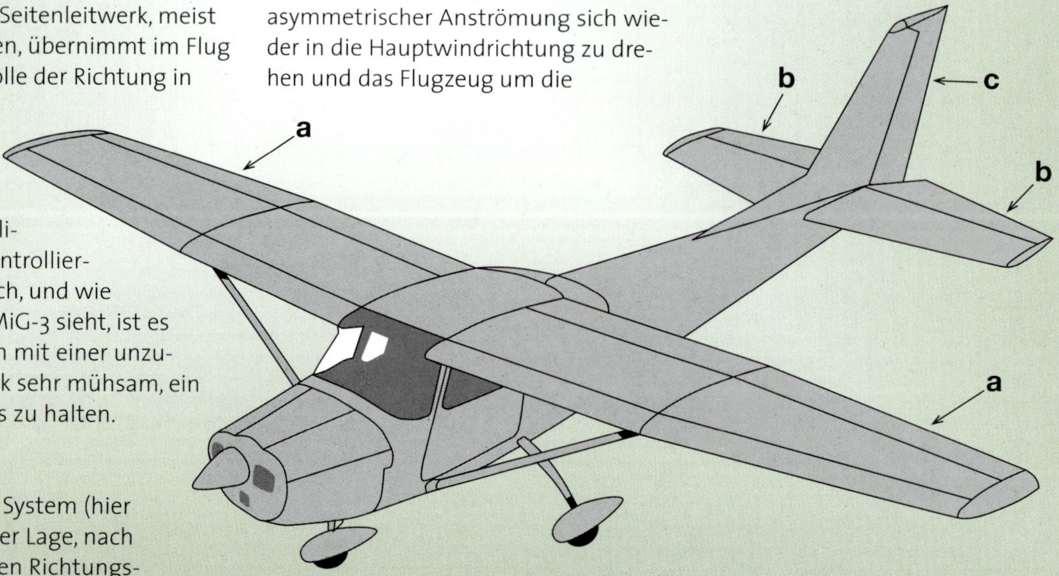

Krieg mit den Deutschen sehr viel besser gerecht wurde, und ein Wechsel bei den Zulieferern. Der verwendete Motor, der Mikulin AM-35A, wurde nicht weiter gebaut, statt dessen stellte das Motorenwerk jetzt den AM-38F her – für das Schlachtflugzeug Iljuschin Il-2 Schturmowik. Versuche von Mikojan-Gurjewitsch, mit anderen Triebwerken eine neue Großserie aufzulegen schlugen fehl, erst nach Kriegsende konnten sie mit der MiG-9, dem zweiten Jet der Sowjetunion, wieder an den Erfolg der MiG-3 anknüpfen.

Artjom Iwanowitsch Mikojan und Michail Jossifowitsch Gurjewitsch

Die Lebenswege von Mikojan und Gurjewitsch kreuzten sich im sogenannten Flugzeugwerk Nr. 1. Dort wurde der Grundstein für eine Zusammenarbeit gelegt, die dem sowjetischen Flugzeugbau wichtige Impulse gab.

Gurjewitsch, mit der Fliegerei seit früher Jugend verbunden, wurde noch während der Zarenherrschaft von der Universität verwiesen – wegen zu großer Nähe zum Gedankengut der Revolution – und musste seine Studien im Ausland beenden, in Frankreich an der École Nationale Supérieure de l'Aéronautique et de l'Espace. Nach der Revolution kehrte er in sein Heimatland zurück – als Konstrukteur und Mathematiker in das legendäre Moskauer Flugzeugwerk Nr. 1 (OKB-1), dessen Leiter Nikolai Nikolajewitsch Polikarpow war.

Artjom Mikojan hatte einen anderen Weg eingeschlagen – zunächst Maschinist, dann Soldat und danach Student der Ingenieurwissenschaften an der Militärakademie. Bereits zwei Jahre nach seinem Abschluss 1939 war er, ebenfalls im OKB-1, zu einem von Polikarpows Stellvertretern aufgestiegen.

Ende 1939 gründeten Mikojan und Gurjewitsch auf staatliche Anordnung hin das Konstruktionsbüro OKB Mikojan-Gurewitsch – die Keimzelle für ein Unternehmen, das immer noch stellvertretend steht für den sowjetischen Jagdflugzeugbau. Das neue Konstruktionsbüro hatte weitreichende Vollmachten, war nicht an Weisungen Polikarpows gebunden und konnte sich direkt an die Regierung wenden, falls sie Unterstützung benötigten. Darüber hinaus wurden Ihnen ein großer Stab technisches Personal und Konstrukteure aus den Reihen ehemaliger Polikarpow-Mitarbeiter zugeteilt.

Die Modelle, die aus dieser neuen Flugzeug-Schmiede kamen, sind hinlänglich bekannt. Der sowjetische Staat honorierte die Erfolge mit hohen Auszeichnungen: Beiden Konstrukteuren wurde in Anerkennung ihrer Leistungen der Leninorden verliehen, Mikojan sogar mehrfach.

Das sehr weit zurückgesetzte Cockpit der MiG-3 erschwerte die Bodensicht bei Start und Landung ganz erheblich.

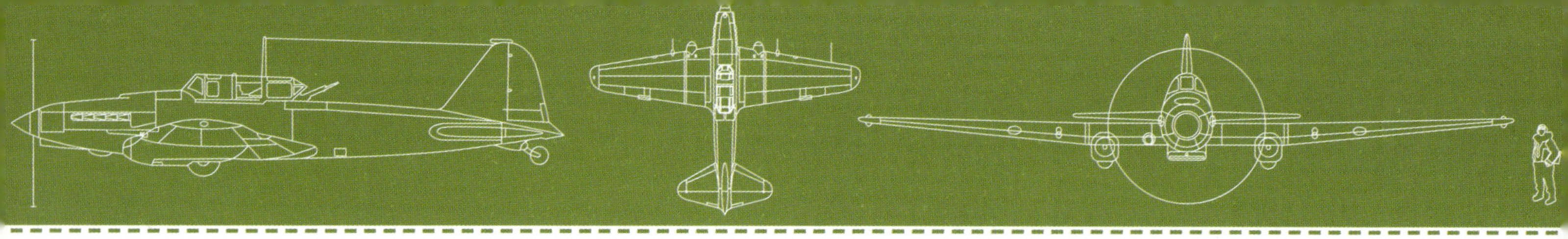

Iljuschin Il-2 Schturmowik

Konstrukteur Sergej Wladimirowitsch Iljuschin schuf mit diesem schweren gepanzerten Tiefangriffsflugzeug (russ.: TSchB = Tjaschelyj Schturmowik Bronnirowanyj) ein Schlachtflugzeug, das seinesgleichen sucht. Allein die Fertigungszahlen sind schon bemerkenswert und man glaubt, dass die Gesamtproduktion etwa 35 000 Stück betrug. Der taktische Wert der Maschine kann nicht hoch genug angesetzt und der Sieg über Deutschland – so lautet zumindest die offizielle sowjetische Darstellung – muss zu einem nicht geringen Teil der Il-2 zugerechnet werden. Die Führungsspitze der Sowjetunion wusste um die Bedeutung der Il-2 – Josef Stalin sagte über diese Waffe, dass sie für die Armee so wichtig wie Brot und Luft sei, und brachte sich mehrfach persönlich ein, um die Produktion sicherzustellen.

ILJUSCHIN IL-2M3 SCHTURMOWIK
Schlachtflugzeug
Spannweite: 14,60 m
Länge: 11,65 m
Höhe: 3,40 m
Leergewicht: 3250 kg
Startgewicht: 5872 kg
Triebwerk: ein flüssigkeitsgekühlter V-12-Reihenmotor Mikulin AM-38F (1288 kW/1750 PS)
Höchstgeschwindigkeit: 452 km/h
Dienstgipfelhöhe: 6500 m
Reichweite: 600 km
Bewaffnung: zwei 23-mm-MK, zwei 7,62-mm-MG ShKAS; im Heckstand ein MG UBT Kaliber 12,7 mm; 400-600 kg Bombenlast, entweder 6x50 kg oder 6x100 kg oder 2x250 kg. Acht oder vier Raketen, entweder acht Stück RS-82 oder vier Stück RS-132, alle mit Hohlladungsgefechtskopf.

Aufnahmen wie diese, aus der Produktionshalle der Schturmowik, unterlagen in der Sowjetunion strengster Geheimhaltung.

Der Heckschütze deckte mit seinem UBT-MG, Kaliber 12,7 mm, die IL-2 nach hinten ab – ein höchst gefährlicher Auftrag, denn der Heckstand war weitgehend ungepanzert.

Die Anforderungen

Bereits Mitte der 1930er-Jahre hatte die Führung der Sowjetarmee offensichtlich der Erdkampfunterstützung für ihre Truppen eine höhere Priorität eingeräumt als andere Nationen. Sergej W. Iljuschin legte seinen Entwurf für ein Schlachtflugzeug 1939 vor. Diese Konstruktion wurde akzeptiert, weil sein ebenfalls mit der Entwicklung beauftragter Konkurrent Suchoi keine Kapazitäten bereitstellen konnte.

Während die deutsche Luftwaffe sehr daran krankte, nicht genügend Reserven und Material zur Verteidigung im eigenen Land zu haben, hatte die russische Regierung frühzeitig die Konstrukteure aufgerufen, ein Schlachtflugzeug zu entwerfen, zunächst zur Abwehr möglicher Angreifer.

Iljuschins grundsätzlicher Ansatz war die Balance zwischen Feuerkraft, Gewicht, Panzerung und Geschwindigkeit. Die eigentliche Spezifikation zur Il-2 kam zwar erst Anfang 1939, da Iljuschin aber bereits mit der Planung begonnen hatte, stand das erste Versuchsmuster nach nicht einmal einem Jahr im Oktober 1939 zur Verfügung.

ZKB-55 – der Prototyp

Während der erste Prototyp nur als Funktionsattrappe in Originalgröße präsentiert worden war, absolvierte der zweite als ZKB-55 am 30. Dezember 1939 seinen Jungfernflug. Am Steuerknüppel: Wladimir K. Kokkinaki, „verdienter Versuchspilot", Besitzer zahlreicher Weltrekorde und zweifacher „Held der Sowjetunion". Angetrieben wurde der Prototyp von einem voluminösen flüssigkeitsgekühlten Mikulin AM-35.

Nach Abschluss der firmeninternen Tests wurde die ZKB-55 (Zentrales Konstruktionsbüro) der staatlichen Erprobung übergeben und Ende April 1940 bescheinigte das Forschungsinstitut der sowjetischen Luftwaffe die Eignung als Schlachtflugzeug. Da Iljuschin das ZKB praktisch leitete, wurden die von ihm entwickelten Flugzeuge zunächst mit der Typenbezeichnung „ZKB" versehen. Das größte Defizit der Testversion war die bescheidene Geschwindigkeit. Bedingt durch sein hohes Gewicht konnte der AM-35 die Maschine nur auf maximal 360 km/h beschleunigen.

Da sich die ZKB-55 auch leistungsmäßig als sehr mangelhaft erwies, startete Iljuschin ein „Notprogramm" und schuf die ZKB-57. Um die erforderliche Leistung bereitzustellen, hatte Motorenhersteller Mikulin den stärkeren AM-38 entwickelt und mit diesem neuen Triebwerk wurde die ZKB-57 in Bodennähe bis zu 420 km/h schnell. Ihren Erstflug absolvierte die ZKB-57 am 12. Oktober 1940. Neben dem neuen Triebwerk war bei der ZKB-57 der von den Militärs gewünschte Platz des Heckschützen gestrichen worden – eine Fehlentscheidung, wie sich in der Praxis herausstellen sollte.

Die schwere Panzerung der IL-2 war mit Munition vom Gewehrkaliber nicht zu durchdringen, die Schwachstelle war der Ölkühler unter dem Rumpf.

Die Schlacht von Kursk

In einer der größten Panzerschlachten der Geschichte standen sich ab dem 5. Juli 1943 insgesamt über 6000 Panzer und mehr als zwei Millionen Soldaten gegenüber. An Flugzeugen waren 2000 deutsche und auf sowjetischer Seite 3000 beteiligt. Ziel der Wehrmacht war, durch einen Zangenangriff gegen den weit nach Westen vorspringenden sowjetischen Stellungsbogen bei Kursk die Angriffskraft der Sowjets derart zu schwächen, dass an der Ostfront die Initiative zurückgewonnen und der Krieg mit Aussicht auf Erfolg weitergeführt werden konnte. Die Sowjets waren über die deutschen Pläne genauestens informiert worden, hatten im deutschen Angriffsraum ihre besten Verbände konzentriert und ein tiefgegliedertes Stellungssystem angelegt. Obwohl seinerseits gewarnt, löste Hitler den Angriff unter dem Decknamen „Zitadelle" aus. Unmittelbar vor Beginn des deutschen Angriffs eröffnete sowjetische Artillerie das Feuer und Kampfflugzeuge belegten die deutschen Panzerversammlungsräume mit Bomben. Nach anfänglichen Teilerfolgen wendete sich das Kriegsglück; der deutsche Angriff entfaltete sich nur langsam und ab dem 7. Juli zerstörten schleißlich die eingreifenden Schturmowik Panzer um Panzer.

Infolge der Landung der anglo-amerikanischen Verbände auf Sizilie fehlte den Deutschen endgültig die Kraft zur Fortsetzung der Offensive im Osten. Die Schlacht von Kursk musste abgebrochen werden und gilt vielen Historikern als der eigentliche Wendepunkt des Russlandfeldzuges, denn von diesem Zeitpunkt an taumelte das deutsche Ostheer von Niederlage zu Niederlage und Ende 1943 war die UdSSR fast wieder vollständig in sowjetischer Hand.

Was außerdem fehlte, war der Großauftrag zur Serienfertigung – dieser blieb zunächst aus. Die Luftstreitkräfte sahen keine Verwendung für ein schweres gepanzertes Tiefangriffsflugzeug und erst auf persönliche Weisung Stalins begann die Produktion.

Eines der meistgebauten Flugzeuge

Die Serienfertigung der Il-2 lief im April 1941 an, bei Kriegsausbruch am 22. Juni 1941 waren erst 249 Maschinen ausgeliefert und nur zwei Regimenter ausgerüstet. Auch wenn die veröffentlichten Zahlen stark voneinander abweichen: Bis zum Ende der Produktion 1945 wurden insgesamt rund 36 000 Stück (nach polnischen Quellen sogar mehr als 41 000) gebaut – damit platziert sich die Schturmowik in der Spitzengruppe der meistgebauten Flugzeuge weltweit.

Erste Erfahrungen

Wenige Tage nach Beginn des deutschen Angriffs – beim Kampf um die Beresina – wurde

Während der Panzerschlacht von Kursk fügten die Schturmowik den deutschen Truppen schwere Verluste zu.

die Il-2 zum ersten Mal im Kampf erprobt. In diesen ersten operativen Einsätzen erlitt die Il-2 schwere Verluste, unter anderem auch deshalb, weil der fehlende Heckschütze eine wirksame Abwehr der bevorzugt von hinten angreifenden Jägern unmöglich machte. Die ursprünglichen Konstruktionszeichnungen von Sergej Iljuschin – die einen Platz für den Heckschützen vorgesehen hatten – wurden aus diesem Grund wieder hervorgeholt und die nächste Baureihe, die Il-2M, geschaffen. Diese Zweisitzer gelangten ab Mitte 1942 an die Front.

Aus dem Hause Mikulin kam mit dem AM-38F auch eine neue leistungsgesteigerte Generation hinzu. Zur Verteidigung nach hinten wurde in der Heckschützenkanzel ein Maschinengewehr Beresin UBT Kaliber 12,7 mm lafettiert.

Die leistungsfähigste und zahlenmäßig meistgebaute Iljuschin wurde das Modell Il-2M3, das ab Ende Oktober 1942 zum Einsatz kam und an der Schlacht um Stalingrad in größerer Zahl teilnahm.

Unzählige Spitznamen

Die Il-2 bekam eine breite Palette von Spitznamen. Bei den eigenen Truppen nannte man sie einfach und zärtlich nach ihrem Firmennamen „Iljuscha“, die deutschen Landser tauften sie „Eiserner Gustav“, „Betonflugzeug“ oder „Fliegender Tod“. Die Veränderungen des Cockpits – um die Sicht nach vorne zu verbessern – bescherten ihr den Namen die „Bucklige“ und in Finnland verglich man sie sogar mit einer Erntemaschine. Dort war sie als „Mähdrescher“ bekannt, was sehr bildhaft die verheerende Wirkung der Schturmowik auf den Schlachtfeldern beschreibt.

Als Schlachtflugzeug konzipiert, war die Il-2 Schturmowik optimal gerüstet für den Angriff auf Bodenziele.

Il-2 im Zielanflug. Wie meistens fanden die Angriffe aus geringer Höhe statt.

Zerstörer

Den Namen „Schturmowik" verdankt die Il-2 ihrer massiven Panzerung – und die dadurch bedingte hohe Beschussfestigkeit. Eine 700 Kilogramm schwere und fünf bis sieben Millimeter starke Panzerwanne schützte Triebwerk und Piloten. Der Kühlerlufteinlauf befand sich auf der Flugzeugnase und die verwundbare Kühlerbaugruppe war hinter dem Motor innerhalb der Panzerwanne gut geschützt. Der Schutz war nach vorne so effektiv, dass die normale MG-Munition in Kalibern bis 12,7 mm keine ernsten Schäden zufügen konnten; erst bei Maschinenkanonen ab Kaliber 20 mm zeigten Treffer Wirkung. Aber selbst solche Treffer konnte die Panzerung bis zu einem gewissen Grad abfangen. Auch die Frontscheibe wurde durch Beschuss nicht unbedingt zerstört – ihr 65 mm starkes Panzerglas K-4 war extrem beschussfest.

Der Heckschütze profitierte allerdings nicht von diesem Panzerschutz. Auf seinen Gefechtsstand wurde die Panzerung erst ab späteren Modellen ausgedehnt. So kann es nicht verwundern, dass die Verluste der Heckschützen um das Vierfache höher waren als bei den Piloten.

Eine Schwachstelle der Schturmowik war der Ölkühler, der einige Zentimeter aus der Rumpfunterseite ragte – also außer Sicht des Heckschützen. Die Gefährdung der Il-2-Piloten lag schon in der Art ihrer Einsätze. Im Regelfall griffen sie aus Höhen unterhalb zweihundert Metern an, häufig sogar in Baumwipfelhöhe, und waren damit in der Reichweite der Bodentruppen – selbst mit Waffen kleiner Kaliber.

Das Arsenal der Il-2

Aus den Erfahrungen im Einsatz hatte man nicht nur die Bedeutung des Heckschützen erkannt, sondern auch die Defizite in der Bewaffnung. Ab Modell M3 wurden daher die ursprünglich verwendeten zwei 20-mm-ShVAK -Kanonen gegen zwei 23-mm-Maschinenkanonen mit hoher Mündungsgeschwindigkeit ausgetauscht.

Einige Maschinen wurden mit der 37-mm-Maschinenkanone Nudelman-Suranov NS-37

Sowjetische Besatzungen bereiten sich, aufgereiht vor ihren Schturmowik, 1956 auf den Abzug aus der damaligen DDR vor.

bewaffnet, die aber auf Grund des enormen Rückstoßes zu deutlich schlechterem Flugverhalten führte.

Der Schutz des Heckschützen wurde eingeführt, und das Gewicht der Panzerung damit auf 900 Kilogramm erhöht.

In den internen Bombenschächten führte die Il-2 entweder bis zu 192 panzerbrechende PTAB-Bomben (klein, 2,5 kg schwer, mit Hohlladung) oder bis zu 600 kg Bomben unterschiedlicher Dimension mit. Im Heck wurde das 12,7-mm-MG UBT beweglich montiert.

Weiter Varianten der Bewaffnung waren acht RS-82- oder vier RS-132-Raketen im Kaliber 82 beziehungsweise 132 mm oder die kleinen, aber nach sowjetischen Berichten sehr effizienten Luftminen DAG-10. An Fallschirmen herabschwebend, konnten diese Luftminen für ein verfolgendes Jagdflugzeug zur tödlichen Falle werden.

Und schließlich wurde die Il-2T zum Torpedoträger umgerüstet und – bei reduzierter Panzerung – mit einem Torpedo Kaliber 533 mm bestückt.

Die Taktik der Schturmowik-Piloten

Die Piloten der Schturmowik wendeten je nach Situation verschiedene Grundmuster der Taktik an: gegen stationäre Ziele wie Bunkeranlagen oder Panzerkolonnen im Marsch versprach der Sturzflugangriff den größten Erfolg, Infanterie oder Lastwagenkolonnen wurde im Tiefflug angegriffen und gegen eine gepanzerte Abteilung – die sich in Angriffsposition befand – hatte man den „Todeskreis" erfunden. Dabei überflogen die Schturmowik die deutsche Front und griffen die Panzer in einer Kette – gewöhnlich 12-18 Maschinen – an ihrer verwundbarsten Stelle an – von hinten, kurvten dann erneut ein und griffen wieder von hinten an. Auf diese Weise lagen die Angegriffenen praktisch unter Dauerfeuer. Die Verluste, die die Schturmowik auf diese Weise ihren Gegnern zufügten, waren verheerend. So soll bei Kursk allein die deutsche 9. Panzerdivision in nur 20 Minuten 70 Panzer verloren haben. Wenn es die Luftlage erlaubte, verließen die sowjetischen Piloten nach dem Verbrauch ihrer Munition nicht das Schlachtfeld, sondern flogen – den Gegner systematisch demoralisierend – immer wieder im Sturzflug an und kehrten erst zu ihren Flugplätzen zurück, wenn der Treibstoff zur Neige ging.

Boulton Paul Defiant

BOULTON PAUL DEFIANT MK II

Zweisitziger Jäger/Nachtjäger
Spannweite: 11,99 m
Länge: 10,77 m
Höhe: 3,45 m
Leergewicht: 2849 kg
Startgewicht: 3821 kg
Triebwerk: ein flüssigkeitsgekühlter 12-Zylinder-V-Motor Rolls-Royce Merlin XX mit 954 kW (1280 PS)
Höchstgeschwindigkeit: 504 km/h
Dienstgipfelhöhe: 9250 m
Reichweite: 748 km
Bewaffnung: vier Browning-MG Kaliber 7,7 mm im motorisierten Waffenturm auf dem Rumpfrücken

Die Defiant wurde Mitte der 1930er-Jahre entworfen, mit einer als revolutionär geltenden Bewaffnung: einem um 360 Grad drehbaren Geschützturm auf dem Rumpfrücken. Dieser Geschützturm wurde von einem Motor gedreht und verschoss aus vier Browning-MGs eine wahre Breitseite. Eine weitere Besonderheit der Defiant war, dass der Heckschütze gleichzeitig der Kommandant des Flugzeugs war – ganz wie in den Anfängen der Militärfliegerei.

Der Heckschütze und Kommandant im Geschützturm der Boulton Paul Defiant feuerte aus vier Browning-MGs Kaliber 7,7 mm.

Das Klima der Entwicklung

An den Spezifikationen (hier F.9/35) kann man inetwa ablesen, wie die Strategen der jeweiligen Zeit geplant haben – die Defiant entspringt einer bestimmten Idee der Luftkriegsführung. Die gedachte Taktik war, dass ein Jagdflugzeug sich den unbegleiteten Bomberformationen von unten oder der Flanke her nähern und dann mit konzentrierter Feuerkraft angreifen sollte.

Von einem Motor getriebene, drehbare Geschütztürme waren eine recht neue Technik. Die englische Firma Boulton Paul war – mit ihrem Bomber-Modell Sidestrand – in dieser Zeit Marktführer.

In der ersten Euphorie wurden auch Jagdflugzeuge mit motorisierten Waffentürmen ausgerüstet. Aber war der Turm auch für die Bomber richtig, so war er als Hauptbewaffnung eines Jagdflugzeugs eher ungeeignet. Und eine Lektion schien vergessen zu sein: Mit dem zweisitzigen Bristol F.2 Fighter hatte man im Ersten Weltkrieg die Erfahrung gemacht, dass ein Heckschütze im Jagdflugzeug alleine nicht erfolgversprechend war und erst als man das nach vorne gerichtete MG als Hauptwaffe benutzt hatte, stiegen die Abschusszahlen der F.2.

Nur, bei der Boulton Paul hatte man auf eine Vorwärtsbewaffnung vollkommen verzichtet; einem Frontalangriff war der Pilot hilflos ausgesetzt.

Das Überraschungsmoment

Ganz zu Beginn ihrer Dienstzeit gelang den Piloten der Defiant mancher Sieg, indem sie das Überraschungsmoment ausnutzten. Die Maschine ähnelte ein wenig der Hawker Hurricane und deutsche Piloten sahen keine ernste Bedrohung, wenn sich die vermeintlichen Hurricane neben sie setzten oder vor ihnen flogen. Auf diese Art konnte die Defiant aus völlig unüblichen Positionen auf den Verfolger feuern und eine kurze Zeit lang – bei der Evakuierung der Alliierten aus Dünkirchen – konnte sie einige Luftsiege erringen.

Das Überraschungsmoment ließ sich aber nur kurz nutzen und im Einsatz über den britischen Inseln erlitt die Boulton in erster Linie heftige Verluste. Aus dem Einsatz in der Tagjagd wurde sie daher bald wieder abgezogen.

Nachtjagd

Die nächste Einsatzart – in welcher der größte taktische Nutzen der Defiant lag – war die Nachtjagd. Die mit einem Bordradar ausgestattete Boulton Paul wurde den einfliegenden deutschen Bombern durchaus gefährlich – bis ins Jahr 1942, als ihre geringe Höchstgeschwindigkeit nicht mehr ausreichte, um eindringende Flugzeuge abzufangen, und die Nachtjagd-Staffeln komplett umgerüstet wurden. Einige wenige Defiant begleiteten alliierte Bomberverbände nach Deutschland, mit Störsendern vom Typ Moonshine oder Mandrel an Bord sollten sie die gegnerische Radarortung stören.

Bei Bombern weit verbreitet, für Jagdflugzeuge sehr ungewöhnlich: Der um 360 Grad drehbare Geschützturm auf dem Rumpfrücken, die einzige Bewaffnung der Defiant, erwies sich im Gefecht als untauglich.

Danach gab es Defiant, die zur Seerettung eingesetzt wurden, mit zwei Behältern für Schlauchboote unter den Flügeln oder Modelle, die als Zielschlepper genutzt wurden. Diese Variante ist erkennbar am Zusatz TT für Target Tug hinter der Modellbezeichnung.

Im Laufe des Jahres 1943 wurden alle Defiant aus dem aktiven Dienst abgezogen; insgesamt gebaut wurden 1060 Maschinen.

Auf den Flugfeldern der RAF waren Tiere (im Arm des Piloten) als Maskottchen ein gewohnter Anblick.

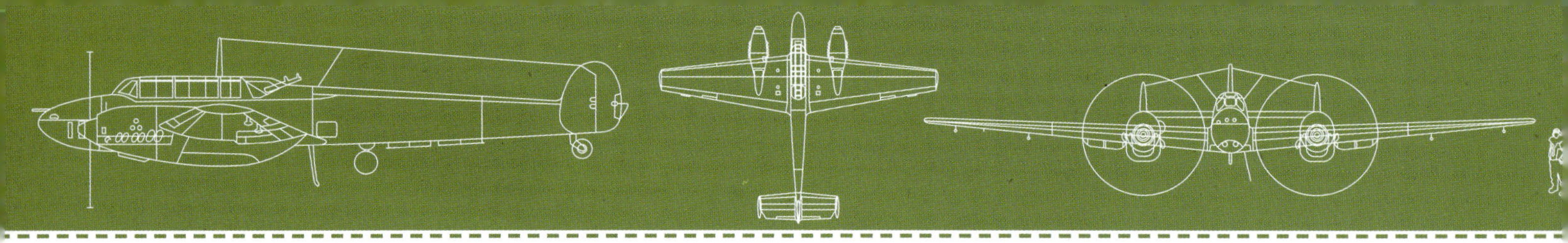

Messer-schmitt Bf 110

Das Konzept der offensiven Luftkriegführung und des schweren strategischen Jägers – der tief in Feindesland eindringen konnte – wurde auf diesen zweimotorigen Zerstörer aus dem Hause Messerschmitt angewandt. Obwohl die Bf 110 eine sehr gelungene und anpassungsfähige Konstruktion mit einer – für eine zweimotorige Maschine – ausgezeichneten Manövrierbarkeit war, zeigte sich bereits 1940 in der Luftschlacht um England, dass sie ihrer ursprünglich zugedachten Rolle nicht gerecht werden konnte. Die Bf 110 wurde daher im weiteren Verlauf des Krieges mit Erfolg zu andern Aufgaben herangezogen – unter anderem als radargeführter Nachtjäger in der Reichsverteidigung.

MESSERSCHMITT BF 110G-4C/R3
Zweisitziger Tag- und Nachtjäger/Zerstörer/Jagdbomber/Aufklärer/Schleppflugzeug für Lastensegler
Spannweite: 16,25 m
Länge: 13,05 m
Höhe: 4,18 m
Leergewicht: 5090 kg
Startgewicht: 9890 kg
Triebwerk: zwei flüssigkeitsgekühlte 12-Zylinder-V-Motoren (hängend) Daimler-Benz DB 605 B-1 mit jeweils 1085 kW (1475 PS)
Höchstgeschwindigkeit: 550 km/h
Dienstgipfelhöhe: 8000 m
Reichweite: 2100 km
Bewaffnung: zwei Maschinenkanonen MK 108 Kaliber 30 mm mit je 130 Schuss und zwei MG 151/20 Kaliber 20 mm in der Rumpfspitze und einem beweglichem 7,9-mm-Zwillings-MG 81Z für den Bordfunker (hinteres Cockpit) mit 800 Schuss oder zwei MG 151/20 auf dem Rumpfrücken als „schräge Musik“

Der schwere zweimotorige Jäger Messerschmitt Bf 110 während der Werkserprobung.

Die Bf 110 als Jäger

Mitte der 1930er-Jahre gab es in den Planungsabteilungen vieler Luftstreitkräfte den Glauben an den operativen Erfolg eines sogenannten Zerstörers und schweren Langstreckenjägers. Auf deutscher Seite entstand so die Messerschmitt Bf 110, die Briten bauten die Bristol Blenheim, die Amerikaner die Airacobra und die Lockheed Lightning und die Franzosen die Breguet 691.

Direkt zu Beginn des Krieges schienen die Bf 110 die an sie gestellten Erwartungen auch zu erfüllen, als es ihnen im Dezember 1939 über der Helgoländer Bucht gelang, aus einer Gruppe von 24 einfliegenden englischen Bombern vom Typ Vickers Wellington neun Maschinen abzuschießen. Die Schwächen der Bf 110 wurden erstmals im Frankreich-Feldzug deutlich sichtbar – auch wenn sie für ihre Größe erstaunlich wendig war, konnte sie es nicht mit einem einmotorigen Jäger im Luftkampf aufnehmen.

Großbritannien

In der Luftschlacht über England im Sommer 1940 mußten die Bf 110 dann endgültig aus dem direkten Kampfgeschehen zurückgezogen werden, da sie den Angriffen der Hurricane und Spitfire kaum etwas entgegenzusetzen hatten. Alleine im August dieses Jahres verlor die Luftwaffe 120 Maschinen. Als Geleitschutz für die Zerstörer wurden schließlich sogar einmotorige Jäger Bf 109 eingesetzt – das Konzept des Zerstörers und schweren Begleitjägers musste damit auf deutscher Seite als gescheitert betrachtet werden.

Jagdbomber über dem Mittelmeer

Zwei neue Aufgaben fand die Bf 110 als Jagdbomber gegen die britische Schifffahrt und in der Erdkampf-Unterstützung, für die ihre schwere Bewaffnung ausgezeichnet geeignet war, ein drittes Einsatzgebiet war die Aufklärung. Trotz allem war die Messerschmitt um das Jahr 1942 ein Auslaufmodell, das von der Me 210 abgelöst werden sollte. Da es jedoch nicht gelang, die Probleme der Nachfolgerin zu beheben, war man auf deutscher Seite gezwungen, die Bf 110 mit verbesserten Modellen weiterhin in der Produktion zu belassen. Dies und die Anpassungsfähigkeit der Maschine führte dazu, dass sie in immer neuen Konfigurationen bis Kriegsende im Dienst blieb – in einer Stückzahl von über 6000 gebauten Exemplaren.

Oben links: Die Instrumententafel der Bf 110. Die Steuersäule ist zu diesem Zeitpunkt entfernt.

Oben rechts: Bei Kriegsbeginn konnte die Bf 110 noch kurz ihrer ursprünglichen Rolle als Zerstörer gerecht werden.

Volltreffer! Die Zielkamera eines Jägers hält den Abschuss einer Messerschmitt Bf 110 fest.

Die außenliegenden Antennen des Liechtenstein-Radars erzeugten erheblichen Luftwiderstand und verschlechterten die Flugleistungen der Bf 110.

Absturz einer getroffenen Bf 110.

Schräge Musik

Die gewaltigen britischen Bomberverbände mit bis zu 1000 Maschinen stellten eine schier unlösbare Aufgabe dar. Auf jeden abgeschossenen Bomber kamen zwanzig weitere, die ihr Ziel erreichten. Trotzdem war die Messerschmitt Bf 110 mit Radarausrüstung ein sehr erfolgreicher Nachtjäger.

Die angreifenden Bomber waren keinesfalls wehrlos, zum Beispiel die Avro Lancaster verfügte über bis zu zehn MGs, davon alleine vier im Heckstand auf der Rumpfoberseite.

Auspuff-Flammendämpfer, Zusatztank und Radarantennen – diese Bf 110 ist für die Nachtjagd ausgerüstet.

Nachtjagd – Die Kammhuber-Linie und Himmelbett

Die verheerende Wirkung, die der spätere Bombenkrieg gegen Deutschland erzielte, darf nicht darüber hinwegtäuschen, dass zu Beginn der nächtlichen Bombenangriffe 1940, als auf beiden Seiten die Entwicklung des Radars noch in den Anfängen steckte, keine eindeutige Überlegenheit einer Partei zu erkennen war. Einer der Gründe für das relative Gleichgewicht war die Flugabwehr auf einer Verteidigungslinie, die sich in ihrer endgültigen Form von Dänemark bis Südfrankreich erstreckte und nach ihrem Befehlshaber als „Kammhuber-Linie“ in die Geschichte einging. Zu Beginn war diese Linie nur auf Flak-Scheinwerfer gestützt, mit Verfügbarkeit der ersten Funkortungssysteme wurde sie zu einem Radar-Frühwarn- und Jäger-Leitsystem. Die Kammhuber-Linie war in einzelne, sich überlappende Bereiche, die Himmelbetten, eingeteilt. Die Bereiche hatten eine Größe von ca. 20 x 30 Kilometern. Die Komponenten dieses Systems waren: ein Funkfeuer als absoluter Bezugspunkt; die Leitstelle als Kommando-Zentrale; ein Freya-Funkmessgerät zur Übersicht (Reichweite bis 150 km) und zur Einweisung von zwei präziseren Würzburg-Geräten (Reichweite 35 km; später 60–70 km) zur Ortung der Feindbomber und zur Führung der Nachtjäger. Zu Beginn der Nachtoffensive arbeitete dieses Verfahren so effizient, dass – zusammen mit der Ungenauigkeit der damaligen Bombenzielgeräte und der Navigation – das britische Bomber Command in ernste Schwierigkeiten geriet und es den alliierten Luftstreitkräften nicht gelang, der deutschen Industrie ernsthaft zu schaden.
Das vielleicht größte Manko des Himmelbett-Systems war, dass nur ein oder zwei Nachtjäger gleichzeitig geleitet werden konnten, was die Wirksamkeit schnell einschränkte – der spätere Wechsel der Angriffstaktik von Bomberwellen zu Strömen war neben neuen Techniken zur Störung des Radar dann das Ende der Kammhuber-Linie. Sie wurde buchstäblich überrollt.

Um den Bordwaffen der Bomber kein Ziel zu bieten, griffen die Jagdflieger von unten an. Ein Volltreffer bedeutete aber, dass der Jäger genau in den Trümmerhagel oder schlimmer in die explodierende Bombenlast flog – die „Schräge Musik“ erhöhte die Trefferquote und die Sicherheit der Piloten. Dabei handelte es sich um zwei 20-mm-Kanonen auf Zwillingslafette, die im Winkel von ca. 70 Grad schräg nach vorne und oben feuerten, der Pilot flog die Bf 110 unter den Bomber und löste dann die beiden Kanonen aus. Diese Angriffstaktik war so erfolgreich, dass die RAF sich anfangs den Abschuss so vieler ihrer Bomber nicht erklären konnte. Erst durch die Analyse der Einschusslöcher an beschädigt zurückgekehrten Bombern war man in der Lage, die Art der Waffe und die eingesetzte Taktik zu erkennen.

Die deutschen Nachtjäger hatten ihren größten Erfolg in der Nacht des 30. März 1944 während des Angriffes der RAF auf Nürnberg, bei dem es ihnen gelang, 95 Bomber abzuschießen. In der Spätphase des Krieges reagierte man bei der RAF auf die weiterhin bestehende Bedrohung durch die Nachtjäger, indem man eigene Nachtjäger, vor allem die De Havilland Mosquito, in die Bomberströme einschleuste. Diese griffen ihrerseits die angreifenden deutschen Bf-110-Jäger an – aus dem Jäger war ein Gejagter geworden.

Nach dem Einsatz werden die Bordwaffen schnellstmöglich gereinigt und neu munitioniert.

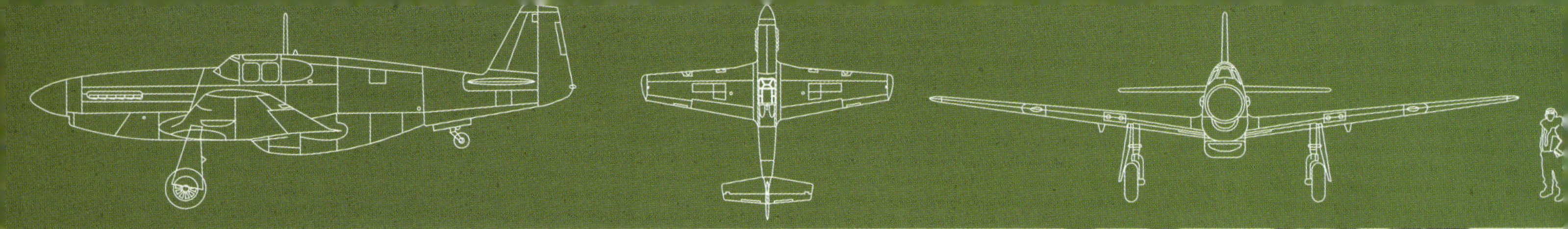

NORTH AMERICAN P-51D MUSTANG
Jagdeinsitzer/Langstreckenbegleitjäger/Jagdbomber/Aufklärer
Spannweite: 11,29 m
Länge: 9,83 m
Höhe: 4,16 m
Leergewicht: 3227 kg
Startgewicht: 5481 kg
Triebwerk: ein flüssigkeitsgekühlter 12-Zylinder-V-Motor Packard/Rolls-Royce V-1650-7 mit 1186 kW (1613 PS); lizenzgefertigter Rolls-Royce Merlin V-12
Höchstgeschwindigkeit: 703 km/h
Dienstgipfelhöhe: 12 800 m
Reichweite: 3328 km
Einsatzradius: 1287 km
Bewaffnung: sechs Flügel-MG Browning 53-2 Kaliber 12,7 mm mit insgesamt 1800 Schuss; max. Kampflast an Unterflügelstationen (Bomben oder sechs Infanterie-Raketen des Typs Bazooka oder 12,7-mm-Raketen) 908 kg

1800 Schuss für die „Fifties". Die MG der Mustang, Kaliber 12,7 mm, werden munitioniert.

North American P-51 Mustang

Die P-51 kann man mit Recht als den Höhepunkt der Entwicklung kolbenmotorgetriebener Jagdflugzeuge bezeichnen – wendig, gehorsam, mit ausgezeichneter Leistung in allen Höhen und einer Reichweite, die sie als Begleitjäger für das Eindringen tief in gegnerisches Gebiet prädestinierte. Sie sicherte die amerikanischen Bomberverbände bei den Angriffen der letzten Kriegsjahre und trug entscheidend zum Ausgang des Zweiten Weltkriegs bei.

North American Aviation

Die Kapazitäten der britischen Luftfahrtindustrie waren 1939 – unmittelbar vor Kriegsausbruch – ausgelastet. Die Beschaffungskommission der RAF wandte sich daher auf der Suche nach einem neuen Kampfflugzeug an die USA. Mit der Firma North American Aviation (NAA) hatte man bereits zusammengearbeitet, dort wurde ein Trainingsflugzeug für die RAF gebaut – die North American AT-6D Texan oder Harvard III, wie sie bei der RAF hieß. Die Briten glaubten nicht die Zeit zu haben, um eine ganz neue Entwicklung anzustoßen, und wollten zunächst ein bestehendes System kaufen. Im Gespräch waren die Curtiss P-40 oder die Bell P-39 und andere. Ursprünglich sollte daher bei NAA eine Lizenzversion vom Band laufen, aber der Präsident und Chefkonstrukteur der NAA,

James A. „Dutch“ Kindelberger, überzeugte die Einkäufer, dass sein Entwicklungsteam einen besseren Jäger hervorbringen könne, mit besseren Leistungen, besseren Flugeigenschaften und stärkerer Bewaffnung. Er sollte Recht behalten.

Erdkampf: Die P-51 greift in der Rolle als Jagdbomber eine Panzerkolonne an. Insgesamt konnte sie fast eine Tonne Bomben oder Raketen tragen.

NA-73X

Unter der Leitung von Raymond H. Rice und Edgar Schmued machte sich die Entwicklungsabteilung von NAA ans Werk und in kürzester Zeit stand der erste Prototyp NA-73X zur Verfügung – nicht einmal 130 Tage nach den ersten konzeptionellen Entwürfen. Auch wenn in der Literatur abweichende Werte zwischen 102 und 170 Tagen genannt werden, ist eines sicher: Die Entwicklung der Mustang war ein gemeinsamer Kraftakt bei NAA, der seinesgleichen sucht. Der Produktionssaustoß steht stellvertretend für die Leistungsfähigkeit der Firma: Die höchste Zahl produzierter Mustangs in einem Monat beträgt über 850 Stück.

Im Frühjahr 1940, am 23. Mai, erging die erste Order über 320 Flugzeuge, damals noch NA-73 genannt, und am 26.Oktober 1940 startete der Prototyp zum Jungfernflug. Zwei Wochen später teilte die RAF der NAA mit, dass der neue Typ unter der offiziellen Bezeichnung Mustang fliegen werde.

Eine der möglichen Bauarten: Der Flügel der North American P-51 wird im Ganzen mit dem Rumpf verbunden.

P-51A Mustang I und P-51D Mustang II

Die erste Version aus der laufenden Produktion – die am 21. Oktober 1941 in Großbritannien eintraf – begeisterte die Briten mit ihren Flugeigenschaften und sie waren der Meinung, ein exzellentes Jagdflugzeug für geringe bis mittlere Höhen erhalten zu haben. Allerdings konnte man zu Beginn der Einsatzlaufbahn noch nicht

Die Mustang P-51D erreichte ihre absolute Höchstgeschwindigkeit von 703 km/h in ca. 7500 m Höhe.

die spätere Kampfkraft des Jägers erahnen – das eingebaute Triebwerk Allison V-1710 ließ so weit an Höhenleistung zu wünschen übrig, dass an den Einsatz der P-51 als Höhen-Abfangjäger nicht zu denken war. Der Turbolader – der anderen Modellen mit diesem Motor zu guten Höhenleistungen verhalf – konnte aus konstruktiven Gründen nicht verwendet werden. Stattdessen musste man den Kompressor (Supercharger) nutzen. Die P-51, die noch mit dem Allison-Triebwerk ausgerüstet waren, wurden speziell für Tiefangriffe ausgelegt und fanden Verwendung als Jagdbomber und Aufklärer.

Ab Oktober 1942 kam die modifizierte Mustang in den Dienst. Glücklicherweise konnte das Flugwerk leicht an einen anderen Motor angepasst werden und der Rolls-Royce Merlin – genauer gesagt die von Packard gebaute Lizenzversion – brachten dem Modell P-51B Mustang II eine sprunghaft gesteigerte Leistung. Andere Änderungen an diesem Modell waren: es wurde ein Vierblatt-Propeller eingeführt, der Ansaugstutzen der Vergaser wurde auf die Nase und die MGs vom Bug in die Flügel verlegt.

In der Version P-51D dann – von der ab dem Erstflug am 10. November 1943 insgesamt 7956 Stück gebaut wurden – erreichte die Mustang, dort, wo sie vorher nicht konkurrenzfähig war, in rund 7500 Metern Höhe ihre absolute Höchstgeschwindigkeit von 703 km/h.

Modell H – das schnellste Wildpferd

Mit der P-51H erreichte der Bau von kolbengetriebenen Propellermaschinen den höchsten Leistungsstand. Aus den Prototypen XP-51F und XP51G hatte NAA diesen ultraleichten Jäger entwickelt. Bemerkenswert waren unter ande-

P-51 Mustang der kalifornischen Nationalgarde, wo sie bis weit über das Kriegsende hinaus diente.

Eine Mustang mit der alten Kabinenhaube, noch vor der Einführung der tropfenförmigen Vollsichthaube.

rem die neue Struktur, der tiefere Rumpf und das größere Seiten- und Höhenleitwerk. Mit dem neuen Triebwerk Packard Merlin V-1650-9 erreichte die Maschine eine Höchstgeschwindigkeit von 785 km/h in 7600 m Höhe. Mit einer Wasser-Methanol-Einspritzung zur kurzfristigen Höchstleistung entwickelte das Triebwerk bis zu 1685 kW (2220 PS). Die P-51H sollte bei der bevorstehenden Invasion Japans gemeinsam mit der P-47 Thunderbolt das Rückgrat der USAAF bilden. Aber dann war der Zweite Weltkrieg zu Ende und von 2000 bestellten Exemplaren wurde nur ein Viertel ausgeliefert.

Der Flügel

NAA hatte für die P-51 einen neuen Flügel konstruiert. Diesem Flügel, dessen größte Dicke auf die rückwärtige Hälfte der Profilsehne und damit erheblich weiter nach hinten als sonst üblich verlegt war, verdankte die P-51 ihre Schnelligkeit ebenso wie der widerstandsarmen und hochwertigen Linienführung der gesamten Zelle. Dies erklärt, warum die P-51 mit demselben Motor wie die Curtiss P-40 rund 45 km/h schneller war, und das obwohl die Mustang mehr Gewicht trug.

Die erste Auslieferung

Die USAAF hatte dem Verkauf der damals noch NA-73 genannten Mustang nach Großbritannien zustimmen müssen, um eine Exportlizenz zu ermöglichen. Sie tat das auch, allerdings unter der Bedingung, dass ihr zwei Erprobungsmuster übergeben wurden – und zwar kostenfrei. Die Mustang überzeugte in den Tests, sogar so sehr, dass die USAAF 57 Maschinen dieser ersten, eigentlich für Großbritannien bestimmten Serie (Mustang IA) für sich beanspruchte und als taktische Aufklärer einsetzte.

Der Langstreckenjäger

Die Einsatzreichweite der Mustang war – zusätzlich zu ihren anderen Stärken – herausragend. Mit einer Tankfüllung, ohne Zusatztanks, waren vorher undenkbare Streckenflüge möglich geworden.

Die erste Mission der Mustang als Begleitjäger im Dienst der Royal Air Force war der Begleitschutz für B-17-Bomber. Von England aus startete der Verband im Dezember 1943 zu einem Flug nach Kiel und zurück – eine Enternung von 1600 Kilometern! Zum Vergleich: die Spitfire Mk V hatte knapp die Hälfte dieser Strecke als Einsatzreichweite. Aufklärungsflüge tief ins Innere Deutschlands wurden möglich – einer der ersten war die Foto-Aufklärung mitten ins Herz der deutschen Industrie über dem Dortmund-Ems-Kanal im Oktober 1942. Damit zählten die Mustang zu den wenigen einmotorigen Jägern der RAF, die tief ins Reichsgebiet eindringen konnten.

Generalfeldmarschall und Oberbefehlshaber der Luftwaffe, Herman Göring, soll angeblich angesichts der ersten Mustang über der Hauptstadt Berlin den Krieg für verloren gehalten haben – sicherlich eine seiner wenigen realistischen Einschätzungen der Lage.

Messerschmitt Me 262 Schwalbe

MESSERSCHMITT ME 262A–1A SCHWALBE

Jagdeinsitzer/Schnell-Bomber/Nachtjäger
Spannweite: 12,65 m
Länge: 10,60 m
Höhe: 2,80 m
Leergewicht: 3803 kg
Startgewicht: 6697 kg
Triebwerk: 2 x Turbo-Luftstrahltriebwerke Junkers Jumo 004 B1, dieselgetrieben, mit achtstufigem Axialverdichter mit jeweils 8,8 kN Standschub
Höchstgeschwindigkeit: 860 km/h
Dienstgipfelhöhe: 11 450 m
Reichweite: 1150 km
Bewaffnung (Jägerversion): vier Maschinenkanonen MK 108 Kaliber 30 mm mit insgesamt 360 Schuss in der Rumpfnase; Unterflügel-Schienenroste für 2 x zwölf in Salve abgeschossene 55-mm-Bordraketen R4M „Orkan“

Nur von wenigen Flugzeugen kann man sagen, dass sie eine epochale Änderung in der Luftkriegsführung bedeuten – die Me 262 gehört ganz sicher dazu. Das erste in Serie gebaute und im Kampfeinsatz stehende Düsenflugzeug der Welt vereinigte in sich mehrere, für die damalige Zeit revolutionäre Konzepte der Aerodynamik und der Triebwerk-Technik und war in der Geschwindigkeit allen alliierten Propellerflugzeugen weit überlegen. Buchstäblich in der letzten Stunde eingeführt, hätte sie dem Zweiten Weltkrieg eine andere Richtung geben können – sie tat es nicht, taktische und politische Fehler verhinderten den rechtzeitigen Einsatz.

Eine Messerschmitt Me 262 mit Radarantenne. Für das Aufspüren von Gegnern zahlte man den Preis verringerter Geschwindigkeit.

Messerschmitt Me 262 – das erste in Serie gebaute Strahlflugzeug der Welt.

Die Geburtstunde der Jets

Sowohl in Deutschland als auch in Großbritannien wurden unabhängig voneinander ab Mitte der 1930er-Jahre Strahltriebwerke entwickelt. In Deutschland durch Pabst von Ohain, der die erste funktionsfähige Strahlturbine der Welt konstruierte – die in den Werken von BMW und Junkers weiterentwickelt wurde.

Im Herbst 1938 erhielten die Messerschmitt-Werke einen Entwicklungsauftrag zur Konstruktion eines Flugzeuges, das speziell auf die – bis dato nur geplante – neuen Luftstrahltriebwerke BMW 003 mit ca. 5,88 kN (600 kp) Schub zugeschnitten sein sollte. Der ursprüngliche Plan, die beiden Triebwerke an den Flügelwurzeln anzubringen, wurde schnell aufgegeben, und die Triebwerke an der Flügelunterseite platziert. Da zu dieser Zeit erst wenige Erkenntnisse über das Verhalten von Turbinen im Flug vorlagen, war man mit dieser Anordnung offen für weitere Entwicklungen der Triebwerke. Selbst bei Vergrößerung der Turbinen würden damit Änderungen der Zelle unnötig sein.

Messerschmitts Entwurf war eine unter aerodynamischen Gesichtspunkten hervorragende Konstruktion mit relativ dünnen und gepfeilten Tragflächen für den Flug mit hoher Geschwindigkeit. Die außergewöhnlich gute Aerodynamik der Me 262 wird auch durch einen Vergleich ersichtlich. Erst 1950, also sechs Jahre nach dem erstmaligen Kampfeinsatz der „Schwalbe", erreichte der erste amerikanische Jet, die F-84, die gleiche Geschwindigkeit – aber mit einem Triebwerk von fast der doppelten Schubleistung.

Frühe Schwierigkeiten

Das Spornradfahrwerk der ersten Versuchsmuster bedingte ein Problem: die schräg stehenden Triebwerke richteten dadurch ihren Abgasstrahl größtenteils gegen den Boden und der Schub reichte nicht zum Abheben.

Der Pilot war gezwungen, beim Start bei rund 180 km/h durch kurzes Antippen der Bremsen das Spornrad anzuheben, wodurch sich das Heck des Flugzeugs anhob und nun erst der volle Schub der Triebwerke in horizontaler Richtung wirken konnte. Messerschmitt beseitigte diese speziellen Schubprobleme durch den Einbau eines Bugradfahrwerks und erzielte damit als weiteren positiven Nebeneffekt die bessere Rundumsicht des Piloten.

Das Triebwerk selber war Ursache weiterer Schwierigkeiten – die Unzuverlässigkeit der ersten BMW-Luftstrahltriebwerke, die zum

Abschalten (Flammabriss) und zu Bränden neigten und in ihrer Leistung unbefriedigend waren.

Das führte zu der absurden Situation, dass für die Flugerprobung der Zelle 1941 noch – zusätzlich zu den Luftstrahltriebwerken – ein Kolbenmotor mit Propeller eingebaut werden musste – sicherheitshalber. Die späteren Serienmaschinen wurden von den zuverlässigeren Junkers Jumo 004 Strahltriebwerken angetrieben.

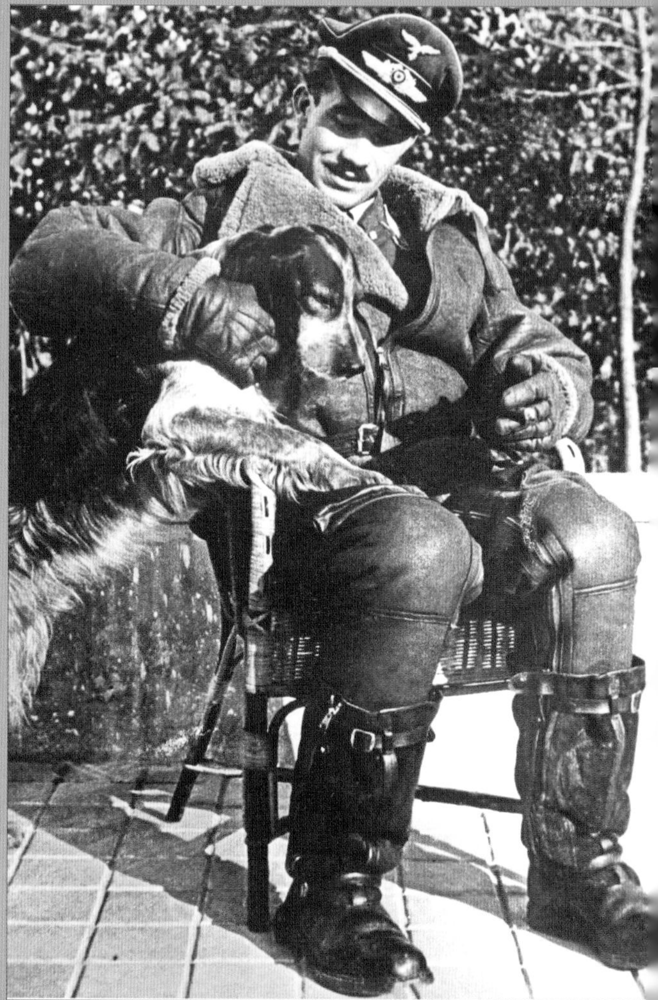

Adolf Galland, jüngster General der Jagdflieger, Fliegerass und passionierter Zigarrenraucher, war einer der Piloten der Messerschmitt Me 262.

Rohstoffmangel

Weniger mangelnde Ingenieurleistung als vielmehr Rohstoffknappheit waren ursächlich für die Triebwerkprobleme verantwortlich. Die Verdichterschaufeln oder Blätter arbeiten unter extremer mechanischer und thermischer Belastung. Nur hoch hitzefeste Legierungen können dieser Belastung auf Dauer standhalten – die Lagerstätten der seltenen Rohmaterialien dieser Legierungen befanden sich aber ausschließlich in britischer Hand.

Die Ingenieure bei Junkers waren daher gezwungen, die Strahlturbine aus Stahl herzustellen. Das Brüchigwerden der Schaufeln wurde durch extrem kurze Wartungsintervalle kompensiert: Alle 10 Betriebsstunden wurde das Triebwerk der

Mindestens zwei Me 262 wurden mit der großkalibrigen MK 214 (5 cm) bestückt. Durch diese weitreichende Maschinenkanone hoffte man, die US-Bomber aus größerem Abstand wirksam bekämpfen zu können.

Me 262 ausgebaut und von Junkers vollständig neu montiert. Des Weiteren galt für alle frühen Jet–Triebwerke bis in die 1950er-Jahre ihre Empfindlichkeit auf plötzliche Laständerungen. Der Pilot musste sehr vorsichtig mit dem Leistungshebel umgehen oder andernfalls mit der selbsttätigen Abschaltung des Triebwerks (Flammabriss) rechnen. Viele Abschüsse von Me 262 resultierten aus solchen Triebwerkausfällen.

Jungfernflug

Der erste reine Jet-Flug mit der Me 262 wurde am 18. Juli 1942 erfolgreich durchgeführt. Anzumerken ist aber, daß dies nicht der weltweit erste Flug war – dieser gelang bereits vorher mit dem von Ernst Heinkel entwickelten Konkurrenzmodell He 280.

Im Mai 1943 konnte der General der Jagdflieger Adolf Galland erstmals die Me 262 fliegen und sein Urteil fiel euphorisch aus – im November 1943 erhielt die Me 262, nachdem sie Hitler vorgeführt worden war, dann die unbedingte Priorität in der Entwicklung, allerdings als Schnell-Bomber.

Der Schnell-Bomber

Trotz Hitlers Anweisung wagte Karl Otto Saur, der Jägerstab-Leiter, etwa jede zweite Me 262 als Jäger fertigen zu lassen. Andererseits blieb natürlich Hitlers Befehl, die Me 262 als Schnell-Bomber zu bauen und er verbat sich, über die Me 262 in einem anderen Sinne zu sprechen.

Diese Fehlentscheidung warf die Entwicklung der Me 262 als Jagdflugzeug bis zu neun Monate zurück. Willi Messerschmitt persönlich war nicht ganz unschuldig an der Situation. Gemäß Hitlers Luftwaffen-Adjutant, Nicolaus von Below, befahl Hitler Messerschmitt im September 1943 zu sich und fragte, ob die Düsenmaschine auch als Bombenflugzeug geeignet sei. Messerschmitt bejahte und nutzte die Gelegenheit, sich über Feldmarschall Milch, General-Inspekteur der Luftwaffe und General-Luftzeugmeister, zu beschweren, der ihm angeblich nicht genügend Arbeitskräfte zur Verfügung stellte. Messerschmitt verstieg sich im November 1943 gegenüber Göring sogar zu der Behauptung, innerhalb 14 Tagen die nötige Elektrik und Bombenschlösser konstruieren zu können.

Strahltriebwerke

Strahltriebwerke erzeugen ihren Vorschub aus einem Gasstrahl. Im Lufteinlass des Triebwerks rotieren hintereinander gestaffelt Verdichterschaufeln – beim Axialtriebwerk rechtwinklig zum Luftstrom hintereinander –, erhöhen den Druck der angesaugten Luft und führen sie in die Brennkammer. Dort wird der Kraftstoff eingespritzt und die Verbrennung läuft kontinuierlich ab, dadurch erhöhen sich Druck und Volumen des Gases erheblich und strömen Richtung Turbine. Die Turbine treibt die Verdichterschaufeln über eine Welle an. Danach ist die nächste Station des Verbrennungsgases die Schubdüse, wo das Gas ausströmt und mit seinem Schub das Flugzeug antreibt. Zur Leistungssteigerung kann vor oder in der Schubdüse noch ein Nachbrenner vorgeschaltet sein, der aus einer zweiten Verbrennung zusätzlichen Schub entwickelt.

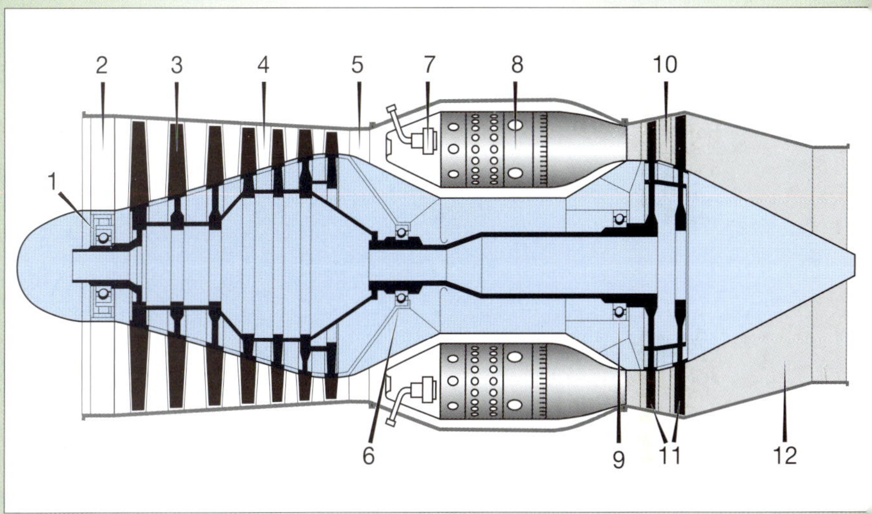

Der Aufbau eines Strahltriebwerks:
1 vorderes Lager
2 Lufteintritt
3 Verdichtungsschaufeln
4 Statoren (feststehende Leitschaufeln)
5 Verteiler-Abschnitt
6 mittleres Lager
7 Kraftstoffeinspritzdüsen
8 Brennkammern
9 hinteres Lager
10 Turbinenleitschaufeln
11 zweistufige Turbine
12 Schubdüse

Der Schnell-Bomber erhielt die Bezeichnung Me 262 A–2a und konnte entweder eine einzelne 1000-kg-Bombe oder zwei 500-kg-Bomben unter dem Rumpf tragen – und enttäuschte im Einsatz. Schlimmer noch war – die Fehlentscheidung behinderten Entwicklung und Einsatz des vorhandenen Düsenbombers Arado Ar 234 Blitz.

Viel zu spät, im September 1944, wurde die Me 262 wieder zum Jagdflugzeug bestimmt; jetzt fehlten zweisitzige Trainer in ausreichender Zahl und die Piloten erhielten nur eine minimale Schulung.

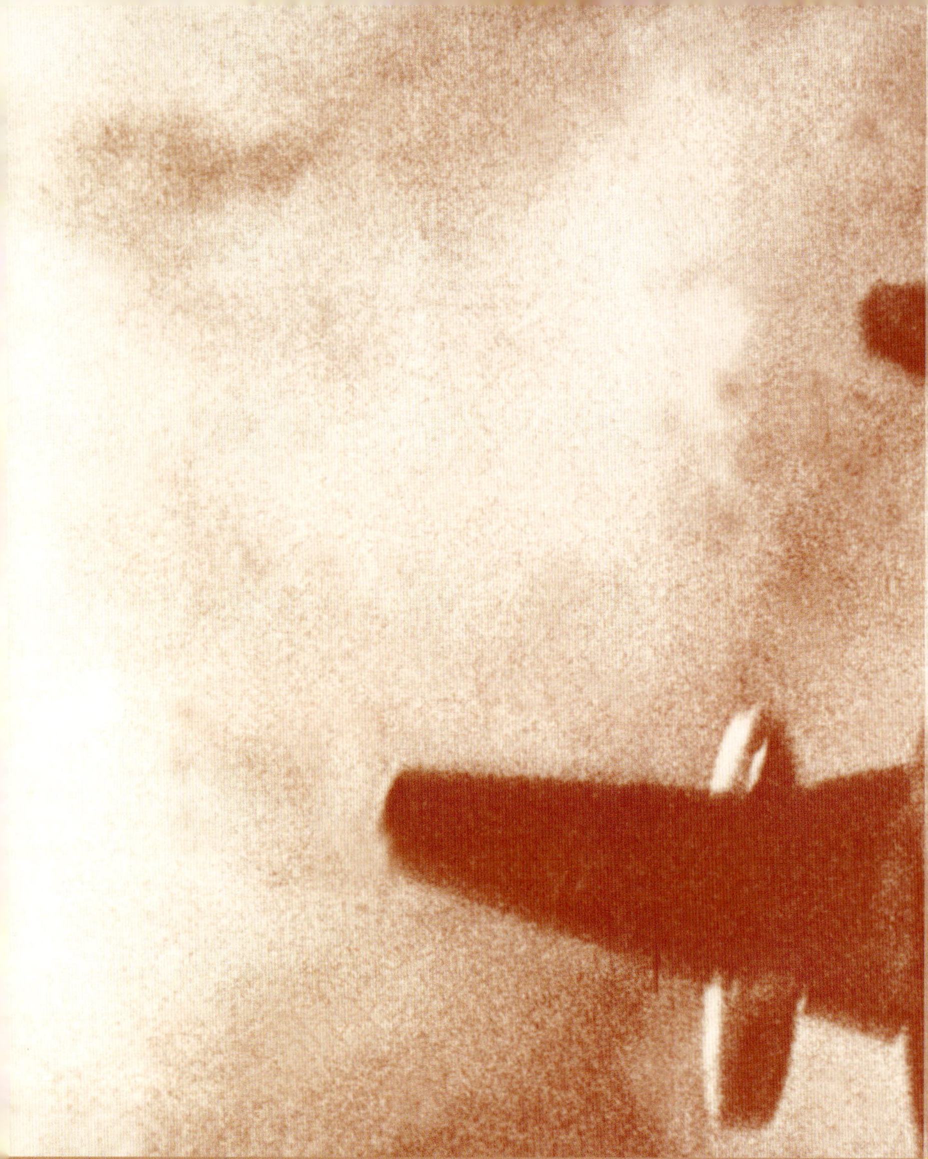

Die Bilder einer Zielkamera während eines Luftkampfs spiegeln die Dramatik des Augenblicks.

Jagdverband 44 – Operativer Einsatz

Die ersten Einsätze als Jäger wurden im Juli 1944 durch das EKdo262 (Erprobungskommando der Luftwaffe) in Rechlin geflogen. Im September 1944 wurden diese Kommandos unter Walter Nowotny (283 Luftsiege, gefallen 8. Nov. 1944) zum „Kommando Nowotny“ zusammengefasst. Erst unter dem Eindruck der alliierten Luftüberlegenheit befahl Hitler im November 1944 die Aufstellung des JG 7, des ersten Düsen-Jagdgeschwaders der Welt. Im Januar 1945 wurde Adolf Galland befohlen, J.V. 44 (Jagdverband 44) mit Me 262 aufzustellen. J.V. 44 wurde zum „Club der Besten“, in dem das Ritterkreuz zur Uniform gehörte und in dem Männer wie Johannes Steinhoff, Heinrich Bär, Gerhard Barkhorn und Walter Krupinski kämpften.

Die Messerschmitt hätte durch ihre überlegene Geschwindigkeit das Potenzial gehabt, der deutschen Luftwaffe die Luftüberlegenheit zurück zu gewinnen. Natürlich verursachte die hohe Geschwindigkeit ungeahnte Probleme: Die Me 262 näherte sich langsam fliegenden Feindbombern so schnell, dass kaum Zeit zum Zielen blieb – es schien, als ob die gegnerischen Flugzeuge bewegungslos am Himmel gestanden hätten, berichtete Johannes Steinhoff, der spätere Generalinspekteur der Bundesluftwaffe.

Alternative Waffensysteme

Neben der Standardbewaffnung mit vier Maschinenkanonen MK 108 Kaliber 30 mm, die allein schon in der Lage waren, einem viermotorigen Bomber schwere Schäden zuzufügen und – laut Adolf Galland – mit drei Treffern zu vernichten, wurden die Me 262 zusätzlich mit 55-mm-Raketen R4M „Orkan“ bestückt. Mit diesen MK 108 und den speziellen, unter jedem Flügel montierten 12-schüssigen Schienenrosten für R4M verfügte die Me 262 über die wirkungsvollste Jagdflugzeugbewaffnung des Zweiten Weltkriegs. Der Abschuss der 24 R4M erfolgte in Intervallen von je sechs Raketen in Abständen von 0,07 Sekunden. Die Erfolge waren hervorragend und das Abschussverhältnis der deutschen Jäger veränderte sich schlagartig auf 7:1 (von bis dahin 1:1!). Laut Adolf Galland genügte ein Treffer mit einer R4M, um einen Bomber zum Absturz zu bringen! Beim Angriff auf Bomberformationen wurden auf etwa 1500 m Entfernung die Raketen gestartet und dann die 30-mm-Kanonen eingesetzt.

Die Reaktion der Alliierten

Das Auftauchen des Jägers Me 262 über Deutschland wirkte auf die alliierten Piloten und deren Oberkommando wie ein Schock – fast 200 km/h war die „Schwalbe“ schneller als ihre Jäger. Bald jedoch lernten die Flieger der amerikanischen Propellerflugzeuge der 8. US-Luftflotte die Schwächen der Me 262 kennen und auszunutzen. Gelang es, den Strahljäger in einen Zweikampf zu verwickeln, konnte er ausmanövriert werden. Zudem fiel bei solchen Zweikämpfen oftmals die Turbine aus, da der Pilot in der Hitze des Kampfes nicht mehr gewohnt vorsichtig mit dem Leistungshebel umgehen konnte und zur leichten Beute für die alliierten Jäger wurde.

Taktisch reagierte man beim alliierten Luftoberkommando rasch auf die Bedrohung durch die neuen Jets. Als erste Maßnahme wurde der Luftraum über den deutschen Me-262-Flugplätzen permanent durch Jäger überwacht. Startende und landende Jets waren gegenüber Angriffen konventioneller Jäger ausgesprochen hilflos und viele wurden so abgeschossen.

Weitere Entwicklungen

Ein Teil der Me 262 A-1a wurde als radargeführter Nachtjäger bei der 10./NJG 11 recht erfolgreich eingesetzt. In der Planung befand sich sogar noch ein zweisitziger Nachtjäger mit verlängertem Rumpf auf der Basis des Trainers Me 262 B-2a, von dem aber nur noch ein Prototyp hergestellt wurde. Durch das Kriegsende abgebrochen wurden auch die Arbeiten an der Me-262-C-Serie mit zusätzlichem Walter-Raketen-Triebwerk unter dem Rumpf, der das Flugzeug in kürzester Zeit auf Abfanghöhe bringen sollte.

Der Kampf ist entschieden. Eine Me 262 stürzt mit brennendem Triebwerk ab.

Der taktische Wert

Der tatsächliche Einsatzerfolg der „Schwalbe“ sollte nicht überbewertet werden. Obwohl bis Ende des Krieges insgesamt 1430 Me 262 produziert wurden, kam aufgrund der beschriebenen Schwierigkeiten nur circa ein Viertel hiervon zum Kampfeinsatz. Die Bombardierung der Hydrierwerke und der damit verbundene Treibstoffmangel tat ein Übriges.

Die Behinderungen der Entwicklungszeit hatten das Überwinden der Kinderkrankheiten verhindert, nichtsdestotrotz wurden mit der Schwalbe mehr als 700 Luftsiege errungen, bis der Einmarsch der Alliierten ihre Einsatzlaufbahn beendete.

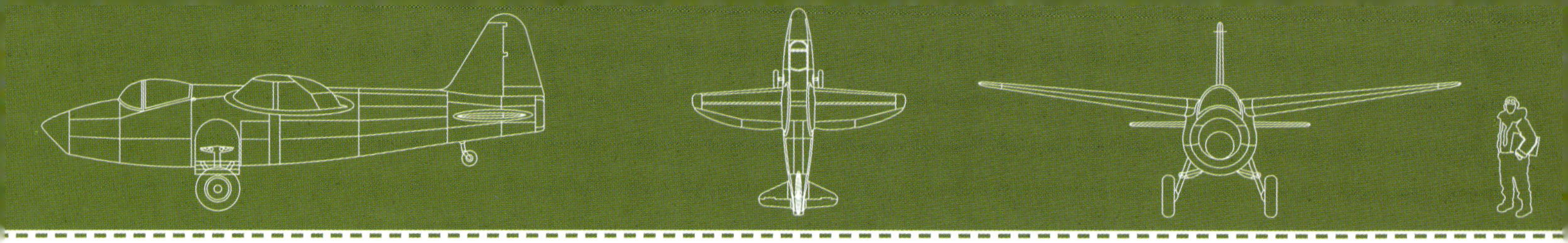

Heinkel He 178

Das Versuchsflugzeug Heinkel He 178 nimmt einen besonderen Platz in der Geschichte der Jagdflugzeuge ein – obwohl sie nie in die Serienfertigung ging. Das erste von einem Strahltriebwerk angetriebene Flugzeug der Welt bedeutete einen weiten Sprung nach vorne in der Entwicklung. In den Kriegsplänen der Nationalsozialisten war kein Raum für diese bahnbrechende Neuerung – sie endete im Berliner Museum für Luftfahrt, wo sie 1943 bei einem Bombenangriff zerstört wurde. Die Kurzsichtigkeit der politischen Führungsriege hatte den Fortschritt um Jahre zurückgeworfen.

HEINKEL HE 178 V1
Versuchsflugzeug
Spannweite: 7,20 m
Länge: 7,48 m
Höhe: 2,10 m
Leergewicht: 1650 kg
Startgewicht: 1950 kg
Triebwerk: Turbo-Luftstrahltriebwerk Heinkel HeS3A mit 4,5 kN Schub, später leistungsgesteigertes HeS3B mit 4,9 kN Schub
Höchstgeschwindigkeit: 640 km/h
Reichweite: 200 km

Ohain, Whittle und Campini

Diese drei Konstrukteure in drei Ländern hatten in den frühen 1930er-Jahren die Erforschung von Strahltriebwerken maßgeblich vorangetrieben. Frank Whittle hatte 1930 ein Patent auf eine Turbine mit Radial-Verdichter angemeldet, eine Weiterentwicklung trieb später dann die Gloster Meteor an. Secondo Campini hatte in Italien ein Triebwerk erfunden, das aus einer Kombination von Kolbenmotor und Verdichter mit Nachbrenner bestand; mit diesem Modell wurde 1940 der erste Überlandflug mit einem Strahltriebwerk durchgeführt.

Das erste von einer Strahlturbine angetriebene Flugzeug der Geschichte, die Heinkel He 178, ging nie in die Serienfertigung.

Eines von zwei Erprobungsmustern der Heinkel He 178. Keines davon blieb erhalten.

Eine fruchtbare Partnerschaft

Der an technischen Neuerungen immer interessierte Ernst Heinkel wurde 1936 von einem ehemaligen Kollegen, Professor Pohl, mit dem 24jährigen Wissenschaftler Hans-Joachim Pabst von Ohain, bekannt gemacht. Der Doktorand arbeitete bereits an seinem ersten Strahltriebwerk – nach der Begegnung mit Heinkel fanden er und sein Assistent Max Hahn in den Heinkel Flugzeugwerken die finanziellen und räumlichen Möglichkeiten, die Erfindung zur Serienreife zu entwickeln. Eine kleine Baracke außerhalb des Heinkel-Werkes in Rostock-Marienehe wurde zum Forschungslabor (Abteilung Sonderentwicklung II) hergerichtet – bereits im Jahr darauf lief die erste Turbine HeS3A auf dem Prüfstand.

Durch kontinuierliche Verbesserungen konnte Pabst von Ohain die Leistungs- und Ausdauerfähigkeit des Strahltriebwerks soweit steigern, dass im Frühjahr 1938 bereits ein Standschub von 4,5 kN (450 kp) erreicht wurde. Diese Leistung konnte nochmals gesteigert und im Flug erprobt werden. Das an der Entwicklung beteiligte Personal wurde dabei zu strikter Geheimhaltung verpflichtet – lediglich das Reichsluftfahrt-Ministerium wurde über die Fortschritte bei der Entwicklung des Jets informiert.

Interesse an Heinkels Bemühungen

Im Reichsluftfahrt-Ministerium, das der Luftwaffe unterstellt war, hatte man – anders als in der Regierung – die privaten Bemühungen Heinkels mit Interesse verfolgt und war von der bahnbrechenden Bedeutung des neuen Triebwerks für den Flugzeugbau überzeugt. Die beiden führenden Hersteller von Flugmotoren, Junkers in Dessau und BMW in München, wurden daher aufgefordert, ebenfalls selbst Strahltriebwerke zu entwickeln. Aus diesen Anforderungen sollten dann Jahre später die weltweit ersten in Serie gebauten Strahltriebwerke BMW 003 und Junkers Jumo 004 hervorgehen.

Die He 178 V1 machte am 24. August 1939 den ersten Lufthopser. Etwa einen Monat später gelang der erste weltweit anerkannte Flug.

Flugerprobung

Die ersten Versuche mit dem Strahltriebwerk wurden noch mit einem Propellerflugzeug durchgeführt, und zwar mit dem Stuka-Prototyp He 118 V2, wo die Turbine unterhalb des Flügel-Rumpfmittelteils montiert wurde.

Nach einem Totalverlust in der Flugerprobung ließ Heinkel speziell zur Erprobung des neuartigen Aggregats die He 178 V1 entwickel und bauen. Sie war ausgelegt als freitragender Schulterdecker in Ganzmetallbauweise (Duraluminium) mit nur 7,20 m Spannweite und einziehbarem Fahrwerk. Als Antrieb diente das inzwischen fertig gestellte zweite Aggregat HeS3B. Sein Verdichter bestand aus einer axialen Vor- sowie einer Radialstufe. Als Treibstoff kam zuerst Petroleum, später dann normales Flugbenzin zur Anwendung. Das HeS3B war längs im Rumpf eingebaut, mit einer Einlassöffnung für den Luftstrom im Bug und einer Austrittsöffnung für die Abgase am Heck. Diese Konstruktion des Lufteinlasses nahm eine Idee vorweg, wie sie später in den 1950er-Jahren durch die F-86 Sabre und die MiG-15 im Serienbau realisiert wurde. Neben der He 178 V1 (Versuchsmuster 1) wurde noch ein zweites Muster, die He 178 V2 fertiggestellt, mit 8,60 m Spannweite und größeren Tragflügeln.

Der 24. August 1939 schließlich war der Tag, an dem die He 178 V1 in Rostock-Marienehe mit dem Heinkel-Testpiloten Erich Warsitz am Steuer bei Rollversuchen ihren ersten Lufthopser machte. Der erste weltweit anerkannte Flug mit einem Jet glückte dann am 27. August 1939 – zwei Platzrunden mit einer Dauer von sechs Minuten, die ein neues Kapitel Fluggeschichte einleiteten.

Strahltriebwerke – Radial- und Axialverdichter

Bevor in einem Strahltriebwerk die Luft mit dem Treibstoff gemischt wird, durchströmt sie zunächst den Verdichter. Die rotierenden Läufer führen dabei der Luft Energie zu, die später in Schub umgesetzt wird. Beim Axialverdichter fließt die Luft parallel zur Welle der Verdichter-Schaufeln, im Radialverdichter strömt die Luft nach außen und muss – bei mehrstufigen Verdichtern – nach jeder Stufe umgelenkt werden.
Beide Systeme und Mischformen daraus, werden heute noch angewandt.

Die Reaktionen

Dieser sensationelle Flug erregte erstaunlich wenig Aufmerksamkeit, gemessen an der Bedeutung dieser bahnbrechenden Neuerung. Das Datum muss in Rechnung gezogen werden, denn nur vier Tage nach dem Erstflug begann mit Hitlers Angriff auf Polen der Zweite Weltkrieg und es ist nicht verwunderlich, dass man im Reichsluftfahrt-Ministerium vollauf mit den kriegerischen Ereignissen beschäftigt war und ganz andere Sorgen hatte.

Zudem zeigte Generalluftzeugmeister Ernst Udet – der für die Planung der deutschen Luftrüstung Verantwortliche – nur wenig Interesse an diesem neuartigen Flugzeugantrieb und bewies damit wenig Weitsicht.

Die Präsentation

Einen Monat später – nach der polnischen Kapitulation – wurde die He 178 erneut vorgestellt. Am 1. November 1939 fand am Flugplatz Rostock-Marienehe ein Demonstrationsflug der He 178 V1 statt – dabei anwesend waren der Staatssekretär im Reichsluftfahrt-Ministerium Erhard Milch und der damalige Generalluftzeugmeister Ernst Udet – der sein Desinteresse nur unzureichend verbarg.

Die Ablehnung gründete sich vor allem auf die relativ schlechten Leistungen der frühen Strahltriebwerke im Vergleich zu den Leistungen der hochentwickelten Kolbenmotoren. Die Ohain/Heinkel-Turbine HeS3B hatte einen extrem hohen Treibstoffverbrauch, erreichte in der He 178 V1 aber nur durchschnittliche Flugleistungen. Sie flog vermutlich nie sehr viel schneller als 600 km/h und konnte wegen ihres hohen Treibstoffkonsums nur maximal 10 Minuten in der Luft bleiben. Zwar hätten die Leistungen der Turbine und des Flugzeugs durchaus verbessert werden können, doch war Udet nur am Ist-Zustand interessiert. Das ganze Denken der militärischen Führung war auf einen kurzen Krieg ausgerichtet. Das Zauberwort hieß Produktion, an jahrelangen Entwicklungen bestand daher kein oder nur geringes Interesse mehr. Gemäß einem Befehl vom 2. September 1939 musste Heinkel alle Forschungs- und Entwicklungsarbeiten stoppen, die keinen unmittelbaren Nutzen für den Krieg hatten.

Das Ende

Trotz langem Bitten und Argumentieren von Seiten Heinkels wurde die weitere Entwicklung der He 178 gestoppt. Von den beiden Versuchsmustern V1 und V2 flog die Letztere nie. Die He 178 wurde lediglich im Berliner Luftfahrt-Museum ausgestellt, wo sie 1943 bei einem Bombenangriff zerstört wurde.

Weder Heinkel noch Ohain ließen sich durch die offizielle Ablehnung entmutigen, die Entwicklung wurde weiter vorangetrieben. Gegen Kriegsende stand das wohl leistungsfähigste Strahltriebwerk des Zweiten Weltkriegs kurz vor der Vollendung, das He S011, das nicht mehr zum Einsatz kam.

Wie viele hervorragende Wissenschaftler emigrierte Hans-Joachim Pabst von Ohain nach Kriegsende in die USA, wo er weiter im Bau und der Entwicklung von Strahltriebwerken tätig war.

Modernes Strahltriebwerk

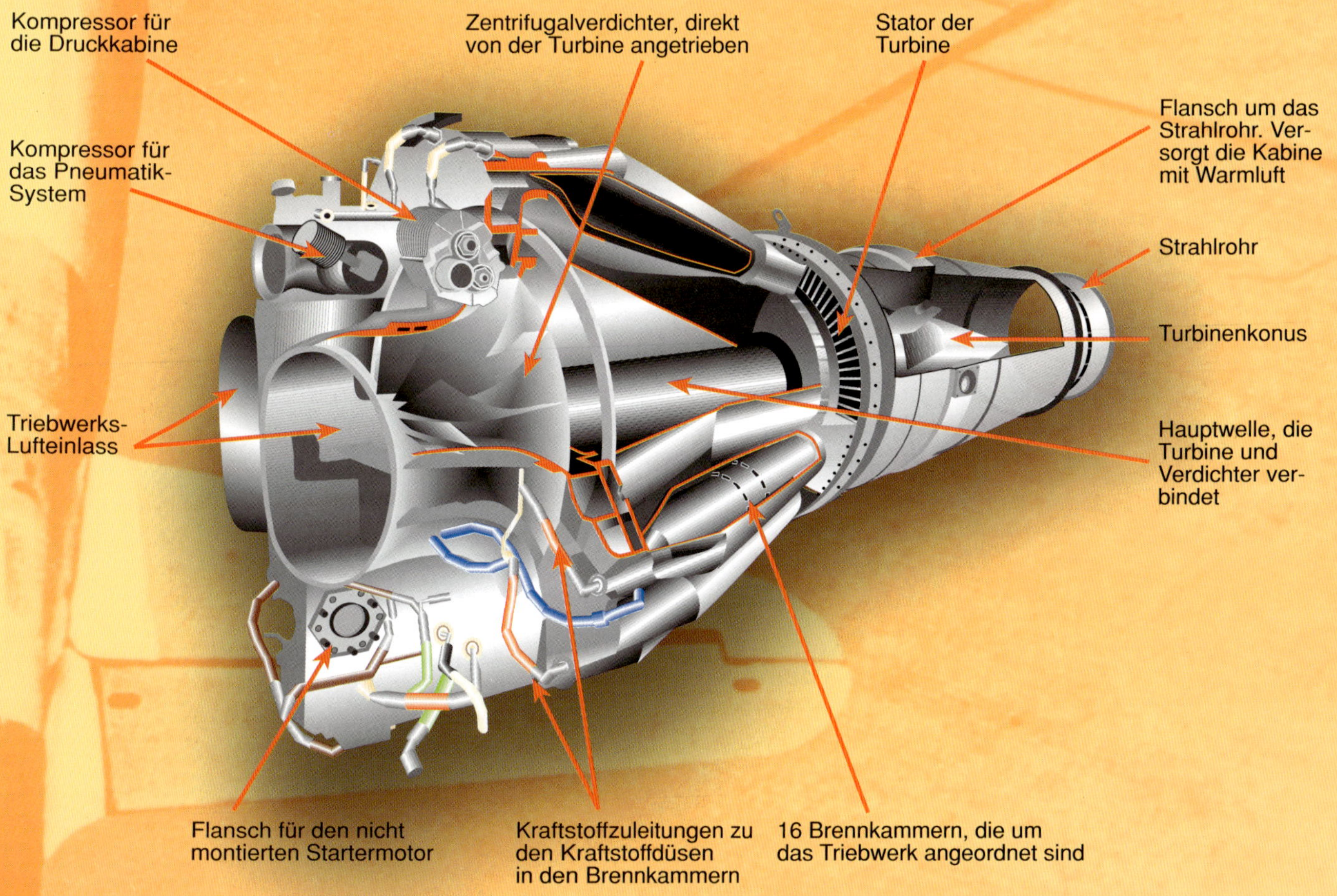

345
PERICOLO

Nachkriegs-jäger

De Havilland D.H. 103 Hornet

Die Hornet und die bei der britischen Marine eingesetzten Sea Hornet waren die schnellsten zweimotorigen Jagdeinsitzer der RAF und RN. Mit Holzrumpf und Flügeln in Gemischtbauweise (Leichtmetall und Holz) waren sie die letzten militärisch genutzten Maschinen aus dem Haus De Havilland mit Kolbentriebwerken. Anfang der 1950er-Jahre blieb sie auch dann noch im Dienst, als die Royal Air Force auf Düsenjäger umrüstete – der Einsatzradius der D.H. 103 war mit Strahltriebwerken zu dieser Zeit noch nicht erreichbar.

DE HAVILLAND D.H. 103 HORNET F.3

Jagdeinsitzer
Spannweite: 13,72 m
Länge: 11,18 m
Höhe: 4,32 m
Leergewicht: 6244 kg
Startgewicht: 9467 kg
Triebwerk: zwei flüssigkeitsgekühlte gegenläufige 12-Zylinder-V-Motoren Rolls-Royce Merlin 130/131 mit je 1544 kW (2100 PS)
Höchstgeschwindigkeit: 760 km/h
Dienstgipfelhöhe: 11 400 m
Reichweite: 4800 km
Bewaffnung: Standard vier starr im unteren Rumpfvorderteil eingebaute 20-mm-Maschinenkanonen von British-Hispano mit je 190 Schuss, Unterflügelstationen (zwischen Triebwerk und Flügelspitze) für zwei 454-kg-Bomben oder acht ungelenkte 27-kg-Raketen RP-3 oder Abwurftanks

Die D.H. 103 Hornet, einer der letzten Jäger mit Kolbenmotor, trägt deutlich die Handschrift der Designer von De Havilland.

Der Langstreckenjäger

Die Hornet war zu Beginn ein privates Risiko-Unternehmen, die Spezifikation F.12/43 wurde nachgereicht. Die Aufgabe, die die Entwicklungsabteilung sich gestellt hatte, war ein einsitziger, zweimotoriger Langstreckenjäger für den Einsatz im Fernen Osten im Krieg gegen Japan über dem Pazifik.

In der Firma De Havilland hatte man aus der bewährten Mosquito einen kleineren und schnelleren zweimotorigen Jäger konstruiert – die Ähnlichkeit zur Vorgängerin ist unverkennbar. Die beiden Rolls-Royce-Merlin-Triebwerke liefen mit entgegengesetztem Drehsinn – um das Rollmoment, das sich bei zwei gleichlaufenden

Triebwerken addieren würde, zu neutralisieren. Die zwei verschiedenen Typenbezeichnungen in den „Technischen Daten“ erklären sich aus dieser Verwendung unterschiedlicher Motoren. Die beiden gegenläufigen Propeller führten darüber hinaus zu berechenbaren und stabilen Flugeigenschaften.

780 km/h

780 km/h erreichte der Prototyp der Hornet, der am 28. Juli 1944 seinen Erstflug absolvierte. Am Ende desselben Jahres lief die Fertigung der 20 km/h langsameren Serienmaschinen an. Ab Februar 1945 wurden die Hornet ausgeliefert, in Dienst gestellt wurde sie ab 1946 – zu spät, um noch ihrem geplanten Einsatzzweck zu dienen. Der einzige Konflikt, an dem die Hornet teilnahm, war der Aufstand in Malaysia Anfang der 1950er-Jahre. Ein Kampf um die Luftherrschaft fand dabei nicht statt, daher wurde sie dort zur Niederschlagung der Unruhen gegen Bodenziele eingesetzt.

Sea Hornet

Neben den 193 produzierten Modellen F.1 und F.3, die bis 1951 in der ersten Reihe der britischen Luftwaffe dienten, wurden insgesamt über 170 Exemplare der Version Sea Hornet gebaut. Die Anzahl aller gebauten Maschinen dieses Typs beträgt 382 Stück.

Die sehr große Reichweite machte die Hornet für den Einsatz als trägergestützten Langstreckenjäger ausgezeichnet geeignet. Der Prototyp dieser Marine-Version (mit nach außen drehenden Propellern!) flog zum ersten Mal 1945. Es dauerte aber fast drei Jahre, bis seriengefertigte Sea Hornet F.20 an die Royal Navy übergeben wurden.

Varianten

Die einzelnen Kennungen nach Einsatzart:

- Hornet F.1 – Luftüberlegenheits- und Langstreckenjäger;
- Hornet F.3 – wie F.1;
- Hornet PR.2 – Fotoaufklärer;
- Hornet FR.4 – Jagdaufklärer;
- Sea Hornet F.20 – erste trägergestützte Version, Jagdflugzeug;
- Sea Hornet FR.20 – trägergestützter Aufklärer;
- Sea Hornet NF.21 – trägergestützter Nachtjäger;
- Sea Hornet PR.22 – trägergestützter Fotoaufklärer.

Die Fahrwerksträger der Hornet klappten aus den Motorgondeln in Fahrtrichtung nach vorne.

Die D.H. 103 konnte bis zu 908 kg Außenlasten tragen. Hier ist sie mit Raketen bewaffnet.

P-59 Airacomet war der erste amerikanische Militärjet. Obwohl sie nie operativen Status erreichte, war die Airacomet technologisch und in der Pilotenausbildung sehr bedeutsam.

Bell P-59 Airacomet

Die Bell P-59 Airacomet war 1942 bei ihrem Erstflug das erste US-amerikanische Jagdflugzeug mit Jet-Triebwerk. Während der Erprobung konnten die tatsächlichen Flugleistungen aber die Erwartungen nicht erfüllen, die ursprüngliche Bestellung wurde storniert und die Airacomet hauptsächlich in der Ausbildung der Jet-Piloten eingesetzt.

BELL P-59B-1 AIRACOMET
Jagdeinsitzer/Jagdbomber
Spannweite: 13,87 m
Länge: 11,62 m
Höhe: 3,76 m
Leergewicht: 3601 kg
Startgewicht: 6214 kg
Triebwerk: zwei Strahltriebwerke General Electric J31-GE-3 (I-16), max. Startleistung je 8,9 kN Schub
Höchstgeschwindigkeit: 661 km/h
Dienstgipfelhöhe: 14 080 m
Einsatzradius: 840 km
Bewaffnung: eine MK M4 Kaliber 37 mm mit 44 Schuss und drei buglafettierte 12,7-mm-MG mit je 200 Schuss, Unterflügelstationen für 900 kg Bombenlast

Internationale Zusammenarbeit

Die Entwicklung dieses ersten amerikanischen Jets geht auf einen Besuch von General Henry „Hap“ Arnold, Chef des US Army Air Corps, im Frühjahr 1941 in Großbritannien zurück. Arnold konnte dort die britische Whittle-Turbine mit

Zwei Maschinen der Firma Bell: eine bewaffnete Airacomet und eine Kingcobra (im Hintergrund).

Radialverdichter bei einem Versuchslauf beobachten und war sehr beeindruckt von diesem neuartigen Flugzeugantrieb. Nach eingehenden Beratungen kam man zu einer Übereinkunft über den gegenseitigen Austausch von technologischen Fortschritten. In den USA sollte die britische Turbine „amerikanisiert" und damit ein zweistrahliges Jagdflugzeug gebaut werden. Auftragnehmer für den Bau der Turbine wurde die Firma General Electric, während Bell Aircraft Corporation einen Düsenjäger entwerfen und konstruieren sollte. Vom Tag der Vertragsunterzeichnung bis zum Erstflug des Jets wurden Bell dabei ganze acht Monate Entwicklungszeit zugestanden.

Hinter verschlossenen Türen

Bei Bell konstruierte man, unter strenger Geheimhaltung, einen Ganzmetall-Mitteldecker mit Bugradfahrwerk, wobei die Strahltriebwerke beiderseits des Rumpfes unterhalb der Flügel angebracht waren. Die Turbinen lagen damit im Schwerpunkt des Flugzeuges und waren für Wartungs- und Reparaturarbeiten leicht zugänglich.

Timing

Es gelang Bell, den knapp bemessenen Zeitplan für die Konstruktion des Jets einzuhalten. Allerdings konnte General Electric das Triebwerk erst im August 1942 liefern. Diese ersten Triebwerke, Nachbauten des britischen Whittle W.1X, vom Typ General Electric I-A bereiteten den Entwicklungsabteilungen zusätzliche Schwierigkeiten. Sie arbeiteten nie problemlos und ihre Leistung war mit einem Standschub von nur 500 kp keineswegs ausreichend. Weder die erste noch spätere, verbesserte Versionen der Turbine erreichten die ursprünglich erwartete Leistung.

Erstflug

Die Flugleistungen des ersten Prototyps XP-59A, der am 1. Oktober 1942 seinen Jungfernflug absolvierte, enttäuschten. Zwar war der Jet angenehm zu fliegen, aber die doch recht große Flugzeugzelle und die geringe Leistung der beiden Turbinen erlaubten keinen Vorstoß in den Bereich der Hochgeschwindigkeit oberhalb der 700-km/h-Marke. Ihre Flugleistungen lassen sich am ehesten mit denen der gleichzeitig in Großbritannien entwickelten Gloster Meteor vergleichen und waren der eines Kolbenmotor-Jägers des Zweiten Weltkrieges ähnlich.

Ein neues Einsatzgebiet

Als 1944 die ersten zwölf Vorserienflugzeuge YP-59A für Truppenversuche ausgeliefert wurden, war daher klar, dass die Airacomet als Jäger ungeeignet war. Auch die Modelle der Serienproduktion, die P-59A und P-59B mit dem schubstärkeren Triebwerk I-16 (General Electric J31-GE-3) konnten nicht überzeugen.

Sie dienten in den nächsten Jahren als Strahltrainer für die Ausbildung von Piloten der Luftwaffen- und Marineflieger, die so an die neue Jet-Technologie herangeführt wurden. Einige weitere YP-59A und P-59 Airacomet wurden mit einer Fernsteuerungsanlage nachgerüstet und bis Anfang 1945 als Zielschleppflugzeug für die Zieldarstellung eingesetzt.

Begegnung der Technologien: Der erste US-Jet gemeinsam mit der propellergetriebenen F4U Corsair.

Hawker Hunter

Die Hawker Hunter wird von vielen Fachleuten als einer der besten – und elegantesten – mit Unterschall-Geschwindigkeit fliegenden Jets angesehen. In ihrer Funktion als Abfangjäger diente sie der RAF von 1954 bis 1963; in anderen Streitkräften weit darüber hinaus.

Hawker Hunter auf einem Werksfoto von Hawker Aircraft. Das gepfeilte Trag- und Leitwerk dokumentiert die Weiterentwicklung in der Geometrie des Flugwerks.

HAWKER HUNTER FGA.9 
Jagdeinsitzer/Jagdbomber
Spannweite: 10,25 m
Länge: 13,98 m
Höhe: 4,26 m
Leergewicht: 6020 kg
Startgewicht: 10 885 kg
Triebwerk: ein Strahltriebwerk Rolls-Royce Avon 203 mit Axialverdichter (alternativ Avon 207) mit 45,16 kN Startschub
Höchstgeschwindigkeit: 1140 km/h (Mach 0,93)
Dienstgipfelhöhe: 15 250 m
Einsatzradius: 689 km
Bewaffnung: vier Aden-Maschinenkanonen Kaliber 30 mm mit je 150 Schuss unter dem Cockpitboden, Unterflügelstationen für bis zu 1630 kg Kampflasten: 450-kg-Bomben und zwei Raketenwerfer für je 12 ungelenkte 76-mm-Raketen oder andere Abwurf- und Raketenwaffen

Sidney Camm

Der legendäre Konstrukteur der Hurricane, Sidney Camm, war auch in der der Nachkriegzeit bei Hawker Aircraft als Chefkonstrukteur tätig. Seine Arbeit fand ihren Niederschlag in der P.1067, einem Abfangjäger mit gepfeilten Trag- und Leitwerken sowie einem Axialtriebwerk und führten zu drei Prototypen (Erstflug 20. Juli 1951).

Drei verschiedene Triebwerke mit Axialverdichter wurden getestet, in die Serie wurden das Rolls-Royce Avon RA.7 und das Armstrong Siddeley Sapphire Mk.101 übernommen.

Die erste Maschine von 22 seriengefertigten Hunter F.1 absolvierte – angetrieben von einem Avon-Triebwerk – am 16. Mai 1953 ihren Jungfernflug, wenig später folgten die ersten Hunter F.2 mit Sapphire-Triebwerk.

Zelle und Bewaffnung

Die Hawker Hunter war ein Mitteldecker mit 35 Grad gepfeiltem Trag- und Leitwerk, die dreieckigen Lufteinlässe waren in die Flügelwurzeln beiderseits des Rumpfes integriert. Für Wartungsarbeiten konnte die gesamte hintere Rumpfsektion leicht entfernt werden – gleiches gilt für das Waffensystem.

Die Hunter wies hervorragende Flugleistungen auf, verbunden mit einer enorm starken

Bewaffnung, die in der Anfangsphase der Indienststellung aus vier 30-mm-Kanonen und ungelenkten Raketen bestand. Spätere Entwicklungen konnten dann auch Lenkflugkörper wie die AIM-9 Sidewinder (Luft/Luft), die AGM-12 Bullpup (Luft/Boden), die AGM-65 Maverick (Luft/Boden) und 68-mm-Raketen vom Typ SNEB abfeuern. Als Angriffsflugzeug in der FGA-Version (Fighter/Ground Attack = Erdkampfflugzeug) trug sie unter den Tragflächen Bomben oder Napalmbehälter.

Während des RAF-Manövers „Stronghold" 1956 wird eine Hawker Hunter vom Bodenpersonal bewaffnet.

Erste Einsätze

Die ersten Einheiten wurden im Juli 1954 mit der Hunter F.1 ausgestattet und dort offenbarte sie im Dienst einen gravierenden Mangel: Ihre interne Treibstoff-Kapazität war zu gering. Der Jet konnte so nur wenig mehr als eine Stunde in der Luft bleiben. Zusatztanks unter den Tragflächen mit bis zu 1950 Liter Inhalt lösten das Problem.

Die Dienstlaufbahn

Mit dem späten Modell F.7 – 1957 eingeführt – schloss man in Bezug auf die Leistungen zu den meisten zeitgenössischen Jägern auf, konnte aber nicht ganz die der neuesten Überschalljäger erreichen. Daher war bereits Ende der 1950er-Jahre klar, dass die Zeit der Hunter als Abfangjäger begrenzt sein würde. Bis Anfang der 1960er-Jahre blieb die Hawker Hunter noch das in vorderster Linie stehende Jagd- und Angriffsflugzeug der RAF, mit der Ankunft der Lightning 1963 endete die Dienstzeit als Abfangjäger. In der Version FGA diente sie weiterhin als Erdkampf-Unterstützungsflugzeug im operativen Einsatz und als Trainer bei der RAF. Diese Dienstzeit wurde in der Schweizer Luftwaffe noch überboten; dort wurden die letzten Hunter nach 37 Jahren 1993 ausgemustert.

Die Waffenplattform Hawker Hunter überzeugte durch ihre Vielseitigkeit.

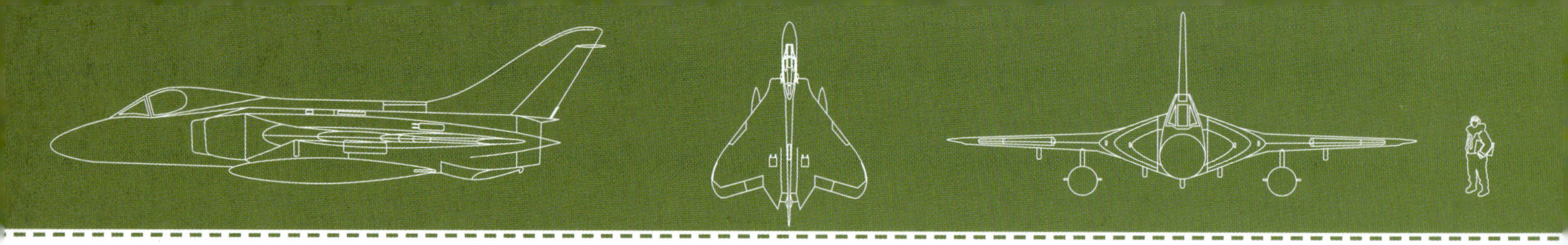

GRUMMAN F9F PANTHER/ COUGAR

Die F9F Panther – der erste von Grumman Aircraft Engineering gebaute Jäger mit Strahlantrieb – wurde von Flugzeugträgern aus als Jagdbomber im Korea-Krieg eingesetzt und bildete in dieser Zeit das fliegerische Rückgrat der US Navy und des US Marine Corps. Ab der sechsten Baureihe entstand unter gleicher Kennung und geändertem Namen die Weiterentwicklung F9F Cougar.

GRUMMAN F9F-5 PANTHER

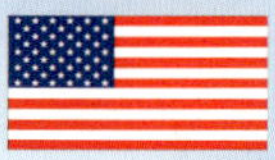

Trägergestützter Jagdbomber
Spannweite: 11,58 m
Länge: 11,83 m
Höhe: 3,73 m
Leergewicht: 4607 kg
Startgewicht: 8480 kg
Triebwerk: ein Strahltriebwerk mit Radialverdichter Pratt & Whitney J48-2 mit 31,1 kN Schub
Höchstgeschwindigkeit: 931 km/h
Dienstgipfelhöhe: 13 060 m
Reichweite: 2092 km
Bewaffnung: vier Maschinenkanonen M20 Kaliber 20 mm; Unterflügelstationen für Kampflasten (Bomben und Raketen) bis zu 907 kg

Auf dem Flugdeck. Sofort nach einem Start wird die nächste F9F der US Navy zum Katapult verbracht.

Der erste Grumman-Jet

Das Planungsbüro in der Firma Grumman begann im Januar 1945 mit der Konstruktion des Nachtjägers G-79, der von vier kleinen, in den Flügeln untergebrachten Westinghouse-Axial-Turbinen angetrieben werden sollte. Während der Entwicklungszeit erging im April 1946 ein Auftrag der US Navy, ein trägergestütztes strahlgetriebenes Jagdflugzeug zu bauen. Grumman verwarf den Nachtjäger und entwickelte den Prototyp XF9F-1 Panther, der seinen Erstflug am 24. November 1947 absolvierte.

Die ursprünglich vorgesehenen Triebwerke wurden durch ein bei Pratt & Whitney lizenzgefertigtes Strahltriebwerk Rolls-Royce Nene ersetzt, das nicht wie geplant in den Tragflächen, sondern im Rumpf eingebaut wurde.

Der unter den neuen technischen Vorgaben konstruierte Prototyp war eine Konstruktion mit geraden Flügeln und zwei in die Tragflächen beiderseits des Rumpfes integrierten Lufteinlässen für die Turbine. Das Strahlrohr am Heck lag direkt unterhalb des hoch angesetzten Leitwerkes und an den Flügelspitzen war ein aerodynamisch günstig geformter zusätzlicher Treibstoffbehälter fest montiert. Zur Steuerung des Flugzeuges war die Flügelvorderkante beweglich angeordnet, während Landeklappen und Querruder an der Flügelhinterkante angeordnet waren. Die aus vier MK M-2 Kaliber 20 mm bestehende Angriffsbewaffnung war in der Bugunterseite eingebaut.

Panther und Cougar

Da sich bei Tests die Flugeigenschaften und die Trägertauglichkeit als hervorragend erwiesen hatten, wurde im November 1948 mit dem Serienbau der F9F-2 Panther begonnen, bereits im Mai 1949 übernahm die US Navy die ersten Maschinen.

Die Versionen F9F-3 bis -5 wurden mit immer leistungsstärkeren Triebwerken ausgerüstet, letztlich aber noch im Rahmen der Modellpflege.

Anders die Modellreihen F9F-6 bis -8 – hier handelte es sich um ein unter neuesten Gesichtspunkten weiterentwickeltes Flugzeug mit um 35 Grad gepfeilten Tragflächen und gepfeilten Flügel- und Leitflächen. Zudem entfielen die fest montierten Flügelspitzentanks. Dieser – rein äußerlich der Panther nur noch bedingt ähnliche und deutlich schnellere Jet – erhielt die Bezeichnung Cougar und wurde erstmals im Dezember 1951 ausgeliefert.

Die ungepfeilten Flügel und die Tanks an den Flügelspitzen weisen die Panther als Jet der ersten Generation aus.

Valley Forge

F9F Panther waren die ersten Jets der US Navy, die am 3. Juli 1950 im Korea-Krieg eingesetzt wurden. Zwei vom Flugzeugträger Valley Forge startende Einheiten Panther stellten den Jagdschutz für eine Gruppe britischer Bomber, deren Auftrag in der Zerstörung feindlicher Flugplätze rund um die Hauptstadt Pjöngjang bestand. Ensign (Leutnant) E. W. Brown gelang es dabei, mit seiner Panther eine Jak-9 abzuschießen und damit den ersten Luftsieg für die US Navy im Korea-Krieg zu erzielen. Später konnten Piloten mit der Panther sogar Luftsiege gegen die überlegene MiG-15 für sich verbuchen.

Zusammenfassend kann gesagt werden, dass die F9F Panther eine bemerkenswert zuverlässige und zudem leicht zu wartende Waffenplattform war.

Wartung und Check an Bord eines US-Flugzeugträgers vor der koreanischen Küste im Koreakrieg.

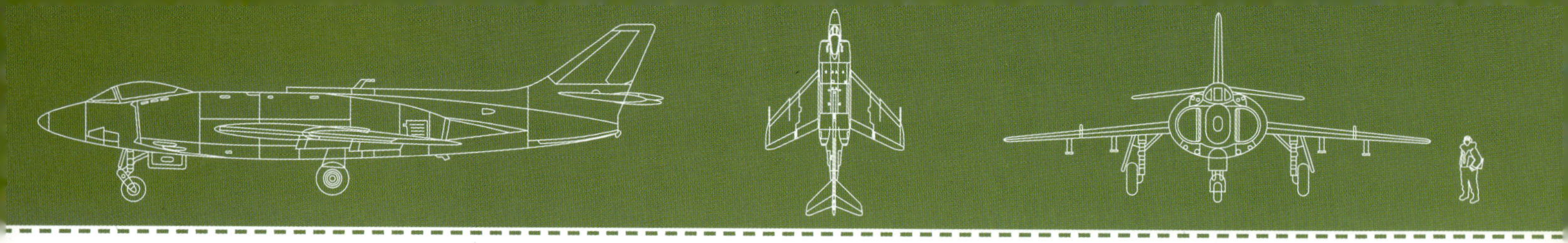

Kurz vor der Landung: Mit ausgefahrenem Fanghaken schwebt eine Supermarine Scimitar auf das Landedeck zu.

Supermarine Scimitar

Anfang der 1950er-Jahre stellte die Royal Navy Überlegungen an, wie man ein Flugzeug – mit für den Hochgeschwindigkeitsflug gepfeilten Tragflächen – an die besonderen Bedingungen auf Flugzeugträgern anpassen könnte. Das Ergebnis, die Supermarine Scimitar, wurde 1957 der erste britische Marinejäger mit gepfeilten Tragflächen – und das letzte Kampfflugzeug aus dem Hause Supermarine. Die Einsatzdauer war mit neun Jahren recht kurz – eine beispiellose Unfallserie führte dazu, dass sie 1966 außer Dienst gestellt wurde.

Innovationen

Das namenlose Modell 525 von Supermarine, Erstflug: 28. April 1954, war der zweite Prototyp mit gepfeilten Tragflächen. Genutzt wurde er vor allem, um die neuen Landeklappen und das hydraulisch arbeitende Steuersystem der geplanten Scimitar zu erproben. Ein Spezial-Klappensystem für die Landung auf Flugzeugträgern mit Grenzschichtbeeinflussung (Druckluft aus dem Turbinenkompressor wird über die Klappenoberseite geblasen) hält die laminare Grenzschichtströmung länger am Flügel. Das Ergebnis war eine für Trägerlandungen extrem wichtige niedrige Mindestgeschwindigkeit. Der erste Scimitar genannte endgültige Prototyp Modell 544 machte am 20. Januar 1956 seinen Jungfernflug, gefolgt am 11. Januar 1957 von der ersten von insgesamt 76 Serienmaschinen.

SUPERMARINE SCIMITAR

Trägergestützter Jagdeinsitzer/Jagdbomber
Spannweite: 11,33 m
Länge: 16,87 m
Höhe: 5,28 m
Leergewicht: 9525 kg
Startgewicht: 15 515 kg
Triebwerk: zwei Strahltriebwerke Rolls-Royce Avon 202 mit je 50,1 kN Standschub
Höchstgeschwindigkeit: 1143 km/h
Dienstgipfelhöhe: 15 240 m
Einsatzradius: 966 km
Bewaffnung: vier Maschinenkanonen Aden Kaliber 30mm, vier 454-kg-Bomben oder vier Luft-Boden-Flugkörper Bullpup (auch zur Seezielbekämpfung geeignet) oder vier Luft-Luft-Flugkörper Sidewinder oder wahlweise andere Außenlasten wie Abwurftanks und taktische Atomwaffen

Das Biest

Bei ihrer Einführung war die F.1 das schwerste und leistungsstärkste Kampfflugzeug der Fleet Air Arm (britische Marineflieger), was in der Folge eine große Menge an Problemen mit sich bringen sollte. Die wenigen Flugzeugträger der Royal Navy jener Tage waren klein und hatten kurze Flugdecks. Für Propellermaschinen ausreichend, waren sie für Jets nicht geeignet – wegen der längeren Start- und Landestrecke.

Die Marine verfiel daher als erstes auf den Trick, die Flugdecks am Ende des Trägers – wie bei einer Sprungschanze – in einem leichten Winkel ansteigen zu lassen. Dies war jedoch für das Gewicht der Scimitar immer noch nicht genug. Deswegen erhielt der Jet zusätzlich zum Bugradfahrwerk einen Hecksporn mit Stoßdämpfer, auf dem das Flugzeug beim Start ruhte und wodurch sich Anstellwinkel und Auftrieb vergrößerten: Die Scimitar konnte starten. Trotzdem blieben Start und Landung auf den kleinen Trägern unfallträchtig. Zusammen mit Konstruktionsfehlern, die immer wieder zu Bränden an Bord führten, sorgten die Unfälle für eine Verlustrate der F.1 von 51 Prozent in sieben Jahren.

Die Flugeigenschaften der Supermarine taten ein Übriges: Zeitgenössische Quellen beschreiben ihr Verhalten als „biestig“ und nicht gewillt, Flugfehler gelassen zu ertragen.

Rollentausch

Obwohl die Scimitar als Abfangjäger ausgerüstet war, wurde diese Funktion nun von der De Havilland Sea Vixen übernommen. Als Angriffflugzeug wurde sie durch die Blackburn Buccaneer ersetzt und die noch vorhandenen Scimitar für zweitrangige Aufgaben verwendet – als Tankflugzeug für die Buccaneer oder beim Schleppen von Flak-Zielbannern und Radarzielen. Die Scimitar wurde nie im Kampfhandlugen eingesetzt, lediglich 1961 verhinderte sie durch ihr Erscheinen einen Krieg am Persischen Golf, indem sie irakische Truppen davon abhielt, in Kuwait einzumarschieren.

Die letzten Supermarine Scimitar F.1 wurden im Oktober 1966 (nach anderen Quellen 1969) bei der Royal Navy ausgemustert.

Die Dienstzeit der Scimitar war mit neun Jahren relativ kurz. Sie galt als „biestig“ und schwer fliegbar.

Auf dem Hecksporn ruhend hatte die Scimitar unmittelbar vor dem Start keine Bodenberührung mit dem Bugrad.

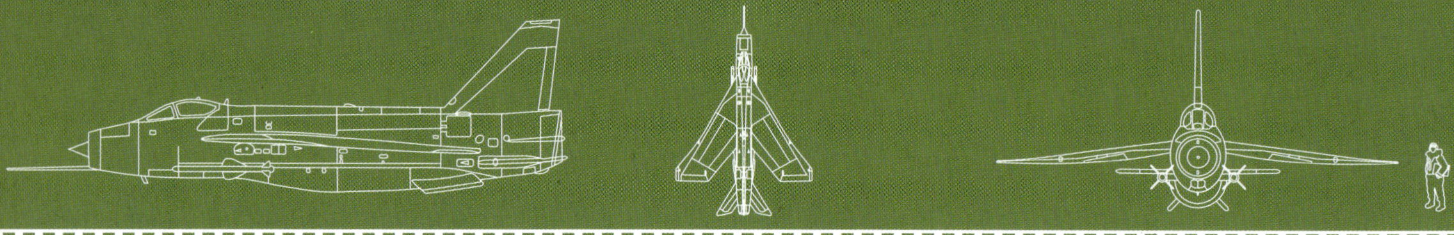

English Electric Lightning

In den 1950er-Jahren entwickelte die Firma Englisch Electric – die später in BAC aufging – den ersten britischen Jet-Fighter, der zweifache Schallgeschwindigkeit erreichte. Diese – als Zwischenlösung geplante – Maschine bewährte sich im operativen Dienst so weit, dass sie bis 1972 produziert und erst in den späten 1980er-Jahren endgültig außer Dienst gestellt wurde.

ENGLISH ELECTRIC LIGHTNING
Jagdeinsitzer
Spannweite: 10,61 m
Länge: 16,84 m
Höhe: 5,97 m
Leergewicht: 11 710 kg
Startgewicht: 18 915 kg
Triebwerk: Zwei Strahltriebwerke Rolls-Royce Avon 301 mit je 56,39 kN Standschub ohne und je 72,20 kN Standschub mit Nachbrenner
Höchstgeschwindigkeit: 2446 km/h (Mach 2,3)
Dienstgipfelhöhe: über 18 000 m
Einsatzradius: 600 km
Bewaffnung: zwei Maschinenkanonen Aden Kaliber 30 mm mit je 120 Schuss (Bauchpack) oder Kanonenrüstsatz für vier Aden, zwei Luft-Luft-Flugkörper Red Top oder Firestreak oder zwei Raketenwerfer mit insgesamt 44 flügelstabilisierten ungelenkten 50,8-mm-Raketen

English Electric Company

Mit der Konstruktion der Lightning reagierte die English Electric Company auf eine Ausschreibung des britischen Beschaffungsamtes aus dem Jahre 1947, mit der ein schneller Abfangjäger gefordert wurde.

Der Prototyp P.1A flog erstmals am 4. August 1954. Bereits beim dritten Probelauf durchbrach der Jet im Horizontalflug die Schallmauer und wurde damit das erste britische Überschallflugzeug. Im Juli 1957 flog ein P.1B-Prototyp mit Mach 1,72 inoffiziell neuen Geschwindigkeitsrekord.

Ab 1960 wurden die ersten RAF-Einsatzstaffeln mit dem Serienmodell Lightning F.1 ausgestattet, 1961 folgte Baureihe F.2, 1962 Baureihe F.3. Ab Juli 1965 kam die Baureihe F.6 mit verbesserter Reichweite, um das größte Manko der Lightning zu beseitigen, denn trotz hervorragender Handhabung und spektakulären Flugeigenschaften konnten sich die Lightning – ohne Luftbetankung – nur selten weiter als 160–240 km von ihrer Basis entfernen.

Die Lightning zeichnete sich durch eine hervorragende Steigleistung und Geschwindigkeit aus.

Traditionspflege: Zwei Generationen Jets, eine Lightning und ein Tornado in der Sonderlackierung zum 75-jährigen Jubiläum der No 65 Squadron RAF.

Ungewöhnliche Lösungen

Steigleistung und Endgeschwindigkeit des neuen Abfangjägers waren in Europa konkurrenzlos. Bei der Konstruktion hatte man ungewöhnliche Wege beschritten, um diese Leistungen zu erreichen:

Ein ausgesprochen schlanker, lang gestreckter, ovaler Rumpf, 60 Grad gepfeilte Flügel und ein sehr geringer Stirnwiderstand machten die Lightning so erfolgreich.

Die Anordnung der Triebwerke ist das hervorstechendste Konstruktionsmerkmal – die beiden Turbinen waren hinter dem Pilotensitz im Rumpf übereinander angeordnet und wurden gemeinsam mit Ansaugluft durch den runden Lufteinlauf in der Bugnase versorgt.

Treibstoff

Der Nachteil dieser Bauweise bestand darin, dass im Rumpf kaum Platz für Tanks blieb. Deshalb musste jeder verfügbare Platz für Treibstoffbehälter genutzt werden – auch der freie Platz in den Flügeln und sogar in den Klappen.

Im Vergleich

Geschwindigkeit und die Steigfähigkeit der Lightning war exzellent und dies gilt nicht nur für die 1960er-Jahre, sondern auch im Vergleich zu heutigen Kampfflugzeugen. Auch die Dienstgipfelhöhe der Lightning war ganz außergewöhnlich: Ihre Einsatzhöhe lag über 18 000 Metern – in Bereichen also, die normalerweise nur von speziell hierfür konstruierten Jets erreicht werden.

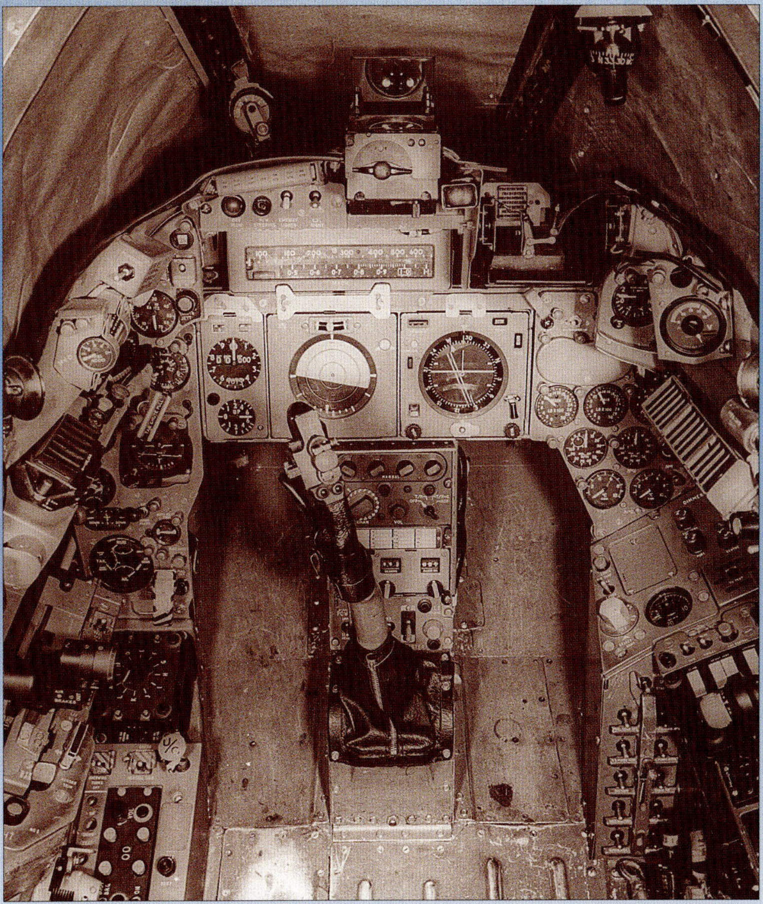

Führersitz einer Lightning aus dem Jahr 1965.

Das Ende der Lightning

Die neue Generation der Jagdflugzeuge in den 1960er-Jahren machte die Lightning zunehmend überflüssig und ab 1974 fing die Umrüstung auf die Phantom F4-F an, die 1988 abgeschlossen war.

North American Sabre

Die North American F-86 Sabre war ein Düsenjäger der zweiten Generation und vereinte amerikanische und deutsche Entwicklungen zu dem herausragenden westlichen Jagdflugzeug in der Zeit des Korea-Kriegs.

Die Instrumententafel einer North American F-86 H Sabre.

NORTH AMERICAN F-86D SABRE
Allwetter-Jagdeinsitzer
Spannweite: 11,31 m
Länge: 12,27 m
Höhe: 4,47 m
Leergewicht: 6123 kg
Startgewicht: 9061 kg
Triebwerk: 1 x General Electric J47-GE-17 Strahltriebwerk mit Axial-Verdichter und Nachbrenner, 34 kN Schub
Höchstgeschwindigkeit: 1130 km/h
Dienstgipfelhöhe: 15 240 m
Reichweite: 1369 km
Bewaffnung: 24 70-mm-Raketen „ Mighty Mouse“ mit Klappleitwerk und 3,4-kg-Gefechtskopf, mitgeführt in ausfahrbarem Kasten im unteren Vorderrumpf oder 16 HVAR-Raketen unter den Flügeln

Das hoch angesetzte Höhenleitwerk, die gepfeilten Flügel und der Lufteinlass an der Flugzeugnase waren charakteristische Erkennungsmerkmale der F-86 Sabre.

Der Jet der 1950er-Jahre

Die North American F-86 Sabre kann man mit Recht das wichtigste amerikanische Jagdflugzeug der zweiten Generation nennen. Ihre Entwicklung geht zurück auf eine Ausschreibung für ein Jet-Jagdflugzeug der US Army Air Force (USAAF) und der US Navy aus dem Jahr 1944. In dieser Ausschreibung wurde die Sabre noch als konventionelle Konstruktion mit geraden Tragflächen gefordert.

NORTH AMERICAN F-100F SUPER SABRE
Jagdeinsitzer/Jagdbomber
Spannweite: 11,81 m
Länge: 16,00 m
Höhe: 4,96 m
Leergewicht: 10 115 kg
Startgewicht: 13 925 kg
Triebwerk: 1 x Strahltriebwerk mit Nachbrenner Pratt & Whitney J57-21A mit 75,34 kN Schub
Höchstgeschwindigkeit: 1390 km/h
Dienstgipfelhöhe: 13 720 m
Reichweite: 2415 km
Bewaffnung: zwei 20-mm-Maschinenkanonen M39-E mit je 200 Schuss; maximale Kampfzuladung an Bomben und Raketen 2722 kg

Entwicklungshilfe

Mir der Niederlage Deutschlands fielen den Amerikanern die Düsenjäger Me 262 und große Mengen wissenschaftlicher Dokumentation zu Turbinen und Tragflächen in die Hände. Die Forschungsergebnisse der Windkanal-Versuche deutscher Forscher über die Strömungseigenschaften von gepfeilten Tragflächen führten dazu, dass die Sabre nun als erster amerikanischer Jet gepfeilte Tragflächen erhielt. Aus Gründen der Gewichtsersparnis und der Leistung entschied man sich für ein Triebwerk mit Axial-Verdichter. Der Triebwerklufteinlauf befand sich dabei in der Bugnase, das Strahltriebwerk im Rumpf hinter dem Piloten und die Schubdüse im Heck. Aus dem ursprünglich einheitlichen Entwurf entwickelte man bei North American nun zwei separate Jets, die F-86 Sabre für die USAAF und die flugzeugträgertaugliche FJ-1 Fury für die Navy und die Marine Corps.

Eine F-86 feuert bei einem Übungsschießen auf der Nellis Air Force Base ungelenkte Raketen Kaliber 127 mm ab.

Die schlankere Nase und stärkere Pfeilung bei Leitwerk und Flügeln unterscheiden die F-100 Super Sabre von ihrer Vorgängerin.

General Electric

Der neu konzipierte Prototyp für die USAAF, die XP-86 Sabre, flog erstmals am 27. November 1946 mit der noch recht einfachen, von Chevrolet gebauten Turbine TG-180. Das erste Serienmodell, die F-86A, wurde im Dezember 1948 mit der verbesserten Strahlturbine General Electric J47-1 mit 21,55 kN Schub an die US Air Force ausgeliefert. Eine fast serienmäßige F-86A stellte dann 1949 mit 1080 km/h einen neuen Geschwindigkeitsweltrekord auf.

Neue Wege in der Bauweise

Mit der F-86 wurden neue Wege im Flugzeugbau beschritten. Neben der besprochenen Pfeilung wurde auf den Flügel eine neue Fertigungstechnik angewandt: Er war in einer „Sandwich"-Technik aus zwei Aluminiumschichten aufgebaut.

Das Heck des Flugzeuges konnte komplett vom Rumpf gelöst werden, wodurch das Triebwerk für Wartungs- und Reparaturarbeiten leicht zugänglich war.

Verbesserungen

Als Manko der F-86 erwies sich die zu schwache Bewaffnung und das Zielgerät – bei ansonsten hervorragenden Flugeigenschaften. Ihre sechs 12,7-mm-MG hatten nicht die Feuerkraft, um einer MiG-15 in der Kürze eines Jet-Gefechtes nachhaltig zu schaden. Die Forderung der Piloten der Sabre nach mehr Schub, stärkerer Bewaffnung und einem besseren Zielgerät wurden 1952 mit Modell F-86F erfüllt – das unmittelbaren Einfluss auf das Kampfgeschehen in der Luft nahm. In jedem Monat nach seiner

MiG-Alley

Ihre Feuertaufe erhielt die Sabre 1950 im Korea-Krieg, der am Anfang vor allem von der Modellreihe F-86E bestritten wurde. Ihre eigentliche Berühmtheit errang die F-86 bei den Kämpfen gegen chinesische MiG-15 über der sogenannten „MiG-Alley", dem Luftraum über dem Yalu-Fluss, der die nordwestliche Grenze zwischen Nordkorea und der chinesischen Mandschurei markierte. Die Sabre flogen am Yalu Patrouille und hatten die Aufgabe, die aus China einfliegenden MiG-15 abzufangen.

Die MiG-15 war von den Russen Mikojan und Gurjewitsch ebenfalls auf der Grundlage erbeuteter deutscher Strahljäger und Forschungsunterlagen sowie einer Rolls-Royce-Turbine konstruiert und an Rot-China geliefert worden. Sie war der F-86 Sabre im Profil sogar so ähnlich, dass die Piloten in der Hitze des Kampfes oftmals Schwierigkeit hatten, beide Modelle zu unterscheiden.

Während sich die Sabre durch ihre hervorragende Wendigkeit und ihre Stabilität als Schussplattform auszeichnete, hatte die MiG-15, eine größere Dienstgipfelhöhe und konnte schneller steigen. Daher griffen die MiG-15 in der Regel aus großer Höhe herabstoßend, mit höchster Geschwindigkeit die amerikanischen Jagdbomberverbände an.

Im Gegensatz zu den MiG-15 weit vom Grenzfluss entfernt stationiert, war die Einsatzdauer der Sabre durch lange Anmarschwege ins Kampfgebiet begrenzt. So lagen alle Vorteile auf Seiten der MiG, bis auf einen. Von Mitte Oktober bis Ende März blies der Wind vorherrschend aus westlicher und nordwestlicher Richtung (über 9000 m Höhe mit mehr als 160 km/h!) und erlaubte es den Sabre mit sehr geringer Treibstoffreserve, Luftkämpfe abzubrechen und die Basis zu erreichen. Damit kamen die größere Wendigkeit der F-86, ihre höhere Stabilität und die bessere Ausbildung der US-Piloten zum Tragen.

Am 17. Dezember 1950 schoss Lt. Col. (Oberstleutnant) Bruce H. Hinton als erster Sabre-Pilot die erste MiG-15 ab. Im gleichen Monat erreichten die Sabre gegenüber den MiG bereits ein Abschussverhältnis von 8:1. Am 20. Mai 1951 wurde Captain (Hauptmann) der USAF, James Jabara, das erste Ass des Jet-Zeitalters, als er mit seiner F-86 seine fünfte und sechste MiG-15 abschoss. Allein im Monat Juni 1953 zerstörten die US-Piloten auf diese Weise 77 MiG-15 und beschädigten weitere elf, ohne dabei eine einzige Sabre zu verlieren.

Einführung wurden mindestens 25 MiG-15 abgeschossen.

Beim meist gebauten Modell der Sabre, der F-86D, einem Allwetter-Abfangjäger mit nochmals erhöhter Schubleistung, ging man bei der Bewaffnung weiter. Statt der üblichen sechs MGs besaß die F-86D ein radargesteuertes Feuerleitsystem für die in einem ausfahrbaren Kasten im unteren Vorderrumpf mitgeführten 24 Raketen Kaliber 69 mm.

Die Landung nach dem erfolgreich abgeschlossenen Jungfernflug der XF100, des Prototyps der Super Sabre.

F-100 Super Sabre

Die F-100 Super Sabre war der bereits 1949 geplante Nachfolger der F-86. Alle mit diesem Typ gemachten Erfahrungen flossen direkt in die Entwicklung der F-100 ein.

Die Kombination des leistungsstarken Zweiwellen-Strahltriebwerks mit Nachbrenner J57 von Pratt & Whitney mit noch stärker gepfeilten Tragflächen – 45 Grad gegenüber den 35 Grad der F-86 – machte die F-100 enorm schnell. Sie war der weltweit erste serienmäßige Jet, der im Horizontalflug die Schallmauer durchbrach.

Die Super Sabre bekam einen ovalen Triebwerklufteinlauf, der ihr in der Frontansicht das charakteristische Aussehen verlieh. Da sich die Bewaffnung mit den MGs Kaliber 12,7 mm als nicht ausreichend erwiesen hatte, erhielt die F-100A vier 20-mm-Kanonen sowie mehrere Stationen für diverse Typen von Raketen und Bomben. Ein Radar und verschiedene elektronische Ortungs- und Kennungsverfahren wurden nun serienmäßig eingebaut und machten damit die F-100 Super Sabre zum Vorläufer der modernen Jäger.

Im Vietnam-Krieg erwiesen sich die Super Sabre sowohl beim Angriff im Tiefflug als auch als Begleit- und Höhenjäger als ausgesprochen erfolgreich.

Super Sabre wurden in der USAF 1972 außer Dienst gestellt, in der Nationalgarde ab 1980.

Drei F-86D Sabre. Das mit 2054 Exemplaren meistgebaute Modell bildete zu seiner Zeit das Rückgrat der US-Luftverteidigung.

Eine MiG-15, Nato-Codename „Fagot", auf der amerikanischen Nellis Air Force Base in Nevada.

Mikojan-Gurjewitsch MiG-15/ MiG-19

Gemeinsam mit ihrer direkten Gegenspielerin, der F-86 Sabre, steht die MiG-15 für einen riesigen Entwicklungssprung nach vorne und beide gelten zu Recht als die ersten Vertreter der Kampfjets der zweiten Generation. Dass die MiG-15 trotz unübertroffener Leistung in Steigrate, Höhenleistung und Endgeschwindigkeit im Koreakrieg so wenig erfolgreich war, erklärt sich aus ihrer Konzeption und dem mangelhaften Ausbildungsstand chinesischer Piloten.

MIKOJAN-GURJEWITSCH MIG-15BIS
Jagdeinsitzer
Spannweite: 10,08 m
Länge: 11,05 m
Höhe: 3,40 m
Leergewicht: 3681 kg
Startgewicht: 6045 kg
Triebwerk: ein auf der Basis des Rolls-Royce Nene entwickeltes Strahltriebwerk Klimow VK-1 mit 26,5 kN Standschub
Höchstgeschwindigkeit: 1075 km/h
Dienstgipfelhöhe: 15 500 m
Reichweite: 1860 km
Bewaffnung: eine 37-mm-Kanone NR-37 oder zwei 23-mm-Kanonen NS-23 oder NR-23 sowie bis 500 kg unterschiedlichster Kampflasten oder Abwurftanks an Unterflügelstationen

MIKOJAN-GURJEWITSCH MIG-19S
Jagdeinsitzer
Spannweite: 9,00 m
Länge: 13,08 m
Höhe: 4,02 m
Leergewicht: 5760 kg
Startgewicht: 8700 kg
Triebwerk: zwei Strahltriebwerke Klimow RD-9B mit Nachbrenner, je 31,84 kN Schub
Höchstgeschwindigkeit: 1480 km/h (Mach 1,3)
Dienstgipfelhöhe: 17 900 m
Reichweite: 2200 km
Bewaffnung: 3 x 30-mm-Kanone NR-30 (je eine Kanone in den Flügelwurzeln und im Rumpfbug rechts unten), Unterflügelstationen für Luft-Luft-Lenkflugkörper K-13A (NATO-Code: AA-2 Atoll), zwei Abwurftanks

Die Grundlagen der Entwicklung

In den 1940er-Jahren waren deutsche Wissenschaftler weltweit führend in Jet-Technologie und Hochgeschwindigkeitsflug – umfangreiche Dokumentationen über die aerodynamischen Vorzüge gepfeilter Tragflächen waren erstellt worden und nach Kriegsende wurde dieses Material den Siegermächten zugänglich. Die Erkenntnisse aus diesen Forschungen beeinflussten nachhaltig die Entwicklung der Strahlflugzeuge und des Überschallfluges.

OKB Mikojan-Gurjewitsch

Aufbauend auf dem erbeuteten Material begann in der Sowjetunion das Konstruktionsteam um Artjom Mikojan und Michail Gurjewitsch mit der Planung eines neuen Jagdflugzeuges mit Strahltriebwerken und gepfeilten Flügeln. Als Antrieb benutzen sie die Strahlturbine RD-45, ein im OKB Klimow kopiertes Radialtriebwerk Rolls-Royce Nene. Möglich wurde dies nur, weil in Großbritannien 1947 die neue Labour-Regierung den Verkauf des Triebwerkes erlaubt hatte, lange bevor dieses Triebwerk in einem britischen Jet eingebaut werden sollte.

Das Resultat, die MiG-15, die inoffiziell erstmals 1948 beim Sowjetischen Flugtag und offiziell zur Parade am 1. Mai 1949 vorgestellt wurde, alarmierte Militärs in aller Welt – niemand hatte einen derart fortgeschrittenen Entwicklungsstand in der Sowjetunion vermutet.

Die MiG-15 hatte den Triebwerklufteinlauf in der Bugnase, den Antrieb im Rumpf und die Schubdüse unter dem Seitenleitwerk. Das Bugradfahrwerk und die allseits gepfeilten Flächen (Flügel und Höhenleitwerk) waren – in Verbindung mit der leistungsfähigen und wartungsfreundlichen Bewaffnung – typische Merkmale eines modernen Jagdflugzeuges.

„Farmer" lautete der Codename für die MiG-19 in den Luftwaffen des westlichen Bündnisses.

Erste Begegnungen am Yalu
Am 19. Oktober 1950 überschritten die Truppen Rot-Chinas erstmals den Yalu, den Grenzfluss zu Nordkorea. Dies war auch der Tag, da erstmals MiG-15 der chinesischen Luftwaffe in den Korea-Krieg eingriffen, indem sie eine Gruppe patrouillierender amerikanischer P-51 Mustang angriffen.
Dann begann ein vollkommen neuer Abschnitt in der Luftkriegsgeschichte, der Kampf von Jet gegen Jet. Die MiG-15 trafen hier auf die amerikanischen Düsenjäger der Typen F-80 Shooting Star, F-84 Thunderjet and F9F Panther, denen sie in allen flugtechnischen Aspekten überlegen waren. Die MiG-15 konnte schneller fliegen, schneller stürzen und schneller steigen als die Jets der US Air Force und US Navy.
Allerdings waren die Piloten der chinesischen MiG-15 nur ungenügend und in großer Eile ausgebildet worden. Die Amerikaner hatten dagegen eine wesentlich längere und bessere Ausbildung absolviert. Sie beherrschten ihr Fluggerät und wendeten zudem eine Taktik an, bei der die chinesischen Piloten die überragenden Flugleistungen der MiG-15 nicht einsetzen konnten. Ein vielleicht noch schwerer wiegendes Handicap der MiG-15 war ihr Konzept. Ihr schärfster Rivale, die F-86, war als wendiger Luftüberlegenheitsjäger ausgelegt. Die MiG sollte dagegen ein Abfangjäger werden, mit größtmöglicher Gipfelhöhe, Steigfähigkeit und einer Bewaffnung von extremer Durchschlagskraft, aber geringer Schussfolge – dadurch wurde sie für den Kurvenkampf eigentlich ungeeignet.

Lizenz mit und ohne Gebühren

Die MiG-15 und die Turbine RD-45 gingen sehr bald in die Produktion – allerdings ohne dass für das Triebwerk jemals Lizenzgebühren an Rolls-Royce gezahlt wurden –, sodass bereits im Jahr 1949 die ersten Jets ausgeliefert werden konnten. Die Produktion der MiG-15 schritt dabei so rasant voran, dass in nur fünf Jahren alleine 8000 Stück in der Sowjetunion gebaut wurden – mehr als von jedem anderen Jagdflugzeug seiner Zeit. Zusätzlich entstanden Werke in Polen, der Tschechoslowakei und in China, welche die MiG-15 in Lizenz fertigten.

Spoiler

Der zahlenmäßig größte Anteil entfiel auf Modell MiG-15bis, die eine leistungsfähigere Turbine, eine stärkere Bewaffnung, perforierte Fowler-Klappen und umkonstruierte Luftbremsen (Spoiler) am hinteren Rumpf hatten. Diese Luftbremsen waren zwingend notwendig: Sie fuhren automatisch bei Erreichen einer bestimmten Geschwindigkeit aus und verhinderten so, dass der Pilot der MiG-15 schneller als Mach 0,93 flog. Denn oberhalb dieses Bereiches war der Jet nicht mehr stabil, neigte zum unkontrollierten Ausbrechen und zum Trudeln, aus dem er nicht mehr abgefangen werden konnte. Es blieb dem Piloten dann nur noch das Aussteigen mit dem Schleudersitz übrig. Die Neigung zum unkontrollierten Trudeln kostete wahrscheinlich mehr MiG-Piloten das Leben als die durch die US Air Force herbeigeführten Kampfverluste.

Der geteilte Lufteinlass der beiden Turbinen in der Flugzeugnase ist ein typisches technisches Detail der MiG-19.

Im Dienst in den sowjetischen Bruderländern: eine polnische Staffel MiG-15.

Mikojan-Gurjewitsch MiG-19 (Nato-Code: Farmer)

Die MiG-19 war das erste mit Überschallgeschwindigkeit fliegende sowjetische Flugzeug. Sie vereinigte hohe Geschwindigkeit, sehr gute Manövrierfähigkeit und eine gewaltige Feuerkraft in sich, war in ihrer Zeit ein beeindruckendes Kampfflugzeug und wurde noch in den späten 1970er-Jahren eingesetzt.

Familienzuwachs

Das neue Kampfflugzeug von Artjom Mikojan, die MiG-19, wurde bereits vor Beginn des Korea-Krieges auf den Zeichenbrettern entworfen. Obwohl rein äußerlich eine leichte Ähnlichkeit zur MiG-15 vorhanden war, handelte es sich doch um eine vollkommen eigenständige Konstruktion. Lediglich die von der MiG-15 und MiG-17 bekannte Anordnung als Mitteldecker mit Triebwerklufteinlauf in der Bugnase und das Bugradfahrwerk wurde übernommen.

Die Schallmauer fällt

Der geteilte Triebwerklufteinlauf im Bug der MiG-19 versorgte zwei parallel nebeneinander im Rumpf hinter dem Cockpit liegende Strahlturbinen, die ihren Abgasstrahl auch getrennt am Heck unterhalb des Seitenleitwerkes entließen. Heckleitwerk und Tragflächen waren mit 55 Grad zwar stark gepfeilt, doch erlaubten Grenzschichtzäune auf jeder Flügelhälfte und Fowler-Klappen zwischen Querruder und Rumpf auch bei niedriger Geschwindigkeit eine zufriedenstellende Handhabung des Flugzeuges. Die leistungsstarken Strahltriebwerke Klimow RD-9B mit Nachbrenner machten die MiG-19 zum ersten sowjetischen Jet, der im Horizontalflug schneller als der Schall fliegen konnte und zum zweiten weltweit. Beeindruckend war die Bewaffnung mit drei 30-mm-Kanonen und Luft-Luft-Lenkflugkörpern.

Der erste Prototyp flog am 27. Mai 1952, gefolgt vom Produktions-Prototyp am 5. Januar 1954. Ähnlich wie die MiG-15 und -17 wurde auch die MiG-19 in sehr großen Stückzahlen gebaut. Außer in der Sowjetunion gab es Lizenzproduktionen in Polen, der Tschechoslowakei und China. Möglicherweise wurden alles in allem mehr als 10 000 MiG-19 gebaut.

Vietnam und Nahost

Im Kampf eingesetzt wurde die MiG-19 im Vietnamkrieg und im israelisch-arabischen Sechs-Tage-Krieg. Im Vietnamkrieg wurde der

Zwischen den Einsätzen: eine polnische Staffel MiG-15 in Parkposition.

Jet hauptsächlich – mit Erfolg – als defensive Waffe im Luftkampf gegen einfliegende amerikanische Jagdbomber F-4 Phantom und F-105 Thunderchief genutzt. Unverzichtbar war hier die Zusammenarbeit und Koordination zwischen den Crews der nordvietnamesischen Luftabwehr, ausgerüstet mit 37-mm-Zwillings-Flakgeschützen und SA-2-Flugabwehrraketen sowie den Piloten der MiG-19.

Im Sechs-Tage-Krieg waren die Luftwaffen Syriens und Ägyptens mit MiG-19 und MiG-21 ausgerüstet; allein Ägypten hatte vier Geschwader MiG-19-Kampfflugzeuge. Der größte Teil hiervon wurde am Morgen des 5. Juni 1967 beim Überraschungsangriff Israels innerhalb kurzer Zeit am Boden zerstört. Die wenigen MiG-19, denen es gelang, die israelischen Jets zum Luftkampf zu stellen, wurden meistens Opfer der von den Israelis eingesetzten und der MiG überlegenen Dassault Mirage III. Zuletzt wurden MiG-19 wohl von der syrischen Luftwaffe 1979 im Gefolge des Libanon-Konfliktes eingesetzt. Bei einem Luftgefecht kämpften acht syrische MiG-19 mit sechs israelischen F-15 Eagle und Kfir (israelische Version der Mirage V). In kürzester Zeit waren fünf MiG-19 abgeschossen und der Rest brachte sich in Sicherheit. Die Zeit der MiG-19, einer Konstruktion aus den 1950er-Jahren, war 1979 damit definitiv zu Ende.

Aus den Testflügen mit der MiG-15 des Überläufers Ro Kum Suk gewann die Air Force wichtige Erkenntnisse über das Potenzial der MiG-15.

Ro Kum Suk
Informationen über sowjetische Flugzeuge unterlagen der strengsten Geheimhaltung, die Flugeigenschaften der MiG-15 konnten im Korea-Krieg aber in den Luftkämpfen ausführlich studiert werden. Die wichtigsten Informationen über den Jet erhielten die Amerikaner 1953 durch den nordkoreanischen Überläufer Leutnant Ro Kum Suk, der mit seiner MiG-15 auf einem südkoreanischen Flugplatz bei Seoul landete. Ab Februar 1954 konnten die ersten beiden US Air Force Testpiloten, Chuck Yeager und Tom Collins, dieses Flugzeug intensiv testen. Die MiG-15 erwies sich dabei zwar als gutes Kampfflugzeug, doch fehlte ihr die verfeinerte amerikanische Technologie. Es war eine eher rohe und unvollendete Konstruktion. So war es durch die ungenügende Heizung beim Flug in großen Höhen immer sehr kalt im Cockpit. Die Windschutzscheibe und die Cockpitverglasung waren dadurch von innen für gewöhnlich mit Raureif bedeckt, den man dann mühselig abkratzen musste. Die MiG-15 hatte auch kein automatisches Druckanpassungs-System, wie es bei amerikanischen Jets üblich war. Der Pilot musste vielmehr den Kabinendruck während des Steigflugs mit der Hand an einem Steuerrad laufend nachjustieren.

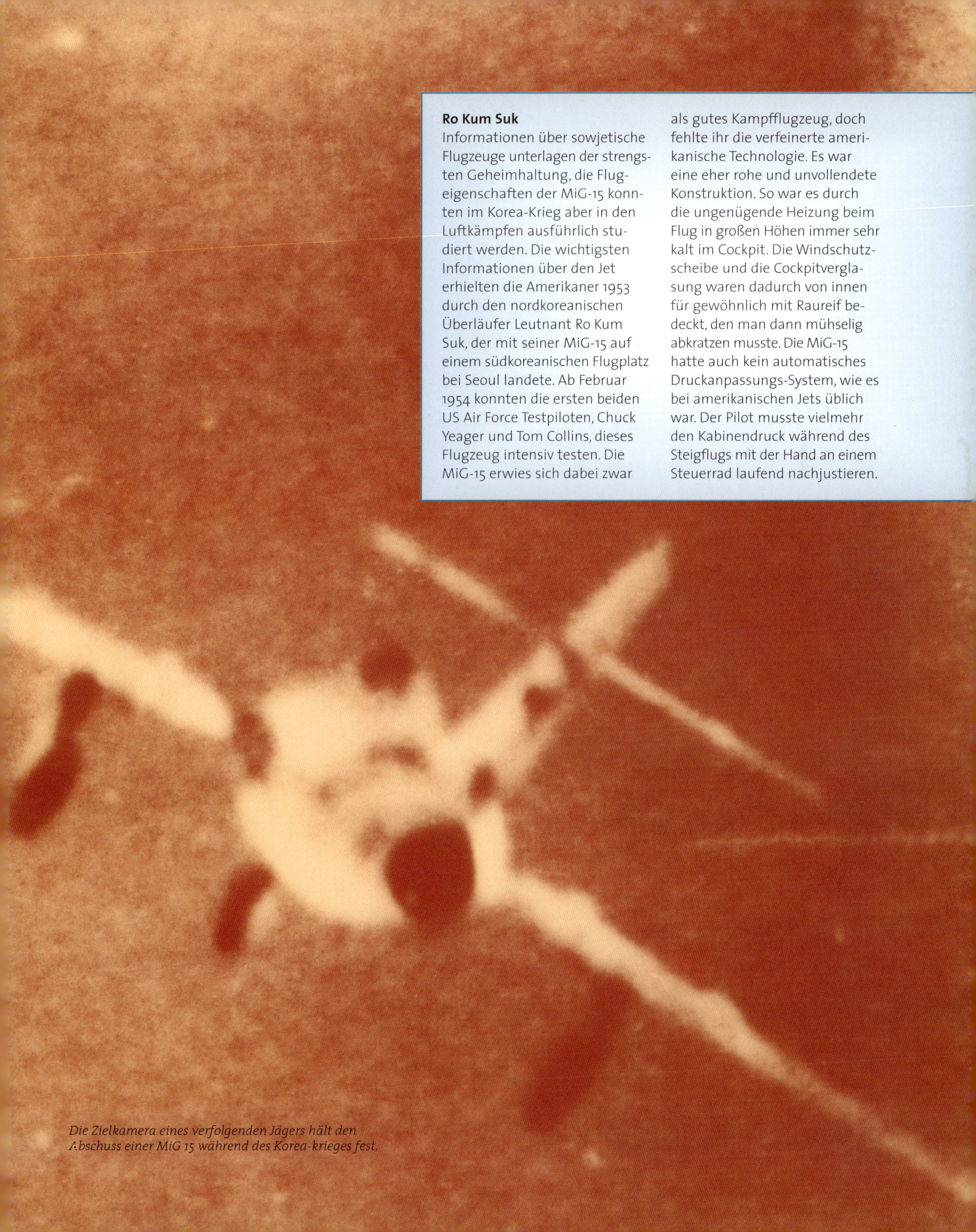

Die Zielkamera eines verfolgenden Jägers hält den Abschuss einer MiG 15 während des Korea-krieges fest.

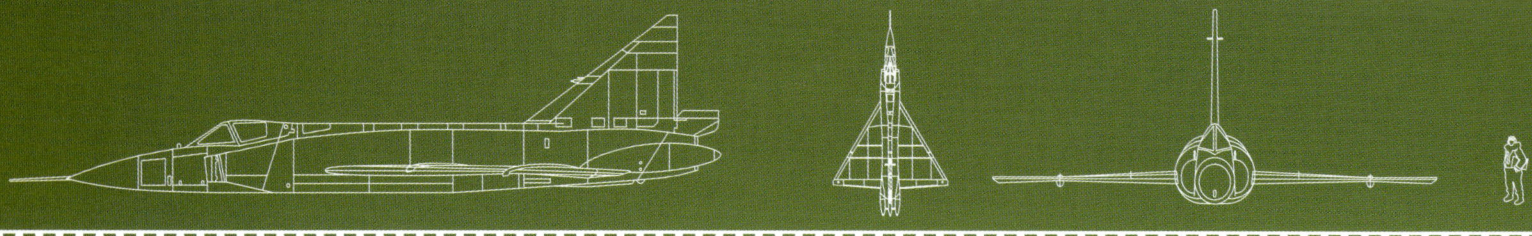

Convair F-102 Delta Dagger

Mit der Convair F-102 Delta Dagger wurde zum ersten Mal ein strahlgetriebener Deltaflügler konstruiert, bei dem nicht die eigentlichen Flugleistungen, sondern die Eigenschaften als Träger des komplexen Waffensystems als wichtigste Anforderung gesehen wurden.

CONVAIR F-102A DELTA DAGGER
Allwetter-Jagdeinsitzer
Spannweite: 11,62 m
Länge: 20,84 m
Höhe: 6,46 m
Leergewicht: 8630 kg
Startgewicht: 14 288 kg
Triebwerk: ein Strahltriebwerk Pratt & Whitney J57-P-23A und 71,17 kN Schub mit Nachbrenner
Höchstgeschwindigkeit: 1328 km/h
Dienstgipfelhöhe: 16 460 m
Reichweite: 2173 km
Bewaffnung: drei Luft-Luft-Lenkflugkörper AIM-4 Falcon plus eine AIM-26A mit Nuklearsprengkopf oder sechs AIM-4 (je drei infrarot- oder radargelenkte)

Der erste Deltaflügler

Bei der Firma Convair begann man Ende der 1940er-Jahre, in Zusammenarbeit mit dem deutschen Deltaflügelpionier Alexander Lippisch, mit der Entwicklung eigener Deltaflügler. Dies war Teil eines Programms der US Air Force, das zur Entwicklung eines Überschalljägers führen sollte. Die so entstandene XF-92A war 1948 das erste Flugzeug der Welt, das mit einer Deltatragfläche flog.

Hughes MX-1179

Zu Beginn der 1950er-Jahre wurde bei der Firma Hughes mit dem MX-1179 ein für die damalige Zeit revolutionäres Feuerleitsystem entwickelt. Passend zu diesem System forderte die US Air Force einen Allwetter-Abfangjäger. Allerdings sollte – abweichend von der üblichen Vorgehensweise – zunächst das Feuerleitsystem serienreif gemacht und erst dann das Flugzeug entwickelt werden.

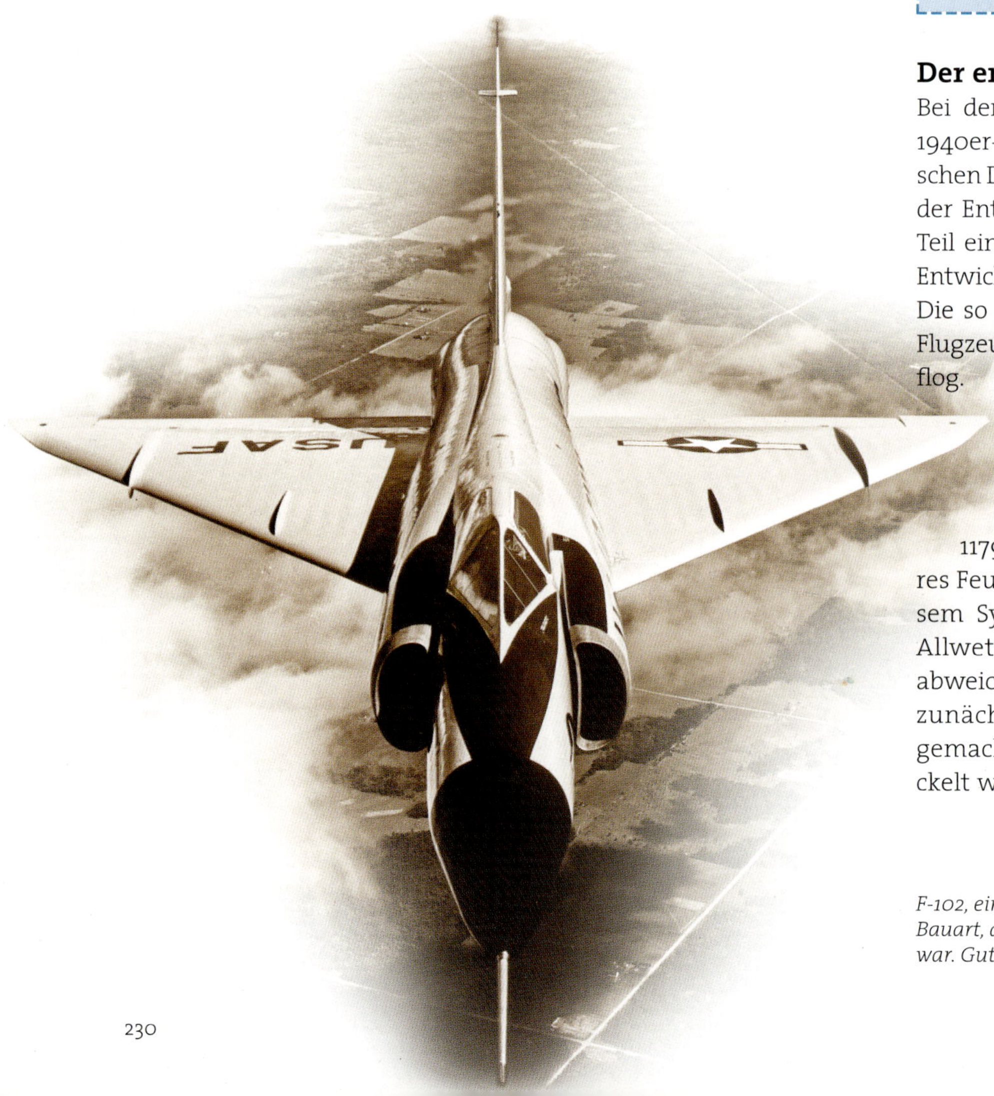

F-102, einer der ersten Deltaflügler und der erste dieser Bauart, der nach Whitcombs Flächenregel konstruiert war. Gut zu erkennen ist die „Wespentaille".

Die wesentlich verbesserte Nachfolgerin, F-106 Delta Dart, auf einem Werksfoto des zu General Dynamics gehörenden Herstellers Convair.

YF-102A

Der bei Convair zu dieser Ausschreibung konstruierte Deltaflügler YF-102 flog erstmals am 24. Oktober 1953. Der Jet enttäuschte aber insoweit, als er zuviel Luftwiderstand erzeugte und nicht in den Überschallbereich vorstoßen konnte. Glücklicherweise besann sich der Aerodynamiker Richard T. Whitcomb bei Windkanalversuchen des NACA (National Advisory Committee for Aeronautics; später NASA) auf die bereits 1944 entdeckte Flächenregel. Sie besagt, dass der Widerstandszuwachs beim Überschallflug abnimmt, wenn der Gesamtquerschnitt Rumpf plus Flächen vom Bug zum Heck dem Querschnitt eines stromlinienförmigen Körpers entspricht. Unter Beachtung dieser Flächenregel erhielt der Rumpf eine „Wespentaille" und absolvierte als YF-102A am 20. Dezember 1954 den Jungfernflug. Mit Mach 1,2 wurde die Schallmauer nun problemlos durchbrochen und der Jäger ging als F-102A in die Serienproduktion.

Neue Aufgaben für den Piloten

Die Convair F-102A Delta Dagger war ein imposantes Flugzeug mit einem kleinen Cockpit. Da das ganze Flugzeug als Waffenträger-System konzipiert war, kam auch dem Piloten eine neue Arbeitsweise zu – an zwei Steuersäulen, eine für die Flugsteuerung, eine für das Radar. Im Suchmodus presste der Pilot seine Augen gegen die Sichthaube seines Radar-Bildschirms und flog den Jet mit einer Hand an jedem Steuerknüppel. Im halbautomatischen Modus wurden Lenkwaffen automatisch aus dem Schacht im Rumpf ausgefahren und mittels des Zielerfassungs- und Zielverfolgungs-Computers zum genau richtigen Zeitpunkt abgefeuert.

Convair F-106 Delta Dart

Die ursprünglich als F-102B bezeichnete Baureihe der F-102A Delta Dagger erhielt wegen ihrer zahlreichen konstruktiven Verbesserungen und der Ausrüstung mit dem neuen Feuerleitsystem Hughes MA-1 die Bezeichnung F-106 Delta Dart. Der Rumpf der Delta Dart mit noch ausgeprägterer „Wespentaille" sorgte in Verbindung mit einem schubstärkeren Triebwerk und einer größeren, trapezförmigen Seitenflosse für eine um fast das Doppelte erhöhte Endgeschwindigkeit gegenüber der Delta Dagger und konnte in der Luft betankt werden.

Strategisch war die Delta Dart als Nuklearwaffen (ungelenkte Rakete MB-1 Genie) tragender Abfangjäger in das nationale Frühwarn- und Luftabwehrsystem der USA eingebunden. Hierzu war das Feuerleitsystem Hughes MA-1 über eine digitale Datenverbindung an das Luftverteidigungs-Führungssystem SAGE (Semi Automatic Ground Environment) angebunden.

F-102 der Alarmrotte des North American Air Defense Command (NORAD) wird bemannt, um ein nicht identifiziertes Flugzeug abzufangen.

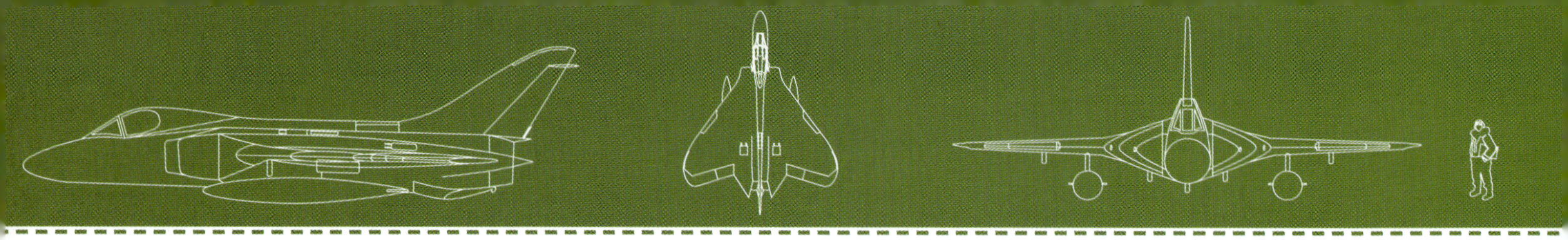

Douglas F4D Skyray

Die Douglas F4D Skyray war in den späten 1950er- und frühen 1960er-Jahren bei den Piloten der US Navy und des Marine Corps ein wegen seiner Wendigkeit, Agilität und Zuverlässigkeit ausgesprochen beliebter trägergestützter Abfangjäger – der bereits im Erprobungsstadium Weltrekorde aufstellte.

DOUGLAS F4D SKYRAY
Trägergestützter Jagdeinsitzer
Spannweite: 10,21 m
Länge: 13,84 m
Höhe: 3,96 m
Leergewicht: 7268 kg
Startgewicht: 12 250 kg
Triebwerk: ein Strahltriebwerk Pratt & Whitney J57-P-8A mit Nachbrenner und 71,1 kN Schub
Höchstgeschwindigkeit: 1167 km/h
Dienstgipfelhöhe: 16 760 m
Reichweite: 1530 km
Bewaffnung: zwei Zwillings-Maschinenkanonen M-12 Kaliber 20 mm mit je 70 Schuss pro Rohr in den äußeren Flügeln, sechs Unterflügelstationen für Kampfzuladung bis zu 1814 kg an Bomben, zwei Luft-Luft-Flugkörper Sidewinder AIM-9 N-7 oder Raketenbehälter mit je 7x69 mm Geschossen oder vier Behälter mit je 19 ungelenkten Raketen kleineren Kalibers, Zusatztanks

Die Zelle und der Deltaflügel

Die Entwicklung der F4D Skyray basiert auf den Projektstudien des Deutschen Dr. Alexander Lippisch über Flugzeuge mit Delta-Flügeln. Auf erbeutetem deutschen Archivmaterial aufbauend, konstruierte Ed Heinemann bei Douglas einen Jäger mit großen, deltaförmigen Tragflächen. Dieser Deltaflügel sollte dem Flugzeug zu einer guten Manövrierbarkeit im Kampf und zu einer minimalen strukturellen Belastung verhelfen. Dabei war die Tragflächenvorderkante nicht gerade, sondern verlief in einem geschwungenen Bogen bis zur Basis des Deltas. Die gerade Flügelhinterkante war dagegen abgewinkelt und schloss beidseitig an die Schubdüse an – das fehlende Höhenleitwerk ist eine der Besonderheiten der F4D. Die beiderseits des Rumpfes gelegenen Triebwerk-

Douglas F4D Skyray. Der ausgerundete Übergang von Flügelwurzeln zu Rumpf demonstriert den Fortschritt im Flugzeugbau.

lufteinläufe waren in die Tragfläche integriert und versorgten eine Strahlturbine mit Nachbrenner.

Innovationen

Beim Erstflug des Prototyps XF4D-1 am 23. Januar 1951 erschien die Skyray schon wesentlich weiter entwickelt als jeder andere Jäger der Marine. Einer dieser Fortschritte war die hydraulisch betätigte Flugsteuerung, die über den Steuerknüppel vom Piloten bedient wurde Das Modell besaß aber auch noch eine rein manuell gesteuerte Reservesteueranlage: Hierzu musste der Pilot die Arretierung des Steuerknüppels lösen und diesen dann manuell verlängern – zur besseren Hebelwirkung. Eine weitere Besonderheit war die sogenannte Sandwich-Außenhaut, eine doppelte Verkleidung der Tragflächen. Leider erwies sich die Sandwich-Außenhaut nicht als voller Erfolg, weil sie zur Beulenbildung und damit zu schlechteren Flugleistungen führte.

Die Weltrekordlerin

Bei der Konzeption der Skyray hatte die Steigleistung oberste Priorität. Die geplante Einsatzart war das Abfangen hoch fliegender Bomber, aber auch die anderen Flugleistungen waren schon vom Entwurf her außergewöhnlich: am 3. Oktober 1953 flog eine F4D mit 1212 km/h neuen Geschwindigkeitsweltrekord. Eine andere Bestmarke betrifft die Steigleistung – aus dem Start in 2,6 Minuten auf eine Höhe von 15240 m, das entspricht fast 100 m/s!

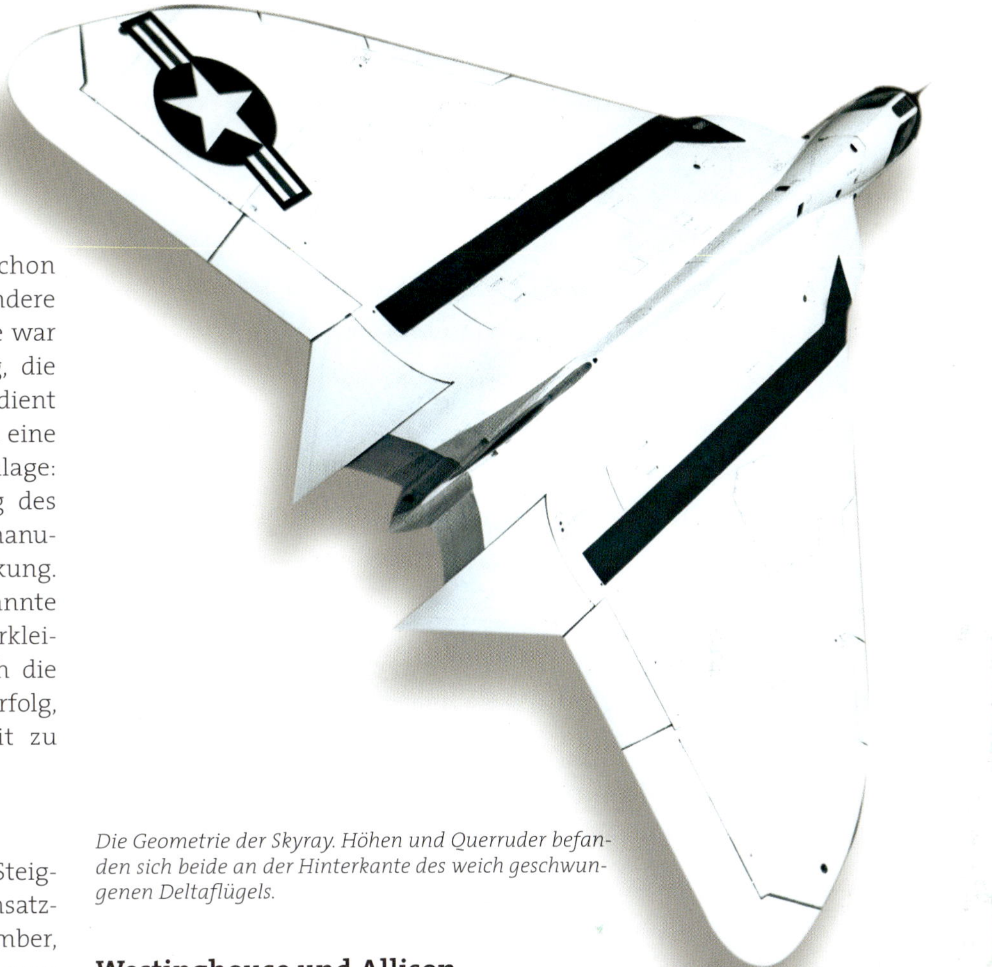

Die Geometrie der Skyray. Höhen und Querruder befanden sich beide an der Hinterkante des weich geschwungenen Deltaflügels.

Westinghouse und Allison

Technische Probleme mit der vorgesehenen Strahlturbine Westinghouse J40-WE-8 mit Nachbrenner verzögerten den Produktionsbeginn um drei Jahre. Die Serienmaschinen erhielten daher die Strahlturbine Pratt & Whitney J57; die Auslieferung begann am 16. April 1956.

Ein Werksfoto der Douglas Aircraft Company zeigt eine der ersten Skyray aus der Serienfertigung.

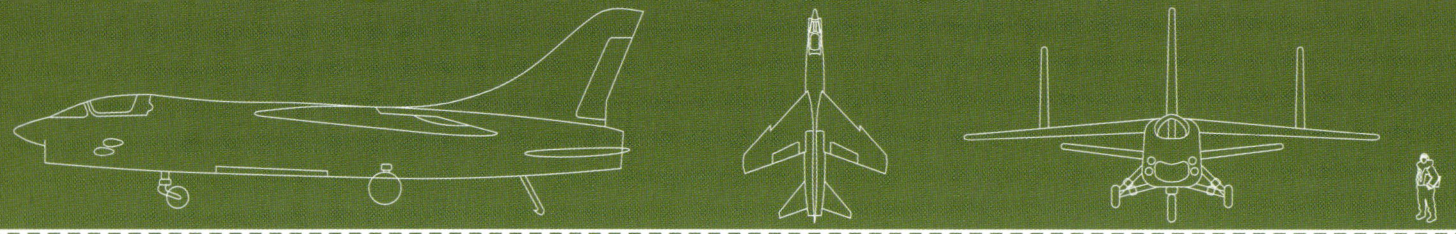

Vought F-8U Crusader

Die Vought F-8U Crusader ist einer der erfolgreichsten trägergestützten Jets der Geschichte. Erstmals 1957 an die US Navy ausgeliefert, war sie – kontinuierlich weiterentwickelt – dort noch 25 Jahre später im Dienst.

VOUGHT F-8 CRUSADER

Trägergestützter Jagdeinsitzer/Jagdbomber
Spannweite: 10,87 m
Länge: 16,53 m
Höhe: 4,80 m
Leergewicht: 8935 kg
Startgewicht (Baureihe C): 15 420 kg
Triebwerk (Baureihen C, K): ein Strahltriebwerk mit Nachbrenner Pratt & Whitney J57-16 und 75,1 kN Schub
Höchstgeschwindigkeit: 1980 km/h
Dienstgipfelhöhe: 13 100 m
Einsatzradius: 732 km
Bewaffnung: vier Maschinenkanonen Colt Mk 12 Kaliber 20 mm mit je 84 Schuss, zwei Luft-Luft-Lenkflugkörper „Sidewinder" und 32x7 cm ungelenkte Raketen in ausfahrbarem Raketenkasten unter dem Rumpf

Eine ungewöhnliche Anordnung: Die vier Sidewinder-Lenkwaffen der F-8U Crusader D wurden nicht unter den Flügeln, sondern am Rumpf mitgeführt.

F8U und F-8

Die Vought F-8U Crusader ist aufgrund ihres charakteristischen zentralen Lufteinlaufs im unteren Teil des Rumpfbugs zwar immer leicht zu erkennen, aber wegen der ähnlichen Bauweise auch ebenso leicht mit dem späteren Jagdbomber Vought A-7 Corsair II zu verwechseln.

Vought gewann mit der F8U Crusader 1953 eine Ausschreibung der US Navy für einen von Flugzeugträgern aus operierenden und mit Überschallgeschwindigkeit fliegenden Jäger und Jagdbomber. Die Crusader war ein hervorragendes Flugzeug, das in seiner Leistungsfähigkeit sogar die North American F-100 Super Sabre der US Air Force übertraf, obwohl beide Flugzeuge die gleiche Strahlturbine als Antrieb hatten.

Schon bei ihrem Erstflug am 25. März 1955, als XF8U-1, durchbrach die Crusader die Schallmauer. In der Folge stellte die Crusader einige neue Rekorde auf. Sie war das erste trägergestützte Flugzeug der Welt, das schneller als 1900 km/h flog, und das erste Flugzeug, das den nordamerikanischen Kontinent mit Überschallgeschwindigkeit überquerte. Zwei Jahre nach dem Jungfernflug wurde als erste trägergestützte Crusader-Jagdstaffel die VF-32 formiert. Im Zuge der Code-Umstellung wurden 1962 alle F8U der US Navy und des US Marine Corps in F-8 umbenannt. Die letzte Lieferung an F-8 Crusader Jagdflugzeugen ging 1965 an die Flotte.

Am rechten Flügel der F-8U-2N (F-8D) ist der Sägezahn an der Flügelnase gut zu erkennen.

Modellpflege

Die Crusader war eine jener ausgezeichneten Konstruktionen, die durch kontinuierliche Pflege der Baureihen über einen sehr langen Zeitraum eingesetzt werden konnten. Die Verbesserungen betrafen das Radar, den Autopiloten, das Waffensystem, die Struktur und das Triebwerk. Die Leistung der Strahlturbine Pratt & Whitney J57, die in der ersten Serienreihe mit Nachbrenner

Der einzige zweisitzige Trainer der Crusader-Baureihe.

7327 kg Schub entwickelte, wurde im Laufe der Zeit durch Pratt & Whitney TF300-P-420 mit einer Nachbrennerschubleistung von 8890 kg ersetzt. Der Treibstoff wurde größtenteils in internen Tanks mitgeführt.

Rückrufaktion

Zwischen 1967 und 1971 wurden Crusader der Baureihen B, C und E im Werk nach dem neuesten Stand der Technik umgebaut und als Baureihen J, K und L wieder in Dienst genommen. Ebenfalls umgebaut wurden die RF-8-Aufklärer der A-Serie, die eine verbesserte Foto- und Elektronik-Ausrüstung erhielten.
Neu benannt als RF-8G wurden sie wieder an die Flotte überstellt. Alles in allem wurden so mehr als ein Drittel aller Crusader verbessert und ihre Ausmusterung immer weiter hinausgeschoben.

Bei der US Navy war Anfang der 1980er-Jahre immer noch eine Einheit, die Aufklärungsstaffel VFP-63, mit RF-8G ausgerüstet – das ergibt eine Dienstzeit von über 25 Jahren. In der französischen Marine wurden die letzten Crusader (Croisé) sogar erst im Dezember 1999 ausgemustert – 45 Jahre nach dem Erstflug des Prototypen.

Feuerkraft

Vier 20-mm-Kanonen und zwei Luft-Luft-Lenkflugkörper „Sidewinder“ gaben bereits den Baureihen A bis C eine enorme Feuerkraft. Die F-8D trug dann neben den vier Maschinenkanonen vier „Sidewinder“. Zusätzlich zu dieser Bewaffnung konnten die F-8 der Baureihen E, H und J noch 12 Mk-81-Bomben oder acht „Zuni“-Raketen oder zwei AGM-12B Bullpup tragen.

Vietnam

Ihre ersten Einsätze erlebte die F-8 während der Kubakrise 1962. Im Kampfeinsatz ist die Crusader jedoch untrennbar mit dem Luftkrieg in Vietnam verbunden. In den ersten vier Jahren der Auseinandersetzung stellten die F-8-

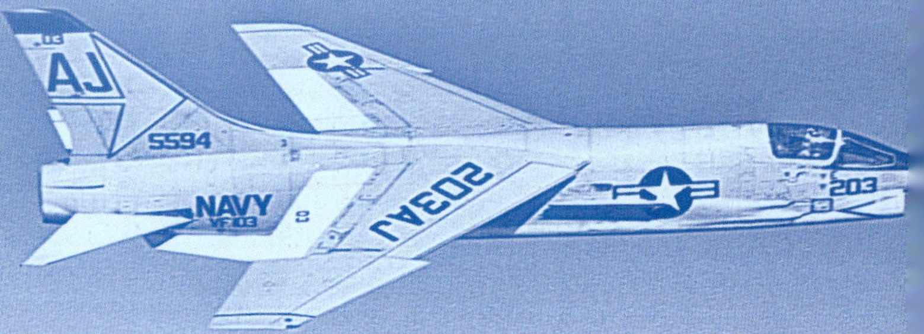

Jäger und Jagdbomber mehr als die Hälfte aller Trägerflugzeuge der US Navy und des US Marine Corps, die im Golf von Tongking stationiert waren. Am 2. August 1964 wurde die US Navy im Rahmen des „Maddox"-Zwischenfalls erstmals in die Kämpfe einbezogen. Vier F-8-Crusader vom Flugzeugträger Ticonderoga griffen Patrouillenboote der Nordvietnamesen an und versenkten eines davon. Im weiteren Verlauf des Krieges wurde die F-8 sowohl für Jagdeinsätze als auch für Bombardierungen eingesetzt. Hierbei wurden von Crusader auch erstmals 907-kg-Bomben abgeworfen. Commander Jim Stockdale leistete hier Pionierarbeit, indem er die überladenen F-8 nur mit minimalem Treibstoffvorrat vom Trägerkatapult starten ließ. Das eigentliche Betanken erfolgte dann nach dem Start in der Luft mittels eines Tankflugzeuges.

Marines

Die Crusader des US Marine Corps griffen direkt in die Bodenkämpfe in Vietnam ein. Sie leisteten den eigenen Bodentruppen auf Verlangen Erdkampf-Unterstützung.

Während des Vietnamkrieges erwarb sich die Crusader ihre Reputation als das beste der mit einer Kanone ausgerüsteten Jagdflugzeuge („best gun fighter"). Ihren Piloten wurden 19 Luftsiege über nordvietnamesische MiG-Jäger, die Mehrzahl davon mit Sidewinder AIM-9, zuerkannt.

Aufklärung

Eine besondere Bedeutung im Vietnamkrieg kam dem Foto-Aufklärer Crusader RF-8 zu. Mit der von ihr geflogenen Luftaufklärung wurden sowohl Angriffsziele ausgewählt als auch der entstandene Schaden nach einem Angriff dokumentiert. Bei solchen Aufklärungsflügen, die in der Regel in nur 1220 m Höhe durchgeführt wurden, wurden die RF-8 von jeweils einem Begleitjäger gedeckt. Trotzdem waren die Missionen äußerst gefährlich, da der Pilot für fotografische Aufklärung einen geraden Kurs mit konstanter Geschwindigkeit einhalten musste – eine leichte Beute für das Flugabwehrfeuer. Die im Golf stationierte Flugzeugträger-Einsatzgruppe wurde so laufend über neu gebaute Flugabwehr-Raketenbatterien in Nordvietnam informiert – aber der Preis war hoch. Allein 20 RF-8 wurden bei Aufklärungsflügen abgeschossen, fast ein Viertel aller Crusader-Verluste im Vietnamkrieg.

Mit der sechsten Flotte im Mittelmeer: Formationsflug von Crusader, die auf der USS Forrestal stationiert waren.

Mit der Dassault Ouragan hatte Frankreich Anschluss an die Entwicklung im Bau von Kampfjets gefunden. Die hier gezeigte Super Mystère bedeutete einen weiteren großen Schritt.

Dassault Super Mystère

Die Mystère ist Anfang und Ende zugleich – von den Leistungen her der F-100 Super Sabre und der MiG-19 ebenbürtig, war sie das erste Überschallflugzeug Westeuropas, das in die Großserienfertigung gelangte, und als letzter Tagjäger vor der Ankunft der radargeführten Mirage III markiert sie das Ende der Tagjagd nach Sicht. Und sie steht am Ende einer Generation Jagdflugzeuge, und zwar der Generation, die in den 1950er-Jahren dem Schall davonzufliegen begann.

DASSAULT SUPER MYSTÈRE
Jagdbomber
Spannweite: 10,52 m
Länge: 13,95 m
Höhe: 4,55 m
Leergewicht: 6932 kg
Startgewicht: 10 000 kg
Triebwerk: ein Strahltriebwerk mit Nachbrenner SNECMA Atar G-2 mit 33 kN Standschub ohne und 44,1 kN Schub mit Nachbrenner
Höchstgeschwindigkeit: 1195 km/h (Mach 1,12)
Dienstgipfelhöhe: 17 000 m
Reichweite: 870 km
Bewaffnung: zwei Maschinenkanonen DEFA 551 Kaliber 30 mm, zwei Luft-Luft-Lenkflugkörper Matra 511 und 35 x 68 mm SNEB ungesteuerte Luft-Luft-Raketen in einem einziehbaren Raketenkasten unter dem Rumpf, Unterflügelstationen für zwei Raketenbehälter mit je 19 Luft-Luft-Raketen oder zwei 500-kg-Bomben oder zwei 480-Liter-Napalmbomben oder zwölf Seezielflugkörper

Die äußere Erscheinung

Betrachtet man die Super Mystère, fällt die Ähnlichkeit mit andern Jägern ihrer Zeit ins Auge, wie bei vielen bezieht das Triebwerk seine Ansaugluft aus einer angeschrägten Öffnung in der abgeflachten Rumpfnase und die Pfeilung der Flügel um 45 Grad spiegelt wider, dass in den 1950er-Jahren dieser Flügeltyp im Hochgeschwindigkeitsbereich zum Standard wurde.

Der Jagdbomber

Die frühen Strahlflugzeuge von Dassault konnten die Schallgeschwindigkeit erreichen, allerdings nur in einem flachen Sturzflug. Mit der Super Mystère fiel diese Grenze. Bereits der erste Prototyp B.1 erreichte unmittelbar nach seinem Erstflug am 2. März 1955 im Horizontalflug Mach 1 – mit dem Nachbrennertriebwerk Rolls-Royce Avon RA. Die erste Serienausführung B.2 wurde – abweichend vom Prototypen – von einem SNECMA Atar 101 G-2 angetrieben; die Fertigung begann 1957. Die ursprüngliche Bestellung umfasste 400 Stück und 1958 sollte – durch Umrüstung auf ein schubstärkeres Triebwerk – die noch leistungsfähigere B.4 geschaffen werden. Damals kündigte sich aber schon die Serienreife der Konkurrenz aus dem eigenen Haus an – die Mirage III, von der man die zweifache Schallgeschwindigkeit erwartete. Der Regierungsauftrag wurde aus diesem Grund nach 180 ausgelieferten Mystère storniert und damit eine vielversprechende Produktion frühzeitig beendet.

Aus gutem Hause

Marcel Bloch gehörte zu den Flugpionieren in Frankreich, bereits 1918 hatte er Propeller hergestellt. Auch wenn man ihn mit Dassault nicht auf Anhieb in Verbindung bringt, er war die treibende Kraft hinter Dassault Aviation, allerdings zuerst unter anderem Namen. Während der Besetzung Frankreichs durch Deutschland im Zweiten Weltkrieg wurde Bloch im Konzentrationslager interniert und überlebte diese Inhaftierung nur mit Hilfe prominenter Fürsprecher. Nach seiner Rückkehr nach Frankreich änderte er seinen Namen in Marcel Dassault – so hatte sich sein Bruder in der französischen Resistance genannt – und begann erneut Flugzeuge zu bauen. Die Ouragan, der erste französische Jet, wurde zum frühen Erfolg, mit der Mystère und der Mirage brachte er Frankreich dorthin zurück, wo es in den Pioniertagen gewesen war – an die Weltspitze im Flugzeugbau.

Das hoch angesetzte Höhenleitwerk und der halbovale Lufteinlass an der Bugnase sind zwei Kennzeichen der Mystère.

Der gepfeilte Flügel

Die Kompressibilität – das Verdichten unter Druck – der Luft schafft am Tragflügel bei zunehmender Geschwindigkeit ungünstige Druckverhältnisse. Vor der Flügelvorderkante baut sich eine Zone hohen Drucks auf, die sich in weiter hinten liegenden Bereichen schlagartig und rhythmisch entspannt. Das führt zu Vibrationen – die so stark werden können, dass das Flugzeug unkontrollierbar wird oder sogar in der Luft auseinanderbricht.
Adolf Busemann entwickelte als Gegenmaßnahme Mitte der 1930er-Jahre die gepfeilte Tragfläche. Schaut man in Richtung der Flugzeuglängsachse oder der Flugrichtung, sieht man, dass die Flügelspitzen nicht rechwinklig zur Längsachse stehen, sondern gegenüber der Flügelwurzel nach hinten versetzt sind. Dadurch wird erreicht, dass die Druckzonen an der Flügelvorderkante sehr viel gleichmäßiger nach hinten abfließen, ohne dass der Druckausgleich zu Vibrationen führt. Der Grad der Pfeilung ist abhängig von der zu erwartenden Höchstgeschwindigkeit und der Einsatzart des geplanten Flugzeugs. Hohe Geschwindigkeiten erfordern eine starke Pfeilung, die aber weniger Auftrieb als ein ungepfeilter Flügel erzeugt. Die technischen Lösungen für dieses Dilemma können entweder Schwenkflügel sein, mit variabler Pfeilung, oder die Flügelvorderkante verläuft nicht in gerader, sondern in geschwungener Linie.

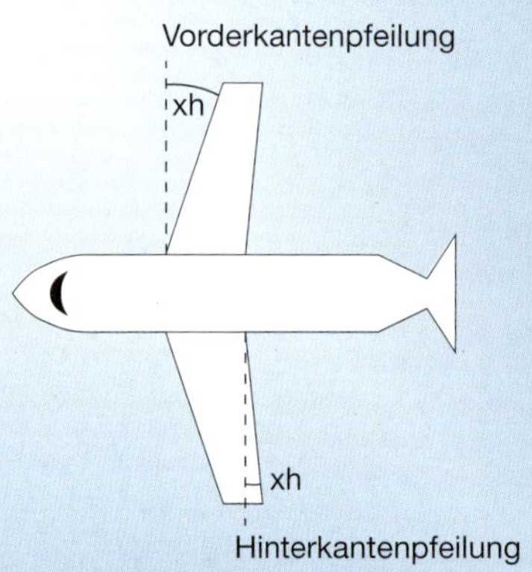

Sechs-Tage-Krieg

Von den 180 seriengefertigten Mystère wurden 36 nach Israel verkauft – 18 Stück in der ursprünglichen Bestellung und weitere 18 aus den Beständen der französischen Luftwaffe. Sie waren dort ein ebenbürtiger Gegner für die MiG-17 der arabischen Länder, erzielten aber ihre größten Erfolge bei der Unterstützung der Bodentruppen und nicht bei der geplanten Verwendung als Abfangjäger.
Das französische Waffenembargo – nach dem Angriff der Israelis auf den Beiruter Flughafen – und die daraus entstehenden Probleme in der Ersatzteilversorgung, führten zu einem Umbau der Mystère.

1973 wurden sie noch einmal mit neuen Triebwerken – Pratt & Whitney J52-P-8A – auf den neuesten Stand der Technik gebracht und in der Leistung gesteigert. Dieses überarbeitete Modell hatte seinen Jungfernflug am 13. Februar 1969 und nahm 1973 am Jom-Kippur-Krieg teil. Über das Ende der Dienstzeit in Israel lassen sich keine verlässlichen Aussagen machen, gesichert ist nur, dass die israelische Luftwaffe 1977 zwölf ihrer Dassault an Honduras verkaufte, wo sie – unter anderem in der Bekämpfung des Drogenschmuggels – bis 1989 im Dienst waren. In Frankreich selber wurden die letzten Maschinen dieses Typs 1977 ausgemustert.

Die Mystère war das erste Strahlflugzeug aus dem Hause Dassault, das im Horizontalflug schneller als der Schall war.

In einer Dassault Mystère flog Jaqueline Auriol als einer der ersten Piloten Überschallgeschwindigkeit, 1953 stellte sie mit dem Modell einen Geschwindigkeitsweltrekord auf.

Jacqueline Auriol – die First Lady der französischen Luftfahrt
Jacqueline Auriol war eine Dame der guten Gesellschaft, aber offensichtlich von den Aufgaben der Repräsentation gelangweilt. Im Alter von dreißig Jahren beschloss sie, fliegen zu lernen – das war der Anfang einer beispiellosen Karriere. Innerhalb von sechs Jahren erwarb sie sechs Pilotenscheine und durfte damit fast alles fliegen, was Flügel hatte. Damit nicht genug, wurde sie einer der ersten weiblichen Testpiloten außerhalb des Ostblocks. Überschattet wurde ihre Laufbahn durch einen schweren Unfall als Co-Pilotin, infolgedessen sie sich einer Unzahl von Operationen unterziehen musste. Sie nutzte auch diese Zeit und eignete sich im Krankenbett die theoretischen und mathematischen Hintergründe des Flugwesens an. Unmittelbar nach der letzten kosmetischen Operation ihres durch den Unfall entstellten Gesichts in den USA absolvierte sie in kürzester Zeit ihre Prüfung zur Hubschrauberpilotin und lernte die amerikanische Rekordfliegerin Jacqueline Cochran kennen. Obwohl beide sich sehr schätzten, entbrannte zwischen den schnellen Damen ein Wettstreit um den Geschwindigkeitsweltrekord, der sich mehrere Jahre hinzog und immer wieder zwischen beiden wechselte. Im Sommer 1953 holte sich Jacqueline Auriol zum dritten Mal den Weltrekord, als sie mit einer Mystère – als eine der ersten Piloten überhaupt – die Schallmauer durchbrach.

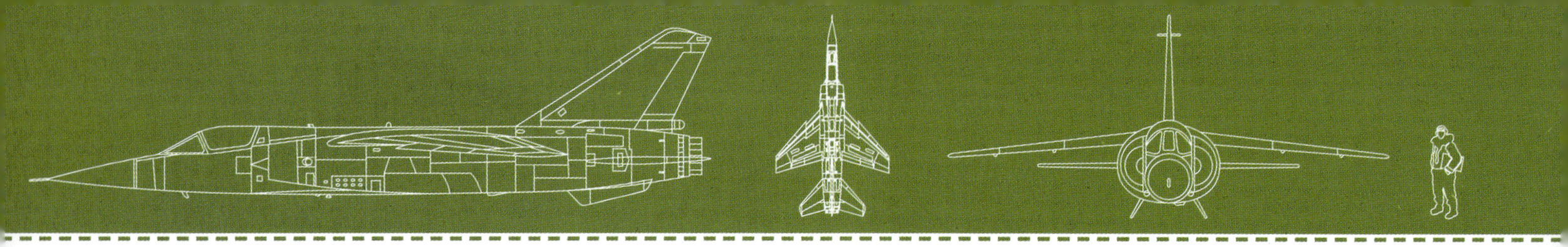

Dassault-Breguet Mirage F1

Mit der Mirage III hatte Dassault-Breguet den ersten westeuropäischen Abfangjäger gebaut, der Mach 2 leistete. Die Mirage F1 wurde konzipiert, genau so schnell zu sein, aber die Flugleistungen ihrer Vorgängerin zu verbessern. Aus diesem Grund wurde der Deltaflügel in einen konventionellen gepfeilten Flügel geändert und im Gegensatz zur Vorgängerin besaß die F1 wieder ein Höhenleitwerk – was die F1 zu einem vollkommen neuen Jäger machte, der mit der Mirage III nur noch den Namen gemein hatte.

DASSAULT-BREGUET MIRAGE F1

Allwetter-Jagdeinsitzer
Spannweite: 8,40 m
Länge: 15,00 m
Höhe: 4,50 m
Leergewicht: 7400 kg
Startgewicht: 14 900 kg
Triebwerk: ein Turbojet SNECMA Atar 9K-50 mit 48,9 kN Schub ohne und 70,41 kN Schub mit Nachbrenner
Höchstgeschwindigkeit: 2335 km/h (Mach 2,2)
Dienstgipfelhöhe: 20 000 m
Einsatzradius: 1000 km
Bewaffnung: zwei Maschinenkanonen DEFA 552A Kaliber 30 mm mit je 125 Schuss, insgesamt fünf Universalaußenstationen und zwei Raketenstarter an den Flügelspitzen für Luft-Luft-Lenkflugkörper AIM- 9 Sidewinder und/oder Matra R.530/550 Magic; in der Version zur Erdkampfunterstützung bis zu 4000 kg Außenlasten, unter anderem für Bomben, Luft-Boden-Raketen, Napalmbehälter

Die Entwicklung schreitet voran: Bei der Mirage F1 rückte man wieder vom Konzept Deltaflügel ab und kehrte zum gepfeilten Flügel zurück.

Die Grenzen des Deltaflügels

Auf der Suche nach der Flügelgeometrie mit den besten Eigenschaften im Überschallflug hatte Dassault für die Mirage III den Deltaflügel ohne Heckleitwerk gewählt, den Flügel, der für den Geradeausflug schneller als Mach 1 eigentlich optimal geeignet ist. In Bezug auf die Geschwindigkeit hatte man das Ziel erreicht – um den Preis mäßiger Flugeigenschaften im Langsamflug, einer hohen Landegeschwindigkeit und unzureichender Manövrierbarkeit.

Das Modell Mirage F1 wurde daher als konventioneller Schulterdecker ausgelegt und wies wesentlich verbesserte Flugeigenschaften auf. Die Startstrecke konnte mit dem neuen Jäger verkürzt werden, die Einsatzreichweite verdoppelte sich und sowohl Manövrierbarkeit als auch Langsamflug-Eigenschaften der F1 waren denen der Vorgängerin deutlich überlegen,

Die Geburt der Mirage F1

Der Entwicklungsauftrag an Dassault-Breguet aus dem Jahr 1964 beinhaltete die Entwicklung eines allwettertauglichen Abfangjägers als Ersatz für die Mirage III.

Die Konstruktion des neuen Typs, der nur noch den Rumpf mit der alten Mirage gemeinsam hatte, nahm so viel Zeit in Anspruch, dass der Erstflug des Prototyps Mirage F1-01 bis Dezember 1966 auf sich warten ließ – das Ergebnis der Tests rechtfertigte die lange Bauzeit. Bereits auf einem der ersten Flüge im Januar 1967 beschleunigte das Triebwerk SNECMA Atar 9K den Prototypen auf doppelte Schallgeschwindigkeit.

Die F1-01 ging so aber nicht in die Serie. Im Mai 1967 stürzte die Maschine ab, der Testpilot kam ums Leben. Die erneut überarbeitete Testversion F1-02 und zwei weitere Erprobungsmuster wurden 1969 erstmalig geflogen.

Die erste Mirage F1 aus der Serienfertigung wurde im Februar 1973 fertiggestellt, einen Monat später an die Armée de l'Air ausgeliefert und im Dezember desselben Jahres in Dienst gestellt.

Die Technik

Der Rumpf der Mirage F1 ist in Halbschalen-Bauweise ausgeführt und trägt an seiner Spitze Bugsonde (Staurohr) und Radarkuppel (Radom). Feuerleitradar und Radarantenne sind vor dem vorderen Cockpit-Druckspant installiert.

Hinter dem Cockpit mit Schleudersitz Martin Baker Mk4 befindet sich der Hauptausrüstungsschacht für die Avionikausrüstung. Links und rechts an der Rumpfaußenseite sind die beiden halbrunden Triebwerkslufteinläufe angeordnet. Der 4260 Liter fassende Treibstofftank ist in der Rumpfmitte hinter dem Cockpit platziert.

Der Flügel des freitragenden Schulterdeckers F1 weist eine Rückwärtspfeilung von 50 Grad und eine negative V-Stellung von 5 Grad auf.

Die Flügelvorderkante ist als Nasenkante konzipiert und weist am äußeren Drittel einen

Mit der Dassault Mirage F1 war bereits 1967 zweifache Schallgeschwindigkeit möglich.

Eine elegante Erscheinung: Klare Linien und das sehr große Seitenleitwerk kennzeichnen die Mirage F1.

An Waffenstationen unter Rumpf und Flügeln konnte die Mirage F1 bis zu vier Tonnen Außenlasten tragen.

Auftriebsbeiwert
Der Auftriebsbeiwert ist in der Auftriebsgleichung die dimensionslose Größe C_a, die die mathematische Darstellung des Auftriebs erlaubt. Er berücksichtigt den Einfluss der Flügelgeometrie mit Anstellwinkel und Anströmgeschwindigkeit und gibt Aufschluss darüber, ob oder wie gut ein Körper (hier die Tragfläche) Auftrieb erzeugen kann.

Vorsprung (Sägezahn) auf. Zwei Drittel der Flügelhinterkante belegen Doppelspaltklappen, mit direkt davor angeordneten Spoilern zur Steuerung um die Längsachse. Die neue Geometrie des Flügels führte – bei um ein Drittel geringerer Fläche – zu dem doppelten Auftriebsbeiwert, den die Mirage III aufwies, und in der Folge zu verbesserten Eigenschaften im Langsamflug.

Avionik

Diese Zusammenziehung aus Aviatik und Elektronik ist die Sammelbezeichnung für alle elektrischen und elektronischen Geräte, die an Bord zum Führen eines Flugzeugs dienen. Die Mirage gehört zeitlich schon zu den Jagdflugzeugen, in denen sich der Pilot auf eine Vielzahl von Hilfs- und Navigationssystemen stützen kann.

Dabei handelt es sich in diesem Fall unter anderem um Folgendes:

Im Radom, ein weiteres Kunstwort aus „Radar" und „Dome", das die Abdeckung der Radarantennen an der Flugzeugnase meint, befindet sich das Feuerleitradar Thompson-CSF Cyrano IV.

Weiter Elemente: das IFF-System zur Freund-Feind-Identifizierung, hinter dem Cockpit der Zentralrechner und das LMT TACAN (TACtical Air Navigation = taktische Flugnavigationshilfe) und für den Piloten – unter anderem – das Frontscheibensichtgerät HUD (Head-Up Display) zur Darstellung besonders kritischer Flugdaten (Flugführungs-, Navigations-, Bedrohungs- und Waffeneinsatzanzeigen) auf Augenhöhe.

Einsatz am Golf

Von den etwa 770 gebauten Mirage F1 sind fast zwei Drittel exportiert worden und nur 270 blieben in Frankreich. In vielen Staaten ohne eigene Flugzeugproduktion stand sie im Militärdienst – unmittelbar nach Produktionsbeginn hatten bereits Spanien, Südafrika, Griechenland und Kuwait insgesamt über 200 Maschinen geordert.

So kam es 1991 zu der absurden Situation, dass sich auf beiden gegnerischen Seiten Mirage gegenüberstanden – im Golfkrieg. Schon im iranisch-irakischen Krieg 1987 wurde die Fregatte USS Stark von einer irakischen Mirage F1 angegriffen und durch zwei Exocet-Lenkflugkörper schwer beschädigt. 24 ehemalige irakische F1 kamen nach dem Golfkrieg in den Iran, in Spanien tun sie ebenfalls bis heute Dienst und zwar 72 Exemplare der Baureihen F1B, F1C und F1E.

Der Grandseigneur der französischen Luftfahrt: Marcel Dassault beobachtet kritisch einen Testflug.

Turbojet/Turbofan

Bei beiden Formen handelt es sich um Strahltriebwerke, die mit dem Rückstoß druckreicher Verbrennungsgase das Flugzeug antreiben.
Der Unterschied zwischen den beiden Triebwerksarten besteht in der Führung der Luft.
Die Strahlturbinen der ersten Generation waren ausnahmslos Turbojets (engl. für Turbinenluftstrahltriebwerk), das bedeutet, dass die gesamte Luft, die am Triebwerkslufteinlauf einströmt, in die Brennkammer gelangt und dort verbrannt wird. Dabei entstehen extrem hohe Betriebstemperaturen, die der Lebensdauer eines solchen Triebwerks enge Grenzen setzen.
Der Turbofan – oder Mantelstromtriebwerk – führt nur noch einen geringen Teil der angesaugten Luftmasse durch das Kerntriebwerk (innerer Kreis). Ein großer Teil der Luftmasse strömt am Kerntriebwerk vorbei (Bypass) und liefert den größten Teil des Schubs (kalter Teil des Aggregats). Das Kerntriebwerk (heißer Teil) dient als Antrieb des Bläsers. Dies führt zu einer Zwei-Wellen-Bauweise, da die Hochdruckkomponenten wie die Niederdruckelemente auf einer eigenen Antriebswelle drehen.
Je höher das Verhältnis der beiden Luftströme ist (außen zu innen; Nebenstromverhältnis), desto leistungsfähiger wird das Triebwerk. Diese Bauart ist wesentlich wirtschaftlicher und heute weit verbreitet.

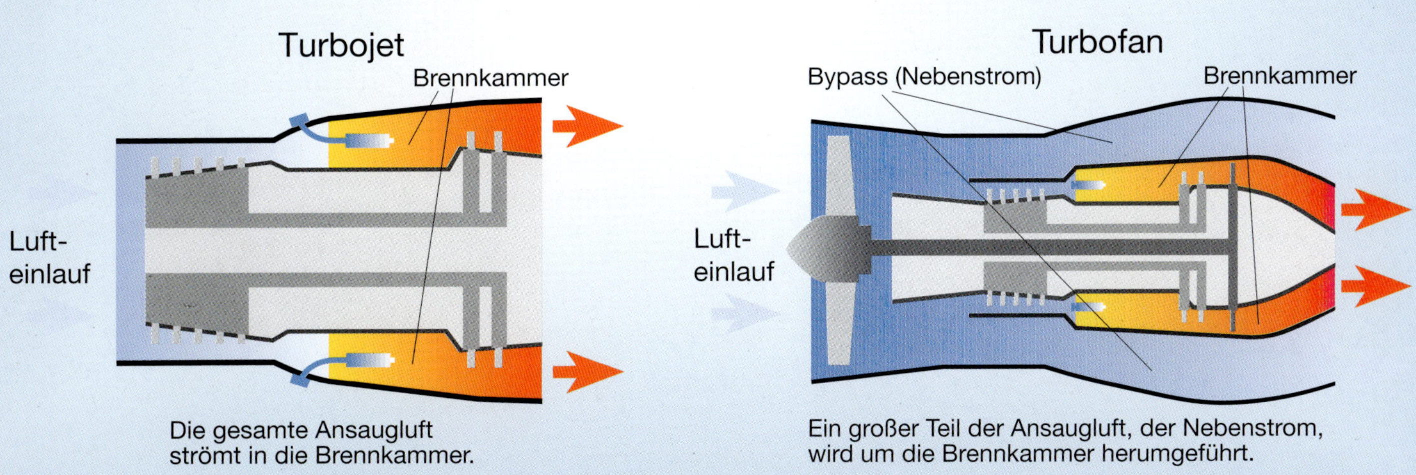

Lockheed F-104 Starfighter

Der Starfighter litt an den Folgen seiner Konzeption. In den USA wurde er als Schönwetter-Abfangjäger mit großem Nachdruck auf Steigleistung und Höchstgeschwindigkeit geplant, in der Nato wurde er mit einer Überlast an zusätzlichem Gerät zum umstrittensten Allwetterjäger des Nordatlantikpakts.

Eine Lockheed F-104S, die für die italienischen Luftstreitkräfte bestimmt ist. Zu dieser Zeit stand der Starfighter bei 13 Nationen im Dienst.

LOCKHEED F-104G STARFIGHTER

Jagdeinsitzer/Jagdbomber
Spannweite: 6,68 m
Länge: 16,69 m
Höhe: 4,11 m
Leergewicht: 6348 kg
Startgewicht: 13 171 kg
Triebwerk: ein Turbojet General Electric J79-GE-11A mit 69,3 kN Nachbrennerschub
Höchstgeschwindigkeit: 2137 km/h (Mach 2)
Dienstgipfelhöhe: 15 240 m
Einsatzradius: 819 km
Bewaffnung: eine auf dem Gatling-Funktionsprinzip basierende sechsrohrige Schnellfeuerkanone M61A1, Hersteller General Electric, Kaliber 20 mm mit 750 Schuss, Kampfmittelzuladung 2180 kg

Aus den Erfahrungen in Korea

Clarence L. „Kelly“ Johnson, Chefkonstrukteur und Leiter der Lockheed-Technologieschmiede „Skunk Works“, befragte 1951 Piloten nach ihren speziellen Wünschen und Vorstellungen über ein optimales Jagdflugzeug. Aus ihren Erfahrungen in Korea heraus forderten die Piloten damals einen Jet mit überlegener Geschwindigkeit, Steigleistung und Bewaffnung, auch auf Kosten der Zuladung.

Der erste Jet mit doppelter Schallgeschwindigkeit

Der Prototyp XF-104 flog erstmals am 28. Februar 1954. Es war eine für die damalige Zeit radikale Konstruktion, ausgelegt auf höchste Geschwindigkeit – die F-104 war das erste Mach 2-Kampf-

In der US Air Force wurde der Starfighter als Schönwetter-Abfangjäger unter Sichtflugbedingungen eingesetzt.

flugzeug der Welt – und Steigleistung in Verbindung mit maximaler Feuerkraft. Zudem war der Starfighter das erste Flugzeug der Welt, das die Schallmauer auch im Steigflug durchbrechen konnte. Die extrem kleinen und dünnen, sehr weit hinten angesetzten Flügel und die enorme Steigleistung gaben ihm den Habitus einer bemannten Rakete. Die Tragflächen waren so dünn, dass für die Querruder nur eine Aufbauhöhe von 2,5 cm blieb.

J79 Turbojet

Angetrieben wurde der Starfighter vom Turbojet General Electric J79 mit einer Nachbrennerschubleistung von 65,8 kN – das mit 17 000 gebauten Exemplaren eines der meistverkauften Triebwerke wurde. Die Schnellfeuerkanone M61 mit sechs rotierenden Läufen – die noch heute Standardbewaffnung amerikanischer Jäger ist – sorgte für überragende Feuerkraft.

Zusätzlich konnte der Jet Luft-Luft-Lenkflugkörper „Sidewinder" und Zusatztanks mitführen. Allerdings war das Zuladegewicht aufgrund der kleinen Flügel sehr begrenzt. Eine Kuriosität der Starfighter war der nach unten auslösende Schleudersitz für den Piloten.

USA

Das Resultat der Konzentration auf schiere Leistung war ein Jet, der ungemein empfindlich reagierte und nicht leicht zu fliegen war. Die F-104 war eines jener Flugzeuge, die keinen Fehler des Piloten verziehen. Zudem war die Starfighter in ihrer Nutzung – obwohl sie ein kleines Radargerät in der Flugzeugnase mitführte – auf Tageinsätze beschränkt und ihre Allwettertauglichkeit begrenzt. Von der USAF wurde die F-104A daher nur in einer kleinen Serie bestellt.

NATO

Die Mehrzahl der F-104 wurde in der Baureihe G von Lockheed als Mehrzweckkampfflugzeug ausgerüstet und an NATO-Partner geliefert. Größte Abnehmer waren die kanadische Luftwaffe – für ihre drei in Europa stationierten Geschwader, die Bundesluftwaffe und die japanischen und italienischen Luftstreitkräfte.

Statistik

Aus Quellen der deutschen Luftwaffe geht hervor, dass der Starfighter statistisch einen Absturz alle 6765 Flugstunden zu verzeichnen hatte – ein durchschnittlicher Wert. Die Einschätzung der F 104 als „Witwenmacher" ist zu einem erheblichen Teil auf die Beurteilung durch die Medien zustande gekommen – dort war der Starfighter nach der gleichnamigen Affäre im deutschen Bundestag immer eine Meldung wert.

Ein Starfighter der Royal Canadian Air Force in Tarnfarben.

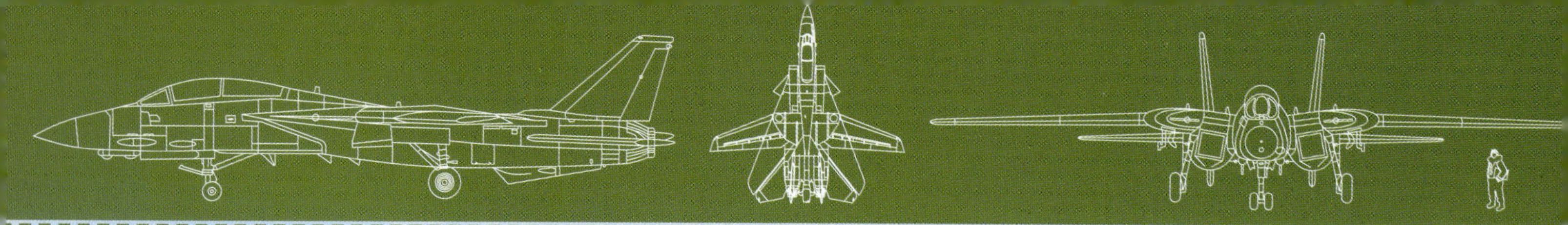

Die teuerste Requisite der Welt: Der Film „Top Gun“ machte die Grumman F-14 Tomcat auch in zivilen Kreisen weltberühmt.

Grumman F-14 Tomcat

Die Grumman F-14 Tomcat war bei ihrer Indienststellung Mitte der 1970er-Jahre das perfekte Träger-Mehrzweckflugzeug – stark bewaffnet, mit außergewöhnlicher Beschleunigung und ungemein wendig im Kurvenkampf. Und das gilt fast bis heute – die letzte Tomcat der US Navy wurde am 22. September 2006 außer Dienst gestellt.

GRUMMAN F-14A TOMCAT

Zweisitziges trägergestütztes Mehrzweck-Kampfflugzeug.
Spannweite: 19,54 m, bei 68° Normalpfeilung 11,63 m, bei 75° Maximalpfeilung 10,15 m
Länge: 18,89 m
Höhe: 4,88 m
Leergewicht: 17 010 kg
Startgewicht: 32 660 kg
Triebwerk: ursprünglich zwei Mantelstromtriebwerke Pratt & Whitney TF30-412A je 93,1 kN Schub, Nachbrennerschub je 186 kN; ersetzt durch zwei TF30-414A gleicher Leistung
Höchstgeschwindigkeit: 2485 km/h (Mach 2,34)
Dienstgipfelhöhe: 15 240 m
Reichweite: 3220 km
Einsatzradius: 1200 km
Bewaffnung: eine sechsrohrige Schnellfeuerkanone M61A1 System Gatling Kaliber 20 mm im Rumpf, vier AIM-7 Sparrow- und vier bis acht AIM-9 Sidewinder-Luft-Luft-Lenkflugkörper oder bis zu sechs AIM-54 Phoenix und zwei AIM-9 Sidewinder, Außenlasten bis 6577 kg

Die Entwicklung

Als neuer trägergestützter Jäger der US Navy für die 1970er- und 1980er-Jahre war ursprünglich die General Dynamics F-111B vorgesehen. Es stellte sich jedoch heraus, dass diese für den Trägerbetrieb ungeeignet war – die US Navy schrieb daher im Juli 1968 einen Wettbewerb aus. Gefordert wurde ein Flugzeug, welches jeder militärischen Anforderung bis in die 1990er-Jahre hinein genügen sollte.

Sieger wurde die Firma Grumman. Im Januar 1969 erhielt sie den Vertrag über die Entwicklung und den Bau von zwölf Prototypen – schon am 21. Dezember 1970 fand der Jungfernflug statt.

Das Konzept Tomcat

Die Tomcat ist ein zweisitziges Mehrzweck-Flugzeug mit Schwenkflügeln und doppeltem Seitenleitwerk. Gestartet und gelandet wird mit voll ausgefahrenen Flügeln bei einer Pfeilung von 20 Grad. Für den Hochgeschwindigkeitsflug werden die Flügel kontinuierlich bis in die Endstellung mit 68 Grad Pfeilung geschwenkt. In dieser Stellung bilden Tragflügel und Heckflügel fast einen Deltaflügel – während des Fluges wird die Flügelstellung vom Bordcomputer automatisch angepasst und laufend optimiert.

Luftkampf

Mit dieser Konfiguration konnten mehrere, sich widersprechende Forderungen erfüllt werden. Der Jet eignet sich für den klassischen Luftkampf, für den Kampf im Hochgeschwindigkeits-Bereich und für Tiefflugangriffe gegen Boden- und Seeziele. Vor allem aber ist die F-14 Tomcat trägertauglich, da sie sich mit niedriger Geschwindigkeit dem Flugzeugträger nähern und landen kann – und zur Unterbringung auf den Flugzeugträgern können die beiden Flügelhälften mit 75 Grad „Überpfeilung" beigeklappt werden. Die tropfenförmige Cockpit-Verglasung gibt der Besatzung eine hervorragende Rundumsicht – ein weiterer wichtiger Aspekt bei Trägerflugzeugen. Für einen Jet, der Ende der 1960er-Jahre konzipiert wurde, hatte die F-14 bereits eine sehr fortschrittliche konstruierte Zelle. Neben den bereits erwähnten Schwenkflügeln gehören hierzu zum Beispiel auch die Beplankung der Höhenflossen mit einem Verbundwerkstoff und die über den Triebwerken angeordneten Seitenleitwerke.

Mit einer beliebigen Kombination von Phoenix- Sidewinder- und Sparrow-Lenkflugkörpern kann die F-14 bis zu sechs Ziele gleichzeitig angreifen.

Die tropfenförmige Verglasung des Cockpits ermöglicht den Piloten eine sehr gute Rundumsicht.

Die Kosten

Der schwache Dollar und die zunehmende Komplexität der Flugzeugtechnik verteuerten die Tomcat bis auf 17 Millionen Dollar Stückpreis und brachten Grumman Industries an den Rand des Ruins.

Streitpunkt mit der Marine war der ursprünglich ausgehandelte Liefervertrag. Die US Navy bestand auf den dort festgelegten Festpreisen für die Lieferung, Grumman argumentierte, dass die zu Vertragsschließung festgelegten Regeln nicht mehr gültig seien. Die Inflation des Dollar fresse praktisch alle Gewinne auf und die Firma stehe kurz vor dem Konkurs. Von einem bestimmten Zeitpunkt an weigerte sich Grumman sogar, das F-14-Bauprogramm weiter fortzusetzen, da die existierenden Verträge zu einem wirtschaftlichen Verlust von 105 Millionen Dollar führen würden. Aus diesem Grund baute Grumman von der verbesserten F-14B mit stärkerem Triebwerk auch nur einen Prototyp und stoppte danach die Weiterentwicklung. Nach heftigen Auseinandersetzungen kam man zu einer Refinanzierung des Programms und die Lieferungen konnte fortgesetzt werden. Anfang der 1980er-Jahre waren dann 18 Jagdstaffeln der US Navy auf sieben Flugzeugträgern mit der Tomcat ausgerüstet.

Fire and forget

Das in der F-14 eingebaute leistungsfähige Feuerleitradar Hughes AWG-9 machten die Tomcat in Verbindung mit den bis zu sechs mitgeführten AIM-54 Phoenix (AIM = Air Interception Missile = US-Bezeichnung für Luft-Luft-Flugkörper) zu einem der ersten Kampfflugzeuge, die selbstzielsuchende Flugkörper starteten. Der Pilot war mittels des Radars in der Lage, bis zu 24 Ziele aus einer Entfernung von über 200 km zu erfassen, aus diesen bis zu sechs Ziele auszusuchen und die Phoenix abzufeuern. Die Flugkörper verfolgten nach dem Start das Ziel mit eigenem Radar. Nach dem Start des ersten Flugkörpers konnte sich der Pilot auf ein weiteres Ziel konzentrieren. Dieses System war damals einmalig – und extrem teuer. Der Stückpreis einer AIM 54 Phoenix lag bei über einer Million US-Dollar.

Neben den Phoenix-Lenkflugkörpern konnte die Tomcat noch die AIM-7 Sparrow für mittlere Reichweiten von 50 bis 100 km und die AIM-9 Sidewinder für Reichweiten zwischen 10 und 18 km mitführen. Beide sind jedoch keine selbstzielsuchenden Flugkörper mit Aktivradar, sondern Luft-Luft-Lenkwaffen und mussten von der Besatzung der Tomcat mittels Bordradar an das Ziel herangeführt werden. Die in unterschiedlichen Varianten gebauten Suchköpfe der Sparrow und Sidewinder reagieren dann auf Emissionen des gegnerischen Flugzeugs und zerstören es. Die Sidewinder an Bord der F-14 waren eine verbesserte, äußerst sensitiv reagierende Version mit Infrarot-Suchkopf, die in jeder Fluglage abgefeuert werden konnte. Allerdings konnten diese Lenkflugkörper von einem nervenstarken Piloten ausgekurvt werden, sofern sein Bordradar die genaue Anflugrichtung anzeigte.

Die Grumman F-14 Tomcat in ihrer ursprünglichen Einsatzart als trägergestütztes Mehrzweck-Kampfflugzeug.

F-14 mit voller Zuladung. Sechs Phoenix-Lenkflugkörper, je eine unter den Flügeln, je zwei unter den beiden Seiten des Rumpfes. Unter der Nase erkennbar ist das IRST (Ziel- und Verfolgungsinfrarotsystem).

Schnellfeuerkanone

Lenkflugkörper sollten den klassischen Luftkampf überflüssig machen – die Erfahrung aus Vietnam zeigte aber, dass Jets auch dafür geeignet bleiben mussten. Die in diesem Krieg eingesetzten Versionen der Sparrow waren recht unzuverlässig – danach wurde der Kampf mit den MGs weitergeführt.

Die F-14 führte in ihrem Rumpf eine sechsrohrige, nach dem Gatling-Prinzip konstruierte und elektrisch betätigte Schnellfeuerkanone M61A1 mit einer Feuergeschwindigkeit bis zu 7200 Schuss/Min. Hinzu kommt, dass die F-14 in Situationen, bei denen es auf höchste Wendigkeit ankommt, unübertroffen war. Durch ihre, je nach Flugsituation, automatisch vorgenommene Verstellung der Schwenkflügel konnte sie jeden bis dahin bekannten Jet ausmanövrieren und war der ideale Kurvenkämpfer.

Zu Beginn ihre Dienstzeit das wohl beste trägergestützte Kampfflugzeug der Welt: Grumman F-14 Tomcat.

Für die Bedienung des gesamten Waffensystems stand dem Piloten mit dem HUD (Head-Up Display) in Augenhöhe ein Frontscheibensichtgerät zur Verfügung, das ihm alle wichtigen Bedrohungs- und Waffeneinsatzanzeigen (beispielsweise Entfernung zum Ziel, Annäherungsgeschwindigkeit, Feuerbereitschaft und Menge der verfügbaren Flugkörper und Munition) lieferte.

USS Enterprise

Die F-14 wurde erstmals im Oktober 1972 von VF-124 auf Flugzeugträgern der US Navy getestet. Aufgabe dieser Staffel waren Ausbildung und Training weiterer trägergestützter Jagdstaffeln auf der Tomcat. Die ersten beiden einsatzfähigen Einheiten der Marine mit der F-14 waren dann die Staffeln VF-1 und VF-2 an Bord

Zwischenfall im Mittelmeer

Zum ersten Mal im Kampfeinsatz standen Tomcat vom Flugzeugträger Nimitz am 19. August 1981 während eines Manövers im Mittelmeer. Bereits mehrfach war die Trägergruppe von libyschen Jets angeflogen worden – an diesem Tag eskalierte die Situation.
Verwickelt waren zwei F-14 Tomcat und zwei libysche Suchoi Su-22. Einer der libyschen Jets feuerte aus einer Entfernung von 300 m eine Rakete auf die führende Tomcat ab, der der Pilot durch ein rasches Manöver jedoch ausweichen konnte. Die Tomcat kurvten dann ihre Gegner aus und setzten sich hinter die Suchoi Su-22 in Schussposition. Beide US-Piloten schossen je eine Sidewinder ab und vernichteten die libyschen Jets.

Die maximale Pfeilung der Flügel beträgt bei der Grumman F-14 Tomcat 75 Grad.

des Flugzeugträgers USS Enterprise im Spätsommer des Jahres 1974 – die Besatzungen äußerten sich durchweg enthusiastisch. Bis 1985 wurden von Grumman über 500 F-14 Tomcat an die US Navy ausgeliefert. Weitere 80 Stück gingen zwischen 1976 und 1977 an die iranische Luftwaffe.

Weiterentwicklungen

Die F-14 der 1980er-Jahre war in ihrer Basis die gleiche, die Mitte der 1970er-Jahre in Dienst gestellt wurde – bis auf Elektronik und Triebwerk. Die 1983 eingeführte C-Serie der Tomcat hatte die verbesserte P-414A-Version des TF30-Triebwerkes von Pratt & Whitney sowie eine verbesserte elektronische Ausrüstung. Diese umfasste ein moderneres Radar (AGP-71), ein neues IFF-System (Freund-Feind-Kennung), ein eingebautes TV-Kamerasystem Northrop AXX-1 (TCS) mit großer Reichweite zur visuellen Ziel-Identifizierung, ein Laser-Trägheitsnavigationssystem und ein vollständig neu gestaltetes Cockpit-Display. Des Weiteren erhielt die F-14C ein neues Warnsystem und einen internen Selbstschutz-Störsender.

Eine spezielle Ausführung der Tomcat ist die RF-14A, ein Foto-Aufklärer, der die in die Jahre kommende Vought RF-8G Crusader der US Navy ablöste. Von der RF-14A wurden 49 Stück hergestellt, die mit dem TARPS (Tactical Air Reconnaissance Pod System), einem behältergestützten taktischen Luftaufklärungssystem, bestehend aus optischen Kameras und einem Infrarot-Sensor, ausgerüstet wurden.

Ende der 1980er-Jahre erhielten die F-14A das leistungsgesteigerte Triebwerk General Electric F110 mit 128,85 kN Schub, was zu einer Umbenennung der Baureihe in F-14A+ (oder auch F-14A Plus) führte. Die F-14D der 1990er-Jahre hatte das gleiche Triebwerk, dafür aber nochmals verbesserte Waffen und elektronische Ausrüstung. Sie hat Vorrichtungen für die Aufnahme sowohl des TCS- Kamerasystems als auch eines IRSTS (IR-gestütztes Zielsuch- und -verfolgungssystem).

Operativer Einsatz

Zum Zeitpunkt der Einführung der Tomcat standen sich Ost- und Westmächte noch unversöhnt gegenüber. Das ursprüngliche Einsatzkonzept muss unter diesem Blickwinkel betrachtet werden. Im Falle eines Konfliktes zwischen beiden Militärmächten hätte das Schwergewicht der Auseinandersetzungen bei der im Atlantik stationierten Trägerflotte gelegen. Von deren aufsteigenden Frühwarnflugzeugen E-2 Hawkeye würden eine Annäherung feindlicher Schiffe oder Flugzeuge gemeldet werden. Die F-14A Tomcat sollten die Luftziele aus größerer Entfernung mit den Lenkflugkörpern AIM-54 Phoenix abfangen, mit einer Waffe, der die feindlichen Jets damals nichts Vergleichbares entgegen zu setzen hatten – dieses Szenario ist glücklicherweise nie eingetreten.

Oben: Die Tomcat wurde erstmals im Oktober 1972 auf den Flugzeugträgern der US Navy getestet.

Unten: Die Besatzung der F-14 besteht aus Pilot und Radarsystemoffizier – „RIO“ (Radar Intercept Officer).

Katapultstart: Eine trägergestützte Phantom II startet vom Flugdeck des britischen Flugzeugträgers Ark Royal.

ihre Phantom im Oktober dieses Jahres. Mit der Vereinheitlichung der Bezeichnungen aller US-amerikanischer Teilstreitkräfte erhielt die Phantom II 1962 die offizielle Bezeichnung F-4 Phantom II. Mit einer F-4A wurde 1960 der Geschwindigkeitsweltrekord von 2236 km/h aufgestellt, der nur ein Jahr später – wieder mit einer F-4 – um 349 km/h verbessert wurde.

Die Abdeckung der Flugzeugnase der McDonnell F4 beherbergte unter anderem die Radarantennen.

Flugwerk

Wenige Flugzeuge verfügen über einen so ausgeprägten Wiedererkennungswert wie die F-4. Der geknickte Flügel beginnt am Rumpf mit einem Einstellwinkel von null Grad, ab dem Knick richten sich die Flügelaußenteile in einem Winkel von 12 Grad nach oben, also in einer positiven V-Form. Der Flügel ist auf ganzer Länge um 45 Grad gepfeilt. Über die ganze Vorderkante ziehen sich Vorflügel, die am Knick geteilt sind und einen „Sägezahn" bilden, die Querruder sind auf die gerade Flügelhinterkante beschränkt.

Das ebenfalls gepfeilte Höhenleitwerk weist mit 23 Grad eine beachtliche negative (nach unten gerichtete) V-Form auf.

Die links/rechts am Rumpf angeordneten Lufteinläufe der beiden Triebwerke sind auf der Höhe zwischen den beiden Cockpitsitzen platziert und als nach außen abgerundete Rechtecke geformt.

Die Waffen

Die F-4 kann, je nach Einsatzart, in unterschiedlicher Konfiguration bewaffnet werden. In der Version als Abfang- und Luftüberlegenheitsjäger ist zunächst die Schnellfeuerkanone General Electric M61 zu nennen. Aus den Erfahrungen im Zweiten Weltkrieg hatte die USA gelernt, dass die MG-Bewaffnung ihrer Jagdflugzeuge nicht mit Modellen der Alliierten und ihrer Gegner mithalten konnte – was Feuergeschwindigkeit und Reichweite betraf. Die M61 änderte dies.

Eine schmerzhafte Erkenntnis aus dem Vietnamkrieg bezieht sich auf die Kanone: Die ersten Modelle F-4 Phantom, die in Vietnam zum Einsatz kamen, waren weder mit einem

MG noch mit der Schnellfeuerkanone ausgerüstet, weil die Führung der USAF Rohrwaffen für den Kurvenkampf in Zeiten der Flugkörpertechnik für überflüssig hielt. Wie Unrecht die Strategen mit dieser Einschätzung hatten, zeigten die hohen Verlustzahlen zu Beginn des Krieges.

Avionik

Die Bordrechner der Phantom II sind in ähnlich unterschiedlichen Varianten zu finden wie die Bewaffnung. In der deutschen Version kommt zum Beispiel heute das Bordradar AN/APG-65 zum Einsatz, das gleiche wie in der F-18 Hornet. Die graue Abdeckung der Radarantennenverkleidung in der Flugzeugnase führte zum Spitznamen „Graunasen", im Unterschied zur konventionellen „Schwarznase".

Bei der USAF wurden die Phantom mit dem Navigationscomputer AN/ASQ-22 und dem Feuerleitsystem AN/ASQ-91 ausgestattet. Eine kleine Anzahl wurde mit dem AN/ARN-92 LORAN bestückt.

An allen Fronten

Im Golf von Tongking begann für die USA und für Vietnam das dunkle Kapitel Luftkrieg. Von Anfang an dabei war die F-4 – bei allen Teilstreitkräften. Im Sommer 1964 gab es erste Kampfhandlungen, ab Anfang 1965 – mit Beginn der „Rolling Thunder"-Bombenangriffe wurden Phantom II zunehmend in Luftkämpfe verwickelt. Das Fehlen einer Bordkanone stellte ein schweres Handicap dar, die Piloten der

In Großbritannien ersetzten Phantom II unter der Bezeichnung FGR.1 und FGR.2 die veralteten Modelle der Royal Air Force.

Von der Gatling-Kanone zum intelligenten Lenkflugkörper

Die Forderung nach einer neuen Waffe wurde schon 1946 ausgesprochen, ab 1950 begann bei General Electric die Arbeit an einer mehrrohrigen Schnellfeuerkanone, die bis in heutige Tage zur Standardbewaffnung amerikanischer Jagdflugzeuge gehört. Richard J. Gatling hatte im Jahr 1862 ein Patent auf eine – nach ihm benannte – erste Schnellfeuerkanone angemeldet. Bei einer solchen Waffe drehen sich mehrere Rohre wie die Trommel eines Revolvers und können so eine bis dahin unerreicht hohe Feuergeschwindigkeit erreichen. Auf Gatlings Prinzip aufbauend, begann die General Electric Company mit der Entwicklung der späteren M61-Kanone – diese erste Schnellfeuerkanone zum Einsatz in Kampfflugzeugen trug den Namen M61 „Vulcan" und wurde mit einem F-104 Starfighter erprobt. So wurde der Starfighter der erste Jäger, der serienmäßig mit der M61 bewaffnet wurde.

Sidewinder

Die zweite Standardwaffe US-amerikanischer Kampfflugzeuge seit Ende der 1950er-Jahre wurde der Luft-Luft-Lenkflugkörper AIM-9 Sidewinder, ein frühes, aber mittlerweile sehr zuverlässiges und preiswertes Waffensystem. Der Sidewinder besitzt einen Infrarot-Zielsuchkopf, der ein Ziel aufgrund seiner Wärmeabstrahlung erkennt und den Flugkörper in dieses Ziel lenkt. Lenkflugkörper für den Einsatz in der Phantom sind weiterhin die AIM-7 Sparrow, eine überschallschnelle, radargesteuerte Luft-Luft-Lenkwaffe mittlerer Reichweite und die fortschrittliche AIM-120 AMRAAM (Advanced Medium-Range Air-to-Air Missile) mit Radarzielsuchkopf. Die AMRAAM kann auch bei schlechter Sicht oder außerhalb des Sichtfeldes der Piloten eingesetzt werden und kommt der Idee des selbstzielsuchenden Flugkörpers sehr nah. Das Schlüsselwort ist „fire and forget" – feuern und vergessen.

16 Weltrekorde wurden mit der McDonnell F-4 aufgestellt, davon 15 mit nicht modifizierten Serienmodellen.

Phantom versuchten, dies mit überlegener Geschwindigkeit auszugleichen. Die ersten bestätigten Luftsiege der USAF fielen auf den Juni 1965, als zwei F-4 der 45th Tactical Fighter Squadron mit Luft-Luft-Lenkflugkörpern mittlerer Reichweite AIM-7 Sparrow zwei MiG-17 zerstörten. Der taktische Nutzen der F-4, verglichen mit den MiG auf gegnerischer Seite, ist nicht ganz eindeutig zu bewerten. Selbst als die Entscheidung, ohne Bordkanone zu fliegen, später zurückgenommen und die Phantom wieder mit der Schnellfeuerkanone M61 bewaffnet wurde, kamen die Piloten auf keine bessere Abschuss-Verlust-Rate als 1:2 gegen die MiG-21. Den MiG-17 und MiG-19, die in diesem Konflikt die Hauptlast der Kämpfe trugen, war die Phantom zumindest in der Nacht hoch überlegen. Die weitaus bessere Instrumentierung der McDonnell wurde den MiG in der Nacht fast sicher zum Verhängnis – wenn sie denn gefunden wurden.

Eine Domäne der Phantom II wurden die so genannten „Wild Weasel"-Angriffe. Mit speziell zu diesem Zweck aufgerüsteten F-4 (meist aus der Baureihe G) suchten die Piloten nach den Emissionen des gegnerischen Feuerleit-Radars und versuchten dann, die Sendestationen zu zerstören. Zum Einsatz kamen dabei spezielle Radarbekämpfungsflugkörper (ARM = Anti

LORAN

LORAN ist ein Langstrecken-Funknavigationsverfahren, das im Zweiten Weltkrieg von der US-Küstenwache zum Grenzschutz unterhalten und danach für zivile Nutzer zugänglich gemacht wurde. Der Name ist ein Akronym, gebildet aus „LOng Range Air Navigation".

Um einen Fixpunkt bestimmen zu können, braucht das LORAN-System ein Netz oder eine Kette von wenigstens drei Stationen. Eine davon ist die Hauptstation, die anderen (mindestens zwei) sind Sekundärstationen. Die Hauptstation sendet eine ununterbrochene Folge von Impulsen im Niederfrequenzbereich, die die Sekundärstationen veranlassen, ähnliche Signale auszustrahlen. Der LORAN-Empfänger an Bord des Flugzeugs oder des Schiffs entschlüsselt alle Signale, trennt die Haupt- von den Sekundärsignalen, berücksichtigt den Zeitverlust bis zum Auslösen der Sekundärsignale und ermittelt die Koordinaten der Empfangsstation.

LORAN-A ist 1977 wegen der weitaus größeren Reichweiten, von LORAN-C abgelöst worden – das bis zur Einführung der Satellitennavigation unverzichtbar war.

Radiation Missile), deren Suchköpfe den aufgefangenen gegnerischen Radarstrahlen folgten und die Radaranlagen zerstörten.

Weitere Kampfgebiete der McDonnell waren: der Abnutzungskrieg in Israel 1969–1970, der Jom-Kippur-Krieg in Israel 1973, der iranisch-irakische Krieg 1980–1988, der Krieg zwischen Israel und dem Libanon 1982, die Operationen „Desert Storm" und „Southern Watch" im Golfkrieg 1991–1998.

Eingesetzt wurden McDonnell F-4 Phantom – neben US Navy, US Air Force und US Marine Corps – in den Luftstreitkräften von: Australien, Ägypten, Deutschland, Griechenland, Großbritannien, Iran, Israel, Japan, Südkorea, Spanien, Türkei.

Bis zum Golfkrieg 1998 flogen Phantom II Kampfeinsätze für die US Air Force und US Navy.

30 Jahre nach dem Erstflug 1958 war die Phantom II immer noch ein effektives Waffensystem.

Bis in die 1990er-Jahre demonstrierte die MiG-29 die sowjetische Überlegenheit im Flugzeugbau.

Mikojan-Gurjewitsch MiG-29

Mit der Wiedervereinigung der beiden deutschen Staaten 1990 ging ein ganzes Geschwader der ehemaligen Nationalen Volksarmee (NVA) in bundesdeutschen Besitz über. Zum ersten Mal hatten westliche Militärexperten die Gelegenheit, dieses sowjetische Flugzeug genau zu untersuchen – und waren entsetzt. Die Leistungsfähigkeit des Luftüberlegenheitsjägers war zur damaligen Zeit in einigen Aspekten von Jagdflugzeugen der Nato nicht zu erreichen. Erst die neuesten Kampfjets können Flugmanöver ausführen, die diesem mittlerweile 30 Jahre alten Modell möglich waren.

MIKOJAN-GURJEWITSCH MIG-29
Ein- oder zweisitziger Luftüberlegenheitsjäger
Spannweite: 11,36 m
Länge: 17,32 m
Höhe: 4,73 m
Leergewicht: 10 900 kg
Startgewicht: 18 480 kg
Triebwerke: zwei Mantelstromtriebwerke Klimow RD-33 mit je 49,38 kN ohne und je 81,32 kN Schub mit Nachbrenner
Höchstgeschwindigkeit: 2450 km/h (Mach 2,3)
Dienstgipfelhöhe: 17 500 m
Einsatzradius: 750 km
Bewaffnung: eine Kanone GSch-301 Kaliber 30 mm mit 100–150 Schuss Munition, Kadenz 1500 Schuss/min; sieben Außenlaststationen für Luft-Luft-Lenkflugkörper, acht 250- oder 500 kg-Bomben, Napalm- und Submunitionsbehälter, ungelenkte Raketen

Der zukünftige „leichte Front-Jäger"

So nannte man die MiG-29 in der Planungsphase. Konzipiert wurde die Maschine in der UdSSR als Ablösung für die überalterten MiG-21/23 und Su-15 sowie als Antwort auf die Entwicklungen der US-amerikanischen FX- und LFW-Projekte, aus denen unter anderem die McDonnell Douglas F-15 hervorging.

Die Maßgaben für den neuen leichten Front-Jäger waren überlegene Manövrierbarkeit, Eignung für die Luft-Boden-Fähigkeiten (Erdkampfverwendung) und die Unabhängigkeit von intakten Strukturen – also die Fähigkeit, von Behelfsflugplätzen zu operieren.

Erzeugnis 9

Mit diesem harmlos klingenden Begriff bezeichnete die NVA das an sie übergebene Erprobungsmuster, von dem 19 Prototypen gebaut wurden – sowohl Ein- als auch Zweisitzer. Der erste davon startete am 6. Oktober 1977 in Schukowski bei Moskau zum Jungfernflug. US-Spionagesatelliten erspähten die MiG-29 erstmalig 1979 auf den Abstellplätzen in Schukowski (nach dem nächstgelegenen Dorf im Westen meist „Ramonskoje" genannt. Im Nato-Code erhielt das unbekannte Flugzeug den Namen „RAM-L". Die später eingeführte Bezeichnung „Fulcrum" kennzeichnet mit dem Anfangsbuchstaben „F" für „Fighter" die MiG als Jagdflugzeug.

Anfängliche Probleme und der Absturz von zwei Prototypen führten zu einer relativ langen Entwicklungsdauer von acht Jahren ab Beginn der Detailplanung 1974. 1982 begann dann – aufbauend auf Erzeugnis (Izdelije) 9.12 – die Serienfertigung. Das Schulungszentrum der Roten Armee bekam die ersten Exemplare im Frühjahr 1983 und operativen Status erreichte die MiG-29 Anfang 1985. Ab April 1988 begannen auch die Auslieferungen an sowjetische „Bruderländer" – erster Empfänger: die DDR.

Schubvektorsteuerung und andere Feinheiten

In Hinblick auf die neueste Generation Kampfflugzeuge der Nato in den 1970er-Jahren wurde bei der Entwicklung der MiG-29 der Manövrierbarkeit oberste Priorität eingeräumt – und sie wurde erreicht. Die Flugeigenschaften der Fulcrum im Langsamflug, der im Kurvenkampf über den Ausgang der Auseinandersetzung entscheidet, sind auch nach den Maßstäben von 2007 hervorragend. Zum großen Teil verantwortlich dafür ist die Flügelgeometrie oder besser gesagt die gesamte Konstruktion. Denn 40 Prozent des Auftriebs erzielt die MiG-29 mit dem Rumpf – die Flügelwurzeln sind stark verbreitert und gehen in den Rumpf über. Die letzten Versionen der MiG-29 zeigen ab 2003 eine sogenannte Schubverktorsteuerung, eine in alle Richtungen bewegliche Schubdüse, mit der der Abgasstrahl der Turbinen gelenkt und die Wendigkeit des Jägers im Kurvenkampf noch einmal verbessert wurde.

Die MiG-29, Nato-Codename „Fulcrum", sollte in erster Linie Aufgaben in der Landesverteidigung erfüllen.

Der taktische Wert

Bei Vergleichskämpfen mit modernsten Jagdflugzeugen ist die russische Maschine in geringer Distanz und bei niedriger Geschwindigkeit selbst für die heute modernsten Jäger ein ernstzunehmender Gegner. Der Pilot ist in der

Die neusten Modelle der MiG-29 verfügen über eine Schubvektorsteuerung, die der Maschine Flugmanöver erlauben, die vor dieser Erfindung als unmöglich galten.

Lage, Flugmanöver auszuführen, die den Gegner völlig verwirren, zum Beispiel die Flugzeugnase in eine andere Richtung zeigen zu lassen als die Flugrichtung, oder kurzfristig auf dem Schubstrahl der Triebwerke zu stehen. Eine weitere konstruktive Voraussetzung für dieses Manöver bieten die Lufteinläufe der Turbinen. Die MiG-29 saugt die Luft für die Turbinen aus mehreren Einlauföffnungen an. Hydraulisch betätigte Klappen verschließen die Lufteinläufe, solange sich die Maschine am Boden befindet (Abrollen und Start) und verhindern – speziell auf Behelfspisten – das Einsaugen von Fremdkörpern und damit Triebwerksschäden. Die Triebwerke beziehen ihre Luft dann aus Öffnungen in der Rumpfoberseite. Bei ungewöhnlichen Manövern verhindern die variablen Lufteinläufe, dass das Triebwerk aus Sauerstoffmangel abstirbt, wenn es nicht mehr durch den Fahrtwind angeströmt wird.

Elektronik und Zielerfassung

Die Avionik der Mikojan-Gurjewitsch war – mit Abstrichen – auf der Höhe ihrer Zeit. Mittlerweile sind wesentliche Komponenten ersetzt und modernisiert worden, weil sich zeigte, dass die MiG in dieser Beziehung vergleichbaren westlichen Jägern unterlegen war.

Die amerikanische F-15 verfügte über ein Waffensystem zum Luftkampf außerhalb der Sichtweite (BVR = Beyond Visual Range) – die MiG-29 konnte im Wesentlichen nur innerhalb dieser Grenzen operieren. Ihre besten Leistungen erbrachte sie im Nahkampf – die bevorzugte Taktik der sowjetischen Piloten war es, den Gegner in einen Kurvenkampf zu verwickeln. Das Helmvisier als Teil des Waffensystems war eine der gefährlichsten Erfindungen, über die sie verfügte, der Pilot konnte Ziele in sein helminstalliertes Display aufschalten, den Luft-Luft-Lenkflugkörper Wimpel R-73 unabhängig von der Fluglage abfeuern und ins Ziel führen.

Das Feuerleitsystem der MiG-29 hatte in der damaligen Welt nicht seinesgleichen! Eines der Empfangsgeräte war das Impulsdopplerradar RP-29 (Nato-Code „Slot Back"). Dank diesem RP-29 konnten höher fliegende Ziele in mehr als 80 km Entfernung erfasst und tiefer fliegende Objekte auf 50 km aus überhöhender Position bekämpft werden. Als zusätzliche Zielkanäle für den Luftkampf dienten ein IRST (IR-gestütztes Zielsuch- und Verfolgungssystem) sowie ein Laser-Entfernungsmesser. Das IRTS kann ein Ziel aufspüren und bekämpfen, ohne dass der Gejagte es erkennt. Das Radar bleibt zunächst in passiver Betriebsbereitschaft, ohne eigene Signale zu senden, so lange bis das Feuerleitsystem die Lenkflugkörper abgefeuert hat. Das Radarwarngerät des Zielflugzeugs spricht erst an, wenn die radargeführte Lenkwaffe gestartet ist – für Gegenmaßnahmen meist zu spät.

Weitere Teile der rechnergestützten Avionik waren ein Frontscheibensichtgerät (HUD), das

Selbst 30 Jahre nach dem Jungfernflug ist die MiG-29 auf kurze Distanz immer noch ein gefährlicher Gegner.

Von der Planung her der amerikanischen F-15 vergleichbar, zeigt die MiG-29 ähnliche Konstruktionsmerkmale.

Flug- und Bedrohungsdaten in das Sichtfeld des Flugzeugführers projizierte, die bordeigene Fehler-Diagnostik Aekran – und trotz aller Computertechnik gab es im Cockpit noch zahlreiche konventionelle Rundinstrumente.

Das Arsenal

Die MiG-29 konnte mit einer Vielzahl von Waffen bestückt werden, neben der Maschinenkanone trug sie die verschiedensten Lenkwaffen:

Für Flugzielbekämpfung auf kurze Reichweiten beispielsweise sechs Luft-Luft-Lenkflugkörper Wimpel R-73 oder IR-gelenkte Molnija R-60M (Nato-Code AA-8 Aphid).

Für höhere Reichweiten werden radargelenkte R-27RE oder R-27TE (mit IR-Suchkopf) verwendet.

Für die Bekämpfung von Bodenzielen können bis zu 4500 kg Bomben oder Luft-Boden-Lenkwaffen (X-25 ML/MP mit Laser-Zielsuchkopf oder als Anti-Radar-Version) oder X-29LT/TD (TV-Suchkopf) und zur Schiffszielbekämpfung radargelenkte X-31A/P mitgeführt werden.

Verbreitung und Varianten

Obwohl die MiG-29 bereits in die Jahre gekommen ist, wird das Modell nach wie vor gebaut – dabei aber laufend auf den neuesten Stand der Technik gebracht. Das Modell wurde ein regelrechter Verkaufserfolg, in nicht weniger als 23 Luftstreitkräften weltweit sind MiG-29 im Einsatz – in Europa, Asien und Afrika –, und man erzählt, dass die US Air Force Maschinen dieses Typs von Moldawien gekauft hat und zu Übungszwecken benutzt.

MiG-29 finden sich in Algerien und in Indien und im Iran sind ehemals irakische MiG-29 im Einsatz, deren Piloten während des Golfkrieges dorthin flohen. Die Iraner sind so angetan von dem Modell, dass sie die eigentlich vorgesehene Herausgabe verweigern.

In Serbien-Montenegro dienen noch fünf von 1987/88 gelieferten 16 Maschinen; der Rest wurde von NATO-Truppen zerstört. Kuba hatte ab Oktober 1989 zehn MiG-29 erhalten, von denen allerdings nicht bekannt ist, ob sie noch einsatzfähig sind.

Insgesamt wurde über 1500 Exemplare MiG-29 gebaut.

Die überragenden Flugeigenschaften der MiG-29 prädestinieren sie für den Kunst- und Formationsflug.

Das doppelte Seitenleitwerk der MiG-29 weist je ein Seitenruder auf.

Linke Seite: Der Strake- oder Hybridflügel ist seit den 1970er-Jahren das Maß der Dinge im Flugzeugbau – bis heute.

Jagdfliegergeschwader (JG) 3 Viktor Komarow in Preschen

In dieser Einheit der LSK/LV (Luftstreitkräfte/Luftverteidigung) der NVA der DDR standen Anfang 1990 24 MiG-29 im Dienst, die nach der Wiedervereinigung in den Besitz der Bundesrepublik übergingen. Damit wurde Deutschland – vor der Osterweiterung der Nato – das einzige Land des Nordatlantikpakts, das über diese Flugzeuge verfügte. Die Chance, sich unter Manöver-Bedingungen mit einer der schlagkräftigsten Waffen des Ostblocks zu messen, machten die Piloten des Erprobungsgeschwaders MiG-29 – wie das JG 3 nach der Wende genannt wurde – zu willkommenen Gästen bei Vergleichsflügen und Manövern.

Mittlerweile ist das Geschwader mit dem Jabo-Geschwader 35 zusammengeführt und erhielt am 18. September 1997 offiziell den Namen Jagdgeschwader 73 „Steinhoff" (JG 73 „S"), nach dem Jagdflieger-Ass des Zweiten Weltkrieges und späteren ersten Generalinspekteur der Luftwaffe Johannes Steinhoff.

Die Maschinen wurden nach der Erprobungsphase auf NATO-Standards umgerüstet – von der damaligen DASA – und unter der neuen Bezeichnung MiG-29G beziehungsweise MiG-29GT (doppelsitzige Trainer) der deutschen Luftwaffe unterstellt.

Die Maschinen dienten unter NATO-Oberkommando unter anderem in der Luftraumüberwachung als Alarmrotte. Mit Beginn der Einführung des Eurofighter wurde am 24. Juni 2003 ein Vertrag zwischen Deutschland und Polen unterzeichnet, in dem Polen die verbliebenen MiG-29 zum symbolischen Stückpreis von 1,00 Euro überlassen wurden. Ab September 2003 begann die Übergabe der Maschinen und am 4. August 2004 starteten die letzten neun MiG-29 der Bundesluftwaffe vom Fliegerhorst Laage nach Bydgoszcz in Polen.

Tägliche Routine: Ein Pilot beim Innencheck seiner Maschine.

Die Schubvektorsteuerung ermöglicht Flugfiguren, die die Suchoi zum spektakulären Höhepunkt von zahlreichen Luftfahrtausstellungen und Flugtagen macht.

Nikolai J. Shukowski
Nikolai J. Shukowski gründete 1918 das Zentrale Aero-Hydrodynamische Institut (ZAGI), das wichtigste wissenschaftliche Forschungszentrum des Ministeriums für Flugzeugbau der UdSSR, das über Jahrzehnte hinaus Grundlagenforschung betrieb und der sowjetischen Luftfahrt wichtige Impulse lieferte.
In diesem Institut begann Pawel Ossipowitsch Suchoi nach dem Studium an der Moskauer Universität 1920 seine Berufslaufbahn – erst als technischer Zeichner, dann als Ingenieur. In den folgenden Jahren wirkte er im Konstruktionsbüro von A. N. Tupolew, bis ihm 1939 die Leitung des eigenen Konstruktionsbüros OKB Suchoi übertragen wurde.
Dieses OKB war eines der ersten, die sich in der Sowjetunion intensiv mit Strahlflugzeugen befasste.

Das Helmvisier

Die Su-27 ist für den Kurvenkampf mit dem Luft-Luft-Kurzstreckenlenkflugkörper Wimpel R-73 (Nato- Code AA-11 Archer) bestückt. Der Einsatz kann in einem Bereich ab wenigen hundert Metern bis zu 30 Kilometern erfolgen. Die Lenkwaffe findet ihr Ziel entweder selbstständig mit einem hitzesuchenden IR-Suchkopf, der einen Winkel bis zu 60 Grad um die Flugachse erfassen kann, oder wird vom Piloten mit Radar über das Helmvisier gesteuert. Wenn das Ziel in der Sichtscheibe des Pilotenhelms erfasst werden kann, findet die Rakete den Weg dorthin, egal in welcher Fluglage sich das Flugzeug befindet.

Die Wimpel R-73 gilt als die schlagkräftigste Waffe dieser Art – und als der vergleichbaren Nato-Lenkwaffe „Sidewinder" überlegen.

Die Sensoren

„Slot Back" nennt die Nato das ursprünglich verwendete Radar der Suchoi, ein Pulsdopplerradar mit der Fähigkeit, tieffliegende Ziele vor störendem Untergrund auszumachen.

In der Rumpfnase der Su-27 befindet sich das IRST, ein IR-gestütztes Zielsuch- und Verfolgungssystem, mit einer Reichweite von 70 km. Es kann entweder unabhängig oder als Teil des Radars betrieben werden. In einem passiven Modus ist es möglich, ein gegnerisches Ziel auszumachen, ohne eigene Signale auszusenden. Erst wenn die Mittelstreckenraketen abgefeuert sind, fängt es

Die Pugatschew-Kobra
Dieses Manöver aus der Luftkampftaktik ist eines der neuesten Flugmanöver, erstmalig gezeigt von dem sowjetischen Piloten Viktor Pugatschew mit einer Su-27 auf dem 38. Aérosalon in Le Bourget (Paris) 1989. Der Name beschreibt bildhaft den Ablauf: Wie die Kobra ihren Kopf zum Angriff hebt, nimmt der Pilot im Steigflug die Flugzeugnase noch höher, bis er in einem Anstellwinkel von über 100 Grad – die Flugzeugnase steht dann hinter dem Heck senkrecht – vom Luftwiderstand gebremst wird und abrupt zum Stehen kommt. Buchstäblich. Für kurze Zeit reitet das Flugzeug auf dem eigenen Abgasstrahl, bis der Pilot die Nase wieder senkt, seine Maschine langsam zurückfallen lässt und wieder Fahrt aufnimmt. Der taktische Nutzen ist der, dass ein Verfolger überrascht wird und mit hoher Geschwindigkeit an der Su-27 vorbeifliegt – und sich in Abschussposition begibt.
In den 1990er-Jahren konnte – auf Seiten der Westmächte – nur noch die Lockheed F/A-22 Raptor dieses Manöver ausführen.

an, im aktiven Modus Impulse zu senden. Das Radarwarngerät des anvisierten Ziels bemerkt erst nach dem Umschalten die Gefahr – dann kann es bereits zu spät sein.

Das IRST kontrolliert darüber hinaus die Bordkanone mit größerer Präzision, als das mit einem Radar möglich wäre.

Der Strake-Flügel mit unterschiedlicher Pfeilung wurde weltweit fast zeitgleich eingeführt.

Das linke Seitenleitwerk einer SU-27

Dassault Super Étendard

Die Dassault Étendard gehört seit Anfang der 1960er-Jahre als Standardjäger der französischen Marine an. Mitte der 1970er-Jahre wurde diese erfolgreiche Baureihe mit der Super Étendard erweitert und erheblich kampfwertgesteigert. Die Leitungskraft der Super Étendard lässt sich daran ablesen, dass sie in der modernisierten Version SEM – alias Modernisé – bis heute auf der Charles de Gaulle, dem Flaggschiff der Marine Nationale Française, im Dienst steht – zusammen mit ihrer Nachfolgerin, der Rafale, von der sie in absehbarer Zukunft abgelöst wird.

DASSAULT SUPER ÉTENDARD

Trägergestützter Abfang- und Luftüberlegenheitsjäger/Jagdbomber

Spannweite: 9,60 m

Länge: 14,31 m

Höhe: 3,86 m

Leergewicht: 6500 kg

Startgewicht: 12 400 kg

Triebwerk: ein Strahltriebwerk SNECMA Atar 8K-50 mit 49 kN Standschub

Höchstgeschwindigkeit: 1380 km/h (Mach 1,3)

Dienstgipfelhöhe: 13 715 m

Einsatzradius: 840 km

Bewaffnung: zwei Maschinenkanonen DEFA 533 Kaliber 30mm je 125 Schuss und bis zu 2100 kg Außenlasten; eine Unterrumpf- und vier Unterflügelstationen für Bomben, Luft-Luft-Lenkflugkörper Matra Magic, Raketenwerfer oder Seezielflugkörper Aérospatiale Exocet AM39 und Abwurftanks

Eine Super Étendard mit ausgefahrenem Fahrwerk.

Die Vorfahren

Die ersten Étendard wurden Anfang 1962 an die französische Marine ausgeliefert und absolvierten bis zur Ausmusterung im Juli 1991 über 180 000 Flugstunden und über 25 000 Trägerlandungen. 1973 sollte dieses Jagdflugzeug abgelöst werden, zur Auswahl standen die Vought A-7 und die anglo-französische Koproduktion SEPECAT Jaguar M. Die Repräsentanten der Firma Dassault hatten einen weiteren Vorschlag – eine verbesserte Version der Étendard. Die Argumente von Dassault waren schlagkräftig: Wenn man weitgehend auf der Basis des vorhandenen Modells bliebe, hätte das erhebliche Vorteile in Hinsicht auf Kosten, Ersatzteilwirtschaft und Wartung. Und nicht zuletzt wäre dieses Flugzeug ein rein französisches Produkt. Die Marine stimmte zu.

Super Étendard mit ausgefahrener Luftbetankungssonde – bereit zur Treibstoffübernahme.

Konzept

Die Anforderungen an die ersten Étendard als leichter Abfangjäger wurden schnell erweitert. Die neuen Anforderungen verlangten einen leichten taktischen Bomber, der auch die Luftüberlegenheit gewährleisten konnte – dieses Aufgabengebiet übernimmt die Super Étendard bei der Aéronavale, der französischen Marineluftwaffe, bis heute. Die ganze Bandbreite der Verwendung umfasst: Luftraumsicherung der Flotte, Sicherung der Flotte gegen Schiffe (Seezielbekämpfung), Unterstützung im Bodenkampf und Photo-Aufklärung.

Der Jungfernflug der SEM datiert auf den 28. Dezember 1974; am 28. Juni 1978 begann die Auslieferung der seriengefertigten Maschinen.

Veränderungen

Die Absicht, neun Zehntel der ursprünglichen Étendard als Basis für das Nachfolgemodell zu verwenden, geriet offensichtlich in Vergessenheit. Mit dem neuen Einwellen-Strahltriebwerk Atar 8K-50, wesentlich geänderter Zelle und einer gänzlich neuen Avionik, ist die Super Étendard am Ende der Entwicklung ein fast komplett anderes Flugzeug geworden, als

An Bord eines Flugzeugträgers. Die Super Étendard ist in die Katapultvorrichtung eingeklinkt und der Einweiser gibt den Start frei.

Präzisionsarbeit: Eine Dassault Super Étendard schwebt mit ausgefahrenem Fanghaken zur Landung auf dem französischen Flugzeugträger Clemenceau ein.

ursprünglich geplant war. Das neue Triebwerk, eine Version der Turbine aus der Mirage F.1 ohne Nachbrenner, leistete mit 49 kN auch ohne Nachbrenner etwa 10 Prozent mehr als das Vormodell Atar 8 – und zwar bei geringerem Treibstoffverbrauch. Der erhöhte Einsatzradius von 840 Kilometern ist eine direkte Folge davon – und von der Vergrößerung der Tankkapazität auf 3270 Liter. Je nach Konfiguration und Bombenlast trug die Super Étendard Zusatztanks unterschiedlicher Größe. Wenn sie mit den Exocet bewaffnet war, konnte sie nur einen mit 1100 Litern Inhalt tragen, sonst konnte sie zwei unter den Flügeln oder auch den alten 600 Liter fassende Zusatztank unter dem Rumpf tragen, der schon vom Vormodell benutzt wurde.

Die Flügel wurden an das erhöhte Startgewicht angepasst. Sie ähneln zwar denen der Étendard, weisen aber eine verlängerte Flügelwurzel, eine etwas verstärkte Pfeilung und ausfahrbare Vorflügel, die über die ganze Länge der Vorderkante reichen, auf. Die Klappen an der Flügelhinterkante sind als Doppelspaltklappen ausgelegt.

Kampfwert

Auf die elektronische Ausstattung der SEM wurde in der Entwicklung besonderes Gewicht gelegt, das Agave Radar, eine gemeinsame Entwicklung von Thomson-CSF und Electronique Marcel Dassault EMD, das in der Rumpfnase montiert ist, hat eine Reichweite von bis zu 110 km bei der Erkennung und Identifizierung von Schiffszielen und eine Reichweite von 30 km im Luft-Luft-Modus. Weitere Betriebsarten des Agave sind Verfolgung/Entfernungsmessung von Boden- und Luftzielen, Bodendarstellung und Zielmarkierung für Angriffe mit Exocet-Seezielflugkörpern.

Ergänzt wurde das Agave durch das SAGEM-Kearfott ETNA Navigations- und Angriffssystem, das mit Werten die vor dem Start eingegeben wurden – die Abweichung betrug nur 2,2 km/Flugstunde – präzise den Piloten nah an das Ziel führen konnte.

Für die frühen 1970er-Jahre ebenfalls sehr modern waren Frontscheibensichtgerät (HUD) VE120 der Firma Thomson-CSF und ein TRT Funkhöhenmesser. Weiter sind zu nennen ein IFF-Bordradar zur Identifizierung von Freund und Feind der Firma LMT und das Micro-TACAN

Die beeindruckende Silhouette einer bewaffneten Dassault Super Étendard M.

(TACtical Air Navigation), eine taktische Navigationshilfe, die dem Piloten Entfernungs- und Seitenwinkelwerte liefert, die unter Benutzung von Bodenbaken gewonnen werden. Die Antennen für die zivile Variante, das Socrat-Drehfunkfeuer als UKW-Navigationshilfe für den Kurz- und Mittelstreckenbereich waren ebenso wie der Radarwarnempfänger am Seitenleitwerk installiert.

Vervollständigt wurde die Avionik durch einen Navigations-Sichtschirm Crouzet 97, Waffenwahl- und Bediengeräte und den Luftwerterechner Crouzet 66. Neben erheblichen Vorteilen im Luftkampf bedeutete die verbesserte Avionik der Super Étendard Modernisé, dass nun auch nächtliche Trägerlandungen möglich wurden, was für ein trägergestütztes Jagdflugzeug eine der schwierigsten Operationen von allen ist.

Sägezahn und Streckung
Die Flügel der Étendard weisen einen sogenannten Sägezahn auf, das bedeutet, dass die Vorderkante des Flügels nicht in einer durchgehenden Linie oder Kurve verläuft, sondern am äußeren starren Teil vorspringt, ähnlich wie ein einzelner Zahn an einer Säge. Der Sinn dieser Bauweise liegt darin, dass bestimmte Flügelmodelle zwar gute Geschwindigkeiten erlauben, aber bei relativ geringen Anstellwinkeln schon so viele Wirbel produzieren, dass es zum Strömungsabriss und damit zum Durchsacken kommt. An dem vorspringenden Sägezahn werden Strömungen erzeugt, die den Luftschichten die am Flügel anliegen, mehr Energie zuführen und den Strömungsabriss hinauszögern. Diese Bauart ist heute fast nicht mehr zu finden.
Der Strömungsabriss ist für Flügel mit geringerer Streckung problematischer als bei Flügeln großer Streckung. Mit diesem Begriff wird das Verhältnis von Flügelfläche zur Spannweite ausgedrückt. Bezogen auf die Vogelwelt weist der lange, schmale Flügel eines Albatros eine hohe Streckung auf, der kurze, breite einer Taube eine geringe. Ganz genau definiert ist die Streckung das Verhältnis des Quadrats der Spannweite geteilt durch die Flügelfläche.

Die Super Étendard lockt auf Flugzeugausstellungen bis heute zahlreiche Besucher an.

HMS Sheffield

Der Seezielflugkörper Aérospatiale AM39 Exocet hat durch die Super Étendard eine gewisse Berühmtheit erlangt, auch in Kreisen, die sich sonst mit militärischen Fragen nicht beschäftigen. Mit diesen Exocet-Lenkwaffen versenkten Étendard der argentinischen Luftwaffe im Krieg um die Malvinen oder Falklandinseln, wie sie in Großbritannien heißen, zwei britische Kriegsschiffe.
Die einzigen Bestellungen für die Exportversion der Super Étendard waren 1981 aus Argentinien eingegangen. Bei Beginn der Kampfhandlungen mit der Royal Navy stellte die französische Regierung die Lieferung zwar ein, aber fünf Maschinen waren schon ausgeliefert und dienstbereit.
Am 4. Mai 1982 feuerten Super Étendard insgesamt zwei Exocet auf den Lenkwaffenzerstörer HMS Sheffield ab, von denen eine traf und das Schiff versenkte.
Am 25. Mai 1982 trafen zwei Exocet das Versorgungsschiff Atlantic Conveyor, das darauf hin ausbrannte und einige Tage später sank.
Zum einen verdeutlichte dies den Kampfwillen der Argentinier, zum anderen ist es ein Beweis für die Schlagkraft der Étendard.

Die Flügel der Super Étendard wurden an das im Vergleich mit der Vorgängerin erhöhte Startgewicht angepasst.

Matra-Magie

Die SEM führt neben den zwei Maschinenkanonen DEFA2 Kaliber 30 mm ein umfangreiches Arsenal von Lenkwaffen mit – auch mit Atomsprengkopf. Die Luft-Luft-Lenkwaffe Matra 550 Magic und die AM39 Exocet zur Seezielbekämpfung sind zwei davon.

Iran und Irak

Eine Anzahl Super Étendard diente im ersten Golfkrieg zwischen dem Iran und dem Irak – als Leihgabe. Saddam Hussein hatte zwar Exocet in Frankreich eingekauft, aber er konnte sie nicht benutzen. Es gab nämlich in seiner Luftwaffe keine Jagdflugzeuge mit den passenden Startern. Also lieh die Aéronavale dem Irak fünf Super Étendard, solange bis die bestellten Mirage F.1 mit den

Die Super Étendard steht bis heute im Dienst der französischen Marine.

passenden Waffensystemen ausgeliefert werden konnten. Die Maschinen nahmen ab 1984 an den Kämpfen teil und flogen vornehmlich Angriffe gegen Öltanker. Nach dem Krieg wurden sie Frankreich wieder übergeben.

Operation Trident war ein andere Konflikt, in dem SEM an Bord des Flugzeugträgers Foch eingesetzt wurden. Zwischen Januar und Juni 1999 flogen 18 Super Étendard der französischen Marine 450 Einsätze über dem Kosovo und warfen dabei 268 Laserlenkbomben GBU-12 ab.

Exocet
Der taktische Wert eines Anti-Schiff-Lenkflugkörpers wurde bis in die 1950er-Jahre als eher gering bewertet. Die Vorstellung, dass eine Rakete – von Bord eines Flugzeugs oder eines Schiffs abgefeuert – die Panzerplatten eines schweren Kriegsschiffs beschädigen könnte, schien unrealistisch. Trotzdem begannen in dieser Zeit Versuche und in Schweden und der Sowjetunion waren diese Waffen Mitte der 1960er-Jahre einsatzbereit.
Styx-Seezielflugkörper sowjetischen Ursprungs waren es dann auch, die 1967 einen israelischen Zerstörer versenkten und ein Umdenken in den Reihen der Strategen auslösten. Frankreich war mit an der Spitze der Entwicklung, dort hatte man bereits 1967 die Exocet im Arsenal.
Die Wirkungsweise der Exocet ist ihrem Kampfauftrag angepasst. Geführt von ihrem aktivem Radar greift sie mit einer Geschwindigkeit von Mach 0,93 dicht über den Wellen (etwa 2,50 m hoch) an und trifft das Schiff knapp oberhalb der Wasserlinie – wo sie maximalen Schaden anrichtet. Da die Zieldaten vor dem Start eingespeist werden, hat der Pilot seine Aufgabe mit dem Abschuss erledigt. Durch ihre niedrige Flugbahn sind Exocet fast nur mit Radarstörgeräten oder Anti-Radar-Lenkwaffen erfolgreich zu bekämpfen. Sprecher der Royal Navy bewerteten die Super Étendard und die Exocet als ihre gefährlichste Bedrohung im Falklandkrieg – allerdings hatten die Argentinier insgesamt nur 5 Exocet zur Verfügung.

EXOCET AM39
Seezielflugkörper mit Doppelstufen-Feststoffraketenmotor
Länge: 4,69 m
Durchmesser: 35 cm
Startgewicht: 655 kg
Gefechtskopf: 165 kg
Flugdauer (Brennschluss): 2 Sekunden mit Startmotor, mit Marschtriebwerk 150 Sek.
Geschwindigkeit: 1120 km/h (Mach 0,93)
Anflughöhe: unter 15,00 m
Angriffshöhe: 2,50 m
Reichweite: 52–70 km
Zünder: Annäherungs- oder Verzögerungszünder

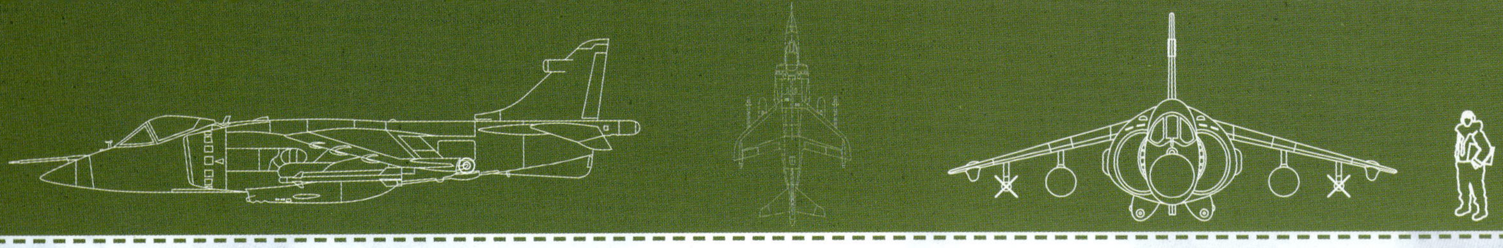

Hawker Siddeley Harrier

Der britische Harrier war und ist das bisher einzige taktisch und wirtschaftlich erfolgreiche Kampfflugzeug mit der Fähigkeit zum Steil-, Senkrecht- oder Kurzstart sowie zur kürzesten Landung. Er gilt mit Recht als eine der großen Innovationen in der Geschichte der Fliegerei und wurde, zusammen mit dem Sea Harrier, mit Erfolg im Falklandkrieg eingesctzt.

Der erfolgreichste Jet mit V/STOL-Eigenschaften – der Hawker Harrier, hier in der Version Sea Harrier.

Ebenso ungewöhnlich wie der Jet ist das Fahrwerk mit drei Rädern unter dem Rumpf und je einem Stützfahrwerk an den Flügelspitzen.

Sidney Camm konzipierte den Senkrechtstarter.

HAWKER SIDDELEY HARRIER GR3

Taktisches Kampfflugzeug
Spannweite: 7,70 m
Länge: 13,89 m
Höhe: 3,63 m
Leergewicht: 5580 kg
Gewicht bei Senkrechtstart (VTOL): 8165 kg
Gewicht bei Kurzstart (STOL): 10 435 kg
Gewicht bei langer Startstrecke: 11 430 kg
Triebwerk: ein Mantelstromtriebwerk Rolls-Royce Pegasus 103 Strahltriebwerk mit 95,64 kN Standschub
Höchstgeschwindigkeit: 1176 km/h (Mach 0,95)
Dienstgipfelhöhe: 15 600 m
Einsatzradius: 670 km
Luftraumüberwachung: 185 km, 1 1/2 Stunden
Bewaffnung: 2 x 30 mm Aden-Kanone in zwei Unterrumpfbehältern; vier Unterflügelstationen für eine Gesamtzuladung von 2400 kg, die aus Bomben, ungelenkten Raketen, Fackelwerfern, Radarbekämpfungsflugkörpern AS.37 Martel und Luft-Luft-Lenkflugkörpern AIM-9 Sidewinder bestehen kann; insgesamt können 35 verschiedene Kombinationen von Waffen und anderer Ausrüstung mitgeführt werden

Immer wieder Sidney Camm

Bei der Firma Hawker Aircraft begann Sidney Camm 1957 mit dem Entwurf für einen Senkrechtstarter. Sein Konzept beruht auf der Umlenkung des Düsenluftstroms, der sogenannten Schubvektorsteuerung – ohne Rotoren, schwenkbare Triebwerke oder drehbare Flügel für den Senkrechtstart. Dieses Konzept sollte sich im Laufe der Zeit als das erfolgreichste erweisen.

V/STOL oder VSTOL, STOL, STO(V)L oder STOVL

Vielfältig sind die Kürzel für die verwirrend-umfangreichen Möglichkeiten der Senkrecht- beziehungsweise Kurzstarter: Beispielsweise V/STOL oder VSTOL für „Vertikal or Short Take-Off and Landing" = Steil-, Senkrecht- oder Kurzstart und kürzeste Landung, STOL für „Short Take-Off and Landing" = Kurzstart- und

Um die Balance im Schwebeflug zu ermöglichen, ist das Triebwerk des Harrier am Schwerpunkt der Maschine, in der Rumpfmitte, eingebaut.

Kurzlandung, STO(V)L oder STOVL für „Short Take-off or Vertical Landing" = Kurzstart oder Senkrecht- beziehungsweise Kurzlandung.

Unter Sidney Camms Leitung entstand bei Hawker unter der Werksbezeichnung P.1127 der erste Senkrechtstarter, der am 21. Oktober 1960 seinen ersten und durch Sicherungsleinen sehr begrenzten Schwebeflug absolvierte. Als Ergebnis einer langen und schwierigen Erprobungsphase und nach der Fusion von Hawker und Siddeley wurden neun Kestrel F(GA)1 gebaut, die später zur Ausbildung von Harrier-Piloten dienten.

Ein Harrier II des US Marine Corps setzt zur Landung auf einem Flugzeugträger an.

Hawker Siddeley erhielt 1966 den ersten Auftrag zum Bau von 67 weiterentwickelten Kestrel, von denen sechs als P.1127RAF und 61 als Harrier GR1 geführt wurden. Angetrieben von einem Rolls-Royce 6 (Mk.101) absolvierte der erste Harrier GR1 am 28. Dezember 1967 seinen Jungfernflug und am 1. April 1969 übernahm die RAF ihre ersten Maschinen. Für Ausbildungszwecke wurde zusätzlich der zweisitzige Trainer T2 entwickelt und seriengefertigt.

Dem Harrier GR1 sehr ähnlich war die für das US Marine Corps und die spanische Marine entwickelte Variante AV-8A. Mit dem Harrier GR3 brachte Hawker Siddeley dann eine wesentlich verbesserte Variante heraus – äußerlich erkennbar durch die verlängerte Rumpfspitze, in der ein neuer Laser-Entfernungsmesser untergebracht war. Die GR3 war wohl das beste Modell der ersten Generation.

Sea Harrier

Für Marineeinsätze entwickelte man den Sea Harrier, der ohne Hilfe eines Katapultes von den relativ kleinen britischen Flugzeugträgern oder senkrecht von Bord eines Kreuzers starten konnte. Der erste Sea Harrier flog am 21. August 1978 und bereits im Juni 1979 wurden die ersten Jets an die Royal Navy ausgeliefert.

Ende der 1970er-Jahre wurde dann in Zusammenarbeit mit McDonnell Douglas die zweite Generation der Harrier-Familie speziell für das US Marine Corps entwickelt. Die AV-8B ist hiervon das bekannteste Model.

Bodenberührung

Der Hawker Harrier ist ein Hochdecker mit negativem Einstellwinkel und einem ungewöhnlichen Fahrwerk. Unter dem Vorderrumpf sind das Bugrad und an der Rumpfmittellinie – etwa in Höhe der Flügel – die Doppelräder des Hauptfahrwerks angeordnet. Nach dem Start werden Bug- und Hauptfahrwerk in den Rumpf eingezogen beziehungsweise zur Landung ausgefahren. An den beiden Flügelspitzen befindet sich jeweils ein Stützfahrwerk für Start und Landung mit einem sehr kleinen Reifen. Nach dem Start werden die Stützfahrwerke unter die Flügel geklappt und mit einer fahrwerksfesten Verkleidung aerodynamisch günstig abgedeckt. Flügel und Leitwerk sind gepfeilt, wobei die Randkappen der Flügel abgerundet sind. Beiderseits des Cockpits am Vorderrumpf sind die beiden sehr großen Triebwerklufteinläufe angeordnet.

Schubvektorsteuerung

Das Rolls-Royce Pegasus des Harrier ist ein Strahltriebwerk, dessen Abgase der Pilot mittels Schwenkdüsen, in gewissen Grenzen, variabel verstellen kann.

Die zwei Triebwerklufteinläufe sind beiderseits des Rumpfes in Höhe des Cockpits angeordnet, die Auslässe (hier auch Düsen genannt und nicht zu verwechseln mit dem Triebwerk) für das Abgas sind aber nicht wie in konventioneller Bauart am Heck, sondern in den Rumpf integriert: das erste Paar unter den Flügelvorderkanten und das zweite unterhalb der Mitte der Tragflächen. Jede dieser vier Schubdüsen ist um 98 Grad schwenkbar. Mit einem gesonderten Hebel neben dem Schubleistungshebel kann der Pilot die Düsen verstellen und den Luftstrom umlenken.

Für Start und die Landung weisen die Düsen nach unten. Die Vektoren (Richtung) von einströmender Luft und Abgas stehen damit in einem Winkel von 90° zueinander. Zum Übergang in den Horizontalflug verstellt der Pilot alle vier Düsen kontinuierlich soweit, bis sie in Richtung Heck zeigen – bis der Vektor von einströmender Luft und ausgestoßenen Abgasen identisch ist und der Harrier den Schub in Beschleunigung umsetzt. Zusätzlich kann der Jet bei konventioneller Landung mit den Düsen abbremsen und, in Grenzen, rückwärts fliegen. Der Harrier ist so in der Lage, innerhalb eines Kreises von 20 Metern Durchmesser zu landen.

Taktische Anwendungen

Ursprünglich war die Schubvektorsteuerung nur für Start und Landung vorgesehen worden. Nachdem der Harrier bei der RAF und dem US Marine Corps in Dienst gestellt war, erkannte

Diese zweite Harrier-Generation: Harrier II AV-8 B im Dienst des US Marine Corps.

Der Harrier kann auf über 30 verschiedene Möglichkeiten der Bewaffnung zurückgreifen.

ein USMC-Pilot das VIFF-Potenzial des Harrier. VIFF steht für „Vectoring In Forward Flight" und bedeutet, dass durch schnelles Schwenken der Düsen die Flugrichtung gewechselt werden kann und blitzschnelles Steigen und Abbremsen möglich wird. VIFF ist also ein erstaunliches Flugmanöver, der dem Harrier eine einzigartige Wendigkeit verleiht und im Luftkampf über Sieg und Niederlage entscheiden kann. Ein verfolgender Gegner muss gezwungenermaßen den Harrier überholen und wird vom Jäger zum Gejagten.

Falkland

Theoretisch sind die Vorteile eines Senkrechtstarters offensichtlich, in den Auseinandersetzungen zwischen Argentinien und England wurden sie auf die Probe gestellt.

Sowohl der Harrier GR3 als auch der Sea Harrier wurden im Falklandkrieg für Luftverteidigung, Aufklärung und Erdkampfunterstützung eingesetzt – und erreichten ein ausgezeichnetes Abschussverhältnis. Trotz der geringen Höchstgeschwindigkeit von nur 1170 km/h gelang es den Piloten der 38 Harrier und Sea Harrier, ohne eigene Verluste 31 argentinische Jets, darunter 19 überschallschnelle Mirage, abzuschießen – und das unter den extremen Witterungsverhältnissen des Südatlantiks, in einem Wetter, das einen konventionellen Einsatz vom Flugzeugträger aus oft genug unmöglich gemacht hätte.

Die zweite Generation

Aus dem Original-Harrier wurde von McDonnell Douglas in Zusammenarbeit mit British Aerospace der AV-8B Harrier II entwickelt. Grundsätzlich handelt es sich dabei in vielen Aspekten um eine Neukonstruktion, mit der die Reichweite, die Bandbreite der einzusetzenden Waffen und die Flugeigenschaften allgemein verbessert wurden. Hierbei brachte McDonnell Douglas die Erkenntnisse, die man bei der Entwicklung der F-15 Eagle und der F-18 Hornet gesammelt hatte, in die Neukonstruktion mit ein. Der Prototyp, die YAV-8B, flog erstmals am 9. November 1978 und die ersten Serienmodelle der AV-8B wurden 1983 an das US Marine Corps ausgeliefert. Für Ausbildungszwecke wurde zusätzlich ein zweisitziger Trainer, die TAV-8B, entwickelt.

Einer der Nachteile des „alten" Harrier war sein klassisches Cockpit aus den 1960er-Jahren. Dieses Cockpit wurde für den Harrier II neu gestaltet, modernisiert und bedienerfreundlicher ausgestattet, erhielt eine tropfenförmige Haube und bietet – nachdem es etwas höher platziert ist – eine ausgezeichnete Rundumsicht. Weiterhin fallen sofort die neuen Tragflächen größerer Spannweite ins Auge, deren Gewicht allerdings durch Verwendung von Kohlefaser-Verbundwerkstoffen niedrig gehalten wurde und die nahezu unzerbrechlich sind. Sie verleihen nicht nur mehr Auftrieb, sondern haben auch vergrößerte interne Treibstofftanks, sodass der Harrier II jetzt über eine um 50 Prozent erhöhte Treibstoffkapazität verfügt. Als Antrieb dient ein Strahltriebwerk mit Schwenkdüsen, Rolls-Royce Pegasus 11-21 Mk.105 (US-Bezeichnung: F402-RR-406). Seine Standschubleistung von 94,21 kN beschleunigt den Harrier II auf 1075 km/h Höchstgeschwindigkeit.

Außenlasten

Unter jedem Flügel befinden sich drei Aufhängungspunkte, von denen je zwei für Zusatztanks mit 1136 Liter Fassungsvermögen vorgesehen sind, gegebenenfalls aber auch mit Mk 82-Bomben bestückt werden können. An den beiden anderen Waffenstationen werden Luft-Luft-Lenkflugkörper AIM-9 Sidewinder mitgeführt. Eine weitere, siebte Waffenstation befindet sich unter dem Rumpf und ist normalerweise mit zwei Wannen bestückt, die eine enthält die 25-mm-Kanone GAU-12/U, die andere 300 Schuss Munition. Diese Wannen sind aerodynamisch geformt und geben dem Jet zusätzlichen Auftrieb. Der Harrier II kann beim Senkrechtstart eine maximale externe Zuladung von 3175 kg tragen und hat dabei eine Reichweite im Kampfeinsatz von 1204 km; eine wesentliche Verbesserung gegenüber dem Harrier I. Ist ein Betanken in der Luft notwendig, kann der AV-8B oberhalb des linken Lufteinlasses mit einem hydraulisch ausfahrbaren Luftbetankungsausleger ausgestattet werden.

Datenmanagement

Das Joint Venture von Britisch Aerospace und McDonnell Douglas passte den Harrier II sowohl bei den Flugsteuersystemen als auch beim Waffensteuersystem und der Zielerfassungsanlage den modernsten Standards an. Das ganze System wird von einem digitalen Computer über Glasfiber-Datenbuskabel gesteuert. Als zentrales Waffensystem ist das Hughes ARBS (Winkelgeschwindigkeit-Bombenwurfsystem) mit TV- und Laser-Zielerfassung eingebaut und es gibt außerdem ein umfassendes Defensiv-System von Radarwarnempfängern und EloKa-Systemen (Elektronische Kampfführung). Der Pilot erhält alle wichtigen Bedrohungs-, Waffeneinsatz- und Flugdaten über ein Frontscheibensichtgerät (HUD).

Bis heute sind Harrier selbst der ersten Generation immer noch in kleiner Zahl im Einsatz und die modernisierten und neuen Versionen werden es wohl noch geraume Zeit bleiben – ein wirklicher Ersatz für den Senkrechtstarter ist nicht in Sicht.

Die Kommandozentrale der Harrier. Die schräge Sichtscheibe in der Mitte oben ist ein frühes Head-Up-Display, in das zentrale Flugdaten eingespiegelt werden.

Harrier in der Bodenunterstützung. Die Möglichkeit, von kürzesten Startbahnen aus zu operieren, ist ein entscheidender taktischer Vorteil.

McDonnell Douglas F-15 Eagle

In den Vereinigten Staaten hatte es seit den Tagen der P-51 Mustang keinen herausragenden Luftüberlegenheitsjäger für große Reichweiten mehr gegeben – im Vietnam-Krieg wurde dies zum deutlichen taktischen Nachteil. Aus dieser Erfahrung heraus wurden bereits im März 1966 im Rahmen des FX-Projekts erste Studienaufträge erteilt – Sieger der nachfolgenden Ausschreibung wurde Ende 1969 McDonnell Douglas und der neue Jäger wurde die F-15. Der schwere Jäger dominierte über Jahre hinweg die Entwicklung und wird bis in die heutige Zeit eingesetzt. Seit McDonnell Douglas 1997 in Boeing aufging, wird die F-15 unter dem neuen Firmennamen produziert.

MCDONNELL DOUGLAS F-15A EAGLE
Einsitziger Luftüberlegenheitsjäger für große Reichweiten
Spannweite: 13,05 m
Länge: 19,43 m
Höhe: 5,63 m
Leergewicht: 12 973 kg
Startgewicht: 25 401 kg
Triebwerke: zwei Mantelstromtriebwerke Pratt & Whitney F100-PW-100 max. Schub 113,25 kN mit Nachbrenner
Höchstgeschwindigkeit: 2443 km/h (Mach 2,3)
Dienstgipfelhöhe: 19 200 m
Einsatzradius: 1930 km
Bewaffnung: eine Schnellfeuerkanone M61A-1 Vulcan Kaliber 20 mm mit 940 Schuss (in der Flügelwurzel an Steuerbord), vier Luft-Luft-Lenkflugkörper AIM-7M Sparrow an den Rumpfaußenseiten, vier Luft-Luft-Lenkflugkörper AIM-9M Sidewinder am oberen Teil der Unterflügelstationen oder vier Luft-Luft-Lenkflugkörper AIM-120 AMRAAM; in der Konfiguration als Jagdbomber bis zu 7258 kg Bombenlasten

Warten auf die Startfreigabe – ein F-15-Pilot unmittelbar vor dem Start.

Luftüberlegenheit

In der Entwicklungszeit der F-15 hatten westliche Geheimdienste wenig oder keine Erkenntnisse über den potenziellen Gegenspieler, die MiG-25, die in der Sowjetunion das modernste Kampfflugzeug dieser Zeit war. Daher setzte man sicherheitshalber auf größtmögliche Überlegenheit in allen Aspekten. An erster Stelle stand die Manövrierbarkeit im Kurvenkampf und die geplante sehr große Reichweite, um in überlegener Situation tief im Inneren des gegnerischen Gebiets operieren zu können. Beschleunigung und Endgeschwindigkeit wurden als unverzichtbar eingeordnet und mit einem guten Leistungsgewicht, also dem Verhältnis zwischen Schub und Gewicht, erreicht – die niedrige Flächenbelastung und die Geometrie der Deltaflügel mit zurückspringenden Flügelspitzen sorgte für Wendigkeit.

Das Waffensystem und das Waffenkontrollsystem mussten damals für optimal gelten und werden zum Teil in weiterentwickelter Form bis heute benutzt. In den Versionen F-15A und -C befähigte die Flugleistung und die Avionik einen einzelnen Piloten, ein komplexes Flugzeug sicher und effektiv einzusetzen.

Als dann 1976 erstmals die MiG-25 P des sowjetischen Überläufers W. I. Belenko getestet wurde – das Flugzeug, gegen das die F-15 entwickelt worden war – stellte sich heraus, dass man das Ziel mehr als erfüllt hatte.

Heute wird die F-15 von den USA immer noch als das überlegene Jagdflugzeug betrachtet, das es sicher lange Zeit war, obwohl die Eagle vom Eurofighter, der Suchoi Su-35 und anderen längst deklassiert wurde. Im engen Kurvenkampf war die F-15 bereits der Suchoi Su-27 nicht gewachsen, konnte damals aber mit ihrer fortgeschrittenen und überlegenen Avionik im Kampf außerhalb der Sichtweite zumindest ein Unentschieden für sich erzielen.

Die beiden Triebwerke der F-15 entwickeln mit Nachbrenner einen Schub von je 113,25 kN.

FX – Fighter eXperimental

Der taktische Jäger aus dem FX-Projekt in den USA wurde unter großem Zeitdruck zur Produktionsreife gebracht. Wenn man die Komplexität des neuen Jagdflugzeugs in Rechnung stellt und weiterhin bedenkt, in welcher Zahl Neuentwicklungen zum Einsatz kamen, ist die Entwicklungszeit unglaublich kurz. Die FX-Forderungen datieren auf 1966, McDonnell Douglas gewann den Ausschei-

McDonnell Douglas hatte mit der F-15 Eagle den Langstreckenjäger in Bestform entwickelt.

Die Avionik der F-15 Eagle setzte in den 1970er-Jahren Maßstäbe im Flugzeugbau.

Immer noch Rundinstrumente: Anstellwinkel und G-Kräfte wurden dem Piloten analog angezeigt.

dungswettbewerb am 23. Dezember 1969 und nur zweieinhalb Jahre später, am 27. Juli 1972, hatte die F-15A ihren Jungfernflug. Die ersten zweisitzigen Maschinen F-15B wurden 1973 zur Ausbildung bereitgestellt und im Mai 1976 meldete sich die erste Staffel der USAF mit der F-15 einsatzbereit.

Update

Drei Jahre nach dem Dienstbeginn wurde das verbesserte Modell F-15C fertiggestellt, mit erhöhter Reichweite und verbesserter Avionik. Das ursprüngliche, störanfällige Mehrzweck-Pulsdopplerradar Hughes APG-63 wurde durch das APG 70 ersetzt, das seit der Fusion der beiden Unternehmen 1997 unter dem Firmennamen Raytheon produziert wird.

Die Reichweite der F-15 beträgt immer noch 4445 Kilometer, bei einer maximalen Startmasse, die das Doppelte eines „schweren" Bombers aus dem Zweiten Weltkrieg beträgt, über 36 Tonnen – und das, obwohl das mögliche Gesamtgewicht im Laufe der Entwicklung um 10 Tonnen zugenommen hat. Sowohl das einsitzige Modell als auch das zweisitzige Gegenstück erhielt mit dem PEP-2000 (Production Eagle Package-2000) eine um 907 kg Treibstoff größere interne Tankkapazität und zwei Außentanks, die es buchstäblich in sich haben.

CFT – Conformal Fuel Tank

Unter diesem Namen wurden Zusatztanks entwickelt, die mit den torpedoförmigen Benzinkanistern des Zweiten Weltkriegs nicht mehr viel gemein haben – außer dem Inhalt.

Diese widerstandsarmen Behälter werden unterhalb des Übergangsbereichs Flügel-Rumpf beidseitig angeschlossen und beeinträchtigen dank ihrer hochentwickelten Aerodynamik nicht das Flugverhalten. Auch die Menge der Außenlasten wird nicht eingeschränkt und die CFT selber können auch als Waffenstationen für Lenkflugkörper dienen. Das Volumen der Tanks von zwei mal etwa 3000 Litern befähigt die F-15 zu einer Atlantiküberquerung mit eigenem Treibstoff.

Strike Eagle F-15E/D

Wie so häufig wurden auch F-15 im Laufe ihrer Karriere für Luft-Boden-Einsätze zum Jagdbomber umgerüstet.

F-15C, -D und -E waren die Versionen, die gehäuft in Kampfhandlungen verwickelt waren. Im Nahen Osten, im Golfkrieg bei den Operationen Desert Storm und der Überwachung der Flugverbotszone – Southern Watch – erzielten F-15 bei der Bekämpfung von mobilen Raketenstationen und in anderen Kämpfen ein ausgezeichnete Bilanz. Man muss lange suchen, um einen Jäger zu finden, der eine ähnliche Abschuss-Verlust-Rate vorweisen kann: In allen Kämpfen, an denen sie teilgenommen hat, wurden der F-15 101 Luftsiege zuerkannt – ohne eigene Verluste.

Avionik am Beispiel der F-15K

Das für den südkoreanischen Markt gebaute Modell K verfügt zur elektronischen Kampfführung (EloKa) über eine Vielzahl von Kontroll- und Navigationssystemen: Sieben farbige Flüssigkristall-Displays für Flug- und Waffendaten, den JHMCS-Pilotenhelm mit integriertem Visier für die Zielzuweisung von Lenkwaffen und ein Weitwinkel-Frontscheibensichtgerät (HUD).

Zum Schutz vor Angriffen gab es einen Störsender Northrop-Grumman ALQ-135 und das Loral-Radarwarngerät Lockheed Martin ALR-56C.

Das Radar wird von der Firma Raytheon geliefert, ein AN/APG-63 (wird in USA nicht mehr verwendet), das im Luft-Luft-Betrieb Flugziele beziehungsweise im Luft-Boden-Betrieb auch Bodenziele verfolgen kann. Die Zielerfassung leistet das Vorwärtssicht-Wärmebildgerät (FLIR = Forward-Looking Infra-Red) und das IRST (Infrared Search and Track System = IR-gestütztes Zielsuch- und -verfolgungssystem).

Kaufentscheidung

Die F-15 Eagle war auch wirtschaftlich gesehen ein Erfolg. Neben den USA wird sie bei den Luftstreitkräften von Israel, Saudi-Arabien und Südkorea geflogen, Japan erhielt 223 bei Mitsubishi in Lizenz gebaute Maschinen. Singapur hat sich kürzlich zum Ankauf des Systems entschieden und Südkorea wird seit 2005 mit dem Modell K beliefert.

Es steht zu vermuten, dass bei den jüngsten Kaufentscheidungen für ein eigentlich überaltertes Produkt nicht nur die Maschine selber im Vordergrund stand. Pressemeldungen zufolge sollen US-amerikanische Politiker die Entscheidung – zumindest in Südkorea – sehr aktiv beeinflusst haben.

Die McDonnell F-15 ist bis heute im Einsatz.

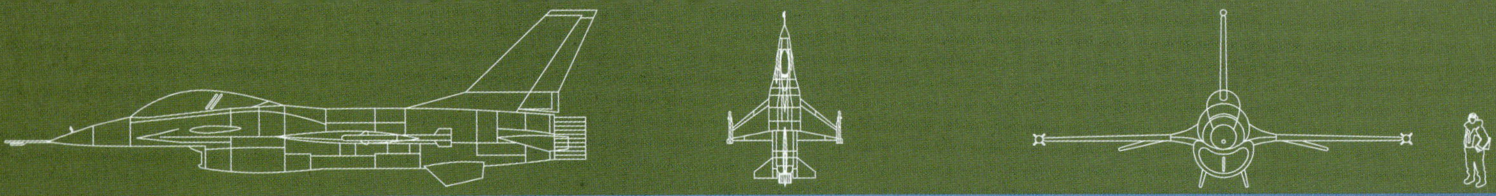

Die F-16 Fighting Falcon ist mit über 4000 produzierten Maschinen einer der erfolgreichsten Düsenjäger weltweit.

General Dynamics F-16 Fighting Falcon

GENERAL DYNAMICS F-16 FIGHTING FALCON

Einsitziges Mehrzweckkampfflugzeug

Spannweite: 9,45 m
Länge: 15,01 m
Höhe: 5,09 m
Leergewicht: 7364 kg
Startgewicht: 15 650 kg
Triebwerk: ein Mantelstromtriebwerk Pratt & Whitney F100-PW-200 106 kN Schub mit Nachbrenner
Höchstgeschwindigkeit: 2173 km/h (Mach 2,05)
Dienstgipfelhöhe: 15 240 m
Reichweite: 880 km
Einsatzradius: 1250 km
Bewaffnung: eine sechsrohrige Schnellfeuerkanone M61A-1 Kaliber 20 mm mit 515 Schuss, vier bis sechs Luft-Luft-Lenkflugkörper AIM-9 Sidewinder, Unterflügel- und Unterrumpfstationen für bis zu 5443 kg externe Waffenlast und Zusatztanks

Die F-16 Fighting Falcon steht für den ersten Jäger in Großserie, der vollständig elektronisch gesteuert wird – Anfang der 1970er-Jahre aus dem FX-Programm als relativ billiger und kleiner leichter Jäger konzipiert, ist sie im Laufe ihrer Einsatzzeit zu einem der schlagkräftigsten Mehrzweckkampfflugzeuge der Welt geworden.

Zahlen

Laut den Zahlen von Lockheed Martin – bei denen der Jet mittlerweile gebaut wird – wurde die viertausendste Maschine im Jahr 2000 ausgeliefert, alleine die USA hatte bis 1997 über

Bei einer Flugvorführung sorgen Nebelwerfer an den Flügelenden für einen effektvollen Auftritt der F-16.

fünf Millionen Flugstunden mit diesem Modell absolviert – neben einer Abschuss-Verlust-Rate von 71:0, bei der nur Luftsiege gezählt wurden, und einer Zahl von 13 500 geflogenen Einsätzen, ein Rekord an Vielseitigkeit.

LWF Lightweight Fighter = Leichtbaujäger

Die F-16 ist kompakt gebaut, relativ leicht und alles in allem recht billig – die Modelle A und B kosteten noch unter 10 Millionen US-Dollar. Die geringen Kosten und die Lockerung der US Waffenpolitik führten dazu, dass sich die F-16 zu einem wahren Exportschlager entwickelte. Vor allem die Luftstreitkräfte westlich orientierter Länder kauften die Baureihe A (Jäger) und B (zweisitziger Trainer) der Fighting Falcon. Zusätzlich wurde die F-16 in verschiedenen Staaten in Lizenz gefertigt. Da auch weiterhin die Nachfrage für ein kostengünstiges und konkurrenzfähiges Kampfflugzeug vorhanden ist, besteht die Möglichkeit, dass die Fighting Falcon bis ins Jahr 2010 produziert wird.

Flugsicherheit

Zwei Einheiten der amerikanischen Luftwaffe erhielten 2004 den „Gerald John J. Pesch"-Preis für überragende Flugsicherheit. Seit der Umrüstung dieser Verbände auf die F-16 hatte man dort in 65 000 Flugstunden keinen Unfall. Die zusammengerechneten Flugstunden und die Zahl der Unfälle währenddessen ergibt für die neuen Versionen ab Block 50/52 eine Rate von unter vier Unfällen erster Kategorie. Das bedeutet vier tödliche Unfälle oder verlorene Maschinen auf 100 000 Flugstunden – Grund genug, die Fighting Falcon als das sicherste einsitzige Jagdflugzeug überhaupt zu bezeichnen.

Fly by wire

Das „fly by wire" – Fliegen mit dem Kabel – genannte Steuersystem (FBW), das bei der Fighting Falcon weltweit zum ersten Mal serienmäßig eingebaut wurde, benötigt keine konventionelle Hydraulik zur Verstellung der Klappen. Stattdessen ist bei der F-16 der Steuerknüppel direkt elektronisch mit dem Bordcomputer verbunden. Der Computer erfasst die Steuerbefehle des Piloten und gibt diese mit elektronischen Signalen an den Antrieb der Stellwerke an den beweglichen Teilen (Ruder und Klappen) weiter.

Patrouillenflug: F-16 überwachen den Luftraum; unter anderem mit Sidewinder-Lenkflugkörpern für kurze und mittlere Distanzen bewaffnet.

Steuerbefehle werden also nicht mehr durch Seile und Gestänge, sondern durch elektronische Signale über dünne Kupferdrähte auf die Rudermaschinen übertragen. Dieses System ist nicht nur wesentlich präziser und leichter, sondern auch beschussfester und weniger anfällig für Störungen.

Das ganze System hat aber noch eine zweite Funktion. Die F-16 wurde bewusst instabil konstruiert, weswegen sie außerordentlich wendig war, und sie war nur mittels Computer und FBW kontrollierbar – zum Zeitpunkt ihres Erscheinens eine Sensation in der Luftfahrttechnik.

Damit der Pilot die hohen g-Belastungen im engen Kurvenflug und Luftkampf besser ertragen kann, ist sein Schleudersitz um 30 Grad nach hinten geneigt.

Er steuert den Jet mit einem Mini-„Steuergriff", der auf der rechten Seitenkonsole angebracht ist, die eine bequeme Hand- und Armauflage ermöglicht.

Der Führerraum der F-16 Fighting Falcon. Eng und gewiss nicht komfortabel, dafür aber funktionell. Die fast rahmenlose Kabinenhaube bietet ideale Sicht, und im um 30 Grad nach hinten geneigten Sitz erträgt der Pilot höchste g-Belastungen.

Zelle und Tragflächen

Die F-16 ist ein Mitteldecker, bei dem die Tragflächen mit dem Rumpf verschmelzen, so aerodynamisch rein sind die Übergänge. Diese Konstruktion basiert auf einer harmonischen Verbindung des Auftrieb erzeugenden Tragwerks – „wing body" – mit den Auftrieb erzeugenden Flügeln sowie dem Höhenleitwerk. Die kurzen, rückwärts gepfeilten Flügel, deren scharfkantige Wurzeln weit nach vorne gezogen sind, erzeugen wirbelzopfartige Strömungen und sorgen zusammen mit automatischen Vorflügeln für optimale Auftriebsverhältnisse des Tragwerks.

In dieser Konfiguration ist die F-16 in der Lage, enge Kurven mit bis zu 9 g zu fliegen. Zur Zeit ihrer Indienststellung, im August 1978, war dies einzigartig. Theoretisch können mit ihr sogar mit einer externen Waffenzuladung von über 10 000 Kilogramm noch Kurven mit Belastungen von 5,5 g geflogen werden.

Das MSIP-Programm

Der Erstflug der Fighting Falcon fand am 20. Januar 1974 statt, damals noch unter der Bezeichnung YF-16. Nach Auftragserteilung durch die US Air Force begann am 7. August 1978 die Serienproduktion der F-16A. Nur zwei Wochen später wurden bereits die ersten Jets ausgeliefert. Die F-16A blieb bis zur Mitte der 1980er-Jahre neben der F-15 Eagle der Standardjäger der USAF, wurde aber auch als F-16N von der US Navy eingesetzt. Die F-16B ist ein zweisitziges Trainingsflugzeug, das erstmals im August 1977 flog.

Mit Beginn der 1980er-Jahre legte die USAF das Programm MSIP (Multi-Stage Improvement Program) auf. Bei den vorhandenen und den in der Konstruktion befindlichen Kampfflugzeugen sollte mit diesem Kampfwertsteigerungsprogramm in drei Bauphasen die Allwetter- und Nachtflugfähigkeit verbessert sowie modernste Waffensysteme und Elektronik eingebaut werden. Die hieraus entstandene verbesserte Version der Fighting Falcon ist die F-16C mit neuem großem Weitwinkel-Frontscheibensichtgerät (HUD) von GEC-Marconi. Weitere Veränderungen an dieser Baureihe betreffen das neue Mehrbetriebsarten-Radar Westinghouse AN/APG-68 mit verbesserter Reichweite und einem Datenbus MIL-STD-1760 für die Nutzung von Luft-Luft-Lenkflugkörpern AMRAAM und AGM-65D Maverick. Die Stealth-Eigenschaften der F-16C

wurden durch Einbau einer mit Polycarbonat speziell beschichteten Cockpithaube verbessert, wodurch das Radarecho um 40 Prozent reduziert wurde.

Der Katalog

Als modernes Mehrzweckkampfflugzeug war und ist die F-16 in der Lage, eine Vielzahl an Lenkflugkörpern und Bomben zu transportieren – neben der Standardwaffe US-amerikanischer Jäger, der sechsrohrigen Schnellfeuerkanone M61A-1 mit 515 Schuss Munition im Rumpf, links neben dem Piloten. Das ganze Arsenal modernster Waffen und zugehöriger Systeme von Lockheed Martin umfasst 100 einzelne Kombinationen, eine Auflistung ist hier unmöglich.

Intelligente Bomben

Die F-16 gilt als unübertroffen im Einsatz von Präzisionsbomben – vom ersten Kampfeinsatz an. Am 7. Juni 1981 griff die israelische Luftwaffe den irakischen Atomreaktor Osirak an – acht F-16 und sechs F-15 Eagle führten den Schlag aus. Die führende F-16 trug dabei zwei videogeführte Bomben (engl.: „Smart Bombs"). Weitere fünf Falcon waren mit jeweils einem Paar ungelenkter, speziell zur Bekämpfung von Bunkerzielen entwickelter Blockbuster-Bomben von hoher Sprengkraft ausgerüstet. Der Atomreaktor wurde präzise getroffen und vollständig zerstört.

Insgesamt 251 F-16 nahmen an den Operationen im Irak teil, wovon die meisten gegen irakische Bodenziele eingesetzt wurden.

Die F-16 kann Zusatzlasten tragen, die so schwer wie ein ganzes Jagdflugzeug aus dem Zweiten Weltkrieg sind.

Der Hybridflügel vereint die Vorteile von schwach und stark gepfeilten Flügeln. Das Strömungsbild zeigt den Weg der Luft.

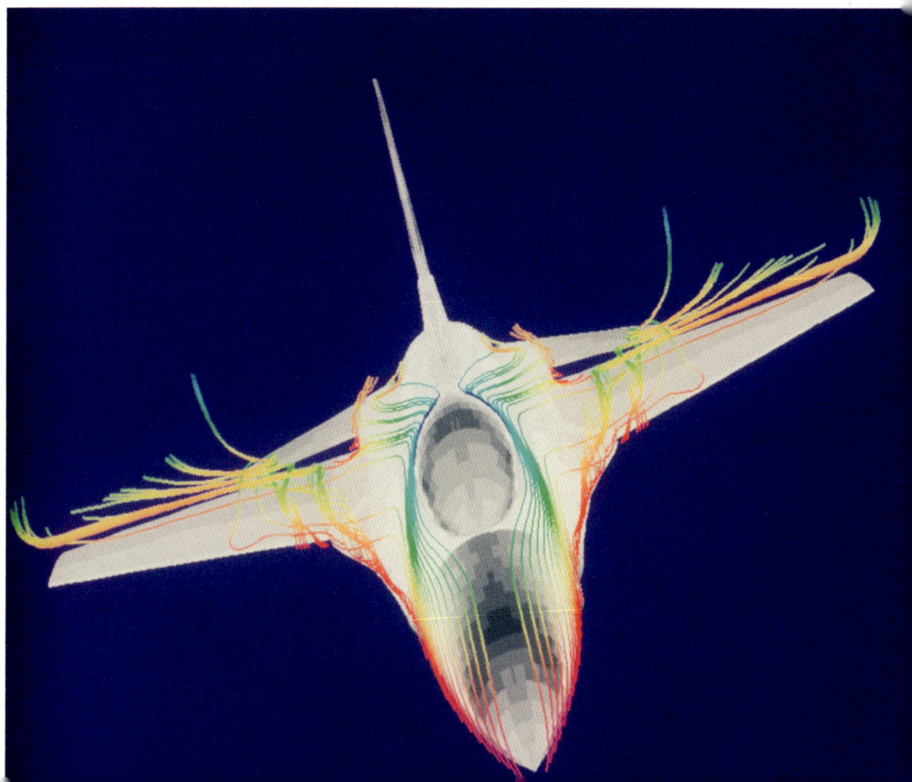

Panavia Tornado

MRCA lautete der Namen des gemeinsamen westeuropäischen Verteidigungsvorhabens, dessen Anfänge auf die 1960er-Jahre zurückgehen. Dieser Name war und ist Programm – das Multi-Role Combat Aircraft erfüllt die unterschiedlichsten Aufgaben, von Luftabriegelung und -nahunterstützung über Aufklärung bis zu Präzisionsbombardement. In den Luftstreitkräften von Großbritannien, Italien und Deutschland dient dieses erste erfolgreiche gemeinsame Kampfflugzeug bis heute.

PANAVIA TORNADO IDS

Mehrzweckkampfflugzeug
Spannweite: 13,91 m bei 25 Grad Pfeilung (voll ausgefahren), 8,60 m bei 67 Grad Pfeilung (nach hinten geschwenkt)
Länge: 17,23 m
Höhe: 5,95 m
Leergewicht: 14 500 kg
Startgewicht: 28 000 kg
Triebwerk: zwei Mantelstromtriebwerke Turbo-Union RB199-34R mit je 40,5 kN Schub ohne und 71,5 kN mit Nachbrenner.
Höchstgeschwindigkeit: 2300 km/h
Einsatzradius: 1390 km
Bewaffnung: zwei gasdruckbetriebene Einrohr-Trommelkanonen Mauser BK 27 Kaliber 27 mm mit 180 Schuss; Luft-Luft-Lenkflugkörper AIM-9L Sidewinder; Hochgeschwindigkeits-Radarbekämpfungsflugkörper AGM-88B HARM zur Unterdrückung oder Zerstörung gegnerischer Warn- und Feuerleitradare; modulare Abstandslenkflugkörper mittlerer Reichweite TAURUS 350; Laserlenkbomben GBU-24 „Paveway III" und zur Seezielbekämpfung bis zu vier Lenkflugkörper Kormoran 2 mit selbststeuerndem Radarsuchkopf; alle Lenkflugkörper selbstzielsuchend „fire and forget"

Der Tornado, gemeinsames Mehrrollenkampfflugzeug von drei Nationen, wird vom Firmenkonsortium Panavia produziert.

Joint Venture

In der Mitte der 1960er-Jahre dienten in den Luftstreitkräften der Nato-Mitgliedstaaten Kampfflugzeuge, die den Anforderungen dieser Zeit nicht mehr gewachsen waren – in der Luftwaffe der Starfighter, in der Royal Air Force die Buccaneer. Um die Entwicklungskosten für ein neues Waffensystem überhaupt tragen zu können, schlossen sich Anfang 1968 fünf Nationen zu einem Konsortium zusammen, von denen letztendlich aber nur Großbritannien, Italien und die damalige Bundesrepublik Deutschland – in der es heftigen politischen Widerstand gegen das Gemeinschaftsprojekt gab – übrig blieben.

Ein vom Jagdbomber GR1 zum Aufklärer GR1A umgerüsteter Tornado der RAF – mit den elektronischen Augen unter der Bugnase.

Die Royal Air Force fliegt den Tornado bis heute an drei Standorten, einer davon befindet sich auf den Falkland-Inseln.

Mauser BK 27

In der Rolle als Aufklärer führt der Tornado primär Waffen zur Selbstverteidigung. Eine davon – die damals modernste Kanone zum Einbau in ein Kampfflugzeug – war die eigens für das MRCA-Projekt entwickelte Einrohr-Trommelkanone BK 27. Die einrohrige Kanone ähnelt mehr einem Revolver als die nach dem System Gatling gebauten amerikanischen M61A, denn im Unterschied zu dieser dreht sich bei der Mauser-Kanone nur das Magazin.

Die Anforderung der Nato an die Waffe lautete: bei geringem Gewicht und einer wirksamen Schussweite zwischen zwei und drei Kilometern die höchstmögliche Geschwindigkeit des Projektils zu erreichen. Die Leistungen sind erstaunlich, die erwartete Lebensdauer übertraf die Vorgaben bei Weitem, das Projektilgewicht von 260 Gramm verleiht ihnen eine hohe Durchschlagskraft und der Aufschlagzünder detoniert selbst dann, wenn der Winkel des Einschlags nahe 90 Grad liegt. Die sehr viel höhere Feuergeschwindigkeit des amerikanischen Modells kompensiert die BK 27 mit größerem Kaliber – eine der Besonderheiten der Kanone ist ihre universelle Munition: Alle sieben verschiedenen Munitionsarten besitzen dieselbe Innen- und Außenballistik und können bei gleicher Visiereinstellung gemischt verschossen werden. Der Verzicht auf Magazine oder Gurte verkürzt die Zeit der Munitionierung um die Hälfte.

Tornado GR1 Jagdbomber der RAF am Standort Laarbruch.

Traditionspflege: Zwei Tornado und ein AWACS-Flugzeug begleiten einen Bomber, AVRO Shackleton, aus dem Zweiten Weltkrieg.

Der Zusammenschluss der beteiligten Firmen British Aircraft Corporation (heute British Aerospace), DASA, Messerschmitt Bölkow Blohm (MBB) und Aeritalia SpA/Alenia wurde 1969 gegründet und erhielt den Namen Panavia Aircraft GmbH, Firmensitz ist München.

Drei in eins

Das MRCA getaufte Modell sollte einer Vielzahl von Aufgaben erfüllen können – die sich in einigen Punkten widersprechen.

Die Grundversion war der taktische Jagdbomber IDS (Interdiction/Strike = Gefechtsfeldabriegelung), daraus entwickelte sich der Langstrecken-Abfangjäger ADV (Air Defence Variant) und die Aufklärer- und EloKa-Version ECR (Electronic Combat and Reconnaissance = Aufklärer mit aufwändigen Systemen zum Aufspüren feindlicher Luftabwehrradare und deren Bekämpfung). Im militärischen Sprachgebrauch wird Aufklärung, abgeleitet aus dem englischen „Reconnaissance“, auch mit RECCE bezeichnet.

Schwenkflügel

Betrachtet man Kampfflugzeuge in Gruppen, die zeitlich zusammengehören, fällt auf, dass die Geometrie der Zelle und des Flügels vom Zeitgeist geprägt sind. Der immer bestehende Konflikt in der Nutzung der Flugzeuge – starke Pfeilung der Flügel für stabilen Flug bei hohen Geschwindigkeiten um den Preis der schlechten Leistungen im Langsamflug und umgekehrt – wurde zu Beginn der 1970er-Jahre konstruktiv mit dem Schwenkflügel gelöst, für eine kurze Zeit. Parallel dazu war der Deltaflügel die zweithäufigste Anordnung.

Drei verschiedene Grade der Pfeilung können im Tornado entweder vom Cockpit aus eingestellt werden oder werden in der ADV-Version automatisch vom Bordrechner geschwenkt – drei Einstellungen sind möglich 25, 45 und 67 beziehungsweise 68 Grad.

Über fast die ganze Länge der Flügelhinterkante ziehen sich Ruderklappen mit zwei Schlitzen, an der Vorderkante geben Vorflügel in voller Spannweite Auftrieb bei langsamem Flug. Alle Auftriebshilfen sind bis zur Flügelschwenkung von 45 Grad verwendbar.

Die Steuerung um die Längsachse stellt eine Besonderheit dar: Der Tornado verfügt über keine Querruder! Stattdessen ist das Höhenleitwerk komplett um seine Achsen drehbar; die gegenläufigen Höhenruder steuern die Bewegung im Rollen.

Turbo Union

Im gleichen Jahr, in dem sich Panavia gründete, entstand auch die Firma Turbo Union. Ihr Geschäftsziel war – getragen vom Gedanken der Zusammenarbeit in Europa – der Bau eines gemeinsam entwickelten Triebwerks für den Tornado. Die Gründungsmitglieder Rolls Royce, MTU Motoren- und FiatAvio (heute Avio) entwickelten für das MRCA ein neues Mantelstromtriebwerk, das seinem Verwendungszweck angepasst war – für hohe Geschwindigkeiten im Tief- und Tiefstflug, bei gleichzeitig niedrigem Kraftstoffverbrauch. Das Ergebnis der Zusammenarbeit, das Turbo-Union RB199, ermöglicht eine Geschwindigkeit von 1500 km/h in Flughöhen von unter 300 Metern; im Extremfall bis unter dreißig Meter.

Baumwipfelhöhe

Der Jagdbomber Tornado soll auftragsgemäß tief im Feindesland taktische Ziele angreifen wie Radarstationen oder Luftabwehrstellungen, um nur zwei zu nennen. Im Rahmen solcher Einsätze sind die Leistungen des Flugzeugs im Tiefstflug – und damit unterhalb der vom Bodenradar erfassten Zone – von entscheidender Bedeutung. Zum einen die Triebwerksleistungen, die in Bodennähe deutlich über Mach 1 liegen, zum anderen das Geländefolgeradargerät. Dieses TFR (Terrain-Following Radar) – in Verbindung mit einem Radarhöhenmesser und dem Flugkontrollrechner – kann den Tornado im automatischen Geländefolgeflug selbsttätig in einer Höhe von 60 Metern führen – unabhängig vom Wetter oder der Sichtweite. Das automatische Überziehwarnsystem CSAS (Command & Stability Augmentation System) übernimmt die Flugsteuerung. Unter Sichtflug-Bedingungen und bei abgeschalteter Automatik

Missionen der NATO

Die Mitglieder des Nordatlantikpaktes übernehmen verstärkt Verantwortung in Missionen, die nicht auf Europa beschränkt sind. Sowohl italienische als auch britische Tornado nahmen am Golfkrieg teil, deutsche Luftwaffenpiloten flogen Aufklärungseinsätze über Bosnien und hatten die ersten Kampfeinsätze während der NATO-Bombardements im Kosovo. Die von Italien aus operierenden Flugzeuge wurden erfolgreich zusammen mit italienischen und britischen Tornado eingesetzt.

Der Tornado bleibt auch nach 25 Jahren im Einsatz ein leistungsfähiges System und wird immer noch gebraucht. Nach immer heftigerem Widerstand der Aufständischen im unwegsamen Bergland von Afghanistan hat im Dezember 2006 die NATO die deutsche Bundeswehr um Entsendung von Tornado ECR gebeten, um die Stellungen der Widerstandsbewegung aus der Luft ausfindig zu machen. Die angeforderten Tornado wurden im April 2007 überstellt.

Der Tornado kann mit einer Vielzahl von Waffensystemen an die unterschiedlichen Einsatzbedingungen angepasst werden.

Die Vielzahl kleiner Bomben aus den Streuwaffenbehältern JP233 dienen dem Zweck, gegnerische Startbahnen zu zerstören.

Der erste Prototyp des Langstrecken-Abfangjägers ADV ist hier zur Selbstverteidigung mit vier „Sky Flash" Lenkflugkörpern bewaffnet.

kann der Pilot auf einer Flughöhe von 30 Metern – in Baumwipfelhöhe – mit einer Höchstgeschwindigkeit von 1500 km/h in gegnerisches Gebiet eindringen.

Zielerfassung

Das Auffinden des Einsatzziels im Tiefflug erfordert ein hochwertiges Navigationssystem; ohne Sicht wäre der Anflug buchstäblich ein Tappen im Nebel. Neben dem Hauptsystem – einem Doppler-Radar Decca 72 – liefert ein Ferranti-Laser-Entfernungsmesser mit beweglicher Kartenprojektion Piloten und Waffensystemoffizieren die Navigationsdaten. Steuerkurs und Fluglage werden von einer Kreiselplattform überwacht. Daran gekoppelt sind Geländefolgeradargerät (TFR) und Bodendarstellungsradar (GMR = Ground-Mapping Radar), beide aus dem Hause Texas Instruments. Ein unter dem Rumpf in einer Verkleidung installiertes Laser-Zielgerät unterstützt den Waffensystemoffizier, wenn das Ziel näher rückt.

Ein Tornado GR1 der RAF trägt Streuwaffenbehälter JP233 mit pistenbrechenden Bomben.

Vertragsunterzeichnung – das MRCA in Zahlen

Der endgültige Vertrag zur Erprobung und nachfolgender Produktion des Tornado wurde 1971 unterschrieben.

Unter Führung von Paul Millett (BAC Chef-Testpilot) und Nils Meister (MBB) startete der erste Prototyp P.01 am 14. August 1974 in Manching/Ingolstadt zum Jungfernflug. Der Produktionsvertrag für die erste Tranche wurde am 29. Juli 1976 abgeschlossen, die ersten Serienmaschinen wurden am 5. Juni 1979 an die RAF ausgeliefert, am 6. Juni an die Luftwaffe. In Deutschland kamen die Maschinen nach der Erprobung ab 1981 zu den Einheiten. Insgesamt wurden 977 Exemplare des MRCA produziert.

Tornado im Dienst

Zur Zeit (Stand 2007) besitzt die deutsche Luftwaffe in vier Geschwadern 359 Tornado aller Varianten, zuzüglich der Trainer, die auf dem Luftwaffen-Ausbildungszentrum in Holloman, New Mexico, stationiert sind.

In der Royal Air Force dienen 142 Tornado GR.4, mit vergleichbarem Einsatzspektrum wie die IDS. Auf den Falklandinseln lösten die Jägerversion F ab 1992 die Phantom II ab, daneben existiert noch Modell GR.4A, zur Aufklärung aus der GR.1 abgeleitet, und das Modell GR.1B der Marineflieger.

Von den ursprünglich 99 italienischen Tornado IDS wurden 12 zur ECR-Version umgerüstet und weitere Maschinen von Großbritannien geleast. In England will die RAF bereits im Jahr 2008 anfangen, den Tornado außer Dienst zu stellen. Er wird wie in Deutschland vom Eurofighter abgelöst werden, beziehungsweise von unbemannten Drohnen.

Der einzige nichteuropäische Kunde, Saudi-Arabien, erhielt 72 Stück, die im Golfkrieg Kampfeinsätze flogen.

McDonnell Douglas F-18 Hornet

Parallel zum Lightweight Fighter Program der USAF entstand in den 1970er-Jahren für die US Navy das VFAX genannte Programm mit ähnlichen Forderungen. Die Navy brauchte einen Ersatz für die F-14, der weniger spezialisiert und billiger war, die Beschaffungskosten hätten andernfalls keine ausreichende Stückzahl Jagdflugzeuge erlaubt. Auf der Basis des Prototyps der Firma Northrop, der YF-17 Cobra, entwickelten McDonnell Douglas und Northrop gemeinsam das trägergestützte Mehrzweck-Kampfflugzeug F-18 Hornet, dessen Waffenstationen die Zusammenfassung der Jäger- und Jagdbombervarianten in einer Zelle ermöglichten. Das Ergebnis der Zusammenarbeit war ein kampfstarkes, flexibles und bezahlbares Kampfflugzeug, das bis in heutige Tage im Dienst verschiedener Nationen steht. Bei einem von der US Navy durchgeführten Kostenvergleich schnitt die F-18 Super Hornet hervorragend ab. So liegen die Kosten pro Flugstunde der F-18 bei 40 Prozent der Kosten verglichen mit der F-14, für Reparatur und Wartung fallen 75 Prozent weniger Arbeitszeit pro Flugstunde an als für die Tomcat.

McDonnell Douglas F-18A Hornet
Trägergestützter Jagdeinsitzer/Jagdbomber
Spannweite: 11,42 m
Länge: 17,07 m
Höhe: 4,66 m
Leergewicht: 10 455 kg
Startgewicht: 23 541 kg
Triebwerk: zwei Mantelstromtriebwerke General Electric F404-GE-400, Standschubleistung je 47,02 kN ohne und 71,1 kN mit Nachbrenner
Höchstgeschwindigkeit: 1915 km/h (Mach 1,8)
Dienstgipfelhöhe: 15 240 m
Einsatzradius: 740 km (Jäger), 1065 km (Jagdbomber)
Bewaffnung: Eine Schnellfeuerkanone M61 mit 570 Schuss Munition in der oberen Bugnase; insgesamt sieben Waffenstationen unter Flügeln und Rumpf sowie an den Flügelspitzen für eine Kampflast von 7710 kg, wie beispielsweise zwei AIM-9 Sidewinder und andere Luft-Luft- oder Luft-Boden-Lenkflugkörper, Zusatztanks, Laserkameras

Der fast runde Lufteinlass unterscheidet die McDonnell Douglas Hornet von anderen modernen Jägern.

Strike Fighter

Ursprünglich sollten aus dem Prototypen der Northrop YF-17 drei Versionen entstehen: Luftkampf- und Begleitjäger F-18, Jagdbomber A-18 und Besatzungstrainer TF-18. Hohe Entwicklungskosten sprachen allerdings dafür, nur einen Typ zu bauen, die Konstruktion erwies

Im modernen Flugzeugbau ist auch der flach ausgelegte Rumpf eine Auftrieb erzeugende Fläche.

sich als flexibel genug. Zuerst sollte McDonnell Douglas das Trag- und Leitwerk sowie den Vorderrumpf bauen und als Generalunternehmer für die Marineversion verantwortlich sein, Northrop die landgestützte Version entwickeln und vermarkten. Da sich die beiden Unternehmen über diese Vereinbarung jedoch zerstritten, erhielt McDonnell Douglas die Rechte für alle Versionen.

Erprobung

Bei McDonnell Douglas wurden elf Testflugzeuge gebaut, davon zwei in der zweisitzigen TF-18-Version (später umbenannt in F-18B). Das erste der neun Flugzeuge aus der F-18A-Reihe flog am 18. November 1978 und die erste TF-18A am 25. Oktober 1979. Die Serienproduktion begann 1980 und im November des gleichen Jahres erhielt das VFA-125 (Strike Fighter Squadron 125) als für die Einsatzschulung bei US Navy und USMC verantwortliche Staffel vorab die ersten F-18A Hornet. Die ersten seriengefertigten F-18A wurden dann 1982 an die Flotte ausgeliefert. Bis zur Mitte des Jahres 1984 flogen bereits drei Geschwader des USMC die F-18A, während die US Navy zum gleichen Zeit-

Die Planung der F/A-18 Hornet zielte auf den Bau eines leichten, trägergestützten Marinejägers ab.

Bei der F-18A setzte man das Konzept der elektronischen Flugsteuerung konsequent um.

punkt mit deutlich niedrigerer Priorität auf die Hornet umstellte. Geplant war eine Gesamtabnahme von über 1300 F-18A durch US Navy und Marine Corps.

Hybrid-Flügel

Von der Konzeption her ist die F-18A ein Mitteldecker mit zwei leicht schräg nach außen stehenden Heckflossen. Die weit vorgezogenen Wurzeln der Strake-Flügel ziehen sich wie schmale Tragflächen als Auftriebskörper bis zur Höhe der Cockpit-Frontscheibe. Sowohl die Klappen an der Vorderkante als auch die an der Hinterkante des Flügels sind schwenkbar. Die Nasenklappen der Flügel sind bis zu einem Winkel von 30 Grad ausfahrbar und produzieren über den Flügeln starke Luftwirbel, was wiederum der Tragfläche einen starken Auftrieb verschafft. Die Hornet ist in der Lage, über eine große Bandbreite von Geschwindigkeiten hinweg enge Kurven zu fliegen. Auffällig sind die großen Doppelspalt-Klappen an den Hinterkanten, die fast ein Drittel des Flügels einnehmen und für niedrige Annäherungs- und Landegeschwindigkeit sorgen.

Hornet im Vergleich

Die Überlegenheit der Hornet liegt in der Technik, also dem strukturellen Aufbau, in der leichten Wartung und ihrer Zuverlässigkeit. Dagegen kann die F-18A die Leistungsfähigkeit des Panavia Tornado im Tiefflug nicht erreichen, ist als Jäger aber erstklassig.

Gegenüber ihrem direkten Rivalen, der F-16 Fighting Falcon, hat sie einen Vorteil – von Indienststellung an besaß sie mit dem APG-65 ein hoch leistungsfähiges Mehrbetriebsarten-Zielverfolgungsradar für Luft-Luft- und Luft-Boden-Einsätze mit angepassten Lenkflugkörpern. Nachteile der F-18A waren die geringere Reichweite und das geringere Zuladungsgewicht.

Die Hornet im Einsatz als Jagdbomber, zu dem sie auch mit Luft-Boden-Lenkflugkörpern bewaffnet werden kann.

Cockpit

Man ging mit ihrer Ausstattung weiter als bei irgendeinem anderen der zuvor in Dienst gestellten Kampfjets.

Die F-18 war eines der ersten Flugzeuge mit nahezu komplettem „Bildschirm-Cockpit" mit HOTAS (Hands On Throttle and Stick = alle wichtigen Bedienungselemente befinden sich an Schubleistungshebel und Steuerknüppel) und „fly by wire"-Steuerung mit elektronischen Signalen, während bei vielen anderen zeitgenössischen Kampfflugzeugmodellen die Steuerbefehle noch analog, also mechanisch/hydraulisch weitergeleitet wurden.

Informationen erhält der Pilot über drei Mehrfunktionsbildschirmgeräte, die zentral in Kopfhöhe in der Frontkonsole installiert sind. Neben den Flugdaten liefert das neue System auch alle relevanten Angaben über den zu bekämpfenden Gegner, zeigt den Munitionsvorrat der Waffen an und welche davon der Computer für das Abfeuern ausgesucht hat. Zusätzlich stellt ein FLIR (Forward Looking Infra Red = Vorwärtssicht-Wärmebildgerät) in Echtzeit das in Flugrichtung liegende Gelände dar, auch bei Nachtflügen.

Bewaffnung

Wie alle modernen Jets kann die F-18 mit ihren neun Waffenstationen mit einer Vielzahl an Waffensystemen bestückt werden. An den beiden Flügelspitzen wird gewöhnlich an Startschienen je ein Luft-Luft-Lenkflugkörper AIM-9 Sidewinder mit Infrarot-Zielsuchkopf mitgeführt, zur Bekämpfung von Luftzielen in geringer Entfernung.

Weiterhin konnten die F-18A zwei Luft-Luft-Lenkflugkörper AIM-7 Sparrow an Rumpfstationen mitführen, die Luftziele in einer Entfernung von 50–100 km bekämpfen. Die Sparrow ist kein zielsuchender Flugkörper mit Aktivradar, sondern muss vom Piloten mit dem Bordradar an das Ziel herangeführt werden. Bei der Sparrow war es sogar notwendig, dass der Pilot die F-18 auch noch nach dem Start des Flugkörpers in Richtung des Zieles weiterfliegen musste, um ihn mittels Bugradar bis ins Ziel zu „beleuchten", das heißt ins Ziel zu lenken.

Die seit Mitte der 1980er-Jahre eingesetzten Luft-Luft-Lenkflugkörper AMRAAM arbeiten dagegen nach dem selbstzielsuchenden „fire and forget"-Modus (Schuss ohne Folgehandlungen!) und lösten die Sparrow ab. Die F-18C kann den Lenkflugkörper Hughes AIM-120A (AMRAAM) mit bordunabhängiger Radaraktivlenkung mitführen und somit gegnerische Flugzeuge auf mittlere Reichweite effektiv bekämpfen. Der AIM-120A ist kleiner, kürzer und leichter als die Sparrow und kann daher mehrfach mitgeführt werden. Wie bei allen „fire and forget"-Lenkflugkörpern muss aber auch beim Einsatz der AIM-120A eine eindeutige Zielidentifikation vorausgehen.

Der Hauptunterschied in der Ausführung der F-18 als Jäger oder Jagdbomber besteht in einer unterschiedlichen Kombination bei der Kampflastzuladung. Als Jagdbomber führt die F-18A keine Sparrow-Lenkwaffen mit. Stattdessen werden die beiden für die Sparrow vorgesehenen Waffenstationen am Rumpf mit dem FLIR- und einem Laserzielgerät bestückt.

Bereits wenige Meter über dem Flugdeck wird nach dem Start das Fahrwerk eingezogen.

Ihr Leergewicht von nur 10 455 kg macht die F-18 in ihrer Klasse zu einem Leichtgewicht.

Weiterentwicklung

Neben dem Einsitzer F-18A gibt es auch ein zweisitzige Version, die F-18B. Sie hat im Prinzip die gleiche Ausstattung wie die F-18A, führt aber um sechs Prozent weniger Treibstoff in den internen Tanks mit. Eingesetzt wird sie als Ausbildungsflugzeug oder als taktisches Einsatzflugzeug.

Kaum lief der normale Flugbetrieb, als im Sommer 1984 bei einer Inspektion im Testzentrum der US Navy in Patuxent River (NATC) Risse im Leitwerkbereich festgestellt wurden. Als Verursacher wurden Luftverwirbelungen und auf das Leitwerk einwirkende Seitenkräfte ermittelt. Die komplette Hornet-Flotte erhielt vorübergehend Startverbot. Durch Verstärkung bestimmter Strukturen und Nachrüstung mit einem starren Grenzschichtzaun am Bereich der Übergänge Flügel/Rumpf konnte das Problem behoben werden.

Die 1987 entwickelten Baureihen C und D der F-18 sind verbesserte Versionen der Baureihen A und B. Sie erhielten Lenkwaffen neuester Fertigung, wie den Luft-Luft-Lenkflugkörper AIM-120 und die Luft-Boden- beziehungsweise Seezielflugkörper AGM-65 Maverick und AGM-84 Harpoon. Des Weiteren wurden zur Selbstverteidigung neueste elektronische Geräte zur Störung des gegnerischen Zielerfassungsradars eingebaut und die Nacht/Allwetter-Angriffsfähigkeit verbessert.

Die Baureihe C ist der einsitzige und die D der zweisitzige Jet. Die letztere Version wird vor allem vom US Marine Corps eingesetzt und dient als Angriffsflugzeug, zur taktischen Luftkontrolle, als Aufklärer und als Trainingsflugzeug. Die ersten F-18 dieser Baureihen wurden 1989 ausgeliefert.

Super Hornet

In den 1990er-Jahren entwickelte man bei McDonnell Douglas zwei neue Versionen, die F-18E und F-18F, nun als Super Hornet bezeichnet. Die Super Hornet ist nicht einfach eine verbesserte Version der Hornet, sondern vielmehr eine vollkommen neu konstruierte Zelle, die mit der ursprünglichen Hornet nur noch bestimmte Konstruktions-Konzepte gemeinsam hat.

Ab September 1995 wurden die ersten Jets der Baureihe E und F der F-18 ausgeliefert. Wie zuvor ist die Version E wieder der Einsitzer und F die zweisitzige Ausführung. Die Super Hornet wird heute von zwei Geschwadern auf dem Flugzeugträger USS Nimitz geflogen.

Vom Dampfkatapult geschleudert, rast eine F-18 Hornet über das Deck eines Flugzeugträgers.

Operativer Einsatz

Die F-18 hatte in der Ausführung als Jagdflugzeug bei der US Navy vor allem zwei Aufgaben zu erfüllen. Sie diente als Begleitjäger und stellte den Jagdschutz für die Flotte. Erstmals eingesetzt wurden sie 1986 vom US-Flugzeugträger Coral Sea, als sie Kampfeinsätze gegen libysche Stellungen bei Bengasi flogen.

Bei der Operation Desert Storm im Irak kam ihre duale Rolle erstmals zum Tragen. Die F-18 konnte sowohl feindliche Jets abschießen als auch Bodenziele mit Bomben eindecken und dies alles während eines einzigen Kampfauftrages. So schossen am 17. Januar 1991 zwei F-18 zwei irakische MiG-21 Fishbed ab. Die im Irak eingesetzten F-18 erwiesen sich als äußerst robust und beschussfest. Hornet, die bei Desert Storm von irakischen Flugabwehrraketen getroffen wurden, haben dies nicht nur überlebt, sondern konnten auch in schnellstmöglicher Zeit wieder repariert werden. Oftmals standen die Jets schon am nächsten Tag wieder im Kampfeinsatz.

Auch im zweiten Irak-Krieg wurden die Baureihen C und D eingesetzt, zusammen mit den neuen Super Hornet F-18E und F.

Der Aufenthalt auf dem Deck eines Flugzeugträgers ist bei Flugbetrieb extrem gefährlich und deshalb ausschließlich der hoch spezialisierten Decksmannschaft gestattet.

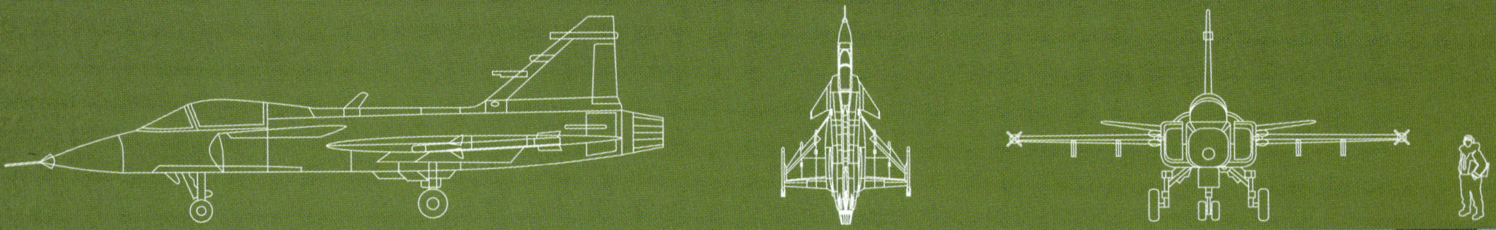

Die Saab Gripen ist an die besonderen strategischen Bedingungen der schwedischen Landesverteidigung angepasst.

Saab JAS 39 Gripen

Mit der Gripen hat das kleine und neutrale Schweden eines der ersten „Swing-Role"-Flugzeuge der 4. Generation in Dienst gestellt. Angepasst an die strategischen Bedingungen Skandinaviens ist ein hochmodernes Waffensystem entstanden, das Zeugnis ablegt von der Leistungsfähigkeit der schwedischen Industrie in den Sparten Flugzeugbau und Hightech.

JAS – Jakt, Attack, Spaning

Diese drei Buchstaben im Namen des schwedischen Kampfflugzeugs stehen für Abfangjagd, Erdzielbekämpfung und Aufklärung. Der Greif, so die Übersetzung von Gripen, ist in der Lage, allen taktischen Anforderungen der Luftkriegsführung zu entsprechen. Als Swing-Role-Fighter gehen seine Fähigkeiten dabei über die eines Mehrzweck-Kampfflugzeug hinaus, die Einsatzaufgabe kann ohne Umrüstung während des Fluges geändert werden, beispielsweise von Luft-Luft- zu Luft-Boden-Aufgaben.

Taktische Anforderungen

In den 1980er-Jahren sollten die überalterten Saab Viggen und Draken der schwedischen Luftstreitkräfte – Flygvapnet – abgelöst werden. Das schwedische Konzept zur Landesverteidigung verlangt von einem Kampfflugzeug Eigenschaften, die es ausländischen Mitbewerbern auf diesem Markt erschweren, ihre Produkte zu verkaufen. Zum Beispiel die zu erwartenden Einsatzbedingungen: Im Verteidigungsfall muss ein schwedisches Kampfflugzeug auch ohne

SAAB JAS 39A GRIPEN
Ein- oder zweisitziges Mehrzweckkampfflugzeug
Spannweite: 8,40 m
Länge: 14,10 m
Höhe: 4,50 m
Leergewicht: 6622 kg
Startgewicht: 13 000 kg
Triebwerk: ein Mantelstromtriebwerk Volvo Aero Corp. RM12 mit 54 kN Schub ohne, 80,5 kN mit Nachbrenner
Höchstgeschwindigkeit: 2125 km/h
Dienstgipfelhöhe: 15 000 m
Einsatzradius: 800 km
Bewaffnung: eine Einrohr-Trommelkanone Mauser BK 27 Kaliber 27 mm (Rumpfunterseite, links), Luft-Luft-Lenkflugkörper Sidewinder RB 74 (AIM-9L) an den Flügelspitzen, Raytheon AIM-120 AMRAAM, französische Matra MICA, RB 71 (lizenzgefertigte British Aerospace Sky Flash), Meteor langer Reichweite (außerhalb der Sichtweite des Piloten) oder die deutsche BGT IRIS-T; Seezielflugkörper SAAB RBS-15, Luft-Boden-Flugkörper RB 75 (schwedischer Lizenzbau der Raytheon AGM-65 Maverick) BK (BombKapsel) 90 Mjölnir, Streuwaffensystem DWS39, ungelenkte Bomben und Raketen

Exportnation Schweden: Kein anderes Land dieser Größe hätte die Aufgabe gemeistert, ein eigenes Jagdflugzeug zu bauen.

intakte Infrastruktur einsatzfähig bleiben. Start und Landung müssen auch von behelfsmäßig eingerichteten Pisten möglich sein – von abgesperrten Landstraßen oder Autobahnen –, die Start- und Landestrecke für das Flugzeug darf dabei nicht länger sein als 800 Meter. Die Wartung ist vergleichsweise unkompliziert: Ein leitender Techniker und fünf Helfer können eine gelandete Gripen in der Mindestzeit von zehn Minuten wieder gefechtsklar machen. Eine weitere Forderung ist die Startzeit: 60 Sekunden nach dem Startbefehl muss ein Flugzeug in der Luft sein. Diese Vorgabe warf die General Dynamics F-16 aus dem Rennen, die zur Zeit der Ausschreibung drei Minuten brauchte, um abzuheben. Die gleichfalls US-amerikanische F/A-18 Hornet war schlicht zu teuer. Die Planungsabteilung bei SAAB rechnete und kam zu dem Ergebnis, dass es möglich wäre, ein rein schwedisches Kampf-

JAS Gripen, Prototyp Nr. 1, während der abschließenden Tests vor dem Erstflug.

Die JAS 39 Gripen, Nachfahre berühmter Kampfflugzeuge aus der Flugzeugschmiede SAAB.

flugzeug zu bauen, das allen Anforderungen gerecht würde, für einen Preis, den man damals auf ungefähr 40 Millionen US-Dollar bezifferte.

Leichtgewicht

Die Gripen ist ein leichtes Kampfflugzeug, mit knapp der Hälfte des Gewichts ihrer Vorgängerinnen Viggen oder der Dassault Rafale. Möglich wurde dies zum einen durch die relativ kleinen Abmessungen und zum anderen durch die weitgehende Verwendung von Verbundwerkstoffen. Beide Eigenschaften tragen dazu bei, dass die Gripen ein relativ kleines Radarecho produziert und sowohl am Boden als auch in der Luft ausgezeichnete Eigenschaften in der Handhabung aufweist. Zum Vergleich: Die Gripen hat eine Gesamthöhe bei ausgefahrenem Fahrwerk von 4,50 m, der Eurofighter ist mit 5,28 m deutlich höher und mit einer Spannweite von 10,95 m über zwei Meter breiter als die Gripen.

Canard

Der Tragflügel ähnelt vom Prinzip her dem des Eurofighters, ein Deltaflügel mit einer Rückwärtspfeilung von 45 Grad und Canard-Flügeln im vorderen Rumpfbereich. Dieses „Kopfleitwerk“ verleiht der Gripen eine ausgezeichnete Manövrierbarkeit – und verkürzt die Landestrecke, wenn sie fast senkrecht zum Boden gestellt als Luftbremse wirken und den Druck auf dem Fahrwerk erhöhen, was der Effektivität der Radbremsen zugute kommt. Im Simulator-Training soll es sogar möglich sein, mit der Gripen an Bord eines Flugzeugträgers zu landen – und zwar ohne Fanghaken.

Die Steuerflächen sind als Elevons (kombinierte Höhen und Querruder) ausgelegt und an der Flügelhinterkante angeordnet, während die Flügelnasen einen Vorsprung in Form eines Sägezahns aufweisen.

Die Gripen ist nicht nur auf Flugplätzen zu Hause. Das schwedische Verteidigungskonzept sieht auch den Einsatz von Landstraßen oder Autobahnen als Behelfspisten vor.

Unbewaffnet, aber mit Nebelwerfern bestückt, demonstriert die JAS 39 eindrucksvoll ihre Flugleistungen.

SAAB

Auch wenn die Firma SAAB heute eher mit Kraftfahrzeugen in Verbindung gebracht wird, gegründet wurde sie als Flugzeughersteller – der Name „Svenska Aeroplan Aktiebolaget“, schwedische Aktiengesellschaft für Flugzeugbau macht es deutlich. Gegründet wurde SAAB 1937, nach kurzer Zeit als Lizenznehmer begann man am Standort Linköping mit der Fertigung eigener Entwicklungen, wie die SAAB Draken oder Viggen. Im Jahr 2006 übernahm Saab vom ehemaligen Partner Ericsson seine Verteidigungs-Sparte Ericsson Microwave Systems AB (EMW) und dessen Beteiligung am gemeinsamen Unternehmen Saab Ericsson Space AB und hat damit große Teile der Avionikproduktion in den eigenen Konzern integriert.

Red Flag

Vollkommene Neutralität ist im 21. Jahrhundert nicht mehr zu erreichen – auch das offiziell blockfreie Schweden wird im Falle eines Angriffs auf einen NATO-Staat seinen Platz im westlichen Verteidigungsbündnis einnehmen müssen. Dass es dazu in der Lage ist, bewies im Jahr 2006 die Teilnahme von vier Gripen am NATO-Manöver Red Flag, das regelmäßig einen Angriff auf die NATO als Szenario nutzt und die gemeinsame Verteidigungsbereitschaft überprüft oder herstellt. Zur Normierung der gemeinsamen Ausrüstung und Bewaffnung existiert innerhalb der NATO der sogenannte STANAG-Standard, der im militärischen Bereich durchaus mit einer Industrienorm wie DIN oder ISO verglichen werden kann. Die Gripen sind in ihrer heutigen Form vollkommen kompatibel zu dieser Norm und können in eine gemeinsame Streitmacht integriert werden. Eine Überraschung für die anderen Teilnehmer des Manövers war die Fähigkeit der Gripen, lasergeführte Lenkwaffen abzufeuern, die vom Rottenflieger oder weiter entfernt operierenden Staffelkameraden gelenkt wurden.

Export

Die Kalkulation, die dem Bau der Gripen zugrunde liegt, bezieht sich auf mindestens 240 verkaufte Flugzeuge. Überraschend genug ist, dass ein so kleines Land wie Schweden mit nicht einmal zehn Millionen Einwohnern ein Projekt wie Entwicklung und Bau eines Hochleistungs-Kampfflugzeugs meistert. Zeitweilig betrugen die Kosten des Projektes bis zu einem Drittel des gesamten Haushaltes für Verteidigung. Ohne Export wären diese Beträge nicht zu finanzieren und es wundert daher nicht, dass einige Länder als Käufer für das System gewonnen werden mussten und wurden. Südafrika, Ungarn und Tschechien wurden Kunden der Schweden und andere kleinere Nationen zeigen Interesse. Die ausgezeichnete Wartungsfreundlichkeit der Gripen und natürlich der Kaufpreis machen sie attraktiv – auch wenn ein Flugzeug mittlerweile mit knapp 80 Millionen US-Dollar zu Buche schlägt.

Den Canard-Flügeln (Kopfleitwerk) verdankt die Gripen ihre ausgezeichnete Manövrierbarkeit.

Datalink

Die Avionik der Gripen ist technisch auf der Höhe der Entwicklung, „Fly by wire", Bordcomputer, modernste Zielerfassung und ein Hochleistungsradar – das Ericsson PS-05/A Puls Doppler Radar für mehrere Betriebsarten – gehören dazu.

Herausragende Fähigkeiten entwickelt das schwedische Modell in einem hoch entwickelten Verteidigungs- und Datenlinksystem. Vom Boden, von einem Frühwarnflugzeug Saab 340 oder anderen Flugzeugen seines Verbandes, erhält der Gripen-Pilot umfassende Angaben überspielt. Selbst wenn er sein Radar ausschaltet, um vom Gegner unentdeckt zu bleiben, erhält er jederzeit einen aktuellen Überblick über die Luftlage, die Positionen von Freund und Feind sowie über die Waffenreichweiten, und er kennt sogar die Treibstoffreserven seines Rottenfliegers.

Die Bordelektronik der JAS 39 wurde vom Elektronik-Konzern Ericsson hergestellt, bis SAAB den Geschäftszweig der Rüstungselektronik in das eigene Unternehmen einband.

Kommunikations- und Waffensysteme der Gripen sind zu 100 % identisch zu den Nato-Standards.

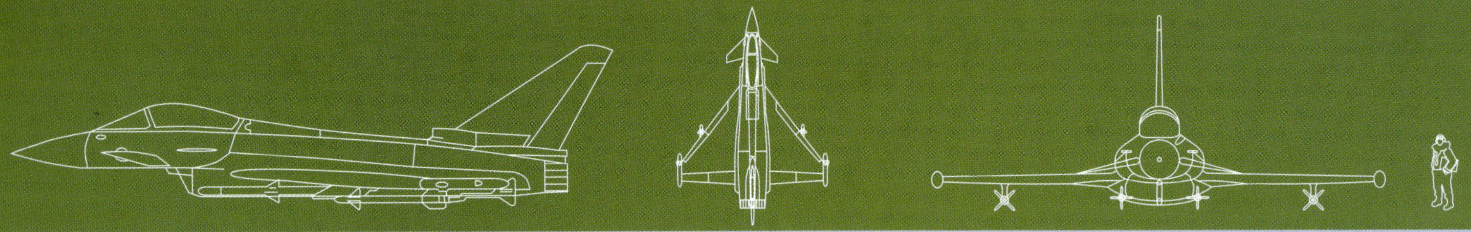

EUROFIGHTER TYPHOON

Der Eurofighter ist das europäische Kampfflugzeug des 21. Jahrhunderts und soll auf Jahrzehnte hinaus die Luftüberlegenheit für die EU sichern. Das Vier-Nationen-Projekt demonstriert die Leistungsfähigkeit der Zukunftsbranche Hightech am Wirtschaftsstandort Europa und hat das Potenzial, ein Exportschlager zu werden. Deutschland hatte in der Nachkriegszeit keine eigenen Kampfflugzeuge entwickelt, sondern Maschinen angekauft – in der Regel von den USA. So zum Beispiel Lockheed F-104 Starfighter oder McDonnell Douglas F-4 Phantom. In den 1980er-Jahren wurde dann in Europa ein ehrgeiziges Projekt begonnen – der Jäger 90. Daraus wurde das gemeinsame Kampfflugzeug von fünf EU-Mitgliedsstaaten – der Eurofighter.

EUROFIGHTER TYPHOON

Mehrzweckkampfflugzeug
Spannweite: 10,95 m
Länge: 15,96 m
Höhe: 5,28 m
Leergewicht: 10 995 kg
Startgewicht: 23 000 kg
Triebwerk: zwei Mantelstromtriebwerke Eurojet EJ200 mit je 60 kN Schub ohne und je 90 kN Schub mit Nachbrenner
Höchstgeschwindigkeit: 2125 km/h (Mach 2,0)
Dienstgipfelhöhe: 16 775 km
Einsatzradius: 1390 km
Bewaffnung: eine 27-mm-Mauser-Kanone; Kampfmittelzuladung max. 7500 kg an 13 externen Außenlaststationen, davon zwölf ausgelegt für Luft-Luft- und Luft-Boden-Lenkwaffen wie AIM-9L/I/I-1 Sidewinder, IRIS-T, AIM-120A/B AMRAAM, AIM-132 ASRAAM, Meteor, Taurus KEPD 350, Laserlenkbombe Paveway II (GBU 10/16)

Ein Eurofighter der deutschen Bundelsluftwaffe auf dem Flughafen Berlin-Schönefeld.

Charakteristik

Der Eurofighter oder Typhoon – wie die Exportversion heißt – besitzt die „Swing-Role“ genannte Eigenschaft. Damit bezeichnet man die Fähigkeit, noch während einer Mission die Einsatzaufgabe zu ändern; beispielsweise von Luft-Luft- zu Luft-Boden-Aufgaben.

Die Eintrittskante seiner Deltaflügel weist eine Pfeilung von 53 Grad auf und ist an der Rumpfnase mit Canard-Flügeln ausgestattet. Der Fighter vereint Spitzentechnologie aus vier Nationen und wird bis weit in das 21. Jahrhundert den gemeinsamen Luftraum der EU sichern.

Dieses Flugzeug zeichnet sich durch Agilität und hervorragende Manövrierbarkeit im Überschallflug aus und ist sowohl im Kurvenkampf als auch auf Distanzen jenseits der Sichtweite (BVR = Beyond Visual Range) ein gefährlicher Gegner. Die Flugleistungen sprechen für sich: der Eurofighter leistet Supercruise – Überschall-Marschgeschwindigkeit ohne Nachbrenner – und eine Höchstgeschwindigkeit von Mach 2 (doppelte Schallgeschwindigkeit). Derzeit einzigartig ist die Fähigkeit, im Überschallbereich mit einem Lastfaktor von 9 g zu fliegen. Und der Eurofighter ist nicht an intakte Infrastrukturen gebunden – konzipiert für den Einsatz auf kleinen Stützpunkten benötigt er minimal 300 Meter Startstrecke.

Bildschirmarbeitsplatz bei Mach 2 – das Cockpit

Das Zeitalter der Rundinstrumente ist endgültig Geschichte. Displays zeigen alle Flugdaten an. Die wichtigsten Informationen werden direkt in das Helmvisier eingespiegelt, wie zum Beispiel die Zielerkennung. Der Pilotenhelm ist multifunktional, unter anderem liefern zwei Restlichtverstärker Bilder bei Dunkelheit und der Pilot kann Ziele in das Visier aufschalten, verfolgen und angreifen. Auf Wunsch sieht er im Visier auch ein Infrarotbild.

Vollschub. Ein Eurofighter Typhoon mit laufenden Nachbrennern im Steigflug.

Der Eurofighter-Prototyp DA7 stellt seine Leistungsfähigkeit unter Beweis.

HOTAS-Flugsteuerung

Gemäß dem HOTAS-Prinzip („Hands On Throttle And Stick") sind die wichtigsten Bedienungselemente an Schubleistungshebel und Flugknüppel angeordnet. Neben Fluglage und Schub können damit 24 zentrale Flugbefehle eingegeben werden, ohne den „Steuerknüppel" loszulassen. Mit HOTAS vernetzt sind die vier Bordrechner, im Notfall würde einer davon ausreichen.

Da der Eurofighter in der Längsneigung instabil ist – er tendiert ständig dazu, nach oben auszubrechen –, ist er sehr beweglich. Aus diesem Grund kann der Eurofighter nur mit Hilfe eines hochentwickelten Flugsteuerungscomputers geflogen werden, der die Steuerimpulse des Piloten interpretiert. Diese werden somit nicht direkt an die Steuerflächen weitergeleitet. Wenn der Pilot ein Manöver ausführen will, bedient er ganz normal die Steuerung. Der Computer nimmt die Steuerungsbewegungen wahr und passt seine eigenen Steuereingaben so an, dass der Eurofighter richtig reagiert. Die optimale Handhabung ermöglicht ein sogenanntes „Carefree Handling" (sorgenfreies Steuern), d. h., der Pilot kann beliebige Steuereingaben in der Gewissheit machen, dass der Computer diese richtig interpretiert. Dadurch wird die Wendeleistung maximiert und gleichzeitig das Risiko reduziert, dass es zu Abweichungen kommt oder die Belastung der Flugzeugzelle zu groß wird.

Die Entwicklung des Eurofighter hat der europäischen Wirtschaft wichtige Impulse im Bereich Hightech gegeben.

Österreich war eine der Nationen, die das Waffensystem Eurofighter gekauft haben – nach heftigen Kontroversen im eigenen Land.

Die primäre Flugsteuerung besteht aus beweglichen, an der Nase angeordneten Canards, die zur Steuerung der Längsneigung gleichläufig und zur Unterstützung von Rollbewegungen unabhängig voneinander bewegt werden können. Sie erlauben ein Steigen und Sinken ohne Veränderung des Anstellwinkels; diese Manöver sind sonst nur mit einer Schubvektorsteuerung möglich.

Im Langsamflug sichert eine Automatik das bereits erwähnte Carefree Handling. Nähert sich die Geschwindigkeit dem Stall Speed von 203 km/h und damit dem Absturz durch Strömungsabriss, beschleunigt der Computer selbsttätig. Die Leistungsfähigkeit der Bordrechner geht über die eines Autopiloten weit hinaus, der Eurofighter fliegt sich selbst – der Pilot kann sich bei Feindkontakt auf einen Kampf konzentrieren – sogar vollautomatische Patrouillenflüge sind möglich.

His master's voice

Die Kommunikation mit der Maschine findet im Eurofighter auch über elektronische Spracherkennung und -eingabe statt, das DVI-System versteht 200 gesprochene Befehle und es antwortet sogar. Und falls der Pilot bei Gefahr nicht auf die Anzeigen achten kann, macht das Voice Warning System mit warnenden Worten auf Probleme aufmerksam.

Die Sensoren – Navigation, Feinderkennung und Feuerleitsystem

Der Eurofighter warnt nicht nur vor Gefahren, er ergreift Gegenmaßnahmen. Falls das (optionale) Verteidigungssystem DASS (Defense Aid Sub-System) eine Bedrohung erkennt, leitet es selber Ausweichmanöver, Angriff oder elektronische Gegenmaßnahmen ein. Dank DASS kann der Pilot Gefahren nach ihrer Priorität einschätzen und geeignete Abwehrmaßnahmen automatisch oder manuell aktivieren.

Am vorderen Rumpf neben dem Cockpit ist ein IR-Sucher angebracht: Das Zielverfolgungsgerät PIRATE (Passive InfraRed Airborne Tracking Equipment), dessen supergekühlter Sensor die Temperaturunterschiede wahrnimmt, die beispielsweise ein Flugzeugtriebwerk verursacht. Durch PIRATE-Einsatz kann der Eurofighter sein Ziel orten, erfassen und angreifen, ohne selber geortet zu werden.

Hauptsensor ist das Mehrzweck-Pulsdopplerradar Captor (früher ECR-90). Es nutzt den Doppler-Effekt, um die Signale von Boden und Feind zu trennen – bewegte Objekte reflektieren geringfügig anders als ruhende.

Die Canard-Flügel ermöglichen dem Eurofighter Flugmanöver an der Grenze des Machbaren.

Der Schub der Triebwerke ermöglicht dem Eurofighter einen fast senkrechten Steigflug.

Darüber hinaus kann Captor Freund und Feind unterscheiden, Prioritäten festlegen und mit dem automatischen Waffeneinsatz zusammenarbeiten, um so den optimalen Zeitpunkt für den Waffeneinsatz zu ermitteln.

Und falls das alles nicht ausreichen sollte, kann der Eurofighter auch online, via Datenlink, von AWACS-Aufklärungsflugzeugen mit Informationen versorgt werden.

Struktur – die Werkstoffe

Die strukturelle Oberfläche besteht aus modernsten Werkstoffen – zu rund 70 Prozent aus Kohlefaserverbundmaterialien, zu zwölf Prozent aus Glashartstoff und nur zu 15 Prozent aus Metall: hauptsächlich Aluminium- und Titanlegierungen.

Der Eurofighter weist aus Kostengründen keine echten Stealth-Eigenschaften auf – dennoch erreichte man mit der Materialauswahl und geschickter Formgebung einen sehr kleinen Frontradarquerschnitt – Platz vier in der Weltrangliste!

Triebwerk

Den Antrieb leisten zwei Mantelstromtriebwerke EJ200 (Hersteller: Eurojet). Jedes Triebwerk – Stückpreis acht Millionen Euro – erzeugt maximal 60 kN Schub ohne und 90 kN mit Nachbrenner. Diese beiden „Kraftwerke" ermöglichen Supercruise – Überschall-Marschgeschwindigkeit ohne Nachbrenner. Zur Zeit platziert der Jet sich damit weltweit in der Spitzengruppe der Jagdflugzeuge.

Der Eurofighter soll auf lange Zeit den Luftraum der Nato sichern.

Auch die beiden Mantelstromtriebwerke Eurojet EJ 200 sind aus einem europäischen Gemeinschaftsprojekt hervorgegangen.

Register

BILDNACHWEIS

Alle Fotos von **Philip Jarrett** außer:

Aviation Images: 2 J. Dibbs, 5 K. Tokunaga (l.), 9 M. Wagner, 65 J. Dibbs (u.), 77 J. Dibbs, 80 J. Dibbs, 97 Neville, 110/111 J. Dibbs, 116 J. Dibbs (u.), 165 J. Dibbs (o.), 171 hc (o.), 184 J. Dibbs (o.), 206/207 K. Tokunaga (l.), 224 M. Wagner, 243 M. Wagner (o.), 244 M. Wagner, 261 K. Tokunaga (u.), 262 M. Wagner, 263 K. Tokunaga (o.), M. Wagner (u.), 264 K. Tokunaga, 267 K. Tokunaga, 268 M. Wagner, 270 K. Tokunaga, 271 M. Wagner (o.), K. Tokunaga (u.), 284 J. Dibbs, 286 M. Wagner, 289 K. Tokunaga (o.), 291 K. Tokunaga (o.), 306 M. Wagner, 310 M. Wagner , 311 M. Wagner, 312 K. Tokunaga, 313 K. Tokunaga, 314–315 K. Tokunaga

Corbis: 13 Bettmann (u.r.), 27 Bettmann, 33 Hulton-Deutsch Collection (u.), 44 (u.), 50 Hulton-Deutsch Collection (l.), 55 Bettmann, 76 Underwood & Underwood (u.),162 Bettmann (o.), 165 Bettmann (u.), 241 Bettmann (u.), 245 Corbis Sygma (o.), 265 George Hall (o.), Leif Skoogfors (u.), 285 Aero Graphics, Inc. (o.), George Hall (u.), 287 Aero Graphics, Inc., 290 George Hall, 291 Roger Ressmeyer (u.)

Getty Images: 38 Hulton Archive (o.), 114 MPI, 172/173 Hulton Archive, 180 Keystone (l.), 183 Fox Photos (u.), 198 John Chillingworth, 199 Raymond Kleboe (o.), Fox Photos (u.), 239 AFP (o.)

IMPRESSUM

Erschienen in der
HEEL Verlag GmbH
Gut Pottscheidt
53639 Königswinter
Tel.: 02223 9230-0
Fax: 02223 923026
E-Mail: info@heel-verlag.de
Internet: www.heel-verlag.de

Producing: ditter.projektagentur GmbH
Lektorat: Horst W. Laumanns
Bildredaktion: Claudia Bettray
Design: Claudio Martinez
Grafiken: Burga Fillery
Dreiseitenansichten der Flugzeuge:
www.flight-depot.com
Lithografie: Klaussner Medien Service GmbH

ISBN 978-3-89880-889-7

Printed in China

Trotz sorgfältiger Recherche können bei den Leistungsdaten der besprochenen Jagdflugzeuge Abweichungen auftreten, da in verschiedenen Quellen unterschiedliche Werte angegeben werden. Darüber hinaus ist der Leistungswert für PS je nach Nation unterschiedlich. Die Abweichungen von metrischen PS zu britischen BHP (british horse power) liegen jedoch in einem Bereich von deutlich unter zwei Prozent (1 BHP = 1,014 PS). Die Abweichung vom Nennwert bei zwei baugleichen Verbrennungsmotoren aus der selben Fertigung liegt beispielsweise darunter, so dass im Interesse der Klarheit darauf verzichtet wurde, zusätzlich zu PS, Newton und Watt weitere Einheiten aufzuführen.